新时代职业教育课证融合新形态一体化教材

计算机应用基础

朱亚蒙　孙　霞　主　编

西北工業大學出版社

西　安

【内容简介】 本书主要内容包括以下七个项目:计算机基础知识、计算机网络基础知识、Windows10 操作系统、Word2019 基本操作、Excel2019 基本操作、PowerPoint2019 基本操作及多媒体基础知识。本书兼顾计算机基础理论与实践,在讲述理论知识的同时注重学生实践能力的培养,更加强调实用性。

本书可作为职业院校计算机相关专业学生的学习用书,也可以作为普及计算机基础知识的参考用书。

图书在版编目(CIP)数据

计算机应用基础 / 朱亚蒙,孙霞主编. — 西安 : 西北工业大学出版社,2021.1

ISBN 978-7-5612-7574-0

Ⅰ.①计… Ⅱ.①朱… ②孙… Ⅲ.①电子计算机-高等职业教育-教材 Ⅳ.①TP3

中国版本图书馆 CIP 数据核字(2021)第 030483 号

JISUANJI YINGYONG JICHU

计 算 机 应 用 基 础

责任编辑: 李文乾 呼延天慧 **策划编辑:** 孙显章

责任校对: 陈 瑶 **装帧设计:** 李 飞

出版发行: 西北工业大学出版社

通信地址: 西安市友谊西路 127 号 邮编:710072

电 话: (029)88491757,88493844

网 址: www.nwpup.com

印 刷 者: 陕西向阳印务有限公司

开 本: 889 mm×1 194 mm 1/16

印 张: 17.25

字 数: 546 千字

版 次: 2021 年 1 月第 1 版 2021 年 1 月第 1 次印刷

定 价: 49.00 元

前言 PREFACE

计算机技术在当今社会应用广泛，计算机基础应用技能已经成为当代年轻人必备的基本技能。本书根据高等学校计算机基础教学的现状，并结合大学计算机基础教学的大纲要求，由教学经验丰富的教师编写而成。通过对本书的学习，读者不仅可以掌握计算机基础知识，而且能够具备基本的分析和解决计算机问题的能力。

本书由浅入深、循序渐进地对计算机应用理论及实践知识进行详细讲解，主要内容包括以下七个项目：计算机基础知识、计算机网络基础知识、Windows 10 操作系统、Word 2019 基本操作、Excel 2019 基本操作、PowerPoint 2019 基本操作及多媒体基础知识。书中插入了“开阔视野”知识模块，在系统学习知识的同时，它能补充细微知识点，能够让读者更全面地学习计算机相关的基础知识。

本书基于“学用结合”的原则进行编写，主要具有以下特点：

1. 从零开始，夯实基础

《计算机应用基础》兼顾各种基础的读者，故本书从“零”开始，注重计算机基础知识的介绍，对计算机的结构组成、工作原理、网络基础、操作系统、多媒体知识均有讲解，为读者学习其他方面的课程夯实计算机知识基础。

2. 内容组织形式便于学习，综合性强

本书理论知识与应用案例相结合，便于读者进行学习和操作。每项目后有项目考核，旨在帮助读者全面掌握计算机综合应用技能。

3. 内容新颖，实践性强

本书结构合理，内容新颖，既注重基础知识的学习，又注重培养读者的计算机应用能力与基本操作能力。在介绍操作性较强或较注重实践能力的项目时，采用案例教学的方式，旨在培养读者动手操作能力。

本书由朱亚蒙（周口交通技师学院）、孙霞（哈尔滨铁道职业技术学院）担任主编，满晓琳（无锡城市职业技术学院）、郭军营（新乡职业技术学院）、陈新生（新乡职业技术学院）担任副主编。具体编写分工如下：项目一、项目二由朱亚蒙编写；项目三、项目四由孙霞编写；项目五由郭军营编写；项目六由满晓琳编写；项目七由陈新生编写。

在编写本书的过程中，笔者曾参阅了部分相关文献、资料，在此，谨向其作者表示衷心感谢。

由于水平有限，书中难免存在疏漏和不足之处，恳请各位专家和读者批评指正。

编　者

2020 年 5 月

CONTENTS

项目一　计算机基础知识 …… 1

　任务 1　计算机概述 …… 1

　任务 2　数制与编码 …… 6

　任务 3　计算机系统组成 …… 11

　任务 4　计算机硬件系统 …… 12

　任务 5　计算机软件系统 …… 18

　项目考核 …… 20

项目二　计算机网络基础知识 …… 22

　任务 1　计算机网络概述 …… 22

　任务 2　局域网 …… 30

　任务 3　Internet …… 34

　任务 4　计算机网络安全 …… 49

　项目考核 …… 53

项目三　Windows 10 操作系统 …… 54

　任务 1　Windows 10 概述 …… 54

　任务 2　使用与管理桌面 …… 57

　任务 3　文件管理 …… 67

　任务 4　系统管理 …… 83

　任务 5　系统备份与还原 …… 96

　项目考核 …… 97

项目四　Word 2019 基本操作 …… 98

　任务 1　会议纪要 …… 98

　任务 2　公司考勤制度 …… 114

任务3　个人简历 …… 128
项目考核 …… 150
项目五　Excel 2019 基本操作 …… 152
任务1　客户信息管理表 …… 152
任务2　商品库存明细表 …… 166
项目考核 …… 179
项目六　PowerPoint 2019 基本操作 …… 180
任务1　公司管理培训 PPT …… 180
任务2　产品营销推广方案 …… 205
项目考核 …… 253
项目七　多媒体基础知识 …… 254
任务1　多媒体技术概述 …… 254
任务2　多媒体图像处理技术 …… 256
任务3　多媒体音频处理技术 …… 263
任务4　多媒体视频处理技术 …… 264
任务5　多媒体动画处理技术 …… 267
项目考核 …… 268
参考文献 …… 270

项目一　计算机基础知识

项目目标

1.了解计算机的发展、类型及其应用领域。

2.熟悉计算机系统的基本组成(硬件系统与软件系统)。

3.理解计算机的主要技术指标。

4.了解计算机信息处理原理(数制及相互转换、存储单位、数据编码等)。

任务1　计算机概述

一、计算机的发展史

1.大型计算机的发展

1946年,出于弹道设计的目的,在美国陆军总部的主持下,宾夕法尼亚大学成功研制了世界上第一台电子数字计算机——ENIAC。70多年来,按照计算机所使用的逻辑元件、功能、体积、应用等划分,计算机的发展经历了电子管、晶体管、集成电路、大规模集成电路和人工智能等5个时代。

第一代(1946—1958年)是电子管计算机,它使用的主要逻辑元件是电子管。这个时期计算机的特点是体积庞大、运算速度低(每秒几千次到几万次)、成本高、可靠性差、内存容量少,主要被用于数值计算和军事科学方面的研究。

第二代(1959—1964年)是晶体管计算机,它使用的主要逻辑元件是晶体管。这个时期计算机的运行速度有了很大提高,体积大大缩小,可靠性和内存容量也有了较大提高,不仅被用于军事与尖端技术方面,而且在工程设计、数据处理、事务管理、工业控制等领域也开始得到应用。

第三代(1965—1970年)是集成电路计算机,它的逻辑元件主要是中小规模集成电路。这一时期计算机设计的基本思想是标准化、模块化、系列化,计算机成本进一步降低,体积进一步缩小,兼容性更好,应用更加广泛。

第四代(1971—2016年)是大规模集成电路计算机,它的主要逻辑元件是大规模和超大规模集成电路。这一时期计算机的运行速度可达每秒钟上千万次到万亿次,体积更小,成本更低,存储容量和可靠性又有了更大的提高,功能更加完善,计算机应用的深度和广度有了大幅度的提升。

第五代(2017年以后)是人工智能计算机,它是把信息采集、存储处理、通信、多媒体和人工智能结合在一起的计算机系统。人机之间可以直接通过自然语言(声音、文字)或图形、图像进行交互。第五代计算机又被称为新一代计算机。

2.微型计算机的发展

现在人们普遍使用的计算机,采用超大规模集成电路,体积小、质量轻,被称为微型计算机(以下简称"微机”)。微机一般为个人使用,亦被称为个人机或 PC。微机以计算机使用的微处理器(MPU)作为换代标志。

第一代:1971 年,英特尔公司(Intel)推出 4 位 CPU Intel 4004,成功地用一个芯片实现了中央处理器的全部功能,从此拉开了微机发展的序幕。

第二代:1973 年,英特尔公司推出 8 位 CPU Intel 8080、Intel 8085,由它们装配起来的计算机被称为第二代微机。

第三代:1978 年,16 位 CPU 的出现,标志微机的发展进入第三代,如 Intel 8088 和 8086 微机。

第四代:1985 年以后,由集成密集度更高的 32 位 CPU、64 位 CPU 装配起来的计算机被称为第四代微机。

我国自主研发的 CPU 起步比较晚。2001 年 3 月起,中国科学院计算技术研究所正式启动处理器设计项目,开始研制具有中国自主知识产权的高性能通用 CPU 芯片,命名为“龙芯”。2002 年 9 月 28 日,中国科学院计算技术研究所和北京神州龙芯集成电路设计有限公司联合发布新闻,宣布我国具有自主知识产权的第一款高性能通用 CPU——“龙芯 1 号”研制成功。从此,中国信息产业“无芯”时代宣告结束。

在国内,比较常见的国产 CPU 品牌除了龙芯,还有兆芯、飞腾、申威等。国产 CPU 经历了 10 多年的发展,具有很高的效能功耗比,已经被应用到多个高科技领域。众所周知的“神威 · 太湖之光”超级计算机安装了 40 960 个中国自主研发的“申威 26010”众核处理器,持续性能为 9.3×10^9 亿次/秒。2016 年 6 月 20 日,在法兰克福世界超算大会上,国际 TOP500 组织发布的榜单显示,“神威 · 太湖之光”超级计算机系统登顶榜单;2016 年 11 月 14 日,在美国盐湖城公布的新一期 TOP500 榜单中,“神威 · 太湖之光”以较大的运算速度优势轻松蝉联冠军;2016 年 11 月 18 日,我国科研人员依托“神威 · 太湖之光”超级计算机的应用成果首次荣获“戈登 · 贝尔”奖,实现了我国高性能计算应用成果在该奖项上零的突破。

3. 计算机网络

20 世纪 60 年代以来,计算机技术与通信技术已密切结合,出现了在一定范围内将计算机互连在一起进行信息交换、实现资源共享的趋势,计算机应用开始由集中式走向分布式,这就是计算机网络。计算机网络出现后不久,就沿着两个方向发展:一个是远程网,亦称广域网,是研究远距离、大范围的计算机网络;另一个是研究有限范围内的局域网。

4. 多媒体计算机

20 世纪 80 年代开始,在超大规模集成电路技术支持下,计算机图形处理功能、声像处理功能取得了重大突破,人们致力于研究将声音、图形和图像作为新的信息媒体输入、输出的计算机,多媒体计算机呼之欲出。如今多媒体技术已经成熟并得到了广泛应用。

5. 嵌入式计算机

嵌入式计算机指将计算机作为一个信息处理部件,嵌入其他的应用系统之中。例如,电冰箱、自动洗衣机、手机等,都是嵌入式计算机的广泛应用。嵌入式系统集系统的应用软件与硬件于一体,类似于计算机中基本输入输出系统(BIOS)的工作方式,具有软件代码少、超高速运行的优点。

嵌入式系统可应用于人类工作、生活的各个领域,具有极其广阔的前景。嵌入式系统在传统的工业控制和商业管理领域已经具有广泛的应用空间,如智能工控设备、POS、ATM、IC 系统等;在人们的生活领域具有更广泛的应用潜力,如机顶盒、数字电视、掌上电脑、车载导航器等。嵌入式系统已成为计算机技术的一个主要分支,是当今计算机技术发展的一个重要标志。

20 世纪 90 年代,计算机行业发生了巨大变化。CPU 由 Intel 80386、80486 等发展为 Pentium 系列,内存由几 MB 发展为几 GB,硬盘也由几百 MB 发展为几 TB,数据解压技术、通信技术及网络应用技术的发展日新月异,多媒体已成为计算机的基本配置,利用计算机技术将多种媒体一体化的多媒体技术也日渐成熟、完善,嵌入式系统几乎应用在生活中的所有电器设备中。同时,互联网、电子商务也显示出强大的魅力。

总之,微电子技术、通信技术、网络技术、多媒体技术、信息存储与表示技术的飞速进步是推动计算机技

术不断向前发展的关键。

二、计算机的特点

计算机作为一种通用的信息处理工具，具有如下特点。

1. 运行速度快

当今计算机系统的运算速度已达到每秒万亿次，微机也可达到每秒亿次以上，这使大量复杂的科学计算问题得以解决。例如，卫星轨道计算、天气预报计算和大型水坝设计计算等。

2. 运行精度高

科学技术的发展，特别是尖端科学技术的发展，需要高度精确的计算。一般计算机可以有十几位甚至几十位（二进制）有效数字，计算精度可由千分之几到百万分之几。例如，用计算机精确控制导弹。

3. 存储容量大

计算机的存储器可以存储大量数据和资料信息。例如，一个大容量的硬盘可以存放整个图书馆的书籍和文献资料。计算机不但可以存储字符，而且可以存储图像和声音等。

4. 逻辑判断能力强

计算机具有逻辑判断能力，对两个事件进行比较，根据比较的结果可以自动确定下一步该做什么。有了这种能力，计算机就能够实现自动控制，快速完成多种任务。

5. 可靠性高

计算机可以连续无故障地运行几个月甚至几年。随着超大规模集成电路的发展，计算机的可靠性越来越高。

6. 通用性强

计算机的通用性体现在它能把任何复杂、繁重的信息处理任务分解为大量的基本算术和逻辑运算，甚至进行推理和证明。由于计算机具有逻辑判断能力，它能够把各种运算有机地组织成为复杂多变的文字、图像、图形和声音的计算机控制流程，因此具有极强的通用性。例如，计算机可以将指令按照执行的先后次序组织成各种程序。

三、计算机的应用

计算机的应用已经渗透到社会的各个领域，正在深刻改变着人们的工作、学习和生活方式，推动着社会的发展。计算机的应用大致可分为以下几个方面。

1. 科学计算

科学计算也被称为数值计算，计算机最开始是为解决科学研究和工程设计中的大量数值计算而研制的计算工具。随着现代科学技术的进一步发展，数值计算在现代科学研究中的地位不断提高，尤其是在尖端科学领域中，显得尤为重要。例如，人造卫星轨迹的计算，房屋抗震强度的计算，火箭、宇宙飞船的研究和设计都离不开计算机的精确计算。

在工业、农业及人类社会的各个领域中，计算机的应用都取得了许多重大突破，就连人们每天收听、收看的天气预报也离不开计算机的科学计算。

2. 信息处理

在科学研究和工程技术中，人们会得到大量的原始数据，其中包括大量图片、文字和声音等信息。信息处理就是对这类原始数据进行收集、分析、排序、存储、计算、传输和制表等操作。目前，计算机的信息处理应用已非常普遍，涉及的领域包括人事管理、库存管理、财务管理、图书资料管理、商业数据交流、情报检索及经

济管理等。

信息处理已成为当代计算机的主要任务，是现代化管理的基础。据统计，全世界计算机用户用于数据处理的工作量占全部计算机应用的80%以上，这不仅大大提高了工作效率，也提高了管理水平。

3. 自动控制

自动控制是通过计算机对某一过程进行自动操作，它不需要人工干预，就能按人预定的目标和预定的状态进行过程控制。过程控制是指对操作数据进行实时采集、检测、处理和判断，按最佳值进行调节的过程。自动控制被广泛用于操作复杂的钢铁企业、石油化工业及医药工业等生产中。使用计算机进行自动控制可大大提高控制的实时性和准确性，提高劳动效率和产品质量，缩短生产周期。

计算机自动控制还在国防和航空航天领域中起决定性作用。例如，无人驾驶飞机、导弹、人造卫星和宇宙飞船等飞行器的控制，都是靠计算机实现的。可以说，计算机是现代化国防和航空航天领域的"神经中枢"。

4. 计算机辅助系统

计算机辅助设计(Computer Aided Design，CAD)、计算机辅助制造(Computer Aided Manufacturing，CAM)、计算机辅助测试(Computer Aided Testing，CAT)、计算机辅助工程(Computer Aided Engineering，CAE)及计算机辅助教学(Computer Assisted Instruction，CAI)被统称为计算机辅助系统。

CAD指借助计算机，人们可以自动或半自动地完成各类工程设计工作。有些国家已把CAD、CAM、CAT及CAE组成一个集成系统，使设计、制造、测试和管理有机地合为一体，形成一个高度自动化的系统。

CAI指用计算机来辅助完成教学计划或模拟某个实验过程。

5. 网络通信

计算机技术与现代通信技术相结合出现了计算机网络通信。计算机网络将分布在不同地点的多个功能独立的计算机系统，利用通信设备和线路相互连接起来，网络中的计算机之间可以进行数据通信，实现资源共享。

6. 人工智能

人工智能(Artificial Intelligence，AI)指计算机模拟人类某些智力行为的理论、技术和应用。人工智能是计算机应用的一个新领域，这方面的研究和应用正处于发展阶段，在医疗诊断、定理证明、语言翻译和机器人等方面有了显著的成效。例如，用计算机模拟人脑的部分功能进行思维学习、推理、联想和决策，使计算机具有一定"思维能力"。我国已成功开发了中医诊断系统，该系统可以模拟医生给患者诊病、开处方。

机器人是计算机人工智能的典型例子，机器人的核心是计算机。第一代机器人是机械手；第二代机器人能够反馈外界信息，有一定的触觉、视觉、听觉；第三代机器人是智能机器人，具有感知和理解周围环境的能力，基本掌握了语言、推理、规划和操作工具的技能，可以模拟人类完成某些工作。机器人不怕疲劳，精确度高，适应力强，现已开始用于搬运、喷漆、焊接、装配等工作中。机器人还能代替人在危险环境中工作，如在有放射线、有毒、污染、高温、低温、高压和水下等环境中工作。

7. 多媒体技术应用

多媒体技术将计算机技术、现代声像技术与通信技术融为一体，以计算机技术为核心，创造更自然、更丰富的计算机技术。

四、计算机的发展趋势

从1946年第一台计算机诞生至今，计算机已经走过70多年的发展历程，未来将朝着巨型化、微型化、网络化、智能化4个方向发展。

1. 巨型化

巨型化并非指计算机的体积大，而是指计算机的运算速度更快、存储容量更大和功能更强。巨型化计算机主要应用于尖端科学技术领域，是一个国家科学技术水平的重要标志，因此巨型化是计算机发展的一个重要方向。

2. 微型化

微型化是计算机技术中发展迅速的技术之一。由于微机可进入仪表、家用电器和导弹头等中、小型机无法进入的领地，所以其发展非常迅速。目前，微机在处理能力方面已与传统的大型机不相上下，加上众多新技术的支持，微机的性价比越来越高。微机的发展极大地促进了计算机的普及和应用。

3. 网络化

网络化是目前计算机发展的一大趋势。通过使用网络，人们可以相互交流，实现数据通信，资源共享。例如，“信息高速公路”可以把政府机构、科研机构、教育机构、企业和家庭的计算机联网，构成一种数字化、大容量的光纤通信网络。“信息高速公路”的“路面”就是光纤，“信息高速公路”加上多媒体技术，将给全球经济、政治和人们的工作、生活带来巨大影响。

4. 智能化

智能化就是让计算机来模拟人的感觉、行为和思维过程，使计算机具有感觉、学习和推理等能力，形成智能型、超智能型的计算机，这也是第五代计算机要实现的目标。

五、未来计算机

基于集成电路的计算机短期内不会退出历史舞台，但人们正在研究一些新的计算机，这些计算机是神经网络计算机、量子计算机、分子计算机以及光计算机等。

1. 神经网络计算机

神经网络计算机是一种类似于人体大脑神经脉络的计算机网络系统，可以使计算机的运行速度远远高于人脑的总体运行速度。神经网络计算机可以在极短的时间内处理大量的信息，同时可以保证处理的正确性与准确性，使结论与人的思维相似。

2. 量子计算机

量子计算机就是依据量子力学规律开展高速数学运算、保存和处理量子信息的一种计算机。假如需要计算机处理和运算的数据属于量子信息，要求计算机运行量子算法时，计算机就转变为量子计算机。因为量子计算机有着比普通计算机更大的存储能力，所以可以在更短的时间内得到正确的计算结果。

3. 分子计算机

分子计算机就是应用分子技术处理信息的一种计算机，主要就是应用分子晶体收集电荷状态的信息，以更加合理的手段对信息进行重新组合。因为分子计算机只需消耗少量能源，体积更小，可以保存较多信息，有着更长的存储时间，所以运算速度也较快。

4. 光计算机

光计算机就是在计算机中不再使用电流与电子，而采用光技术，由于与电子相比光传播速度更快，因此，光计算机可达到容量大、运算速度快、无须消耗能源等目标。

任务 2 数制与编码

一、进位计数制

计数制即数制，是用一组数字符号和统一的规则来表示数值的方法。日常生活中人们使用过许多数制，如表示时间的六十进制，表示星期的七进制，表示年份的十二进制，还有最常用的十进制等。使用什么数制，完全取决于人们的生活习惯与需要。

计算机由电子逻辑元件组成，这些电子逻辑元件大多具有两种稳定机态，如电压的高与低、晶体管的导通与截止、脉冲的有无、电容的充电与放电，以及电源的打开与关闭等。用 0、1 组成的二进制数可以恰如其分地描述这些电子逻辑元件的两种稳定状态，并且二进制数的表示及运算规则都很简单、可靠，所以计算机中采用的数是二进制数。任何信息必须转换成二进制数据后才能由计算机进行处理。

数制中有数位(Digital)、基数(Cardinal Number)和位权(Position Right)三个要素。数位指数码在一个数中所处的位置；基数指在某种数制中，每个数位上所能使用的数码的个数；位权指数码在不同的数位上所表示的数值的大小。若把各种数制统称为 R 进制，则该进制具有下列性质。

在 R 进制中，具有 R 个数字符号，它们是 $0,1,2,\cdots,R-1$。

在 R 进制中，由低位向高位按“逢 R 进一”的规则进行计数。

R 进制的基数是“R”，对于 R 进制数，整数部分第 i 位的位权为“R^{i-1}”，小数部分第 i 位的位权为“R^{i-1}”，并约定整数最低位的位序号 $i=0(i=n,\cdots,2,1,0,-1,-2,\cdots)$。

由此可知，不同进位制具有不同的“基数”；对某一进位制数，不同的数位具有不同的“权”。基数表明某一进位制的基本特征，如对二进制，有两个数字符号(0,1)，且由低位向高位进位时“逢二进一”，故其基数为 2。位权表明同一数字符号处于不同数位时所代表的值不同，二进制数各位的“权”值如图 1-1 所示。

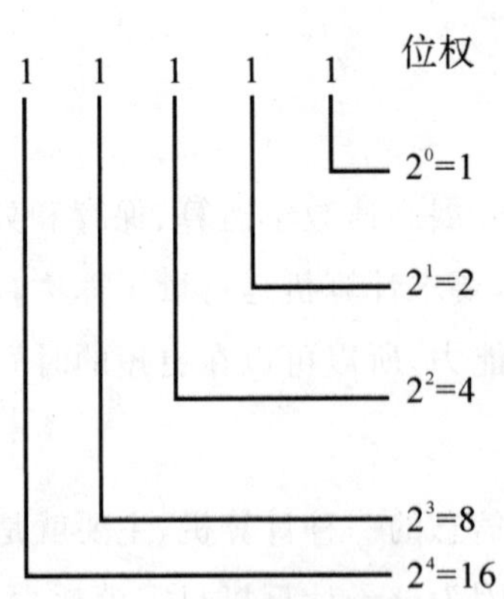

图 1-1　二进制数权值

表 1-1 所示为十进制、二进制、八进制及十六进制的性质比较。在表 1-1 中，用圆括号外的下标值(如 10、2、8、16)表示该括号内的数是哪一种进位制中的数，或在数的最后加上字母 D(十进制)、B(二进制)、O(八进制)、H(十六进制)来区分其前面的数属于哪种进位制。

表 1－1　十进制、二进制、八进制及十六进制性质比较

项目	进位制			
	十进制	二进制	八进制	十六进制
特点	①有 10 个数字符号，即 0，1，2，…，9； ②按“逢十进一”的规则计数； ③基数为 10，整数第 i 位的权为 10^{i-1}	①有 2 个数字符号，即 0，1； ②按“逢二进一”的规则计数； ③基数为 2，整数第 i 位的权为 2^{i-1}	①有 8 个数字符号，即 0，1，…，7； ②按“逢八进一”的规则计数； ③基数为 8，整数第 i 位的权为 8^{i-1}	①有 16 个数字符号，即 0，1，2，…，9，A，B，…F； ②按“逢十六进一”的规则计数； ③基数为 16，整数的第 i 位的权为 16^{i-1}
举例	$(2003.56)_{10}$ $=2\times10^3+0\times10^2+0\times10^1+3\times10^0+5\times10^{-1}+6\times10^{-2}$	$(1101.101)_2$ $=1\times2^3+1\times2^2+0\times2^1+1\times2^0+1\times2^{-1}+0\times2^{-2}+1\times2^{-3}$	$(1375.204)_8$ $=1\times8^3+3\times8^2+7\times8^1+5\times8^0+2\times8^{-1}+0\times8^{-2}+4\times8^{-3}$	$(19A5.EBC)_{16}$ $=1\times16^3+9\times16^2+A\times16^1+5\times16^0+E\times16^{-1}+B\times16^{-2}+C\times16^{-3}$
表示方法	$(2003.56)_{10}$ =2003.56D	$(1101.101)_2$ =1101.101B	$(1375.204)_8$ =1375.204O	$(19A5.EBC)_{16}$ =19A5.EBCH

二、不同进制数之间的相互转换

同一个数值可以用不同的进位计数制表示，这表明不同进位制只是表示数的不同手段，它们之间存在相互转换关系。下面通过具体例子说明计算机中常用的几种进位计数制之间的转换，即二进制数与十进制数之间的转换，二进制数与八进制数或十六进制数之间的转换。

1. 二进制数转换为十进制数

二进制数转换为十进制数的基本方法是，将二进制数的每一位上的数码(0 或 1)乘以该位上的权，然后相加。

【例 1－1】 $(10110011.101)_2=(\ ?)_{10}$

$$(10110011.101)_2=1\times2^7+0\times2^6+1\times2^5+1\times2^4+0\times2^3+0\times2^2+1\times2^1+1\times2^0+1\times2^{-1}+0\times2^{-2}+1\times2^{-3}$$
$$=128+32+16+2+1+0.5+0.125$$
$$=(179.625)_{10}$$

2. 十进制数转换为二进制数

十进制数转换为二进制数的基本方法是，对整数采用“除 2 取余”，对小数采用“乘 2 取整”。

【例 1－2】 $(26)_{10}=(\ ?)_2$

采用“除 2 取余”的计算过程如下。

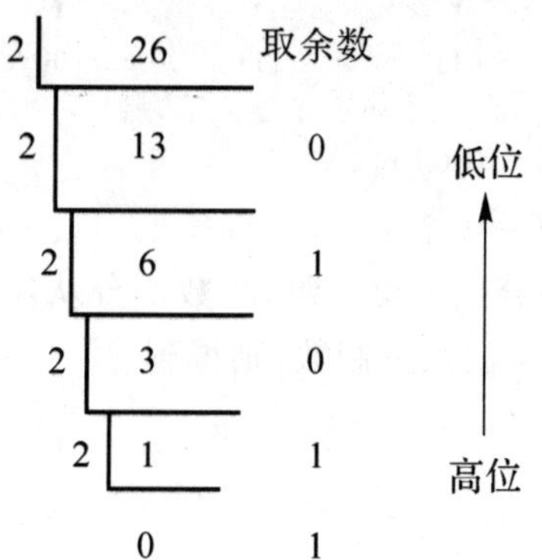

求得$(26)_{10}=(11010)_2$。

由上可知，用“除2取余”法实现十进制整数到二进制整数的转换规则是：用2连续除要转换的十进制数及各次所得之商，直到商是0时为止，则各次所得之余数即为所求二进制数由低位到高位的值。

【例1-3】 $(0.6875)_{10}=(\ ?)_2$

采用乘2取整的计算过程如下。

用“乘2取整”法实现十进制小数到二进制小数的转换规则是：用2连续乘要转化的十进制数及各次所得之积的小数部分，直到乘积的小数部分是0时为止，则各次所得之积的整数部分即为所求二进制数由高位到低位的值。

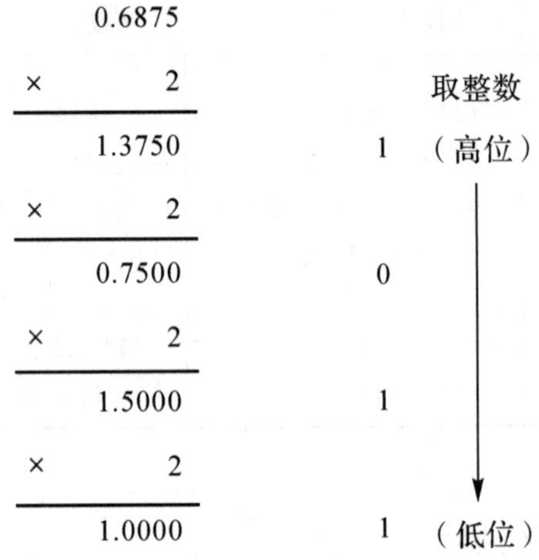

求得$(0.6875)_{10}=(0.1011)_2$

需要指出的是，把十进制数转换为二进制数时，对整数均可用有限位的二进制整数表示，但用上述规则对十进制小数实现转换时，会出现乘积的小数部分总是不等于0的情况，这表明此时有限位的十进制小数不能转换为有限位的二进制小数，出现了“循环小数”。例如：

$(0.6)_{10}=(0.10011001\cdots)_2$

在这种情况下，乘过程的结束由所要求的转换位数（即转换精度）确定。

当十进制数包含整数和小数两部分时，可按上面介绍的两种方法将整数和小数分别转换，然后相加。

3. 二进制数与八进制数的转换

由于八进制数的基数为8，二进制数的基数为2，两者满足$8=2^3$，因此，每位八进制数可以转换为等值的3位二进制数，反之亦然。在二进制数与八进制数之间存在着直接的而且唯一的对应关系。

【例1-4】 $(6237.431)_8=(\ ?)_2$

只要将每一位八进制数用等值的3位二进制数代替，就可以得到转换的二进制数结果，即

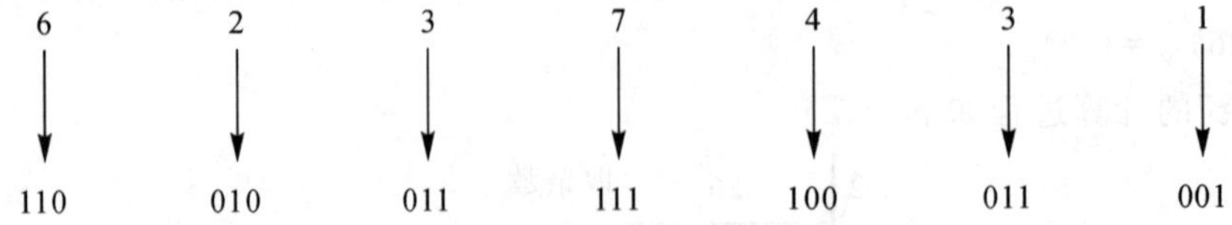

求得$(6237.431)_8=(110010011111.100011001)_2$

【例1-5】 $(10110101110.11011)_2=(\ ?)_8$

以小数点为界，整数部分从右到左分成3位一组，小数部分从左到右分成3位一组，头尾不足3位时用0补足，再将每组的3位二进制数写成1位八进制数，则得到

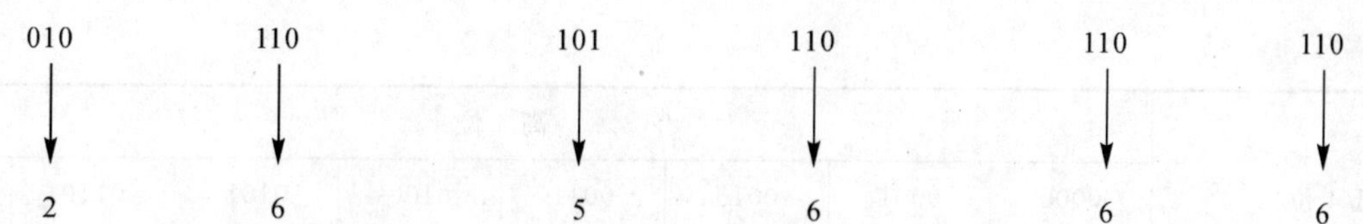

求得$(10110101110.11011)_2=(2656.66)_8$

4. 二进制数与十六进制数的转换

由于十六进制数的基数为16,二进制数的基数为2,两者满足$16=2^4$,故每位十六进制数可转换为4位二进制数,反之亦然。在二进制数与十六进制数之间也存在着直接的而且唯一的对应关系。

【例1-6】 $(3AB.11)_{16}=(\ ?)_2$

将每位十六进制数写成4位二进制数,便得到

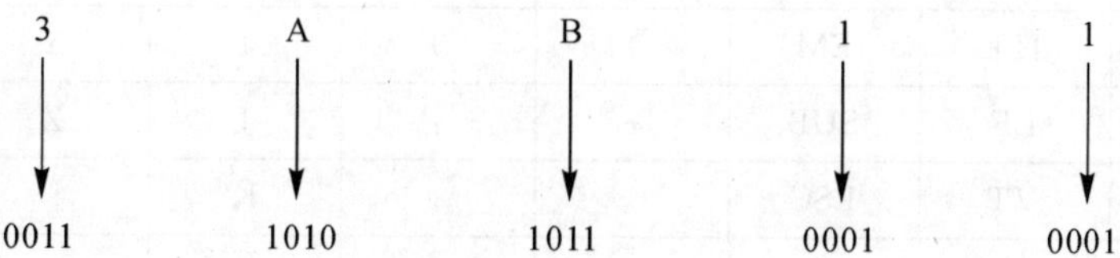

求得$(3AB.11)_{16}=(1110101011.00010001)_2$

【例1-7】 $(101001010111.110110101)_2=(\ ?)_{16}$

以小数点为界,整数部分从右到左分成4位一组,小数部分从左到右分成4位一组,头尾不足4位时用0补足,然后将每组的4位二进制数写成1位十六进制数,即

求得$(101001010111.110110101)_2=(A57.DA8)_{16}$

从【例1-4】至【例1-7】可以看出,二进制数与八进制数或十六进制数之间存在直接转换关系。可以说,八进制数或十六进制数是二进制数的缩写形式。计算机利用这一特点,可把用二进制代码表示的指令或数据写成八进制或十六进制形式,以便于书写或认读。

三、ASCII编码

对非数值的文字和其他符号进行处理时,计算机要对文字和符号进行数字化处理,即用一定位数的0和1进行二进制编码来表示文字和其他符号。目前使用最普遍的字符编码是美国信息交换标准字符码(American Standard Code for Information Interchange,ASCII),如表1-2所示。

表1-2 ASCII编码

低4位		高4位							
		0000	0001	0010	0011	0100	0101	0110	0111
		0	1	2	3	4	5	6	7
0000	0	NUL	DEL	SP	0	@	P	、	p
0001	1	SOH	DC1	!	1	A	Q	a	q
0010	2	STX	DC2	"	2	B	R	b	r

续表

低4位		高4位							
		0000	0001	0010	0011	0100	0101	0110	0111
		0	1	2	3	4	5	6	7
0011	3	ETX	DC3	#	3	C	S	c	s
0100	4	EOT	DC4	$	4	D	T	d	t
0101	5	ENQ	NAK	%	5	E	U	e	u
0110	6	ACK	SYN	&	6	F	V	f	v
0111	7	BEL	ETB	′	7	G	W	g	w
1000	8	BS	CAN	(	8	H	X	h	x
1001	9	HT	EM	)	9	I	Y	i	y
1010	A	LF	SUB	*	:	J	Z	j	z
1011	B	VT	ESC	+	;	K	[	k	{
1100	C	FF	FS	,	<	L	\	l	|
1101	D	C	GS	-	=	M	]	m	}
1110	E	SO	RS	.	>	N	^	n	~
1111	F	SI	US	/	?	O	_	o	DEL

ASCII是用8位二进制数进行编码的，其中最高位设为“0”，作为奇偶校验位，有效位为7位，能表示$2^7=128$个字符，其中包括10个数字字符，52个英文大小写字母，32个专用符号（$、%、+、=等）和34个控制字符。若要确定某个字符的ASCII，则需先在表中找到它的位置，再分别读出它的高4位和低4位码，然后再按高低顺序排列。例如，字母“A”，在表1-2中找到它对应的高4位码为0100，低4位码为0001，即“A”的ASCII为01000001。

四、数据的单位

计算机直接处理的是二进制编码的信息，无论是数值数据还是字符数据，在计算机内一律是以二进制形式存放的。位(bit，读作比特)是数据的最小单位，用bit或b表示。通常将8位二进制数码编为一组，作为数据处理的基本单位，称作1个字节(Byte，读作拜特)，用B表示。现代计算机存储数据是以字节作为处理单位的，一个ASCII(西文字符、数字)用一个字节表示，而一个汉字和国标图形字符需用两个字节表示。由于字节的单位太小，在实际使用中常用KB、MB、GB和TB来作为数据的存储单位。二进制数据单位如表1-3所示。

表1-3　二进制数据单位

单位	名称	意义	说明
b	位	一个0或1，称为1 bit	最小的数据单位
B	字节	8位0和1的组合，称为1 Byte	数据处理的基本单位
KB	千字节	1 KB=1 024 B	常用的数据单位
MB	兆字节	1 MB=1 024 KB=$(1\ 024)^2$ B	内存的计量单位
GB	吉字节	1 GB=1 024 MB=$(1\ 024)^3$ B	硬盘的计量单位
TB	太字节	1 TB=1 024 GB=$(1\ 024)^4$ B	硬盘的计量单位
Word	字长	根据CPU型号不同，可分为8 B、16 B、32 B和64 B	CPU一次能处理的数据位数

任务3　计算机系统组成

一、冯·诺依曼体系结构

1946年，美籍匈牙利人冯·诺依曼提出了一个全新的存储程序——通用电子计算机设计方案，该方案可以概括为以下3点。

(1)计算机由运算器、控制器、存储器、输入设备、输出设备五大部件组成。

(2)计算机的指令和数据一律采用二进制。

(3)采用“存储程序”方法，由程序控制计算机按顺序从一条指令到另一条指令，自动完成规定的任务。

“存储程序”概念的提出被誉为计算机史上的一个里程碑。人们把按照“存储程序”思想设计制造出来的计算机称为冯·诺依曼体系结构计算机。

冯·诺依曼体系结构计算机以存储器为中心，在控制器控制下，输入设备将数据和程序送入存储器，程序运行的结果再由存储器传输给输出设备，如图1-2所示。

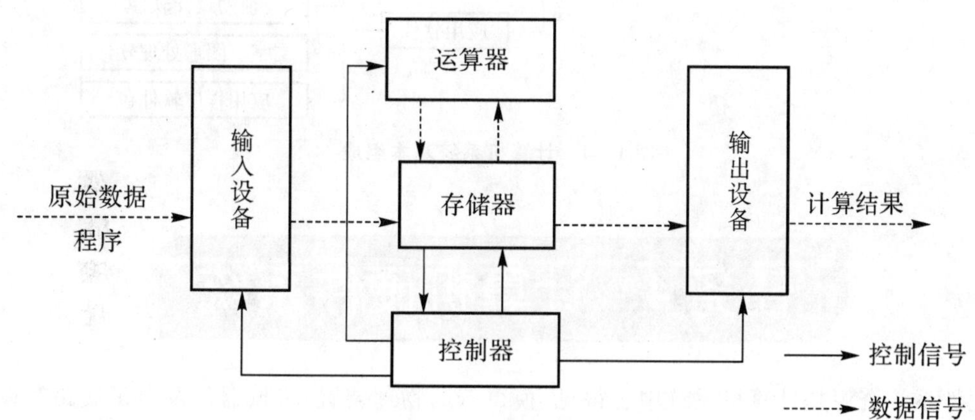

图1-2　冯·诺依曼体系结构

现代计算机的结构是以CPU为中心，在控制器的控制下，数据由输入设备与辅助存储器通过总线直接将原始数据和程序送往主存储器，程序运行的结果由主存储器通过总线直接传输给输出设备，如图1-3所示。

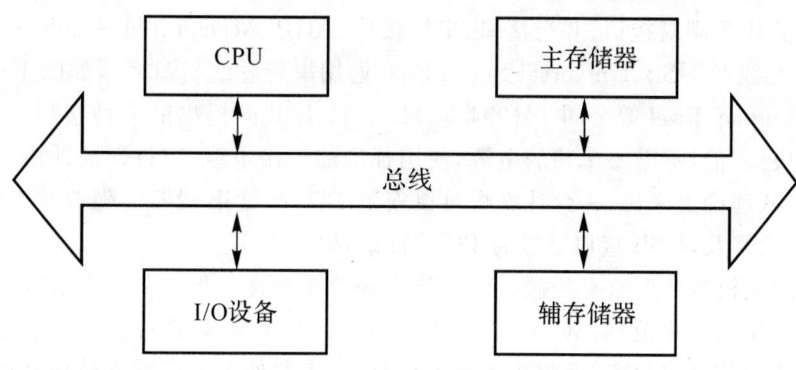

图1-3　现代计算机结构

二、计算机系统基本组成

一个完整的计算机系统包括硬件系统和软件系统两大部分。硬件是构成计算机的物理设备；软件是程序及开发、使用、维护程序所需的所有文档的集合。计算机系统基本组成如图 1－4 所示。

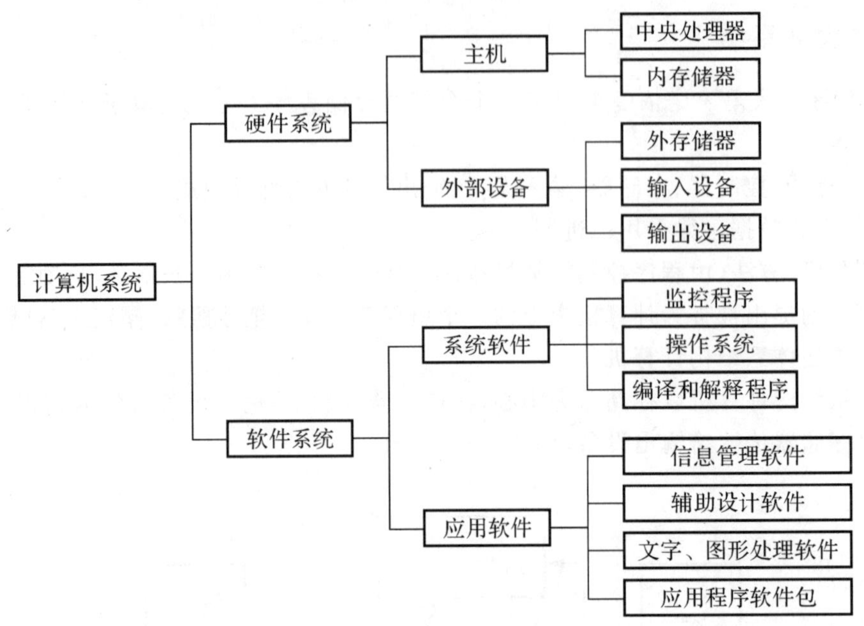

图 1－4　计算机系统基本组成

任务 4　计算机硬件系统

计算机硬件系统资源是计算机系统中看得见、摸得着的物理装置、机械器件及电子线路等设备。伴随着电子技术、集成电路技术的进步，微机的性能指标、存储容量和运转速度已大大提高。微机基本上都是由主机、显示器和键盘等构成的。主机安装在机箱内，在机箱内有主板（亦称系统板或母板）、硬盘驱动器、CD－ROM 驱动器、电源及显示适配器（显示卡）等。

一、主板

主板（Motherboard）又被称为系统板或母板。主板上配有内存插座、CPU 插座、各种扩展槽及只读存储器等。主板上还集成了 IDE 硬盘接口、并行接口、串行接口、AGP（Accelerated Graphics Port，加速图像处理端口）、PCI 总线、ISA 总线及 USB（Universal Serial Bus，通用串行总线）接口等，如图 1－5 所示。

USB 接口是由 Compaq、Intel 等公司于 1994 年 11 月 11 日共同提出的一种接口。USB 接口的传输效率比传统的串行接口快 10 倍，不需要单独的电源，使用标准的连接电缆，支持即插即用、热插拔（即插拔不需要重新启动计算机）。从理论上来讲，一台计算机可以安装 127 个 USB 设备。随着技术的发展、市场的扩大和支持 USB 的计算机的普及，USB 接口已成为 PC 的标准接口。

目前市场上常见的主板生产厂家有华硕、微星、技嘉等。在选择主板时需要考虑以下几个因素。

（1）支持 CPU 的类型与频率范围。CPU 插座的类型是区分主板类型的主要标志之一，CPU 只有在相应主板的支持下才能达到其额定频率，因此在选择主板时，一定要使其能足够支持所选的 CPU，并且留有一定的升级空间。

（2）对内存的支持。主板对内存的支持能力主要体现在 3 个方面：一是内存插槽布局，它决定了该主板

能够使用哪些类型的内存条；二是芯片组对内存的管理能力，它决定了该主板能使用内存的最大容量；三是芯片组性能对内存速度表现的影响。

（3）BIOS 芯片和版本。BIOS 是集成在主板 CMOS 芯片中的软件，主板上的这块 CMOS 芯片保存有计算机系统最重要的基本输入/输出程序、系统 CMOS 设置、开机上电自检程序和系统启动程序。在主板选择上应该考虑 BIOS 能否方便地升级，是否具有优良的防病毒功能。

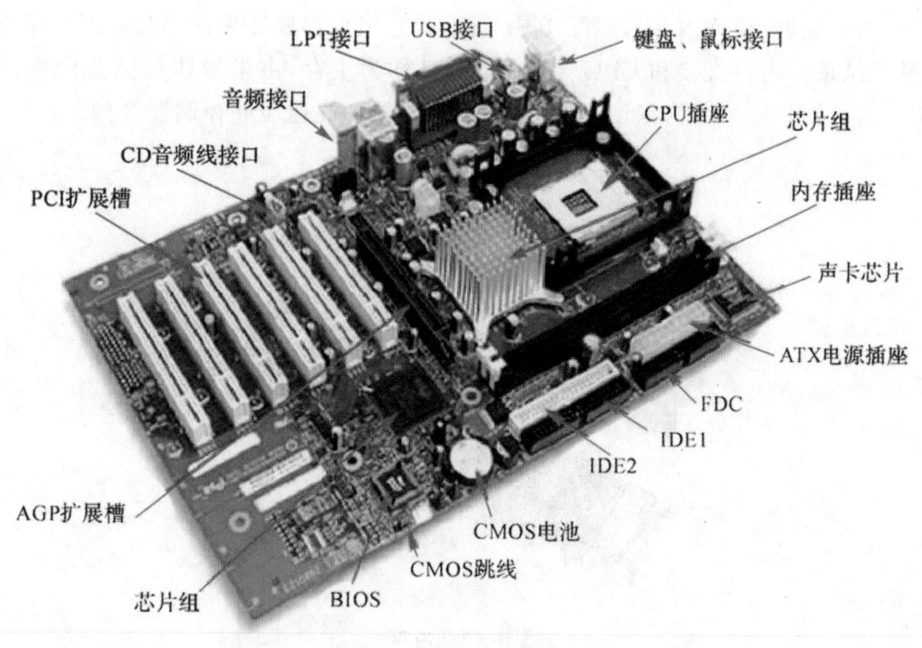

图 1-5　计算机主板

二、中央处理器

中央处理器(CPU)是计算机的重要部件，如图 1-6 所示，它包含运算器和控制器两大部分。其中，运算器主要完成各种算术运算和逻辑运算，由进行运算的运算器及暂时存放数据的寄存器、累加器等组成。控制器是计算机的“指挥控制中心”，用来协调和指挥整个计算机系统的操作，它本身不具有运算能力，而是通过读取各种指令，并对其进行翻译、分析，而后对各个部件做出相应的控制，它主要由指令寄存器、译码器、程序计数器及操作控制器等组成。

图 1-6　CPU 的正反面

目前生产 CPU 的主要公司有 Intel 和 AMD。微型计算机中 Intel CPU 有奔腾(Pentium)、赛扬(Celeron)和酷睿(Core)；AMD CPU 有速龙(Athlon)、炫龙(Turion)和羿龙(Phenom)。CPU 在计算机中的

地位类似于人的心脏，CPU 的品质直接决定了一个计算机系统的档次。反映 CPU 品质的最重要的指标是主频和字长。主频说明了 CPU 的工作速度，一般来说，主频越高，一个时钟周期里 CPU 完成的指令数就越多，CPU 的运算速度也就越快；字长指 CPU 能够同时处理的二进制数据的位数。人们通常所说的 8 位机、16 位机、32 位机和 64 位机就是 CPU 可以同时处理 8 位、16 位、32 位和 64 位的二进制数据。

三、主存储器

主存储器又称内存储器（简称内存），如图 1－7 所示。它用来存放处理程序和处理程序所必需的原始数据、中间结果及最后结果。内存直接和 CPU 交换信息，又称为主存，由半导体存储器构成。内存的容量以字节为基本单位。内存按功能可分为只读存储器、随机存储器和高速缓冲存储器 3 种。

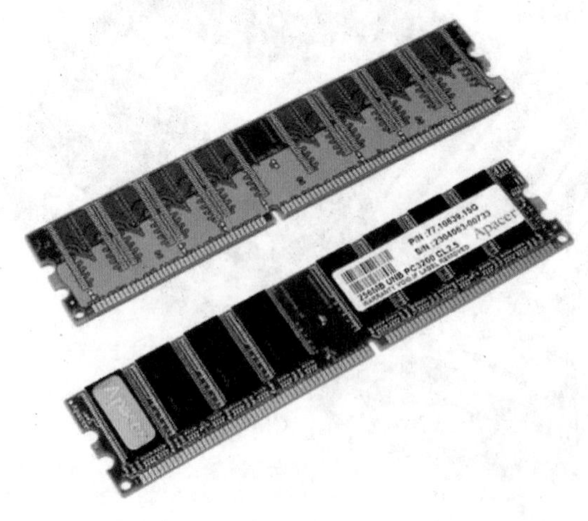

图 1－7　内存

1. 只读存储器

只读存储器（Read Only Memory，ROM）内的信息一旦被写入就固定不变，只能被读出不能被改写，即使断电也不会丢失，因此 ROM 中常保存一些长久不变的信息。例如，IBM－PC 类计算机，就是由厂家将磁盘引导程序、自检程序和 I/O 驱动程序等常用的程序和信息写入 ROM 中避免丢失和被破坏。

2. 随机存储器

随机存储器（Random Access Memory，RAM）是一种通过指令可以随机存取存储器内任意单元的存储器，又被称为读写存储器。RAM 中存储的是正在运行的程序和数据。RAM 的容量越大，计算机性能越好，目前常用内存容量为 4 GB、8 GB。值得注意的是，RAM 只会临时存储信息，一旦断电，RAM 中的程序和数据会全部丢失。

3. 高速缓冲存储器

高速缓冲存储器（Cache）用来缓解 CPU 的高速度和 RAM 的低速度之间的矛盾。Cache 位于 CPU 与主存储器 DRAM（Dynamic Random，动态存储器）之间，通常是一个由 SRAM（Static RAM，静态存储器）构成的规模较小但存取速度很快的存储器。

目前计算机主要使用的内存为 DRAM，它具有价格低、容量大等特点，但由于使用电容存储信息，存取速度难以提高，而 CPU 每执行一条指令都要访问一次或多次主存，DRAM 的读写速度远低于 CPU 速度，因此为了实现速度上的匹配，只能在 CPU 指令周期中插入等待（Wait）状态。高速 CPU 处于等待状态时将大大降低系统的执行效率。

SRAM 由于采用了与 CPU 相同的制作工艺，因此与 DRAM 相比，它的存取速度快，但体积大、功耗大，价格很高，不可能也不必要将所有的内存都采用 SRAM。因此，为了解速度与成本的矛盾，人们采用了一种分级处理的方法，即在内存和 CPU 之间加装一个容量相对较小的 SRAM 作为高速缓冲存储器。

在采用 Cache 后，在 Cache 中保存着内存中部分内容的副本（称为存储器映象），CPU 在读写数据时，首先访问 Cache（因为 Cache 的速度与 CPU 相当，所以 CPU 可以在零等待状态下完成指令的执行），只有当 Cache 中无 CPU 所需的数据时（这称为“未命中”，否则称为“命中”），CPU 才去访问内存。而目前大容量 Cache 能使 CPU 访问 Cache 命中率达到 90%～98%，从而大大提高了 CPU 访问数据的速度，提高了系统的性能。

四、输入/输出接口

输入/输出（I/O）接口是主机输入/输出信息的通道，连接输入设备的接口为输入接口，连接输出设备的接口为输出接口。I/O 接口一般在主机的背后。常用的 I/O 接口有显示器接口，键盘接口，串行口 COM1、COM2（连接鼠标器），以及并行口 LPT1、LPT2（连接打印机）等。用户还可以根据自己的需要，在主板的总线插座上插上自己需要的功能卡，连接自己选配的输入/输出设备。

五、辅助存储器

在一个计算机系统中，除了有内存外，一般还有辅助存储器（外存）。主要用于存储暂时不用的程序和数据。目前，常用的外存有硬盘（机械硬盘和固态硬盘）、光盘存储器，以及体积小、容量大、便于携带的 USB 闪速存储器。它们与内存一样，存储容量也是以字节作为基本单位。

1. 机械硬盘存储器

机械硬盘是由若干个涂有磁性材料的铝合金圆盘组成的。目前大多数微机上使用的机械硬盘是 3.5 英寸（1 英寸＝2.54 厘米）的。机械硬盘驱动器通常采用温彻斯特技术，这一技术的特点是把磁头、盘片及执行机构都密封在一个腔体内，与外界环境隔绝。采用这种技术的硬盘也被称为温彻斯特硬盘。

机械硬盘的两个主要性能指标是平均寻道时间和内部传输速率。一般来说，转速越高的机械硬盘寻道的时间越短且内部传输速率也越高。不过内部传输速率还受硬盘控制器的 Cache 影响，大容量的 Cache 可以改善机械硬盘的性能。目前机械硬盘常用转速有 5 400 r/min 和 7 200 r/min，最快的平均寻道时间为 8 ms，内部传输速率最高的为 190 Mbit/s。

机械硬盘每个存储表面被分成若干个磁道（不同的硬盘磁道数不同），每个磁道被划分成若干个扇区（不同的硬盘扇区数不同）。每个存储表面的同一磁道形成一个圆柱面，称为柱面。柱面是硬盘的一个常用指标。机械硬盘存储容量计算公式为

$$存储容量=磁头数\times柱面数\times扇区数\times每扇区字节数$$

【例 1-8】 某机械硬盘有磁头 15 个，磁道数（柱面数）8 894 个，每道 63 扇区，每扇区 512 B，则

$$存储容量=15\times 8\ 894\times 63\times 512\div 1\ 024^3=4.01\ \text{GB}$$

2. 固态硬盘存储器

近年来，传统硬盘（机械硬盘）在容量上有了较大突破，但在读取性能上遇到了瓶颈。传统硬盘在读取数据时，磁头需要定位在盘片的指定位置上（寻道）再进行数据的读写操作，因此，机械硬盘的读写速度相对比较慢。

固态硬盘是由控制单元和固态存储单元组成的硬盘。采用闪存或 DRAM 作为存储介质，目前绝大多数固态硬盘采用的是闪存介质。存储单元负责存储数据，控制单元负责读取、写入数据。由于固态硬盘没有机械硬盘的机械结构，也不存在机械硬盘的寻道问题，因此系统能够在低于 1 ms 的时间内对任意位置单元完成输入、输出操作。

与机械硬盘相比，固态硬盘除了具有读写速度快这个优势外，还具有低功耗、无噪声、抗震动、低热量、体积小、工作温度范围大等优势。固态硬盘没有机械马达和风扇，工作时噪声值为 0 分贝。基于闪存的固态硬盘在工作状态下能耗和发热量较低，内部不存在任何机械活动部件，不会发生机械故障，也不怕碰撞、冲击、振动。典型的机械硬盘驱动器只能在 5～55℃范围内工作，而大多数固态硬盘可在－10～70℃工作。固态硬盘比同容量机械硬盘体积小、重量轻。因此，固态硬盘能广泛应用于军事、车载、工业、医疗、航空等领域。

3. 光盘存储器

光盘(Optical Disk)指的是利用光学方式进行读/写信息的圆盘。计算机系统中所使用的光盘存储器是在激光视频唱片(又叫电视光盘)和数字音频唱片(又叫激光唱片)的基础上发展起来的。用激光在某种介质上写入信息,然后再利用激光读出信息的技术称为光存储技术。如果光存储使用的介质是磁性材料,即利用激光在磁记录介质上存储信息,就称为磁光存储。

人们把采用非磁性介质进行光存储的技术称为第一代光存储技术,其缺点是不能像磁记录介质那样把内容抹掉后重新写入新的内容。磁光存储技术是在光存储技术基础上发展起来的,称为第二代光学存储技术,其主要特点是可擦写。根据性能和用途的不同,光盘存储器可分为以下几种类型。

(1)CD－ROM:CD－ROM(Compact Disc－Read Only Memory)即只读型光盘,由生产厂家预先写入数据或程序,出厂后用户只能读取,而不能写入和修改。计算机上用的 CD－ROM 有一个数据传输速率的指标,称为倍速。1 倍速的数据传输速率是 150 kB/s,写成 1X。

(2)MO:MO(Magnetc－Optical)是一种具有磁盘性质的可擦写光盘,它的操作和硬盘完全相同,故称为磁光盘。MO 的容量有 540 MB、640 MB、1.3 GB、2.6 GB、3.2 GB。

(3)CD－R:CD－R 是 CD－Recordable 的缩写,即一次性可写入光盘。一般的 CD－R 光盘的容量为 650 MB。

(4)CD－RW:CD－RW 是 CD－ReWritable 的缩写,即光盘刻录机。这种光盘刻录机兼具 MO 和 CD－R 的优点。CD－RW 盘片就像硬盘一样,可以随时删除和读/写,CD－RW 光盘的容量为 650 MB。

(5)DVD－ROM:DVD－ROM(Digital Versatile Disc－Read Only Memory)是 CD－ROM 的后继产品。DVD－ROM 盘片单面单层的容量为 4.7 GB,单面双层的容量为 7.5 GB,双面双层的容量为 17 GB。DVD－ROM 的 1 倍速的数据传输速率为 1.3 MB/s。

4. 闪速存储器

20 世纪 90 年代,Intel 公司发明了闪速存储器。闪速存储器是一种高密度、非易失性的读/写半导体存储器,突破了传统的存储器体系,改善了现有存储器的特性,是一种全新的存储器技术。闪速存储器的存储元电路是在 CMOS 单晶体管 EPROM 存储元基础上制造的,因此,它具有非易失性。通过先进的设计和工艺,闪速存储器实现了优于传统 EPROM 的性能,其读取数据的速度和传输速率比其他任何存储器都高。闪速存储器具有以下特点。

(1)固有的非易失性。

(2)廉价的高密度。

(3)可直接运行。

(4)固态性能。

闪速存储器是一种理想的存储器,采用 USB 接口。以前外置存储器和计算机主机采用并口或者 SCSI 接口相连,前者传输速率太低,后者成本太高,所以外置存储器常应用于特殊领域。采用了 USB 接口后,外存开始走向普通大众。USB 闪速存储器秉承了 USB 的主要特性,支持即插即用和热插拔功能,体积小、容量大,便于携带,是移动用户、大量数据交换用户很好的选择。目前,大多数的移动存储设备都是采用闪速存储器作为存储载体的,可以说,没有闪速存储器也就没有“移动存储”。闪速存储器被广泛应用于数码相机、MP3 及移动存储设备。

六、输入/输出设备

1. 输入设备

常见的输入设备有键盘、鼠标、扫描仪。

键盘是计算机最主要的输入设备,是用户与计算机进行交流的主要工具。键盘上的字符信号由按键的位置决定,字符信号通过编码器转换成相应的二进制码,然后由键盘输入接口电路送入计算机。常用键盘有

104 键和 107 键两种。

通常，键盘由功能键区、主键盘区、编辑键区和数字键区（小键盘区）4 个部分组成。

2. 显示器

显示器是微机必不可少的标准输出设备，用于显示文字和图形，是实现人机对话的设备。显示器按颜色可分为单色显示器和彩色显示器，按显示方式可分为 CRT 显示器和液晶显示器，按显示能力可分为高分辨率显示器和低分辨率显示器。通常衡量一个显示器的好坏，需看显示器能支持多少种颜色，分辨率（或称点距）是多少，同时还要看它所配的显卡的类型。

3. 打印机

打印机是计算机系统中一种主要的输出设备，用于文件的硬拷贝。打印机的种类很多，可分为击打式打印机和非击打式打印机。

击打式打印机是利用打印钢针撞击色带，在纸上打出点阵，由点阵组成图形，也称为针式打印机。其特点是印字质量能满足普通要求，结构简单、造价低、速度慢、噪声大。

非击打式打印机是靠电磁作用实现打印的，它没有机械动作，打印速度快。非击打式打印机有静电、热敏、激光扫描和喷墨等方式，它们的共同特点是印字质量高，能满足印刷需要，速度快，噪声小，但结构复杂，价格高。

目前使用得较普遍的打印机是针式打印机和喷墨打印机。激光打印机打印质量高、速度快、字迹清晰，是目前最好的打印机。

七、网卡

网卡，即网络接口板，又称网络适配器或 NIC（网络接口控制器），是一块被设计用来允许计算机在计算机网络上进行通信的计算机硬件。无论是普通计算机还是高端服务器，只要连接到局域网，就都需要安装一块网卡。

1. 网卡的功能

网卡的功能主要有两个：一是将计算机的数据封装为帧，并通过网线（对无线网络来说，就是电磁波）将数据发送到网络上去；二是接收网络上其他设备传过来的帧，并将帧重新组合成数据，发送到所在的计算机中。

2. 网卡的分类

常见的网卡类型有集成网卡、独立网卡、USB 网卡和 PCMCIA 网卡。

（1）集成网卡直接焊接在计算机主板上（见图 1－8），具有成本低廉、使用方便、集成性高的特点。

（2）独立网卡插在主板的扩展插槽里（见图 1－9），可以随意拆卸；可安装高增益天线加强信号，能获得良好的信号，稳定性好。

（3）USB 网卡支持即插即用功能（见图 1－10），在无线局域网领域被广泛使用。USB 网卡携带方便、节省资源，但信号偏差，因为内置的天线增益低，很难获得最佳的信号。

（4）PCMCIA 网卡是笔记本电脑专用网卡（见图 1－11），因为受笔记本电脑空间的限制，体积较小，比 PCI 接口网卡小。

图 1－8 集成网卡

图 1－9 独立网卡

图 1－10 USB 网卡

图 1－11 PCMCIA 网卡

任务5 计算机软件系统

计算机如果只有硬件而没有软件，就只是一台裸机，用户是无法直接使用或操作它的。没有软件的计算机是不能工作的。一台性能优良的计算机，其硬件系统能否发挥应有的作用，取决于其配置的软件是否完善、丰富。计算机软件就是计算机运行所需的各种程序及有关文档资料的集合。

一、计算机软件的分类

从计算机系统角度来划分，软件一般分为系统软件和应用软件两大类。

1. 系统软件

系统软件是管理、监控和维护计算机的各类资源，提供用户与计算机交互的界面，支持开发各种应用软件的程序。系统软件主要包括操作系统、监控和诊断程序、各种程序设计语言及其解释程序、编译程序、数据库管理系统和工具软件等。下面主要介绍操作系统、程序设计语言和工具软件。

(1)操作系统。操作系统(Operating System，OS)专门用来管理和控制计算机的软件和硬件资源，是以方便用户并提高计算机系统资源利用率为目的的一组程序。一个计算机系统非常复杂，包括中央处理器、存储器、外部设备、各种软件等。如何让它们相互协调地工作，如何有效地管理它们，给用户提供方便的操作手段与环境，这些都属于操作系统的管辖范畴。操作系统是最重要、最基本的系统软件。

操作系统主要有以下5个方面的功能：处理器管理、存储器管理、设备管理、文件管理及作业管理。操作系统可以按不同的方法进行分类：按用户数目的多少，可分为单用户和多用户系统；按硬件规模的大小，可分为大型机、小型机、微机和网络操作系统。最常用的一种分类方法是按照操作系统的功能和使用环境进行分类，可分为单用户系统、批处理系统、分时系统、实时系统、分布式系统和网络系统。

目前，微机上常用的操作系统是适合多用户、多任务的Windows操作系统。

(2)程序设计语言。程序设计语言是编写计算机程序所用的语言，是人机交换信息的工具。程序设计语言一般可分为机器语言、汇编语言和高级语言3类。

机器语言：它是用0和1组成的二进制形式的指令代码，是最底层的、可以让硬件直接识别的计算机语言。

汇编语言：它是一种符号语言。计算机不能直接识别用汇编语言编写的程序，必须用一种专门的翻译程序将汇编语言程序翻译成机器语言程序后，计算机才能识别。

机器语言和汇编语言都是面向机器的语言，一般称之为低级语言。低级语言对计算机的依赖性太大，用低级语言开发的程序通用性、移植性差。

高级语言：它是与自然语言表达方式接近的语言，如Basic、Fortran、C语言等。用任何一种高级语言编写的程序都要通过编译程序翻译成机器语言程序后，计算机才能识别执行，或者通过解释程序边解释边执行。高级语言的显著特点是独立于具体的计算机硬件，通用性和可移植性好。

(3)工具软件。工具软件又称服务软件，是面向计算机维护管理人员的程序，包括诊断程序、查错程序、监控程序和调试程序等，为使用、维护计算机提供了方便。

2. 应用软件

除了系统软件以外的所有软件都是应用软件。它是用户利用计算机系统为解决各种实际问题而开发的程序，包括用于科学计算的软件包，各种文字处理软件，信息管理软件，办公自动化系统，计算机辅助设计、辅助制造、辅助教学软件，以及各种图形软件，等等。

系统软件支持应用软件在计算机上运行，实际上是为应用软件和计算机硬件提供了一个衔接的层次。值得注意的是，不管是系统软件还是应用软件，它们都是计算机能够执行的一系列指令的集合。

二、Windows操作系统

Windows操作系统是目前PC上最流行的图形界面操作系统，其使用界面友好、操作简便，特别适合于非计算机专业人员使用。Windows操作系统经历了以下发展过程：

1985年，微软公司推出了Windows 1.0版；1990年，微软公司推出了Windows 3.0版。

1995年，微软公司推出了全新的Windows 95(Windows 95出色的多媒体特性、人性化的操作、美观的界面令其获得空前成功)。

1996年，微软公司发布Windows NT4.0(Windows NT4.0增加了许多对应管理方面的特性，稳定性也相当不错)。

1998年，微软公司发布Windows 98(Windows 98是Windows 95的升级版本，它完善、扩充了许多新功能)。

2000年，微软公司推出了Windows NT 5.0，为了纪念千禧年，这个操作系统被命名为Windows 2000(Windows 2000包含新的NTFS文件系统、EFS文件加密、增强硬件支持等新特性，向一直被UNIX系统垄断的服务器市场发起了强有力的冲击)。

2001年，微软公司首次展示Windows XP，同年微软公司发布了Profession和Home Edition。

2003年，微软公司发布Windows Server 2003。Windows Server 2003对活动目录、组策略操作和管理、磁盘管理等面向服务器的功能做了较大改进，支持.net技术。

2009年，微软公司发布了Windows 7，同时也发布了服务器版本——Windows Server 2008 R2。与Windows XP相比，Windows 7在易用、快速、安全、特效等方面做了很多改进和创新，是目前一个重要的操作系统。

2015年，微软公司发布Windows 10。Windows 10是微软公司研发的跨平台及设备应用的操作系统。它包括家庭版、专业版、企业版、教育版、移动版、移动企业版和物联网核心版在内的7个版本。Windows 10操作系统针对固态硬盘、生物识别、高分辨率屏幕等都进行了优化支持与完善，在安全性方面除了继承旧版Windows操作系统的安全功能之外，还引入了Windows Hello、Microsoft Passport、Device Guard等安全功能，并与云服务、智能移动设备、自然人机交互等新技术进行了融合。

三、Android操作系统

Android是一种以Linux为基础的开放源代码操作系统，目前广泛应用在智能手机上。Android操作系统由谷歌公司与开放手机联盟合作开发，该联盟由全球84家制造商、开发商及电信运营商共同组成。Android操作系统从2007年正式推出至今，已经由最初的Android 1.0版更新至Android 11.0版。

Android平台由操作系统、中间件、用户界面和应用软件组成，包括一部手机工作所需的全部软件。作为一个多方倾力打造的平台，Android具有很多优点：实际应用程序运行速度快；开发限制少，平台开放；程序多任务性能优秀，切换迅速等。目前，Android已经成为主流的手机操作系统。

四、iOS操作系统

iOS是由苹果公司开发的移动操作系统。苹果公司最早于2007年1月9日召开的Macworld大会上公布这个系统，最初是设计给iPhone使用的，后来陆续套用到iPod touch、iPad及Apple TV等产品上。到2018年6月5日，iOS操作系统已经更新至iOS 12。

除了Android操作系统外，iOS操作系统是目前移动平台上使用比较多的操作系统。它具有以下特点。

(1)稳定性好。iOS操作系统是一个完全封闭的系统，不开源，避免了盗版猖狂的情况。

(2)安全性高。其使用的沙盒机制保护用户数据，实现了不同程序之间的隔离。

(3)软硬件整合度高。iOS系统的软件与硬件的整合度相当高，确保手机很少出现死机、无响应的情况。

(4)界面美观、易操作。苹果公司在界面设计上投入了很多精力，无论是外观还是易用性，iOS都致力于

为使用者提供最直观的用户体验。

(5)有统一要求的垃圾处理机制。该机制使手机不会越用越慢,也不需要额外安装垃圾处理软件(会拖慢系统运行速度)。

五、计算机的主要技术指标

计算机硬件系统主要解决的问题是如何使运算更快、运算的数据更长、运算的结果更准确;软件系统主要解决的问题是如何管理和维护好计算机,如何使用户更好地使用计算机,如何更好地发挥计算机硬件资源的效能。由此可见,硬件系统和软件系统是相辅相成、互为依赖的,两者缺一不可。在选用计算机的时候应合理配置计算机系统的软硬件资源。衡量一个计算机系统性能的主要技术指标有以下 5 个。

1. 字长

字长是计算机中参与运算的二进制位数,它决定计算机内寄存器、运算器和总线的位数,对计算机的运算速度、计算精度有重要影响。计算机的字长主要有 8 位、16 位、32 位和 64 位。目前,使用最广泛的计算机系统的字长是 64 位。

2. 运算速度

计算机的运算速度(平均运算速度)指单位时间(秒)内平均执行的指令条数,一般用百万次/秒来描述。

3. 时钟频率(主频)

时钟频率是 CPU 在单位时间(秒)内发出的脉冲数。通常,时钟频率以兆赫(MHz)或吉赫(GHz)为单位。目前大多数微机主频都在 2 GHz 以上。处理器主频越高,运算速度越快。

4. 内存容量

计算机内存容量大小决定其记忆功能的强弱,内存一般以 KB 或 MB 为单位(1 KB=1 024 B,1 MB=1 024 KB)。内存容量越大,说明计算机一次可以容纳的程序和数据越多,处理数据的范围越广,运算能力越强,速度越快。现在一般微机的内存容量为 4 GB、8 GB,甚至更大。

5. 外存容量

外存容量通常是硬盘容量,计算机工作时的信息交换主要通过硬盘进行,因此,硬盘的容量与速度在很大程度上决定了计算机整机的性能。硬盘容量越大,可存储的信息就越多,目前微机中常用的硬盘容量为 500 GB~2 TB。

目前计算机种类很多,在选购时要选软件兼容性好的。微机的兼容性包括接口、总线、硬盘、键盘形式、操作系统、I/O 规范等方面。要全面考虑一个计算机系统的好坏,不能根据某一两项指标来评价,除上述几项主要技术指标外,还应考虑使用效率和性价比等方面的因素,以满足应用的要求为目的。

项目考核

一、填空题

1.“计算机辅助__________”的英文缩写为 CAM。

2. 计算机中存储信息的最小单位是__________。

3. 在微机中,bit 的中文含义是__________,一个字节有__________位。

4. DRAM 存储器的中文含义是__________。

5. 唯一能被微机直接识别和处理的语言是__________。

二、选择题

1. 1946 年诞生的世界上公认的第一台电子计算机是(　　)。

A.UNIVAC－I　　B.EDVAC　　C.ENIAC　　D.IBM650

2. ENIAC在研制过程中采用了哪位科学家的两点改进意见(　　)。

A.莫克利　　B.冯·诺依曼　　C.摩尔　　D.戈尔斯坦

3. 计算机软件系统包括(　　)。

A.程序、数据和相应的文档　　B.系统软件和应用软件

C.数据库管理系统和数据库　　D.编译系统和办公软件

4. 按操作系统的分类,UNIX操作系统是(　　)。

A. 批处理操作系统　　B. 实时操作系统　　C. 分时操作系统　　D. 单用户操作系统

5. ENIAC是世界上第一台电子数字计算机,最早应用电子计算机的领域是(　　)。

A.信息处理　　B.科学计算　　C.过程控制　　D.人工智能

6. 计算机的硬件主要包括中央处理器、存储器、输出设备和(　　)。

A.键盘　　B.鼠标　　C.输入设备　　D.显示器

7. 在下列设备组中,完全属于输入设备的一组是(　　)。

A.CD－ROM驱动器、键盘、显示器　　B.绘图仪、键盘、鼠标器

C.键盘、鼠标器、扫描仪　　D.打印机、硬盘、条码阅读器

8. 在下列各存储器中,存取速度最快的是(　　)。

A.CD－ROM　　B.内存　　C.软盘　　D.硬盘

9. 用一个字节最多能编码出(　　)种不同的码。

A.256　　B.128　　C.8　　D.4

10. 十进制数27对应的二进制数为(　　)。

A.1011　　B.100　　C.10111　　D.11011

三、简答题

1. 计算机的发展经历了哪几个阶段?各阶段的特点是什么?

2. 将下列数字按要求进行转换。

(1)十进制数转换成二进制数:5,11,186,6.125

(2)八进制数或十六进制数转换为二进制数:$(70.521)_8$;$(10A.B2F)_{16}$

(3)二进制数转换成十进制数:101101,11011101,0.11,1010101.0011

3. 衡量计算机系统性能的主要技术指标有哪些?

项目二　计算机网络基础知识

项目目标

1. 了解计算机网络。
2. 了解计算机网络的组成和分类。
3. 了解网络传输介质和通信设备。
4. 了解局域网和 Internet。
5. 掌握 Internet 的基本应用。

任务 1　计算机网络概述

网络化是计算机技术发展的一种必然趋势，下面将介绍计算机网络的定义、发展、功能等相关基础知识。

一、计算机网络的定义

在计算机网络发展的不同阶段，人们因对计算机网络的理解不同而提出了不同的定义。就计算机网络现状来看，从资源共享的观点出发，通常将计算机网络定义为以能够相互共享资源的方式连接起来的独立计算机系统的集合。也就是说，将相互独立的计算机系统以通信线路相连接，按照全网统一的网络协议进行数据通信，从而实现网络资源共享。

二、计算机网络的发展

计算机网络出现的历史不长，但发展迅速，经历了从简单到复杂，从地方到全球的发展过程。从形成初期到现在，计算机网络的发展大致可以分为 4 个阶段。

（一）第一代计算机网络

这一阶段可以追溯到 20 世纪 50 年代。人们将多台终端通过通信线路连接到一台中央计算机上，构成“主机—终端”系统。第一代计算机网络又称为面向终端的计算机网络。这里的终端不具备自主处理数据的能力，仅仅能完成简单的输入/输出功能，所有数据处理和通信处理任务均由主机完成。用今天对计算机网络的定义来看，“主机—终端”系统只能称得上是计算机网络的雏形，还算不上是真正的计算机网络，但这一阶段进行的计算机技术与通信技术相结合的研究，成为计算机网络发展的基础。

（二）第二代计算机网络

20 世纪 60 年代，计算机的应用日益普及，许多部门，如工业、商业机构，都开始配置大、中型计算机系统。这些地理位置上分散的计算机之间自然需要进行信息交换。这种信息交换的结果是将多个计算机系统连接，形成一个计算机通信网络，被称为第二代网络。其重要特征是通信在“计算机—计算机”之间进行，计

算机各自具有独立处理数据的能力，并且不存在主从关系。计算机通信网络主要用于传输和交换信息，但资源共享程度不高。美国的 ARPANET 就是第二代计算机网络的典型代表。ARPANET 为 Internet 的产生和发展奠定了基础。

（三）第三代计算机网络

从 20 世纪 70 年代中期开始，许多计算机生产商纷纷开发出自己的计算机网络系统并形成各自不同的网络体系结构。例如，IBM 公司的系统网络体系结构（SNA）、DEC 公司的数字网络体系结构（DNA）。这些网络体系结构间有很大的差异，无法实现不同网络之间的互联，因此网络体系结构与网络协议的国际标准化成了迫切需要解决的问题。1977 年国际标准化组织（International Organization for Standardization，ISO）提出了著名的开放系统互连参考模型 OSI/RM，形成了一个计算机网络体系结构的国际标准。尽管 Internet 上使用的是 TCP/IP 协议，但 OSI/RM 对网络技术的发展产生了极其重要的影响。第三代计算机网络的特征是全网中所有的计算机遵守同一种协议，强调以实现资源共享（硬件、软件和数据）为目的。

（四）第四代计算机网络

从 20 世纪 90 年代开始，Internet 实现了全球范围的电子邮件、万维网、文件传输和图像通信等数据服务的普及，但电话和电视仍各自使用独立的网络系统进行信息传输。人们希望利用同一网络来传输语音、数据和视频图像，因此提出了宽带综合业务数字网（B－ISDN）的概念。“宽带”是指网络具有极高的数据传输速率，可以承载大数据量的传输；“综合”是指信息媒体，包括语音、数据和图像可以在网络中综合采集、存储、处理和传输。由此可见，第四代计算机网络的特点是综合化和高速化。支持第四代计算机网络的技术有异步传输模式（Asynchronous Transfer Mode，ATM）、光纤传输介质、分布式网络、智能网络、高速网络、互联网技术等。人们对这些新的技术投以极大的热情和关注，正在不断深入地研究和应用。

Internet 技术的飞速发展以及在企业、学校、政府、科研部门和千家万户的广泛应用，使人们对计算机网络提出了越来越高的要求。未来的计算机网络应能提供目前电话网、电视网和计算机网络的综合服务；能支持多媒体信息通信，以提供多种形式的视频服务；具有高度安全的管理机制，以保证信息安全传输；具有开放统一的应用环境，智能的系统自适应性和高可靠性，网络的使用、管理和维护将更加方便。总之，计算机网络将进一步朝着“开放、综合、智能”的方向发展，必将对未来世界的经济、军事、科技、教育与文化的发展产生重大的影响。

三、计算机网络的分类

到目前为止，计算机网络还没有一种被普遍认同的分类方法，可使用不同的分类方法对其进行分类，如按网络覆盖的地理范围、网络控制方式、网络的拓扑结构、网络协议、传输介质、所使用的网络操作系统、传输技术和使用范围等。其中，按网络覆盖的地理范围分类和按传输介质分类是最主要的分类方法。

（一）按网络覆盖的地理范围分类

计算机网络根据覆盖的地理范围与规模可以分为局域网（Local Area Network，LAN）、城域网（Metropolitan Area Network，MAN）、广域网（Wide Area Network，WAN）和互联网（Internet）等 4 种类型。

（1）局域网。局域网是将较小地理区域内的计算机或数据终端设备连接在一起的通信网络，局域网覆盖的地理范围比较小，一般在几十米到几千米之间，主要用于实现短距离的资源共享。局域网可以由一个建筑物内或相邻建筑物的几百台至上千台计算机组成，也可以仅连接一个房间内的几台计算机、打印机和其他设备。图 2－1 所示为一个简单的企业内部局域网。局域网与其他网络的区别主要体现在网络所覆盖的物理范围、网络所使用的传输技术和网络的拓扑结构 3 个方面。从功能的角度来看，局域网的服务用户个数有限，但是局域网的配置容易实现，且速率高，一般可达 4 Mbit/s～2 Gbit/s，使用费用也较低。

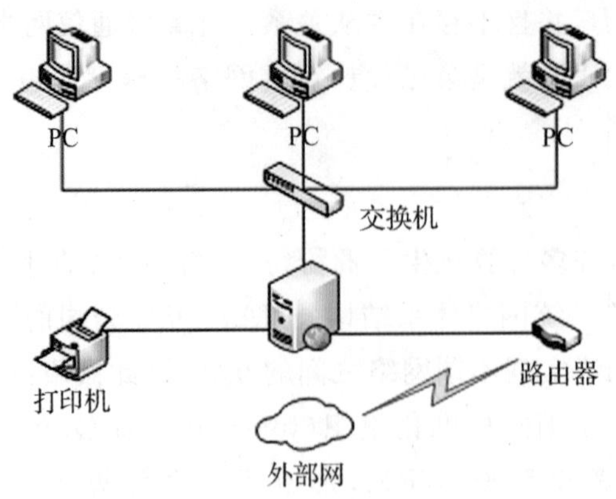

图 2-1　企业内部局域网

(2)城域网。城域网是一种大型的通信网络,它的覆盖范围介于局域网和广域网之间,一般为几千米至几万米,城域网的覆盖范围在一个城市内,它将位于一个城市之内不同地点的多个计算机局域网连接起来实现资源共享。城域网所使用的通信设备和网络设备的功能要求比局域网高,以便有效地覆盖整个城市的地理范围。一般在一个大型城市中,城域网可以将多个学校、企事业单位、公司和医院的局域网连接起来共享资源。某城区教育系统的城域网,如图 2-2 所示。

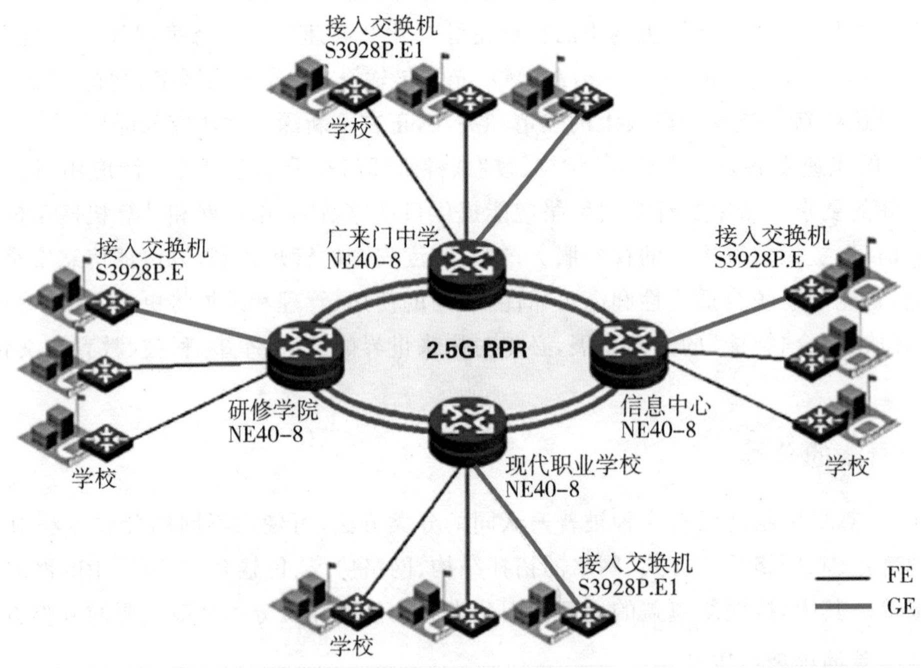

图 2-2　某城区教育城域网

(3)广域网。广域网在地域上可以覆盖全球范围。目前,Internet 是现今世界上最大的广域计算机网络,它是一个横跨全球、供公共商用的广域网络。除此之外,许多大型企业以及跨国公司和组织也建立了属于内部使用的广域网络。如我国的公用电话交换网(PSTN)、公用数字数据网(ChinaDDN)和公用分组交换数据网(ChinaPAC)等都是广域网。广域网的物理结构如图 2-3 所示。

(4)互联网。目前世界上有许多网络,而不同网络的物理结构、协议和所采用的标准也各不相同。如果连接到不同网络的用户需要进行相互通信,就需要将这些不兼容的网络通过被称为网关的机器设备连接起来,并由网关完成相应的转换功能。多个网络相互连接构成的集合称为互联网,其最常见形式是多个局域网通过广域网连接起来。判断一个网络是广域网还是通信子网取决于网络中是否含有主机,如果一个网络只含有中间转接站点，即 IMP，则该网络仅仅是一个通信子网；反之，如果网络中既包含 IMP，又包含用户可以运行作业的主机，则该网络是一个广域网。

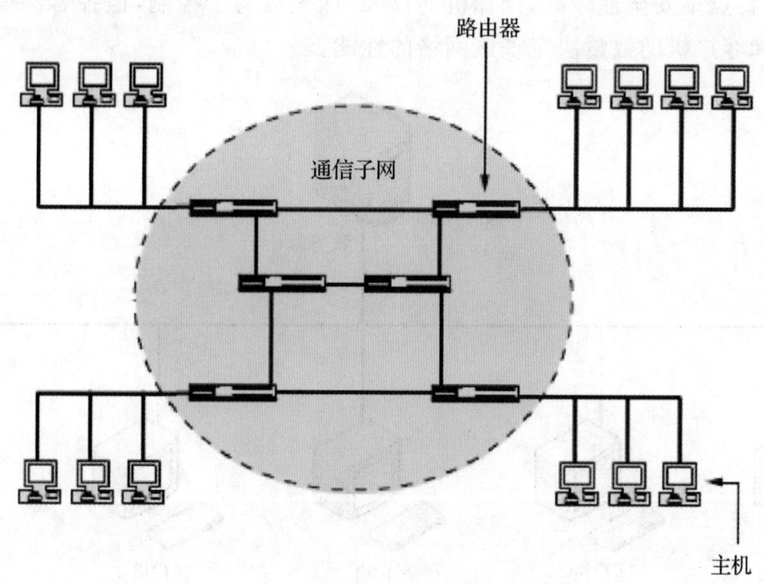

图 2－3　广域网的物理结构

开阔视野

Internet 是广域网的一种。它不是一种具体独立性的网络，它将同类或不同类的物理网络(局域网、广域网与城域网)互联，并通过高层协议实现不同类网络间的通信。

(二)按服务方式分类

服务方式是指计算机网络中每台计算机之间的关系，按照这种方式可将计算机网络分为对等网络和客户机/服务器网络两种形式，对等网络方式是点对点，客户机/服务器网络方式是一点对多点。

(1)对等网络。在对等网络中，计算机的数量通常不超过 20 台，所以对等网络相对比较简单。在对等网络中各台计算机有相同的功能，无主从之分，网上任意节点计算机既可以作为网络服务器为其他计算机提供资源，也可以作为工作站分享其他服务器的资源。任意一台计算机均可同时兼作服务器和工作站，也可只作其中之一。同时，对等网络除了共享文件之外，还可以共享打印机，对等网络上的打印机可被网络上的任一节点使用，如同使用本地打印机一样方便，图 2－4 所示为一个对等网络。

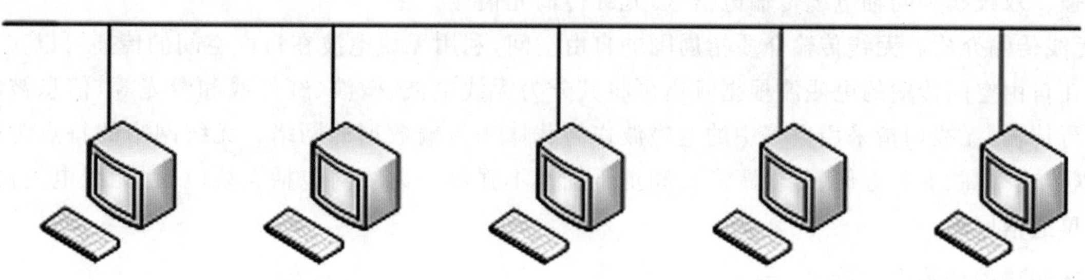

图 2－4　对等网络

(2)客户机/服务器网络。在计算机网络中，如果只有一台或者几台计算机作为服务器为网络上的用户提供共享资源，而其他的计算机仅作为客户机访问服务器中提供的各种资源，这样的网络就是客户机/服务器网络，如图 2-5 所示。服务器指专门提供服务的高性能计算机或专用设备；客户机指用户计算机。客户机/服务器网络方式的特点是安全性较高，计算机的权限、优先级易于控制，监控容易实现，网络管理能够规范化。服务器的性能和客户机的数量决定了该网络的性能。

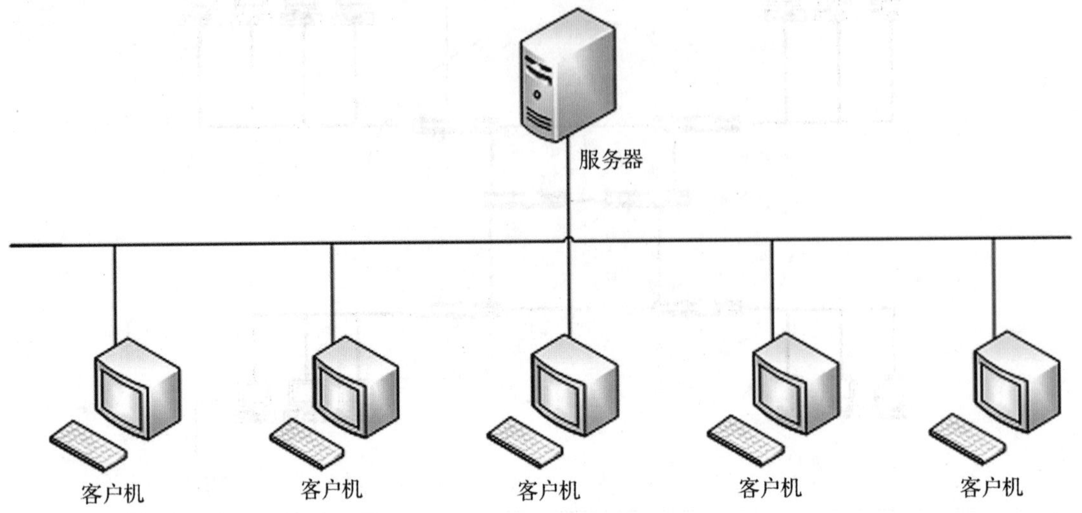

图 2-5　客户机/服务器网络

(三)按网络的拓扑结构分类

计算机网络的拓扑结构指网络中的计算机或设备与传输媒介形成的节点与线的物理构成模式。网络的节点有两类：一类是转换和交换信息的转接节点，包括节点交换机、集线器和终端控制器等；另一类是访问节点，包括计算机主机和终端等。线则代表各种传输媒介，包括有形的线和无形的线。拓扑结构的选择与具体的网络要求相关，网络拓扑结构主要影响网络设备的类型、设备的能力、网络的扩张潜力和网络的管理模式等。

(四)按网络传输介质分类

网络传输介质是指在网络中传输信息的载体，常用的传输介质分为有线传输介质和无线传输介质两大类。

(1)有线传输介质。有线传输介质指在两个通信设备之间实现的物理连接部分，能将信号从一方传输到另一方，主要有同轴电缆、双绞线和光纤。有线网则是使用这些有线传输介质连接的网络。采用同轴电缆连网的特点是经济实惠，但传输率和抗干扰能力一般、传输距离较短；采用双绞线连网的特点是价格便宜、安装方便，但易受干扰、传输率较低、传输距离比同轴电缆短；采用光纤连网的特点是传输距离长、传输速率高和抗干扰性强。双绞线和同轴电缆传输电信号，光纤传输光信号。

(2)无线传输介质。无线传输介质指周围的自由空间，利用无线电波在自由空间的传播可以实现多种无线通信。在自由空间传输的电磁波根据频谱可将其分为无线电波、微波、红外线和激光等，信息被加载在电磁波上进行传输，无线网指采用空气中的电磁波作为载体来传输数据的网络。无线网络的特点为连网费用较高、数据传输率高、安装方便、传输距离长和抗干扰性不强等。无线网包括无线电话、无线电视网、微波通信网和卫星通信网等。

(五)按网络的使用性质分类

网络的使用性质主要指该网络服务的对象和组建的原因，根据这种方式可将计算机网络分为公用网、专用网、利用公用网组建专用网 3 种类型。

(1)公用网。公用网是指由电信部门或其他提供通信服务的经营部门组建、管理和控制，网络内的传输和转接装置可供任何部门和个人使用的网络。

(2)专用网。专用网是由用户部门独立组建经营的网络,不允许其他用户和部门使用;由于投资等因素,专用网常为局域网或者是通过租借电信部门的线路而组建的广域网络。

(3)利用公用网组建专用网。许多部门直接租用电信部门的通信网络,并配置一台或者多台主机,向社会各界提供网络服务,这些部门构成的应用网络称为增值网络(或增值网),即在通信网络的基础上提供了增值的服务。这种类型的网络其实就是利用公用网组建的专用网,如中国教育科研网、全国各大银行的网络等。

四、计算机网络的组成

计算机网络的规模不同,其中的各种结构、硬软件和协议的配置也有很大差异。根据网络的定义,从系统组成上来说,一个计算机网络主要分为计算机系统(主机与终端)、数据通信系统、网络软件及协议三大部分;从计算机网络的功能来说,一个计算机网络可以分为通信子网和资源子网两大部分。

(一)计算机系统

计算机系统是网络的基本组成部分,它主要完成数据信息的收集、存储、管理和输出的任务,并提供各种网络资源。计算机系统根据其在网络中的用途,一般分为主机和终端两部分。

(1)主机(Mainframe)。主机在很多时候被称为服务器(Server),它是一台高性能计算机,用于管理网络、运行应用程序和处理各网络工作站成员的信息请示等,并连接一些外部设备,如打印机、光盘驱动器和调制解调器等。根据其作用的不同,主机分为文件服务器、应用程序服务器和数据库服务器等。Internet 网管中心就有 WWW 服务器、FTP 服务器等各类服务器。广义上的服务器是指向运行在别的计算机上的客户端程序提供某种特定服务的计算机或是软件包,这一名称可能指某种特定的程序,如 WWW 服务器,也可能指用于运行程序的计算机。一台单独的服务器计算机上可以同时有多个服务器软件包在运行,并向网络上的客户提供多种不同的服务。

开阔视野

一般意义上的网络服务器也指文件服务器。文件服务器是网络中最重要的硬件设备,其中装有网络操作系统(Network Operating System,NOS)、系统管理工具和各种应用程序等,是组建一个客户机/服务器局域网所必需的基本配置。对于对等网络而言,每台计算机既是服务器也是工作站。

(2)终端(Terminal)。终端是网络中的用户进行网络操作、实现人机对话的重要工具,在局域网中通常被称为工作站(Workstation)或者客户机(Client)。由服务器进行管理和提供服务的、连入网络的任何计算机都属于工作站,其性能一般低于服务器。个人计算机接入 Internet 后,在获取 Internet 服务的同时,其本身就成为一台 Internet 上的工作站。网络工作站需要运行网络操作系统的客户端软件。

开阔视野

在涉及计算机网络的描述中,终端和终端设备是有区别的,终端设备是用户进行网络操作所使用的设备,它的种类很多,可以是具有键盘及显示功能的一般终端,也可以是一台计算机;而终端则是指具备网络通信能力的计算机。

(二)数据通信系统

数据通信系统是连接网络的桥梁,提供了各种连接技术和信息交换技术,其主要任务是把数据源计算机所产生的数据迅速、可靠、准确地传输到计算机数据库(目的)或专用外设中。从计算机网络技术的组成部分

来看，一个完整的数据通信系统，一般由数据终端设备、通信控制器、通信信道和信号变换器等 4 个部分组成。

(1)数据终端设备。数据终端设备是指数据的生成者和使用者根据协议控制通信所使用的设备。除了计算机外，数据终端设备还可以是网络中的专用数据输出设备，如打印机等。

(2)通信控制器。其功能除进行通信状态的连接、监控和拆除等操作外，还可接收来自多个数据终端设备的信息，并转换信息格式，如计算机内部的异步通信适配器、数字基带网中的网卡就是通信控制器。

(3)通信信道。通信信道是信息在信号变换器之间传输的通道，如模拟通信信道、专用数字通信信道、宽带电缆和光纤等。

(4)信号变换器。其功能是把通信控制器提供的数据转换成适合通信信道要求的信号形式，或把信道中传来的信号转换成可供数据终端设备使用的数据，最大限度地保证传输质量。在计算机网络的数据通信系统中，最常用的信号变换器是调制解调器和光纤通信网中的光电转换器。信号变换器和其他的网络通信设备又统称为数据通信设备(DCE)，DCE 为用户设备提供入网的连接点。

(三)网络软件及协议

网络软件是计算机网络中不可或缺的组成部分。网络的正常工作需要网络软件的控制，如同单个计算机在网络软件的控制下工作一样。网络软件一方面授权用户对网络资源进行访问，帮助用户方便、快速地访问网络；另一方面网络软件也能够管理和调度网络资源，提供网络通信和用户所需要的各种网络服务。网络软件包括通信支撑平台软件、网络服务支撑平台软件、网络应用支撑平台软件、网络应用系统、网络管理系统以及用于特殊网络站点的软件等。从网络体系结构模型不难看出，通信软件和各层网络协议软件是网络软件的主体。

通常情况下，网络软件分为通信软件、网络协议软件和网络操作系统三个部分。

(1)通信软件。通信软件用以监督和控制通信工作，除了作为计算机网络软件的基础组成部分外，还可用作计算机与自带终端或附属计算机之间实现通信的软件，通常由线路缓冲区管理程序、线路控制程序以及报文管理程序组成。报文管理程序由接收、发送、收发记录、差错控制、开始和终了 5 个部分组成。

(2)网络协议软件。网络协议软件是网络软件的重要组成部分，按网络所采用的协议层次模型(如 ISO 建议的开放系统互连基本参考模型)组织而成。除物理层外，其余各层协议大都由软件实现，每层协议软件通常由一个或多个进程组成，其主要任务是完成相应层协议所规定的功能，以及与上、下层的接口功能。

(3)网络操作系统。网络操作系统指能够控制和管理网络资源的软件。网络操作系统的功能作用在两个级别上：①在服务器机器上，为在服务器上的任务提供资源管理；②在每个工作站机器上，向用户和应用软件提供一个网络环境的“窗口”，从而向网络操作系统的用户和管理人员提供一个整体的系统控制能力。网络服务器操作系统要完成目录管理、文件管理、安全性、网络打印、存储管理和通信管理等主要服务。工作站的操作系统软件主要完成工作站任务的识别和与网络的连接，即先判断应用程序提出的服务请求是使用本地资源还是使用网络资源，若使用网络资源则需完成与网络的连接。常用的网络操作系统有 Netware 系统、Windows NT 系统、UNIX 系统和 Linux 系统等。

(四)通信子网和资源子网

从功能上看，计算机网络主要具有网络通信和资源共享两大功能。为实现这两个功能，计算机网络必须具有数据通信和数据处理两种功能。因此，计算机网络可以从逻辑上被划分成两个子网，即通信子网和资源子网，如图 2-6 所示。

(1)通信子网。通信子网主要负责网络的数据通信，为网络用户提供数据传输、转接、加工和变换等信息处理工作，由通信控制处理机(又称网络节点)、通信线路、网络通信协议以及通信控制软件组成。

(2)资源子网。资源子网用于网络的数据处理，主要向网络用户提供各种网络资源和网络服务，包括通信线路(即传输介质)、网络连接设备(如网络接口设备、通信控制处理机、网桥、路由器、交换机、网关、调制解调器和卫星地面接收站等)、网络通信协议和通信控制软件等。

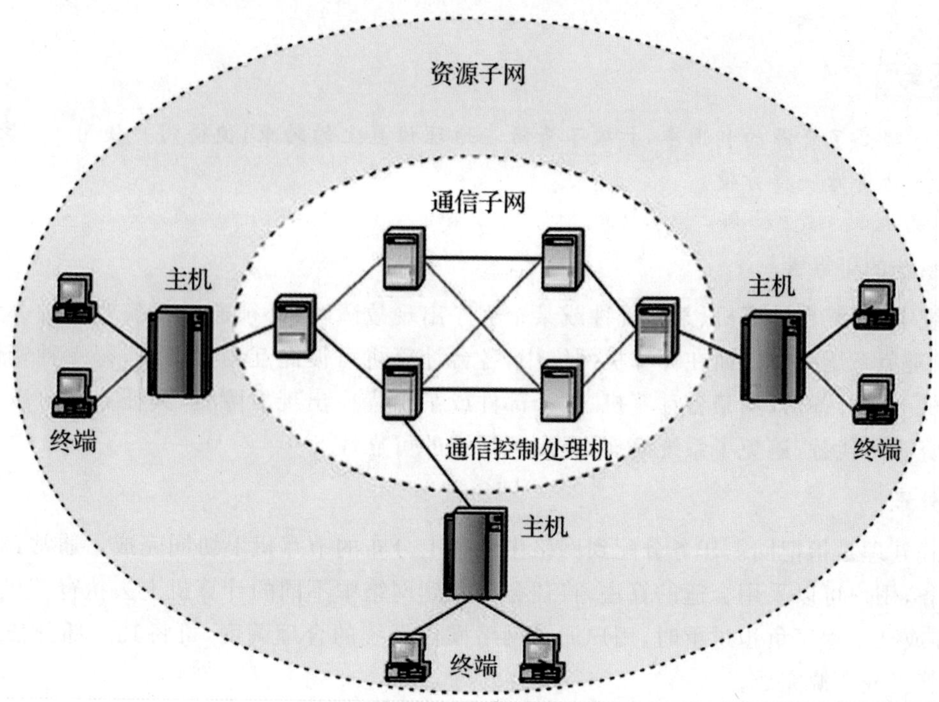

图 2－6　通信子网与资源子网

(3)两者的相互关系。在局域网中,资源子网主要由网络的服务器、工作站、共享的打印机和其他设备及相关软件所组成;通信子网由网卡、线缆、集线器、中继器、网桥、路由器、交换机等设备和相关软件组成。

在广域网中,通信子网由一些专用的通信处理机(即节点交换机)及其运行的软件、集中器等设备和连接这些节点的通信链路组成。资源子网由网络中所有主机及其外部设备组成。

另外,通信子网又可分为点到点通信线路通信子网和广播信道通信子网两类。广域网主要采用点到点通信线路,局域网与城域网一般采用广播信道。由于技术上存在较大差异,因此在物理层和数据链路层协议上出现了两个节点:一类基于点到点通信线路,另一类基于广播信道。基于点到点通信线路的广域物理层和数据链路层技术与协议的研究开展得较早,形成了自己的体系、协议与标准,而基于广播信道的局域网、城域网的物理层和数据链路层协议研究相对较晚。

五、计算机网络的主要功能

计算机网络为用户构造分布式的网络计算环境提供了基础,其功能主要表现在以下5个方面。

(一)数据通信

通信功能是计算机网络最基本的功能,也是计算机网络其他各种功能的基础,所以它是计算机网络最重要的功能。通信功能用来快速传送计算机与终端、计算机与计算机之间的各种信息,包括文字信件、新闻消息、咨询信息、图片资料和报纸版面等,利用这一特点,可将分散在各个地区的单位或部门用计算机网络联系起来,进行统一的调配、控制和管理。

(二)资源共享

资源指的是网络中所有的软件、硬件和数据资源;共享则是指网络中的用户都能够部分或全部使用这些资源。例如,某些地区或单位的数据库(如各种票据等)可供全网使用;某种设计的软件可供需要的地方有偿调用或办理一定手续后调用;一些外部设备如打印机,可面向用户,使不具有这些设备的地方也能使用这些硬件设备。如果不能实现资源共享,各地区都需要有一套完整的软、硬件设备及数据资源,这将大大增加全系统的投资费用。

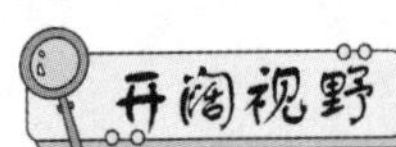

资源共享提高了资源的利用率，打破了资源在地理位置上的约束，使得用户使用千里之外的资源也如同使用本地资源一样方便。

(三)提高系统的可靠性

在一个系统中，当某台计算机、某个部件或某个程序出现故障时，必须通过替换资源的办法来维持系统的继续运行，以避免系统瘫痪。而在计算机网络中，各台计算机可彼此互为后备机，每一种资源都可以在两台或多台计算机上进行备份，当某台计算机、某个部件或某个程序出现故障时，其任务就可以由其他计算机或其他备份的资源所代替，避免了系统瘫痪，提高了系统的可靠性。

(四)分布处理

网络分布式处理是指把同一任务分配到网络中地理上分布的节点机上协同完成。通常，对于复杂的、综合性的大型任务，用户可以采用合适的算法，将任务分散到网络中不同的计算机上去执行。当网络中某台计算机、某个部件或某个程序负担过重时，用户通过网络操作系统的合理调度，可将其一部分任务转交给其他较为空闲的计算机或资源完成。

(五)分散数据的综合处理

网络系统还可以有效地将分散在网络各计算机中的数据资料信息收集起来，从而达到对分散的数据资料进行综合分析处理，并把正确的分析结果反馈给各相关用户的目的。

任务2　局域网

一、局域网的定义

局域网是在一定地理区域内的网络，也可以说局域网是将小区域内的各种计算机、通信设备利用通信线路互连在一起，以实现数据通信和资源共享的通信网络。局域网具有如下特点。

(1)局域网覆盖有限的地理范围，可以满足一个办公室、一幢大楼、一个仓库及一个园区等有限范围内的计算机及各类通信设备的连网需求，这个地理范围通常在 10 km 内。

(2)局域网由若干通信设备包括计算机、终端设备与各种互连设备组成。

(3)局域网具有数据传输速率高(通常为 10 Mbit/s～1 Gbit/s)、误码率低(通常为 10^{-8}～10^{-11})的特点，而且具有较短的延时。

(4)局域网可以使用多种传输介质来连接，包括双绞线、同轴电缆、光缆等。

(5)局域网由一个单位或组织建设和拥有，易于管理和维护。

(6)局域网侧重于共享信息的处理问题，而不是传输问题。

(7)决定局域网性能的主要技术包括拓扑结构、传输介质和介质访问控制方法。局域网技术不仅是计算机网络中的一个重要分支，而且也是发展最快、应用最广泛的一项技术。

局域网的拓扑结构

二、局域网的拓扑结构

拓扑(Topology)是从图论演变而来的，是一种研究与大小、形状无关的点、线关系的方法。在计算机网络中,抛开网络中的具体设备,把工作站、服务器等网络单元抽象为“点”,把网络中的电缆等通信介质抽象为“线”,这样计算机网络结构就抽象为点和线组成的几何图形,称之为“网络的拓扑结构”。

网络拓扑结构对整个网络的设计、功能、可靠性、费用等方面有着重要的影响。常见的拓扑结构有总线型(Bus)拓扑结构、环形(Ring)拓扑结构和星形(Star)拓扑结构。

(一)总线型拓扑结构

总线型拓扑结构是局域网主要的拓扑结构之一。由于总线是所有节点共享的公共传输介质(双绞线或同轴电缆),因此将总线型拓扑结构局域网称为“共享介质”局域网,其代表网络是以太网(Ethernet)。总线型拓扑结构的优点是结构简单、实现容易、易于扩展、可靠性较好。由于总线作为公共传输介质为多个节点共享,因此有可能在同一时刻有两个或两个以上节点通过总线发送数据,从而引起冲突,总线型拓扑结构就必须解决冲突问题。总线型拓扑结构如图 2-7 所示。

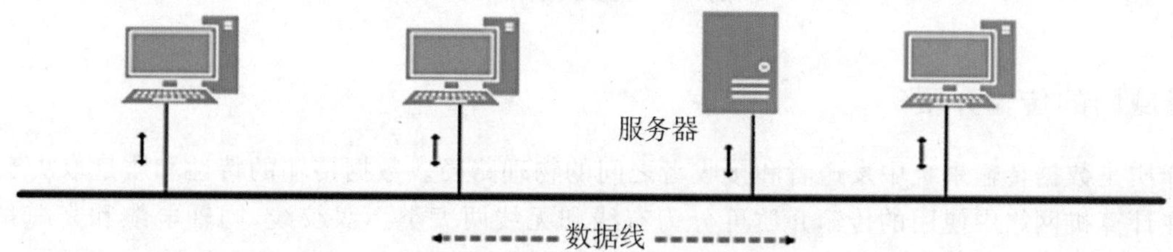

图 2-7 总线型拓扑结构

(二)环形拓扑结构

环形拓扑结构也是局域网主要的拓扑结构之一。同样,环形拓扑结构局域网也是一种共享介质局域网,网络中多个节点共享一条环通路。为了确定环中的节点在什么时候传输数据,环形拓扑结构局域网也要进行介质访问控制,解决冲突问题。环形拓扑结构局域网的优点是控制简单,结构对称,传输速率高,常作为网络的主干;缺点是环上传输的任何数据都必须经过所有节点,断开环中的任何一个节点,就意味着整个网络通信的终止。环形拓扑结构如图 2-8 所示。

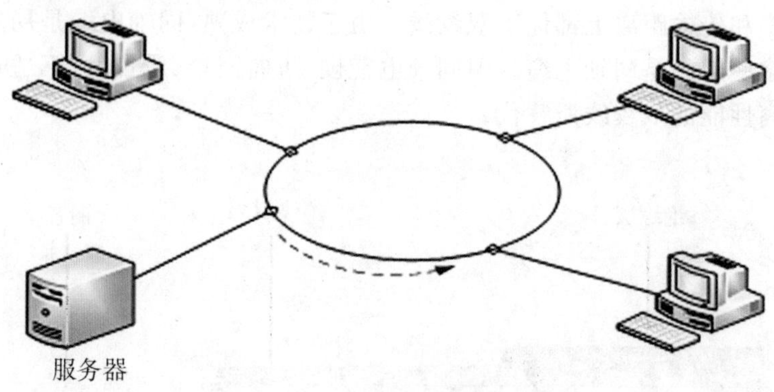

图 2-8 环形拓扑结构

(三)星形拓扑结构

局域网中用得最广泛的是星形拓扑结构。星形拓扑结构中每一个节点通过点到点的链路与中心节点进行连接,任何两个节点之间的通信都要通过中心节点转换。中心节点可以是交换机、集线器或转发器。星形拓扑结构的优点是结构简单,建网容易,控制相对简单;缺点是中心节点负担过重,通信线路利用率低。目前,集中控制方式星形拓扑结构已较少被采用,而分布式星形拓扑结构仍在现代局域网中被采用,交换技术的发展使交换式星形拓扑结构被广泛采用。星形拓扑结构如图 2-9 所示。

以上分别讨论了 3 种拓扑结构,而在实际应用中,一个局域网可能是几种拓扑结构的扩展与组合,但是无论何种组合,都必须符合拓扑结构的工作原理和要求。

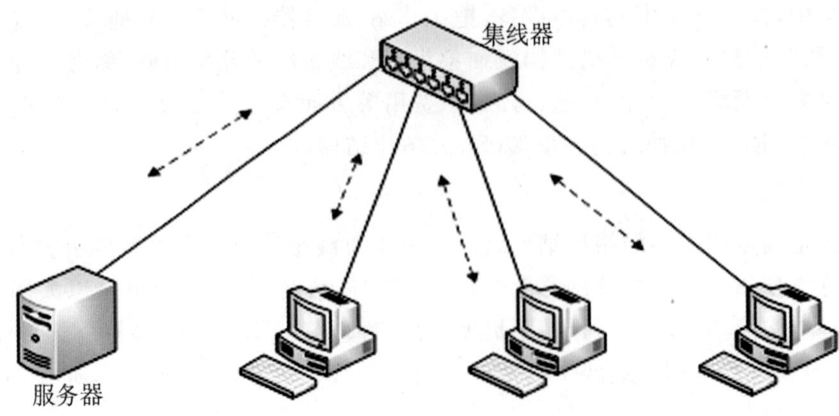

图 2－9　星形拓扑结构

三、局域网的传输介质

传输介质是数据传输系统中发送者和接收者之间的物理路径。数据传输的特性和质量取决于传输介质的性质。在计算机网络中使用的传输介质可分为有线和无线两大类。双绞线、同轴电缆和光缆是常用的3种有线传输介质，卫星、无线电、红外线、激光及微波属于无线传输介质。

局域网所使用的传输介质主要是双绞线、同轴电缆和光缆。双绞线和同轴电缆一般作为建筑物内部的局域网干线；光缆则因其性能优良、价格较高，常作为建筑物之间的连接干线。

(一)有线传输介质

1. 同轴电缆

同轴电缆(Coaxial Cable)外部由中空的圆柱状导体包裹着一根实心金属线导体组成，其结构如图2－10所示。同轴电缆的内芯为铜导体，其外围是一层绝缘材料，再外层为金属屏蔽线组成的网状导体，最外层为塑料保护绝缘层。由于铜芯与网状外部导体同轴，故称同轴电缆。同轴电缆的结构使它具有高带宽和高抗干扰性，在数据传输速率和传输距离上都优于双绞线。由于技术成熟，同轴电缆是局域网中使用最普遍的物理传输介质，如以太网多使用的是同轴电缆。但同轴电缆硬、折曲困难、质量大，不适合于楼宇内的结构化布线，因此目前已逐步被高性能的双绞线所替代。

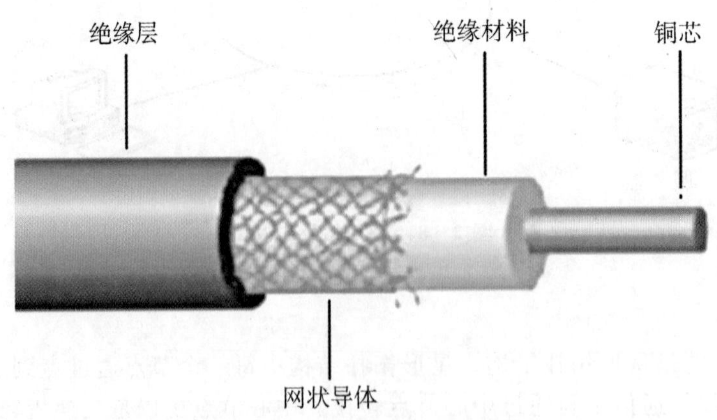

图 2－10　同轴电缆的结构

同轴电缆可分为两种基本类型：基带同轴电缆(特征阻抗为50 Ω)和宽带同轴电缆(特征阻抗为75 Ω)。基带同轴电缆又可分为粗同轴电缆与细同轴电缆。

2. 双绞线

双绞线(Twisted Pair，TP)是综合布线工程中最常使用的有线物理传输介质。它由 4 对 8 根绝缘的铜线两两互绞在一起而得名，其结构如图 2－11 所示。将导线绞在一起的目的是减少来自其他导线中的信号干扰。相对于其他有线物理传输介质(同轴电缆和光缆)来说，双绞线价格便宜，也易于安装、使用，但在传输距离、信道宽度和数据传输速率等方面均受到一定限制。

双绞线分为非屏蔽双绞线(Unshielded Twisted Pair，UTP)和屏蔽双绞线(Shielded Twisted Pair，STP)。目前局域网使用的双绞线主要是三类线、四类线、五类线和超五类线，其中三类线主要用于 10 Mbit/s 网络的连接，而 100 Mbit/s、1 Gbit/s 网络需要使用五类线和超五类线。

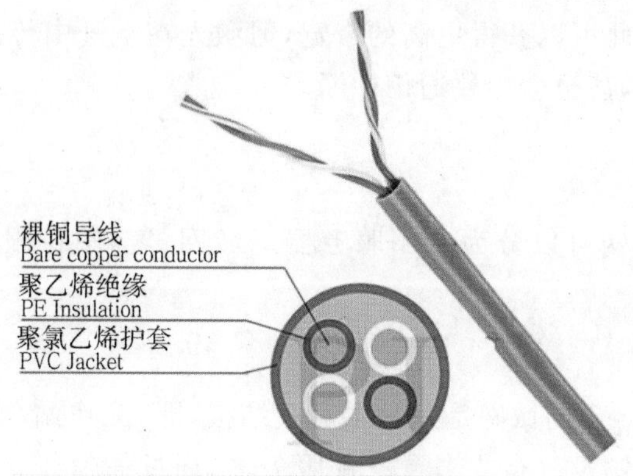

图 2－11 双绞线的结构

3.光缆

光缆的结构如图 2－12 所示。光纤是一根很细的可传导光的纤维媒体，其半径为几微米至一二百微米。制造光纤的材料可以是超纯硅、合成玻璃或塑料。相对于双绞线和同轴电缆等金属传输介质，光缆具有轻便、低衰减、大容量和电磁隔离等优点。目前，光缆主要在大型局域网中用作主干线路的传输介质。

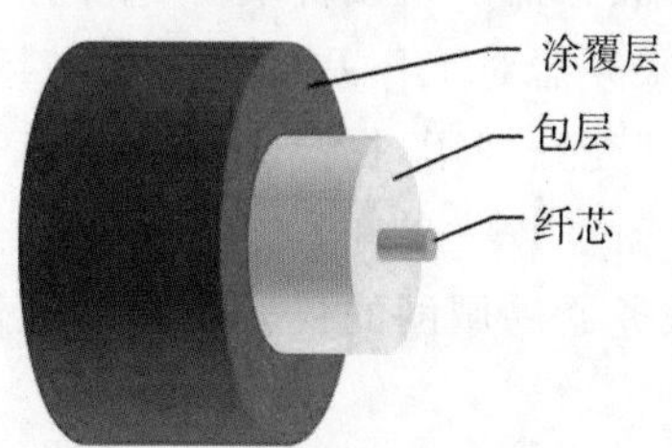

图 2－12 光缆的结构

光纤主要分单模光纤(Single Mode Fiber)和多模光纤(Multi Mode Fiber)两大类。单模光纤的纤芯直径很小、传输频带宽、传输容量大、性能好，可以覆盖更远的地域范围。与单模光纤相比，多模光纤的传输性能较差。

(二)无线传输介质

如果通信线路要越洋过海，翻山越岭，那么靠有线传输介质是很难实现的，无线通信是解决问题的唯一方法。通常，对无线传输信号的发送与接收是靠天线发射、接收电磁波来实现的。目前比较成熟的无线传输介质有以下 3 种。

1. 微波

微波通信通常指利用高频(2～40 GHz)电磁波(微波)来进行通信。微波通信是无线局域网中主要的传输方式，其频率高、带宽大、传输速率也高，主要用于长途电信服务、语音和电视转播。它的一个重要特性是沿直线传播，而不是向各个方向扩散。微波通信通过抛物状天线将能量集中于一小束上，以获得更高的信噪比，并传输更长的距离。微波通信成本较低，但保密性差。

2. 卫星

卫星通信可以看作一种特殊的微波通信，它使用地球同步卫星作为中继站来转发微波信号，并且通信成本与距离无关。卫星通信容量大、传输距离远、可靠性高，但通信延迟时间长，误码率不稳定，易受气候的影响。

3. 激光

激光通信是一种利用激光传播信息的通信方式。激光通信不受电磁干扰，保密性高，方向性也比微波好。激光束的频率比微波高，因此可以获得更高的带宽，但激光在空气中传播时衰减得很快，特别是雨天、雾天，能见度差时衰减会更为严重，甚至会导致通信中断。

四、局域网的分类

按照网络的通信方式，局域网可以分为专用服务器局域网、客户机/服务器局域网和对等局域网 3 种。

常见的局域网类型

(一)专用服务器局域网

专用服务器(Dedicated Server)局域网是一种主从式结构，即"工作站/文件服务器"结构的局域网，它是由若干台工作站及一台或多台文件服务器，通过通信线路连接起来的网络。在该结构中，工作站可以存取文件服务器内的文件、数据及共享服务器存储设备，服务器可以为每一个工作站用户设置访问权限，但工作站相互之间不可能直接通信，不能进行软硬件资源的共享，这降低了网络工作效率。Netware 网络操作系统是工作于专用服务器局域网的典型代表。

(二)客户机/服务器局域网

客户机/服务器(Client/Sever)局域网由一台或多台专用服务器来管理网络的运行。该结构与专用服务器局域网相同的是所有工作站均可共享服务器的软硬件资源，不同的是客户机之间可以相互自由访问，所以数据的安全性较专用服务器局域网差，服务器对工作站的管理也较困难。但是，客户机/服务器局域网中服务器负担相对降低，工作站的资源也得到充分利用，提高了网络的工作效率。通常，这种组网方式适用于计算机数量较多、位置相对分散和信息传输量较大的单位。工作站一般安装 Windows 9x、Windows NT 和 Windows 2000 Sever，它们是客户机/服务器局域网的代表性网络操作系统。

(三)对等局域网

对等(Point to Point)局域网又被称为点对点网络，网络中通信双方地位平等，使用相同的协议来通信。每个通信节点既是网络服务的提供者——服务器，又是网络服务的使用者——工作站，并且各节点和其他节点均可进行通信，可以共享网络中各计算机的存储容量和计算机具有的处理能力。对等局域网的组建和维护较容易，且成本低，结构简单，但数据的保密性较差，文件存储分散，而且不易升级。

任务 3　Internet

一、Internet 概述

Internet 是从 20 世纪 60 年代末开始发展起来的，其前身是美国国防部高级研究计划署建立的一个实验性计算机网络，建立目的是研究坚固、可靠并独立于各生产厂商的计算机网络所需要的有关技术。这些技术现在被称为 Internet 技术，Internet 技术的核心是 TCP/IP 协议。

简单地讲，Internet 就是将成千上万的不同类型的计算机及计算机网络通过电话线、高速专用线、卫星、微波和光缆连接在一起，并允许它们根据一定的规则(TCP/IP 协议)进行通信，从而把整个世界联系在一起成为网络。在这个网络中，几个最大的主干网络组成了 Internet 的骨架。主干网络之间建立起一个非常快速的通信线路并扩展到世界各地，其上有许多交汇的节点，这些节点将下一级较小的网络和主机连接到主干网络。

从另一个角度来看，Internet 又是一个世界规模的、巨大的信息和服务资源网络，因为它能够为每一个入网的用户提供有价值的信息和其他相关的服务。Internet 也是一个面向公众的社会性组织，很多人自愿花费自己的时间和精力为 Internet 辛勤工作，丰富其资源，改造其服务，并允许他人共享自己的劳动成果。

总之，Internet 是当今世界最大的媒体，也是当今世界最大的计算机网络，更是一个无尽的信息资源宝库。

二、客户机/服务器结构

客户机/服务器(Client/Server)结构(简称"C/S 结构")的出现把数据从封闭的文件服务器中解放出来，使用户得到了更多的数据信息服务、更易使用的界面和更迅速的计算能力。C/S 结构是一种将事务处理分开进行的网络系统，服务器通常采用高性能的 PC、工作站或小型机，并采用大型数据库系统，如 Oracle、Sybase、Informix、SQL Server。客户端采用 PC 机，安装专用的客户端软件。在 C/S 结构下，通常将数据库的增、删、改、查及计算等处理放在服务器上进行，而将数据的显示和界面放在客户端。其好处是减轻了主机系统的压力，充分利用客户端 PC 机的处理能力，加强了应用程序的功能。

C/S 结构经历了两个阶段。第一代 C/S 结构是基于两层结构的：第一层是客户端软件，由应用程序和相应的数据库连接程序组成，企业的业务过程都在程序中表现；第二层结合了数据库服务器，根据客户端软件的请求进行数据库操作，然后将结果传送给客户端软件。两层应用软件的开发工作主要集中在客户机端，客户端软件不但要完成用户界面和数据显示的工作，还要完成对商业和应用逻辑的处理工作。这种两层结构的 C/S 结构对于开发和管理企业应用程序具有很大的局限性。总的来说，两层结构的 C/S 结构仅能在各自的客户机和数据库服务器之间使用，分割了界面和数据，使得客户机要管理复杂的软件，导致"肥胖"客户机的产生。两层 C/S 结构不能进行有效的扩展，使这些系统不能支持大量用户的访问和高容量事务处理的应用。

第二代 C/S 结构是多层 C/S 结构。这种结构从客户机上取消了商业和应用逻辑，将它们移到中间层，即应用服务器上。客户机上只需安装具有用户界面和简单的数据处理功能的应用程序，它负责处理与用户的交互和与应用服务器的交互。应用服务器负责处理商业和应用逻辑，具体来说就是接收客户端应用程序的请求，然后根据商业和应用逻辑将这个请求转化为数据库请求后与数据库服务器交互，并将与数据库服务器交互结果传送给客户端应用程序。数据库服务器软件根据应用服务器发送的请求进行数据库操作，并将操作的结果传送给应用服务器。

三层 C/S 结构的特点是用户界面与商业和应用逻辑位于不同的平台上，所有用户都可以共享商业和应用逻辑。系统必须提供用户界面与商业和应用逻辑之间的连接，它们之间的通信协议是由系统自行定义的。这个协议必须定义正确的语法、语义和同步规则，保证传送数据的正确并且能够从错误中恢复过来。

商业和应用逻辑被所有用户共享是两层 C/S 结构和三层 C/S 结构之间最大的区别。中间层即应用服务器是整个系统的核心，它必须具有为处理系统的具体应用而提供事务处理、安全控制以及为满足不同数量客户机请求而进行性能调整的能力。应用服务器软件可以根据处理的逻辑的不同被划分成不同的模块，如财务应用服务器、生产应用服务器等，从而使客户端应用程序在需要某种应用服务时只与应用服务器上处理这个应用逻辑的模块通信，并且一个模块能够同时响应多个客户端应用程序的请求。

三层 C/S 结构的优点如下：

(1)整个系统被分成不同的逻辑模块，层次非常清晰，一层的改动不会影响其他层次。

(2)能够使"肥胖"的客户机变得较"瘦"一些。

(3)开发和管理工作向服务器端转移,使得分布的数据处理成为可能。

(4)管理和维护变得相对简单。

然而,无论是两层还是三层,C/S 结构存在着很大的局限性。就像一块硬币有两个面一样,C/S 结构原来的优点现在却成了它的缺点。C/S 结构将应用程序从主机系统中解放出来,由 PC 处理一部分功能,但是随着业务计算的复杂化,C/S 结构的弱点逐渐显现出来。

(1)C/S 结构的计算能力过于分散,网络中服务器和客户机的数目正发生"细胞"分裂,使得系统的管理费用以几何级数的方式增长。

(2)C/S 结构中数据库信息的使用,一般也只限于局域网的范围内,无法利用 Internet 的网络资源。

(3)在 C/S 结构中,无论多小的企业都必须安装自己的服务器,而服务器和服务器软件的管理和维护都是非常复杂的,需要专门人员负责,小企业往往无力购买高性能的服务器和聘用专门人员。因此,C/S 结构不利于小企业计算机应用的发展。

三、TCP/IP 协议

TCP/IP 协议

(一)什么是 TCP/IP

TCP/IP 模型又称为 DoD(Department of Defense)模型,是迄今为止发展最成功的通信模型,它用于构筑目前最大的、开放的互联网络系统 Internet。TCP/IP 模型分为不同的层次,每一层负责不同的通信功能。但 TCP/IP 模型简化了层次(只有 4 层),由下而上分别为网络接口层、网络层、运输层和应用层。

(二)TCP/IP 协议模型

在 TCP/IP 模型中,网络接口层是 TCP/IP 模型的最底层,负责接收从网络层交付的 IP 数据包,并将 IP 数据包通过底层物理网络发送出去,或者从底层物理网络上接收物理帧,抽出 IP 数据包,交给网络层。

网络层负责独立地将分组从源主机送往目的主机,为分组提供最佳路径的选择和交换功能,并使这一过程与它们所经过的路径和网络无关。

运输层的作用是在源结点和目的结点的两个对等实体间提供可靠的端到端的数据通信。

应用层为用户提供网络应用,并为这些应用提供网络支撑服务,把用户的数据发送到低层,为应用程序提供网络接口。

TCP/IP 模型每一层都提供了一组协议,各层协议的集合构成了 TCP/IP 模型的协议族,TCP/IP 协议分层与 OSI 分层对比如表 2-1 所示。

表 2-1 TCP/IP 协议分层与 OSI 分层对比

OSI 分层模式	TCP/IP 分层协议	TCP/IP 常用协议
应用层	应用层	DNS、HTTP、SMTP、POP、Telnet、FTP、NFS
表示层		
会话层		
传输层	运输层	TCP、UDP
网络层	网络层	IP、ICMP、ARP、RARP
数据层	网络接口层	Ethernet、ATM、FDDI、ISDN、TDMA、X.25
物理层		

1. 网络接口层协议

TCP/IP 的网络接口层中包括各种物理网络协议，如 Ethernet、令牌环、帧中继、ISDN 和分组交换网 X.25 等。当各种物理网络被用作传输 IP 数据报的通道时，这种传输过程就可以认为是属于这一层的内容。

2. 网络层协议

网络层包括多个重要协议，主要协议有 4 个，即 IP、ARP、RARP 和 ICMP。网际协议（Internet Protocol，IP）是其中的核心协议，IP 协议规定网络层数据分组的格式。Internet 控制消息协议（Internet Control Message Protocol，ICMP）提供网络控制和消息传递功能。地址解释协议（Address Resolution Protocol，ARP）用来将逻辑地址解析成物理地址。反向地址解释协议（Reverse Address Resolution Protocol，RARP）通过 RARP 广播，将物理地址解析成逻辑地址。

3. 运输层协议

运输层协议主要包含 TCP（Transmission Control Protocol，传输控制协议）和 UDP（User Datagram Protocol，用户数据报协议）两个协议。TCP 是面向连接的协议，用三次握手和滑动窗口机制来保证传输的可靠性和进行流量控制。UDP 是面向无连接的不可靠运输层协议。

4. 应用层协议

应用层包括了众多的应用与应用支撑协议。常见的应用层协议有文件传输协议（File Transfer Protocol，FTP）、超文本传输协议（Hyper Text Transfer Protocol，HTTP）、简单邮件传输协议（Simple Mail Transfer Protocal，SMTP）、远程登录（Telnet）。常见的应用支撑协议包括域名服务和简单网络管理协议等。

TCP/IP 网络模型处理数据的过程描述如下。

(1)生成数据。当用户发送一个电子邮件信息时，它的字母或数字字符被转换成可以通过互联网传输的数据。

(2)为端到端的传输将数据打包。通过对数据打包来实现互联网的传输。通过使用端传输功能确保在两端的信息主机系统之间进行可靠的通信。

(3)在首部上附加目的网络地址。数据被放置在一个分组或者数据报中，其中包含了带有源和目的逻辑地址的网络首部，这些地址有助于网络设备在动态选定的路径上发送这些分组。

(4)附加目的数据链路层 MAC 地址到数据链路首部。每一个网络设备必须将分组放置在帧中，该帧的首部包括在路径中下一台直接相连设备的物理地址。

(5)传输比特。帧必须转换成“1”和“0”的信息模式，才能在介质上进行传输。时钟功能（Clock Function）使得设备可以区分这些在介质上传输的比特，物理互联网络上的介质可能随着使用的不同路径而有所不同。例如，电子邮件信息可以起源于一个局域网 LAN，通过校园骨干网，然后到达广域网 WAN 链路，直到到达另一个远端局域网 LAN 上的目的主机为止。

(三)常用协议介绍

TCP/IP 协议族中包括上百个互为关联的协议，不同功能的协议分布在不同的协议层，下面介绍几个常用协议。

Telnet：提供远程登录功能，一台计算机用户可以登录到远程的另一台计算机上，如同在远程主机上直接操作一样。

FTP(File Transfer Protocol)：远程文件传输协议，允许用户将远程主机上的文件拷贝到自己的计算机上。

SMTP(Simple Mail Transfer Protocol)：简单邮件传输协议，用于传输电子邮件。

NFS(Network File Server)：网络文件服务器，可使多台计算机透明地访问彼此的目录。

UDP(User Datagram Protocol)：用户数据报协议，它和 TCP 一样位于运输层，和 IP 协议配合使用，在传输数据时省去报头,但它不能提供数据报的重传,所以适合传输较短的文件。

四、连接 Internet 的方法

(一)Internet 服务提供商

提供 Internet 接入服务的公司或机构,称为 Internet 服务提供商,简称 ISP(Internet Services Provider)。ISP 一般需要具备如下 3 个条件。

(1)有专线与 Internet 相连。

(2)有运行各种 Internet 服务程序的主机,可以随时提供各种服务。

(3)有 IP 地址资源,可以给申请接入的计算机用户分配 IP 地址。

(二)连接 Internet 的几种方法

不同的用户或单位可采用不同的方法连接到 Internet,常用的方法有以下几种。

1. 通过拨号连接

该方法是通过单机与 Internet 连接的最常见的方法,也是许多 ISP 开展的最主要业务。它要求用户有一台 PC 机或笔记本计算机、一个调制解调器(Modem)、一条电话线及相应的通信软件。

2. 通过专线连接

这种方法适用于局域网中的用户,整个的局域网通过向电信部门申请 DDN(数据通信专用线)或电话专线,然后通过一台路由器和相应的调制解调器连接到 Internet 上。

3. 通过光纤连接

该方法适用于局域网内的各个单位用户,整个的局域网通过光纤由路由器、光电转换器等设备连接到 Internet 上。现在许多社区都提供该项服务。

4. 通过无线网连接

该方法也适用于局域网用户,整个局域网通过无线收发路由器连接到 Internet 上。

5.通过分组交换网连接

该方法用于局域网用户,整个局域网计算机连接到公用分组交换网,通过路由器访问 Internet。

除此之外,还有 X.25 公共分组交换网接入、帧中继接入、低轨道卫星接入、N - ISDN 接入、ADSL 接入及宽带接入等多种方式。

五、浏览器的使用

微软公司开发的 Internet Explorer(简称 IE)是综合性的网上浏览软件,是使用最广泛的一种浏览器软件,也是用户访问 Internet 必不可少的一种工具。IE 是一个开放式的 Internet 集成软件,由多个具有不同网络功能的软件组成。IE 浏览器集成在 Windows 操作系统中,使 Internet 成为与桌面不可分割的一部分。

(一)用 IE 浏览 Web 站点

1. 用 URL 直接连接网站

使用 IE 浏览网站可以在地址栏中输入要访问的网站域名或 IP 地址,或者单击收藏夹列表中的一个地址。

2. 使用搜索引擎

搜索引擎是用来搜索网上资源,寻找所需信息的工具。其实搜索引擎也是一个网站,只不过该网站专门提供信息检索服务,它使用特有的程序把因特网上的海量信息归类,以帮助用户快速地搜索到所需要的资源和信息。目前国内常用的搜索引擎有以下几个。

(1)百度:http://www.baidu.com。

(2)Yahoo 中国:http://cn.yahoo.com。

(3)搜狐:http://www.sohu.com.cn。

(4)新浪搜索:http://www.sina.com.cn。

(二)使用 IE 查看非简体中文的页面

在浏览器窗口的空白处单击鼠标右键,在弹出的快捷菜单上选择"编码",然后选择该页面使用的语言编码,即可正常浏览网页。

(三)配置 IE 浏览器

IE 在其 Internet 选项中,提供了许多设置选择,正确的配置可以更安全、有效率地浏览网页。

打开 IE,单击菜单栏上的"工具"——"Internet 选项",弹出如图 2-13 所示的窗口。

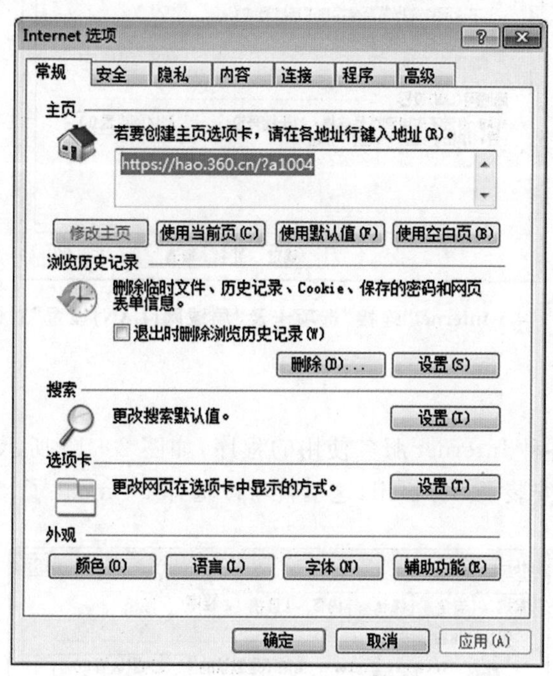

图 2-13 "Internet 选项"窗口

1. "常规"选项卡

主要对 IE 浏览器的主页、浏览历史记录、搜索、选项卡和外观等内容进行设置。

2. "安全"选项卡

用户可以通过选择上网区域并拖动安全级别滑块来选择"安全级别",也可以选择"自定义级别"按钮,详细配置浏览时页面中可执行程序的选项。安全功能可以帮助用户阻止访问未授权访问的信息,也可以保护计算机不受病毒的攻击。

3. "隐私"选项卡

在该选项卡中可以制定 IE 如何处理 Cookies 的隐私设置。Cookie 是由网站创建的将信息存储在计算机上的文件,如访问站点时的首选项。Cookies 也存储个人可识别信息,如姓名或电子邮件地址。

4. "内容"选项卡

在该选项卡中可以设置分级查看内容,允许用户对查看的内容进行设置,还可以设置个人信息。

5. "连接"选项卡

在该选项卡中可以设置与连接相关的选项,如使用调制解调器拨号上网,可以在这里建立连接;如果通

过局域网接入，则可以进行局域网设置，单击“局域网设置”按钮，可以配置代理服务器，如图 2－14 所示。

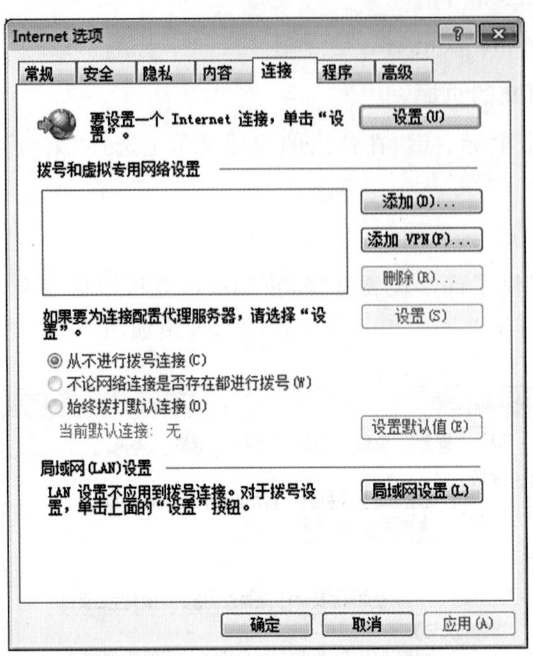

图 2－14　Internet“连接”选项卡及“局域网(LAN)设置”对话框

6.“程序”选项卡

在该选项卡中，可以指定各种 Internet 服务使用的程序，如图 2－15 所示。例如，电子邮件程序可以选择 Outlook Express，如果系统安装了 Foxmail，这里就可以选择 Foxmail 了。

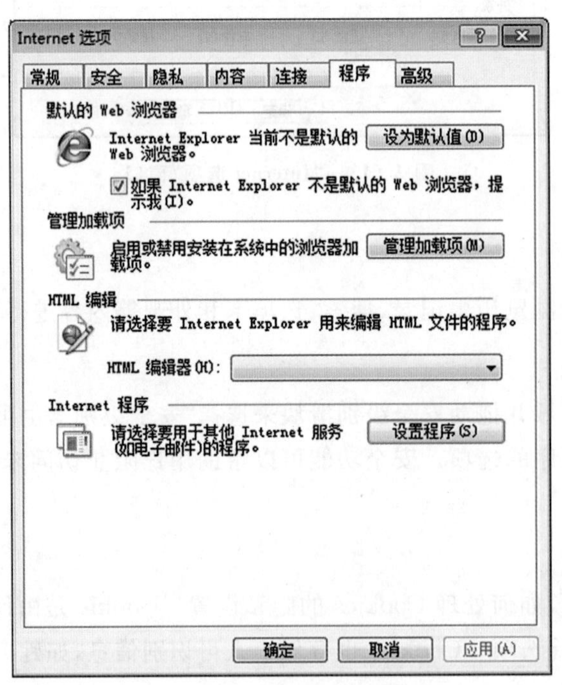

图 2－15　Internet“程序”选项卡

7.“高级”选项卡

在该选项卡中列出了 HTTP 1.1 设置、安全、搜索、打印、多媒体、辅助功能和浏览等方面的选项，应选中那些能加快浏览速度的选项，如图 2-16 所示。

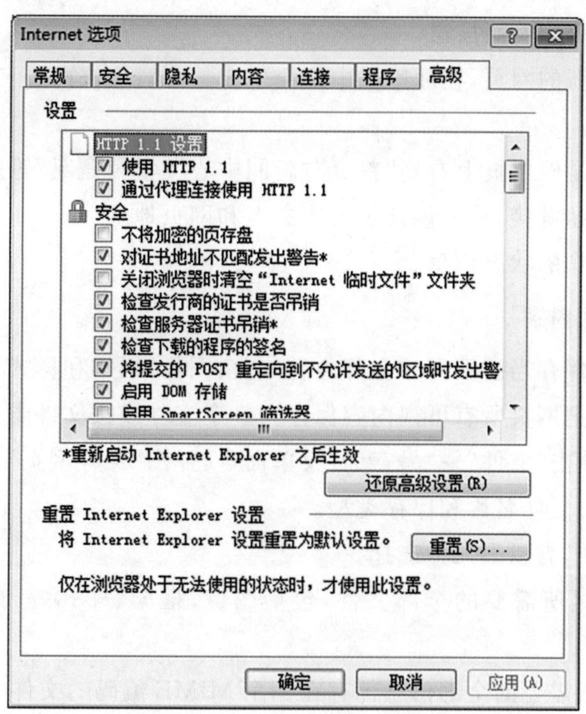

图 2-16　Internet“高级”选项卡

(四)IE 浏览器界面

IE 浏览器用于进行 WWW 浏览，打开 IE 后，浏览器界面如图 2-17 所示，由以下部分组成。

图 2-17　IE 浏览器界面

(1)地址栏。用户在该栏内输入需要访问的网站地址，按下 Enter 键即可打开响应的网页。

(2)菜单栏。提供“文件”“编辑”“查看”“收藏夹”“工具”“帮助”等六个菜单项，实现对 WWW 文档的保存、复制、属性设置等多种功能。

(3)工具栏。常用菜单命令的功能按钮。

(4)标签栏。每打开一个新的网页,在标签栏中都会生成一个对应该网页名称的标签。单击不同的标签可以在不同的网页中切换。

(5)工作区。在武汉体育学院主页上看到"首页""新闻中心""学校概况"等超级链接分类项,工作区中部是近期的超级链接项,也称为超链接,其中包含了名字文本和网页地址。

(6)状态栏。显示当前操作的状态信息。

(五)保存当前网页的全部内容

在浏览网页的时候,可以保存当前网页的全部内容,包括图像、框架和样式等,也可以保存其中的部分文本、图像和声音等内容。可以把网页所有可视内容保存为一个文件或按文件类型分别存放。

(1)进入待保存的网页,单击"文件"→"另存为"菜单命令,弹出"保存网页"对话框。

(2)指定文件保存的位置、文件名称和保存类型。

"保存类型"下拉列表框中,有以下几种选择。

1)如果要保存显示该网页所需要的全部文件,包括图像、框架、样式表,应选择"网页,全部(*.htm;*.html)"。

2)如果要把显示该网页所需要的全部信息保存在一个 MIME 编码的文件中,应选择"Web 档案,单一文件(*.mht)"。

3)如果只保存网页信息,不保存图像、声音和其他文件,应选择"网页,仅 HTML(*.htm;*.html)"。

4)如果只保存当前网页的文本信息,应选择"文本文件(*.txt)"。

(3)文件编码可根据实际情况确定,对于简体中文的网页,默认选择"简体中文(GB2312)"。

六、信息检索

(一)信息资源检索

现代信息检索的历程中,我们经历了从检索工具书到计算机检索再到 Internet 检索的各个阶段,每个阶段、每种检索方式都有它的特点与局限性。Internet 信息检索所具有的多样性、灵活性远远超出了传统的信息检索,我们需要继承与沿用在传统信息检索中已形成的某些检索思维模式及一些检索方法,更需要知晓 Internet 信息检索所具有的特点,了解影响信息检索的因素,通过实践提高获取信息的能力。

要想在 Internet 上获得自己所需要的信息,就必须知道这些信息存储在哪里,也就是说要知道提供这些信息的服务器在 Internet 的地址,然后通过该地址去访问服务器提供的信息。在 Internet 上,信息资源的一般查询方法有基于超文本的信息查询、基于目录的信息查询和基于搜索引擎的信息查询。

1. 基于超文本的信息查询

通过超文本链接逐步遍历庞大的 Internet,从一个 WWW 服务器到另一个 WWW 服务器,从一个目录到另一个目录,从一篇文章到另一篇文章,浏览查找所需信息的方法称为浏览,也称基于超文本的信息查询方法。

基于超文本的浏览模式是一种有别于传统信息检索技术的新型检索方式,它已成为 Internet 上最基本的查询模式。利用浏览模式进行检索时,用户只需以一个节点作为入口,根据节点中文本的内容了解嵌入其中的热链指向的主题,然后选择自己感兴趣的节点进一步搜索。在搜索过程中,用户会发现许多相关的节点内容根本没被自己所预想到,而是在浏览过程中不断蹦出来,提醒用户注意它。

随着 WWW 服务器的急剧增加,通过一步步浏览来查找所需信息已非常困难,为帮助用户快速方便地搜寻所需信息，各种 WWW 信息查询工具便应运而生，其中最有代表性的是基于目录和搜索引擎的信息查询工具，而利用这些工具来查找信息的方法就被称为基于目录和基于搜索引擎的信息查询方法。

2. 基于目录的信息查询

为了帮助 Internet 上用户方便地查询到所需要的信息，人们按照图书馆管理书目的方法设置了目录。网上目录一般以主题方式来组织，大主题下又包括若干小主题，这样一层一层地查下去，直到比较具体的信息标题。目录存放在 WWW 服务器里，各个主题通过超文本的方式组织在一起，用户通过目录最终可得到所需信息的网址，即可到相应的地方查找信息，这种通过目录帮助的方法获得所需信息的网址继而查找信息的方法称为基于目录的信息查询方法。

有许多机构专门收集 Internet 上的信息地址，并编制成目录提供给网上用户。例如 Yahoo 就是一个非常著名的基于目录帮助的网址，其目录按照一般主题组织，顶层按经济、计算机、教育、政治、新闻、科学等分成 14 大类目录，每一大类又分成若干子类，层层递进。

3. 基于搜索引擎的信息查询

搜索引擎又称 WWW 检索工具，是 WWW 上的一种信息检索软件。WWW 检索工具的工作原理与传统的信息检索系统类似，都是对信息集合和用户信息需求集合的匹配和选择。基于搜索工具的检索方法接近于我们通常所熟悉的检索方式，即输入检索词以及各检索词之间的逻辑关系，然后检索软件根据输入信息在索引库中搜索，获得检索结果(在 Internet 上是一系列结点地址)并输出给用户。

搜索引擎实际上是 Internet 的服务站点，有免费为公众提供服务的，也有进行收费服务的。不同的检索服务可能会有不同的界面、不同的侧重内容，但有一点是共同的，就是都有一个庞大的索引数据库。这个索引库是向用户提供检索结果的依据，其中收集了 Internet 上数百万甚至数千万主页信息，包括该主页的主题、地址、包含于其中的被链接的文档主题，以及每个文档中出现的单词的频率、位置等。

(二)影响 Internet 信息检索的因素

影响 Internet 信息检索的因素很多，如信息资源质量、检索软件、用户水平等。

1. 信息资源质量对信息检索的影响

丰富的信息资源为 Internet 信息检索系统提供了庞大的信息源，但由于其收集、加工、存储的非标准化，给信息检索带来难题。

(1)信息资源收集不完整、不系统、不科学，导致信息检索必须多次进行，造成人力、物力和时间上的浪费。

(2)信息资源加工处理不规范、不标准，使信息检索的查全率、查准率下降。

(3)信息资源分散、无序、更换、消亡无法预测，因此用户无法判断网上有多少信息同自己的需求有关，检索评价标准无法确定。

(4)信息资源由于版权和知识产权问题，也给信息检索带来麻烦。由于 Internet 是一个非控制网络，所有网上公用信息均可以自由使用、共同分享，网上电子形式的文件极易被复制使用，这样就容易引起知识产权、版权及信息真伪等问题。

(5)信息的语言障碍问题。目前 Internet 上 800 亿以上的信息以英语形式发布，英语水平低和不懂英语的人很难利用 Internet 上庞大的信息资源。因此，语言障碍也影响了广大用户对网上信息资源的开发与应用。

2. 检索软件对信息检索的影响

Internet 将世界上大大小小、成千上万的计算机网络连在一起，成为一个没有统一管理的、分散的但可以相互交流的巨大信息库，这意味着人们必须掌握各种网络信息检索工具，才能检索到自己所需要的网络信息资源。但是 Internet 信息组织的特殊性和目前检索工具自身存在的一些问题，给信息检索带来一些问题。

(1)Internet 上的信息存放地址会频繁转换和更名，根据检索工具检索并不一定就能获得相应的内容。

(2)基于一个较广定义的检索项，往往会获得数以千万计的检索结果，而使用户难于选择真正所需的信息。

(3)每种检索工具虽然仅收集各自范围内的信息资源，但也难免使各种检索工具的信息资源出现交叉重复现象。

3. 用户水平对信息检索的影响

在 Internet 这个开放式的信息检索系统中，用户不仅要自己检索信息资源，还要进行信息资源的收集、整理和存储工作。因此，Internet 用户的信息获取与检索能力对信息检索有着直接的影响。

(1)用户对信息检索需求的理解和检索策略的制定关系到信息检索的质量。

(2)用户的计算机操作能力及网络相关知识的掌握程度影响着信息检索的效率。

(3)用户对网络信息检索工具的应用熟练程度影响着信息检索的效果。

(4)用户的外语水平影响着信息检索的广度与深度。

(三)搜索引擎的使用

选择合适的关键词是最基本、最有效的搜索技巧。选择查询词是一种经验积累，在一定程度上也有章可循。表述准确的搜索引擎会严格按照提交的查询词去搜索。因此，关键词表述准确是获得良好搜索结果的必要前提。

(1)关键词表述不准确，或查询词中包含错别字。主流搜索引擎对用户常见的错别字输入有纠错提示，如：在百度中若输入“林心茹”，在搜索结果上方，会提示“您要找的是不是：林心如”。

(2)查询词的主题关联与简练。目前的搜索引擎并不能很好地处理自然语言。因此，在提交搜索请求时，最好把自己的想法提炼成简单的而且与希望找到的信息内容主题关联的查询词。

(3)根据网页特征选择查询词。很多类型的网页都有某种相似的特征。如小说网页，通常都有一个目录页，小说名称一般出现在网页标题中，而页面上通常有“目录”两个字，点击页面上的链接，就进入具体的章节页，章节页的标题是小说章节名称；软件下载页，通常软件名称在网页标题中，网页正文有下载链接，并且会出现“下载”这个词等。

经常搜索，总结各类网页的特征，并应用于查询词的选择中，就会使得搜索变得准确而高效。

七、Internet 的应用

(一)电子邮件

1. Outlook 的设置

首次打开 Outlook 时，系统会自动启动 Internet 连接向导，根据向导一步步完成对 Outlook 的设置(以 QQ 邮箱的设置为例)。

(1)输入自己的电子邮件地址，如图 2-18 所示。

(2)选择账户类型，如果是 POP 的，选择 POP，如果是 Imap 的，请选择 IMAP。这里选择 POP，如图 2-19 所示。

(3)选择邮件接收服务器的类型，并输入相关的服务器地址，接收邮件服务器为 pop.qq.com，待发邮件服务器选为 smtp.qq.com，如图 2-20 所示。

(4)输入账户密码，注意这里的密码不是 QQ 邮箱的登录密码，而是 QQ 邮箱的 POP 授权码，如图 2-21 所示。

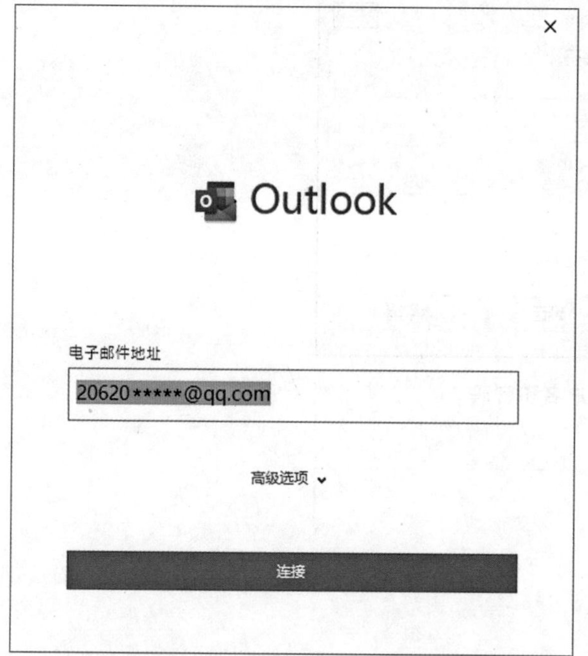

图 2-18　输入电子邮件地址

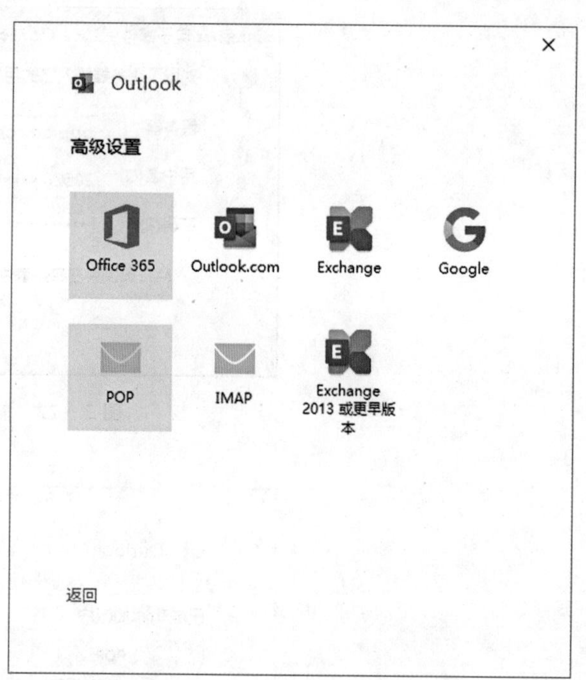

图 2-19　选择"POP"选项

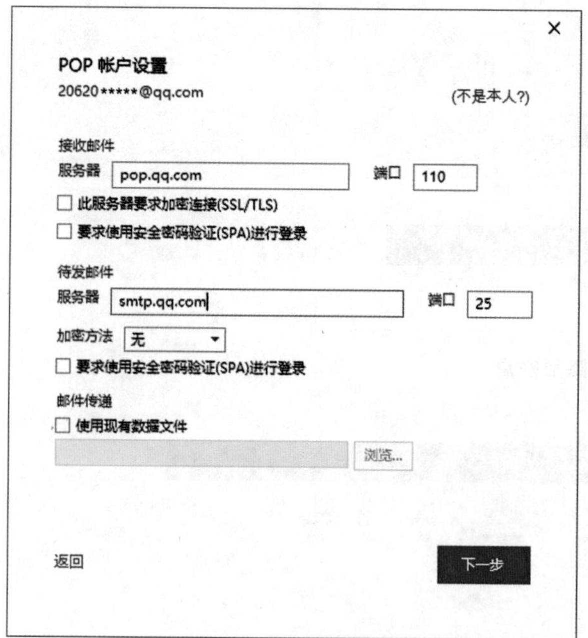

图 2-20　设置服务器

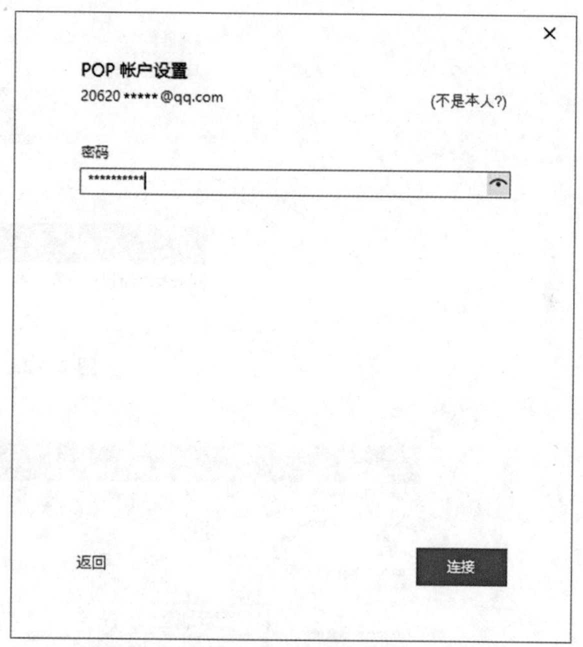

图 2-21　输入 QQ 邮箱的 POP 授权码

(5)输入账户名和密码，如图 2-22 所示。该账户名和密码就是通过 Web 页登录提供邮件服务的网站的用户名和密码。注意：如果是在公用计算机或者网吧使用 Outlook Express，请务必取消掉"记住密码"。

(6)此时显示已成功添加账户，单击"已完成"按钮就完成了 Outlook 的账户添加设置，如图 2-23 所示。

(7)此时就进入了 Outlook，可以使用 Outlook 对该账号邮件的管理，并且可添加多个账号。通过 Outlook 可以对邮件信息进行统一管理，功能十分强大，如图 2-24 所示。

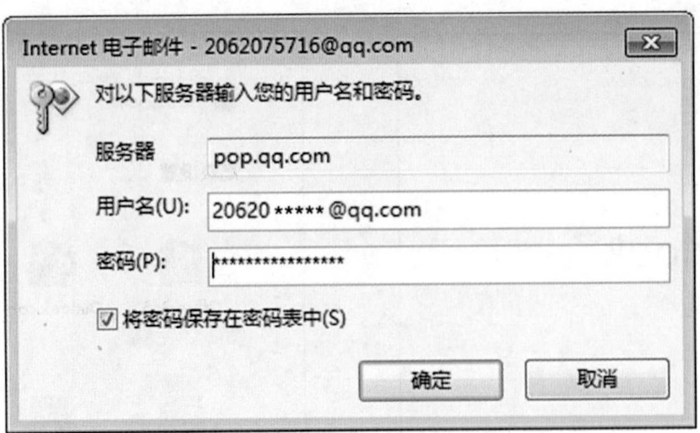

图 2-22　输入用户名和密码

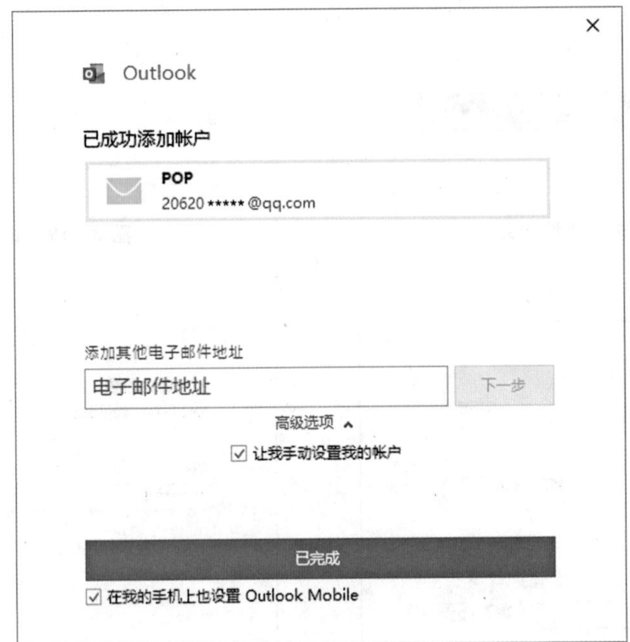

图 2-23　完成添加账户

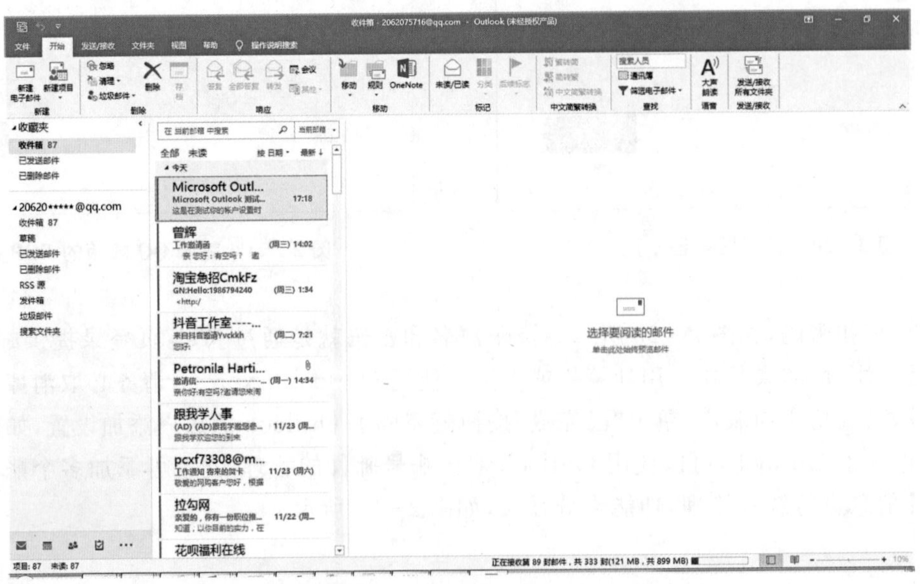

图 2-24　Outlook 主页

(8)单击菜单栏中“文件”→“账户设置”,可以对某个账户进行详细设置,如图 2-25 所示。

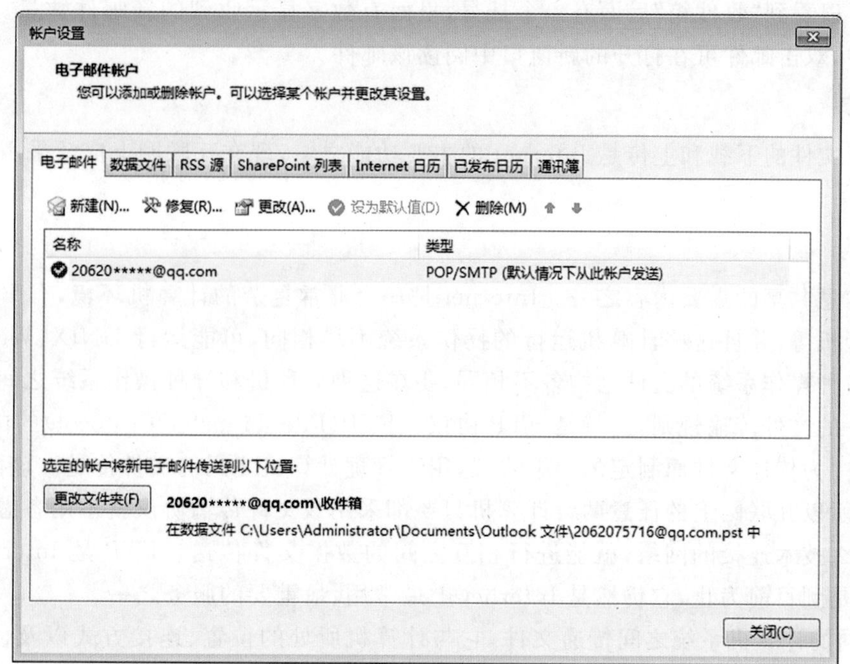

图 2-25　账户设置

2. 用 Outlook Express 创建新邮件

在主界面单击菜单栏中的“邮件”→“新邮件”命令,或单击工具栏上的“创建邮件”按钮,进入新邮件编辑窗口,如图 2-26 所示。

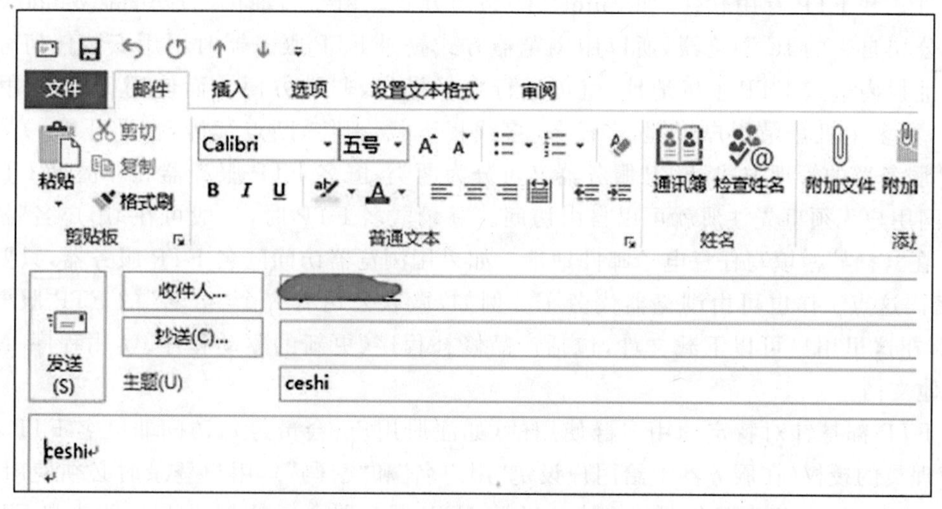

图 2-26　Outlook 邮件编辑窗口

在“收件人”文本框中输入收件人的邮件地址,“抄送”一栏表示把该邮件抄送一份给某人,在“主题”文本框中输入邮件的标题,在正文框中输入邮件内容。

如果需要发送一个附件给收件人,单击菜单栏中的“插入”→“文件附件”命令,或单击工具栏上的“附件”图标,打开“插入附件”对话框,选择指定的文件作为邮件的附件,重复此操作可同时添加多个附件。

邮件编辑完成后,单击“新邮件”窗口工具栏上的“发送”按钮即可发送该邮件,或者单击菜单栏中的“文件”→“保存”命令,将该邮件保存到“发件箱”。

在主界面上单击“工具”→“发送和接收”按钮,系统会根据设置好的用户名和密码自动收取所有的新邮件，并将这些邮件存入“收件箱”，同时将“发件箱”中的邮件发送出去。

接收完毕后可以看到“收件箱”后面有一个括号，里面有数字显示收到的新邮件数量。单击收到的邮件可快速阅读该邮件，双击邮件可在打开的新窗口中阅读该邮件。

(二)FTP 服务

快速高效进行文件的下载和上传是 Internet 的主要功能之一，现在互联网上广泛采用 FTP 来进行远程文件传输。

1. FTP 的概念

文件传输是信息共享的重要内容之一。Internet 是一个非常复杂的计算机环境，有 PC、工作站、信息交换控制设备和大型机等，并且这些计算机运行的操作系统不尽相同，可能运行 UNIX、Windows 或 Mac-OS 等操作系统。而各种操作系统的文件结构各不相同，要在这种异种机和异种操作系统之间进行文件传输，就需要建立一个统一的文件传输规则，这就是 FTP 协议。FTP(File Transfer Protocol)的中文意思是文件传输协议，它是网络中为传送文件而制定的一组协议，用于管理计算机之间的文件传送。该协议实现了跨平台的文件传送功能，所以互联网上的任意两台计算机只要都采用该文件传输协议就不用考虑距离有多远、是什么操作系统、用什么技术连接的网络，就能进行相互之间的数据文件传送。FTP 是 Internet 上最早出现的服务功能之一，但是到目前为止，它仍然是 Internet 上最常用、最重要的服务之一。

FTP 是在不同的计算机系统之间传递文件，它与计算机所处的位置、连接方式以及使用的操作系统无关。从远程计算机上复制文件到本地计算机称为下载(Download)，将本地计算机上的文件拷贝到远程计算机上称为上传(Upload)。Internet 上的文件传输功能都是依靠 FTP 协议实现的。

2. FTP 的登录方式

通过浏览 Web 网页上的 FTP 超级链接可以间接登录 FTP 服务器并下载所链接的文件，登录过程已由提供 Web 网页的网站代劳了。根据登录 FTP 的工具不同，FTP 的登录方式可分为浏览器(如 Internet Explorer)访问方式和 FTP 专用软件(如 CuteFTP)访问方式。由于目前广泛应用的 Windows 操作系统都已经装有微软公司自带的 IE 浏览器，所以用浏览器方式登录 FTP 服务器时不用安装任何客户端程序，只要在浏览器地址栏内输入 FTP 主机地址，就可进行登录操作，非常方便。而使用 FTP 专用软件时，可以有更多的功能，如多主机登录用户管理，多任务、多线程下载、上传，断点续传，自动开机、关机服务，等等。

根据 FTP 服务器的管理方式，FTP 服务器又可分为两类：匿名 FTP 服务器和非匿名 FTP 服务器。对于前者任何上网用户无须事先注册就可以自由访问。登录匿名 FTP 时，一般可在“用户名”栏填写“anonymous(匿名)”，在“密码”栏填写任意电子邮件地址。如果用浏览器访问匿名 FTP 服务器，只要选中“匿名登录”就连填写密码这点工作也可由浏览器代劳了。例如，微软公司有一个“匿名”的 FTP 服务器 ftp://ftp.microsoft.com，在这里用户可以下载文件，包括产品修补程序、更新的驱动程序、实用程序、Microsoft 知识库的文章和其他文档。

非匿名的 FTP 都是针对特定的用户群使用的(如注册用户、会员等)，访问非匿名 FTP 必须事先得到 FTP 服务器管理员的授权(在服务器上给用户设定“用户名”和“密码”)，用户登录时必须使用特定的用户名和密码才能建立客户机与 FTP 服务器的连接。通常，FTP 服务器会通过 21 端口监听来自 FTP 客户的连接请求。当一个 FTP 客户请求连接时，FTP 服务器校检登录用户名和密码是否合法，如果合法，即打开一个数据连接。一个用户登录后，他只能访问被允许访问的目录和文件。

3. FTP 的具体使用

(1)从 FTP 服务器上下载文件。要用浏览器登录 FTP 时，可在浏览器的地址栏中输入 FTP 服务器的 URL，如图 2-27 所示。

(2)FTP 工具的使用。与用浏览器登录 FTP 不同，专用的 FTP 工具软件具有界面友好、操作简便、支持断点续传(需要服务器支持)、传输速度较快等特点。常见的 FTP 工具软件有 CuteFTP 和 LeapFTP 等。

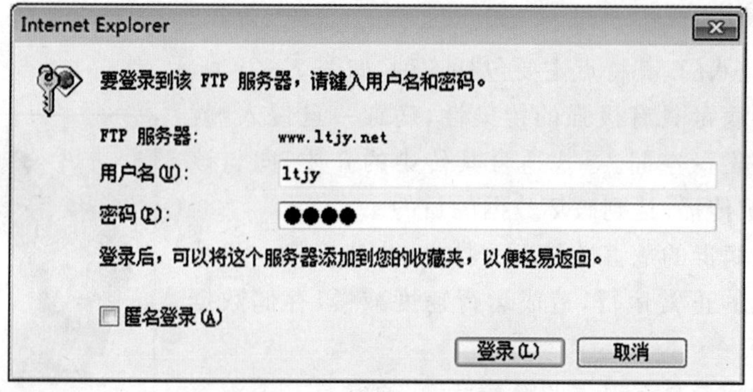

图 2-27 浏览器的 FTP 界面

CuteFTP 主界面如图 2-28 所示，上栏为状态栏，显示连接和命令信息；中栏是工作窗口。其中，左窗口显示的是本地计算机的文件夹结构，右窗口则显示的是 FTP 服务器的文件夹结构，下栏窗口显示要传输的文件队列。

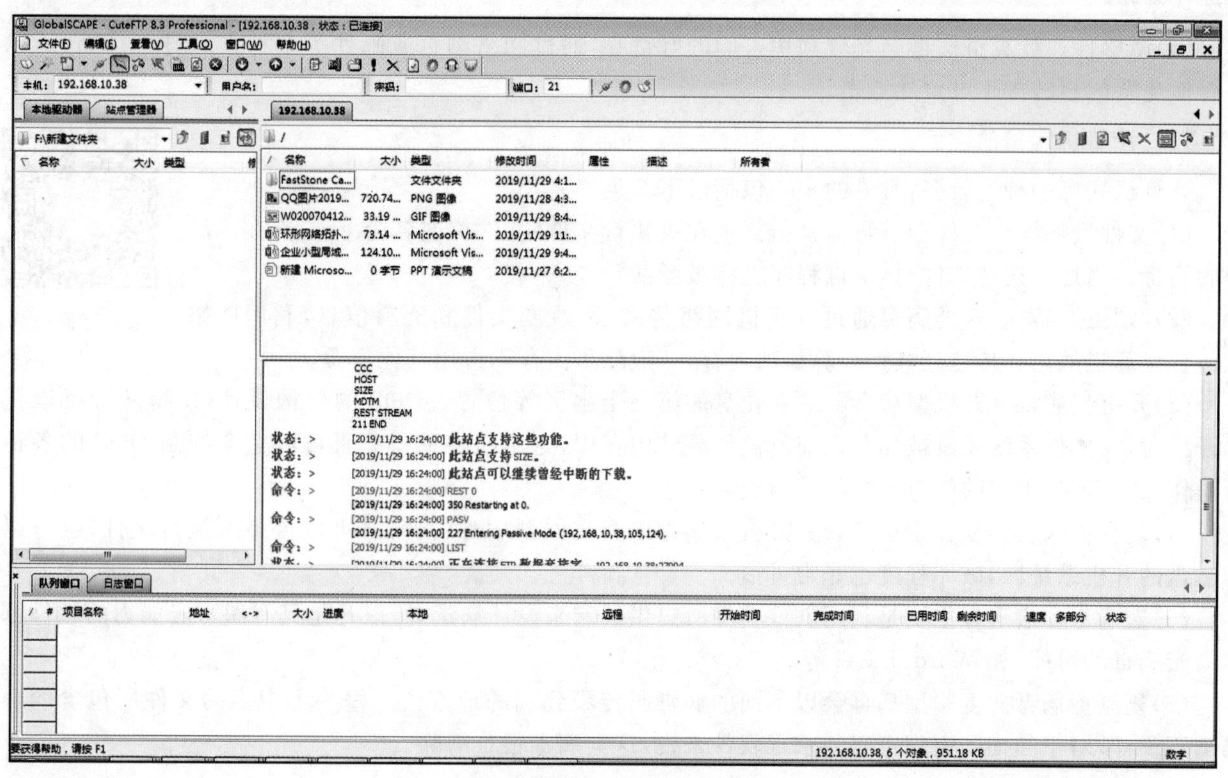

图 2-28 CuteFTP 主界面

任务 4 计算机网络安全

一、计算机病毒及其防范

计算机病毒是指能通过自身复制传播而产生破坏的一种计算机程序，它能寄生在系统的启动区、设备的驱动程序、操作系统的可执行文件中，甚至任何应用程序上，并能够利用系统资源进行自我繁殖，从而达到破坏计算机系统的目的。

(一)计算机病毒的特点

计算机病毒可谓五花八门,其特点主要包括5种,如图2-29所示。

(1)传染性。计算机病毒具有极强的传染性,病毒一旦侵入,就会不断地自我复制,占据磁盘空间,寻找适合其传染的介质,向与该计算机联网的其他计算机传播,达到破坏数据的目的。

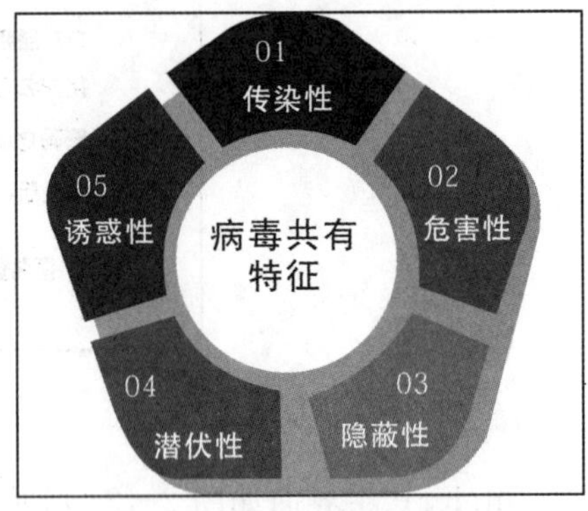

图2-29 计算机病毒的特点

(2)危害性。计算机病毒的危害性是显而易见的,计算机一旦感染上病毒,将会影响系统的正常运行,造成运行速度减慢、存储数据被破坏,甚至系统瘫痪等。

(3)隐蔽性。计算机病毒具有很强的隐蔽性,它通常是一个没有文件名的程序,计算机被感染上病毒一般是无法事先知道的,因此只有定期对计算机进行病毒扫描和查杀才能最大限度减少病毒入侵。

(4)潜伏性。计算机系统或数据被病毒感染后,有些病毒并不立即发作,而是等待达到引发病毒条件(如到达发作的时间等)时才开始破坏系统。

(5)诱惑性。计算机病毒会充分利用人们的好奇心,通过网络浏览或邮件等多种方式进行传播,所以一些看似免费的超链接不可贸然点击。

(二)计算机病毒的类型

常见的计算机病毒

计算机病毒的种类较多,常见的主要包括以下6类。

(1)文件型病毒。文件型病毒通常指寄生在可执行文件(文件扩展名为.exe、.com等)中的病毒。当运行这些文件时,病毒程序也将被激活。

(2)"蠕虫"病毒。这类病毒通过计算机网络传播,不改变文件和资料信息,利用网络从一台计算机的内存传播到其他计算机的内存,一般除了内存不占用其他资源。

(3)开机型病毒。开机型病毒藏匿在硬盘的第一个扇区等位置。DOS的架构设计,使得病毒可以在每次开机时,在操作系统还没被加载之前就被加载到内存中,这个特性使得病毒可以完全控制DOS的各种中断操作,并且拥有更大的能力进行传染与破坏。

(4)复合型病毒。复合型病毒兼具开机型病毒以及文件型病毒的特性,可以传染可执行文件,也可以传染磁盘的开机系统区,破坏程度也非常可怕。

(5)宏病毒。宏病毒主要是利用软件本身所提供的宏来设计病毒,所以凡是具有编写宏能力的软件都有感染宏病毒的可能,如Word、Excel等。

(6)复制型病毒。复制型病毒会以不同的病毒码传染到别的地方去。每一个中毒的文件所包含的病毒码都不一样,对于扫描固定病毒码的杀毒软件来说,这类病毒很难清除。

(三)计算机感染病毒的表现

计算机感染病毒后,根据感染的病毒不同,其症状差异也较大,当计算机出现以下情况时,可以考虑对计算机病毒进行扫描。

(1)计算机系统引导速度或运行速度减慢,经常无故发生死机。

(2)Windows操作系统无故频繁出现错误,计算机屏幕上出现异常显示。

(3)Windows操作系统异常,无故重新启动。、

(4)计算机存储的容量异常减少,执行命令出现错误。

(5)在一些非要求输入密码的时候,要求用户输入密码。

(6)不应驻留内存的程序一直驻留在内存。

(7)磁盘卷标发生变化,或者不能识别硬盘。

(8)文件丢失或文件损坏,文件的长度发生变化。

(9)文件的日期、时间、属性等发生变化,文件无法正确读取、复制或打开。

(四)计算机病毒的防治防范

计算机病毒的危害性很大,用户可以采取一些方法来防范病毒的感染。在使用计算机的过程中,注意以下方面,可降低计算机感染病毒的概率。

(1)切断病毒的传播途径。用户最好不要使用和打开来历不明的光盘和可移动存储设备,使用前最好先进行查毒操作以确认这些介质中无病毒。

(2)良好的使用习惯。网络是计算机病毒最主要的传播途径,因此上网时不要随意浏览不良网站,不要打开来历不明的电子邮件,不要下载和安装未经过安全认证的软件。

(3)提高安全意识。在使用计算机的过程中,应该有较强的安全防护意识,如及时更新操作系统,备份硬盘的主引导区和分区表,定时体检计算机,定时扫描计算机中的文件并清除威胁等。

(五)杀毒软件

杀毒软件是一种反病毒软件,主要用于对计算机中的病毒进行扫描和清除。杀毒软件通常集成了监控识别、病毒扫描清除和自动升级等多项功能,可以防止病毒和木马入侵计算机,查杀病毒和木马,清理计算机垃圾和冗余注册表,防止进入钓鱼网站等,有的杀毒软件还具备数据恢复、防范黑客入侵、网络流量控制、保护网购、保护用户账号、安全沙箱等功能。杀毒软件是计算机防御系统中一个重要的组成部分。现在市面上提供杀毒功能的软件非常多,如金山毒霸、瑞星杀毒软件、诺顿杀毒软件等。

二、网络黑客及其防范

"黑客"一词源于英语 hack,起初是对一群智力超群、奉公守法的计算机迷的统称,现在的"黑客"则一般泛指擅长 IT 技术的人群。

黑客伴随着计算机和网络的发展而成长,一般都精通各种编程语言和各类操作系统,拥有熟练的计算机技术。根据黑客的行为,行业内对黑客的类型进行了细致的划分。在未经许可的情况下,侵入对方系统的黑客一般被称为黑帽黑客,黑帽黑客对计算机安全或账户安全都具有很大的威胁;调试和分析计算机安全系统的技术人员则被称为白帽黑客,白帽黑客有能力破坏计算机安全但没有恶意,他们一般有明确的道德规范,其行为也以发现和改善计算机的安全弱点为主。

(一)网络黑客的攻击方式

根据黑客攻击手段的不同,可将黑客攻击分为非破坏性攻击和破坏性攻击两种类型。非破坏性攻击一般指只扰乱系统运行,不盗窃系统资料的攻击;而破坏性攻击则可能会侵入他人计算机系统盗窃系统保密信息,破坏目标系统的数据。下面对黑客主要的攻击方式进行介绍。

1. 获取口令

获取口令主要包括 3 种方式:通过网络监听非法得到用户口令,知道用户的账号后利用一些专门软件强行破解用户口令,获得一个服务器上的用户口令文件后使用暴力破解程序破解用户口令。

通过网络监听非法得到用户口令具有一定的局限性,但对局域网安全威胁巨大,监听者通常能够获得其所在网段的所有用户账号和口令。在知道用户的账号后,利用一些专门软件强行破解用户口令的方法不受网段限制,比较耗时。在获得一个服务器上的用户口令文件后,用暴力破解程序破解用户口令的方法具有极大的危害性,这种方法不需要频繁尝试登录服务器,只要黑客获得口令的 Shadow 文件,在本地将加密后的口令与 Shadow 文件中的口令相比较就能轻松地破获用户密码,特别是针对账号安全系数低的用户,其破获速度非常快。

2. 放置特洛伊木马

特洛伊木马程序常被伪装成工具程序、游戏等,或从网上直接下载,通常表现为在计算机系统中隐藏的可以跟随 Windows 启动而悄悄执行的程序,当用户连接到 Internet 时,该程序会马上通知黑客,报告用户的

IP 地址以及预先设定的端口，黑客利用潜伏在其中的程序，可以任意修改用户的计算机参数设定、复制文件、窥视硬盘内容等，达到控制计算机的目的。

3. 网络欺骗技术

用户在日常工作和生活中进行网络活动时，通常会浏览很多网页，而在众多网页中，暗藏着一些已经被黑客篡改过的网页，这些网页上的信息是虚假的，且布满陷阱。例如，黑客将用户要浏览的网页的 URL 改写为指向自己的服务器，当用户浏览目标网页时，就会向黑客服务器发出请求，达成黑客的非法目的。

4. 电子邮件攻击

电子邮件攻击主要表现为电子邮件轰炸、电子邮件诈骗两种形式。电子邮件轰炸是指用伪造的 IP 地址和电子邮件地址向同一信箱发送数量众多、内容相同的垃圾邮件，致使受害人邮箱被“炸”，甚至可能使电子邮件服务器操作系统瘫痪。在电子邮件诈骗这类攻击中，攻击者一般佯称自己是系统管理员，且邮件地址和系统管理员完全相同，给用户发送邮件要求用户修改口令，或在看似正常的附件中加载病毒或木马程序等。

5. 网络监听

网络监听是主机的一种工作模式，在网络监听模式下，主机可以接收到本网段同一条物理通道上传输的所有信息，如果两台主机进行通信的信息没有加密，此时只要使用某些网络监听工具，就可以轻而易举地截取包括口令和账号在内的信息资料。

6. 寻找系统漏洞

许多系统都存在一定程度的安全漏洞(Bug)，有些漏洞是操作系统或应用软件本身具有的，这些漏洞在补丁未被开发出来之前一般很难防御黑客的入侵。有些漏洞是由于系统管理员配置错误引起的，如在网络文件系统中，将目录和文件以可写的方式调出，将未加 Shadow 的用户密码文件以明码方式存放在某一目录下等。

7. 利用账号进行攻击

有的黑客会利用操作系统提供的缺省账户和密码进行攻击，例如，许多 UNIX 系统都有 FTP 和 Guest 等缺省账户，有的甚至没有口令。黑客利用 UNIX 操作系统提供的命令，如 Finger、fuser 等收集信息，提高攻击能力。因此需要系统管理员提高警惕，将系统提供的缺省账户关闭或提醒无口令用户增加口令。

(二)网络黑客的防范

黑客攻击会造成不同程度的损失，为了将损失降到最低限度，计算机用户一定要对网络安全观念和防范措施进行了解。下面对防范网络黑客攻击的策略进行介绍。

(1)数据加密。数据加密是为了保护信息内系统的数据、文件、口令和控制信息等，提高网上传输数据的可靠性。如果黑客截获了网上传输的信息包，一般也无法获得正确信息。

(2)身份认证。身份认证是指通过密码或特征信息等确认用户身份的真实性，并给予通过确认的用户相应的访问权限。

(3)建立完善的访问控制策略。设置入网访问权限、网络共享资源的访问权限、目录安全等级控制、网络端口和节点安全控制、防火墙安全控制等，通过各种安全控制机制的相互配合，最大限度地保护系统。

(4)安装补丁程序。为了更好地完善系统，防止黑客利用漏洞进行攻击，可定时对系统漏洞进行检测，安装好相应的补丁程序。

(5)关闭无用端口。计算机要进行网络连接必须通过端口，黑客控制用户计算机也必须通过端口，如果是暂时无用的端口，可将其关闭，减少黑客的攻击途径。

(6)管理账号。删除或限制用户账号、测试账号、共享账号，也可以在一定程度上减少黑客攻击计算机的路径。

(7)及时备份重要数据。黑客攻击计算机时，可能会对数据造成损坏和丢失，因此对于重要数据，需及时进行备份，避免丢失。

(8)养成良好的上网习惯。不随便从 Internet 上下载软件,不运行来历不明的软件,不随便打开陌生邮件中的附件,使用反黑客软件检测,拦截和查找黑客攻击,经常检查系统注册表和系统启动文件的运行情况等,可以提高防止黑客攻击的能力。

项目考核

一、填空题

1. 计算机网络的拓扑结构包括星形拓扑结构、总线型拓扑结构和____________。
2. 计算机网络分类方法有很多种,如果从覆盖范围来分,可以分为局域网、城域网和______。
3. 路由器的功能有三种:网络连接功能、__________和设备管理功能。
4. 以太网交换机的数据交换方式有________交换方式、存储转发交换方式和改进直接交换方式。
5. 计算机网络最主要的功能是____________。

二、选择题

1. 在计算机网络中,LAN 网指的是(　　)。

A.局域网　　B.广域网　　C.城域网　　D.以太网

2. 局域网的拓扑结构主要包括(　　)。

A.总线结构、环形结构和星形结构　　B.环网结构、单环结构和双环结构

C.单环结构、双环结构和星形结构　　D.网状结构、单总线结构和环形结构

3. 因特网是(　　)。

A.局域网的简称　　B.城域网的简称

C.广域网的简称　　D.国际互联网(Internet)的简称

4. WWW 网是(　　)。

A.局域网的简称　　B.城域网的简称　　C.广域网的简称　　D.万维网的简称

5. 常用的数据传输速率单位有 kbit/s、Mbit/s、Gbit/s。1Gbit/s 等于(　　)。

A.1×10^3 Mbit/s　　B.1×10^3 kbit/s　　C.1×10^6 Mbit/s　　D.1×10^3 bit/s

6. 在 OSI 的七层参考模型中,工作在第三层上的网间连接设备是(　　)。

A.集线器　　B.路由器　　C.交换机　　D.网关

7. 数据链路层上信息传输的基本单位称为(　　)。

A.段　　B.位　　C.帧　　D.报文

三、简答题

1. 简述计算机网络的定义、分类和主要功能。
2. 计算机网络由哪几个部分组成?各部分的作用是什么?
3. 局域网的主要特点是什么?

项目三 Windows 10 操作系统

项目目标

1. 了解 Windows 10 操作界面及计算机的启动与关机。
2. 掌握操作窗口、对话框和设置汉字输入法的方法。
3. 掌握 Windows 10 文件管理、系统管理、系统备份与还原的相关操作。

任务 1 Windows 10 概述

Windows 10 是美国微软公司研发的跨平台及设备应用的操作系统。这个版本汇聚了微软公司多年来研发操作系统的经验和优势，其最突出的特点是，与其他 Windows 版本相比，在用户体验、兼容性及性能方面都有极大提高。Windows 10 对硬件有着更广泛的支持，能最大化地利用计算机自身硬件资源。根据不同的用户，Windows 10 分为 7 个版本：家庭版、专业版、企业版、教育版、移动版、移动企业版，以及针对物联网设备和嵌入式系统设计的物联网版。

一、Windows 10 简介

相比于之前的操作系统，Windows 10 是脱胎换骨的一代产品。在 Windows 10 操作系统的开发过程中，微软公司广泛地收集了用户的意见，尤其是一些用户呼声很高的意见，从而使 Windows 10 在性能与易用性上有了极大提升。

在能量消耗上，Windows 10 全面优化用电效能，系统界面简洁，缩减不必要的华丽效果，以降低操作系统资源使用率，从而完善了 Windows 10 系统的电源管理，实现 Windows 10 的用电节能，提升了笔记本电脑电池的续航能力。

(一)Windows 10 的性能优势

Windows 10 与之前的 Windows 7 相比，有如下明显优势。

(1)Windows 10 首次开启免费升级模式。

(2)Windows 10 的游戏性能更加出色，内置 DirectX 12。

(3)Windows 10 在安全性方面做了更多的尝试，如支持指纹解锁、面部识别、虹膜辨认等。

(4)Windows 10 具有较短的开机时间，与 Windows 7、Windows 8 系统相比明显更快，有着优化的电源管理功能。

总之，Windows 10 操作系统比以前的操作系统使用起来更加简单、更加安全、更加高效、更易连接。

(二)Windows 10 新功能

Windows 10 在功能和性能上较之前的版本有了较大的改进，其新功能主要有以下几个方面。

1. 虚拟桌面功能

Windows 10 系统加入了虚拟桌面功能，用户可以建立多个桌面，在各个桌面上运行不同的程序，互不干扰。例如，用户在桌面上已经打开了 4 个窗口，布满了屏幕，现又想打开一个窗口，但是不想影响之前打开的几个窗口，此时就可以新建一个虚拟桌面，来存放第 5 个窗口，具体操作如下。

(1)同时按下 Win+Tab 组合键，查看当前桌面正在运行的程序，在左上角单击“新建桌面”按钮，如图 3-1 所示。

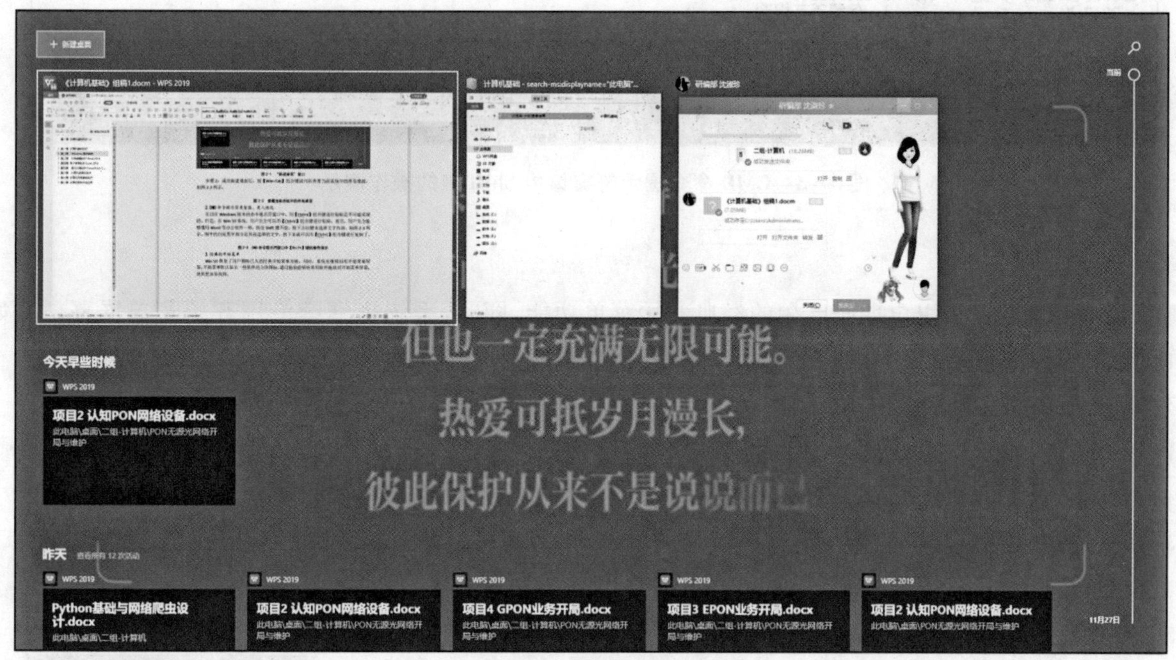

图 3-1 “新建桌面”窗口

(2)成功新建桌面后，按 Win+Tab 组合键，就可以查看当前系统中的所有桌面，如图 3-2 所示。

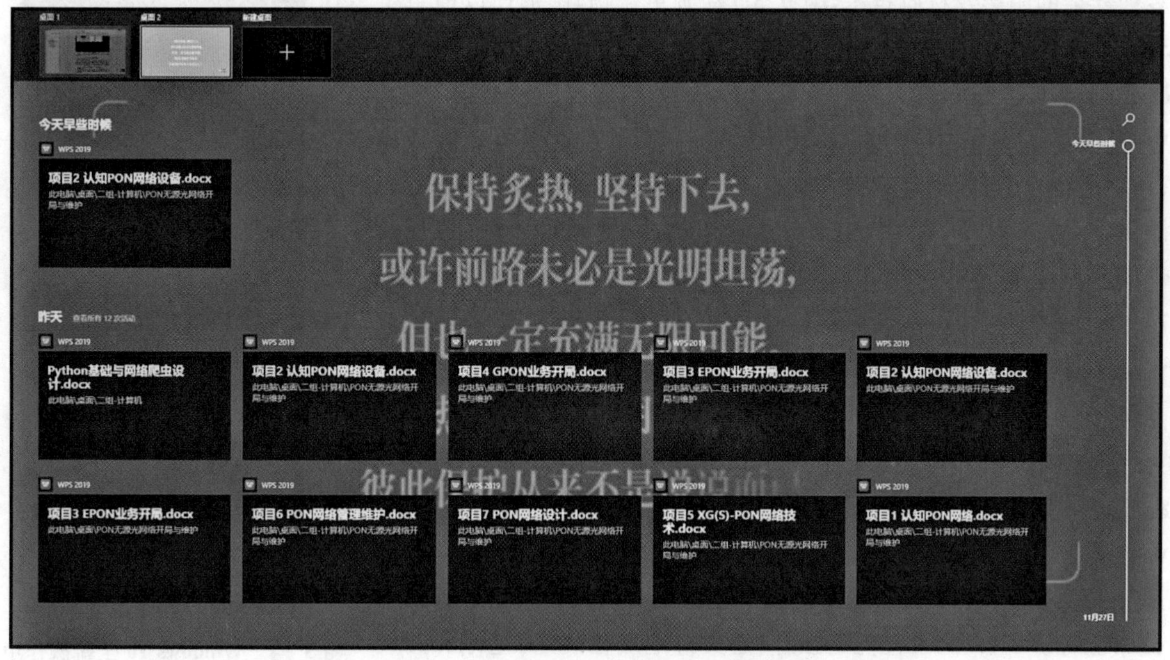

图 3-2 查看当前系统中的所有桌面

2. CMD命令提示符更智能、更人性化

在以往 Windows 版本的命令提示符窗口中，用 Ctrl＋V 组合键进行粘贴是不可能实现的，在 Windows 10 系统，用户完全可以用 Ctrl＋V 组合键进行粘贴，而且用户完全能够像用 Word 等办公软件一样，按住 Shift 键不放，按下方向键来选择文字内容，如图 3－3 所示。图中的白底黑字部分是目前选择的文字，接下来就可以用 Ctrl＋C 组合键进行复制了。

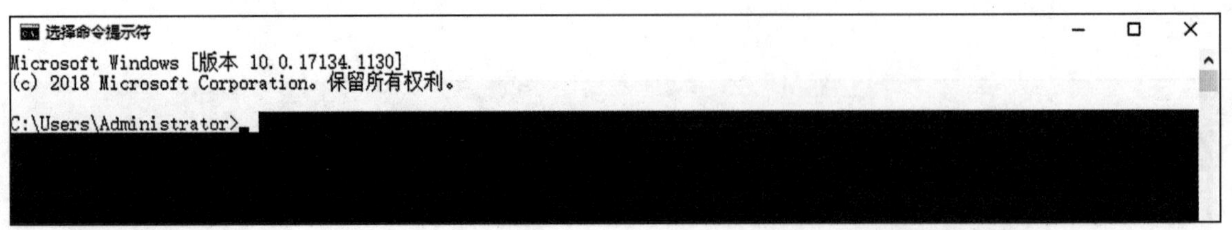

图 3－3　CMD 命令提示符窗口中 Shift 键的操作演示

3. 经典的开始菜单

Windows 10 恢复了用户期盼已久的经典开始菜单功能，同时，系统也继续沿用开始菜单屏幕。开始菜单默认显示一些软件的方块图标，通过拖放能够将常用软件拖放到开始菜单屏幕，使其更容易找到。

4. 新的即时通信软件

在软件方面，微软公司默认安装了 Skype 软件，它是 MSN 的继任者。Skype 是一款即时通信软件，是全球免费的语音沟通软件，其具备 IM 所需的功能，如视频聊天、多人语音会议、多人聊天、传送文件、文字聊天等功能。通过它可以与其他用户进行高质量的语音对话，也可以拨打国内、国际电话，无论固定电话、手机均可直接拨打，并且可以实现呼叫转移、短信发送等功能。

5. 让色彩更炫的 DirectX 12

DirectX 12 是当前许多计算机游戏中炫目的 3D 视觉效果和令人陶醉的音效的幕后软件。DirectX 12 包含多项改进，经过全新设计，它已经变得更有效率，能更好地利用多核心处理器的能力。DirectX 12 可以提供多种复杂的阴影及材质技术，因此 3D 动画更流畅，图形比以前更生动、更细致。

6. 全新的操作中心

Windows 10 全新操作中心(通知中心)为用户提供各类系统和应用信息，用户可以更方便、更全面地掌控系统情况。原来旧版本 Windows 中的操作中心，在 Windows 10 中则成了通知中心，除了集中显示应用的通知推送消息外，还有平板模式、网络等快捷操作按钮，如图 3－4 所示。

图 3－4　Windows 10 全新操作中心

7. 智能语音助手 Cortana

Windows 10 的一大亮点就是加入了 Cortana 语音助手，它能为用户简化不少复杂的操作。用户在这里语音输入关于文件的描述，Cortana 就可以帮助查找。

8. Edge 浏览器

Windows 10 增加了一个全新浏览器 Edge，这款整合了微软公司自家 Cortana 语音助手的新浏览器有桌面和移动两个版本，并深度融合了 Bing 搜索服务。Edge 除了性能增强外，还支持地址栏搜索、笔记和阅读模式等功能。

以上仅是 Windows 10 的一部分新特性，Windows 10 还有一些其他的方便用户使用的人性化功能设置。

二、安装 Windows 10 的硬件配置要求

Windows 10 系统对 PC 硬件要求很低，只要能运行 Windows 7 系统，计算机就能流畅地运行 Windows 10 系统。用户如果要确定自己计算机的配置是否可以安装 Windows 10，可以右键单击“我的电脑”或“计算机”属性，来查看基本配置。

安装 Windows 10 系统的硬件配置有最低要求和推荐要求，两种配置要求如表 3 - 1 所示。

表 3 - 1　安装 Windows 10 系统的硬件要求

硬件设备	最低要求	推荐要求
硬盘	容量≥16 GB(32 位) 容量≥20 GB(64 位)	容量≥20 GB(32 位) 容量≥40 GB(64 位)
内存	1 GB(32 位版)或 2 GB(64 位版)	2 GB 或 3 GB(32 位)，4 GB 或更高(64 位版)
显示卡	DirectX 9 或更高版本(包含 WDDM 1.0 驱动程序)	DirectX 9 或更高版本(包含 WDDM 1.0 驱动程序)
中央处理器	主频在 1 GHz 以上的处理器(也可以是 SoC)	双核以上处理器
显示器	分辨率在 1 024×768 像素及以上，或可支持触摸技术的显示设备	
磁盘分区格式	NTFS	
光驱	DVD 光驱	
其他	微软兼容的键盘及鼠标	

任务 2　使用与管理桌面

一、Windows 10 的桌面组成

进入 Windows 10 操作系统后，首先出现在屏幕上的整个区域就是“系统桌面”，也可简称为“桌面”。桌面的组成元素主要包含桌面图标、任务栏、开始菜单、桌面背景等项目。

(一)桌面图标

桌面图标是代表文件、文件夹、程序或其他项目的小图片，是一种快捷方式，用于快速地打开相应的项目及程序。桌面图标分为系统图标和快捷图标两种。其中，系统图标使用户可进行与系统相关的操作，快捷图标可方便用户双击图标后直接访问程序或文件夹。

用户双击桌面上的图标，可以快速地打开相应的文件、文件夹或者应用程序，如双击桌面上的“回收站”图标，即可打开“回收站”窗口。

1. 系统图标的设置

在 Windows 10 中，新安装的系统桌面只显示一个“回收站”系统图标。用户可以根据实际需要添加其他系统图标，如“计算机”图标、“控制面板”图标等；也可以根据需要删除不常用的桌面图标。具体的操作方

法与步骤如下。

(1)在桌面空白处右击,系统弹出快捷菜单,单击其中的“个性化”命令。

(2)打开“个性化”窗口,首先单击窗口左边的“主题”命令,再单击窗口右边“桌面图标设置”命令,如图3-5所示。系统打开“桌面图标设置”对话框。

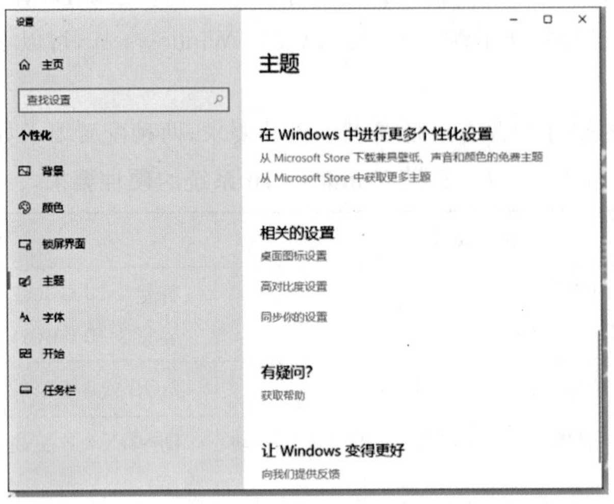

图3-5 “个性化”窗口

(3)在打开的“桌面图标设置”对话框中,选中“计算机”和“控制面板”复选框,单击“确定”按钮。可以看到,桌面上已添加了“此电脑”和“控制面板”图标。

(4)在打开的“桌面图标设置”对话框中,取消“控制面板”图标前面的复选框勾选(见图3-6),单击“确定”按钮后,可以看到桌面上的“控制面板”图标被删除。

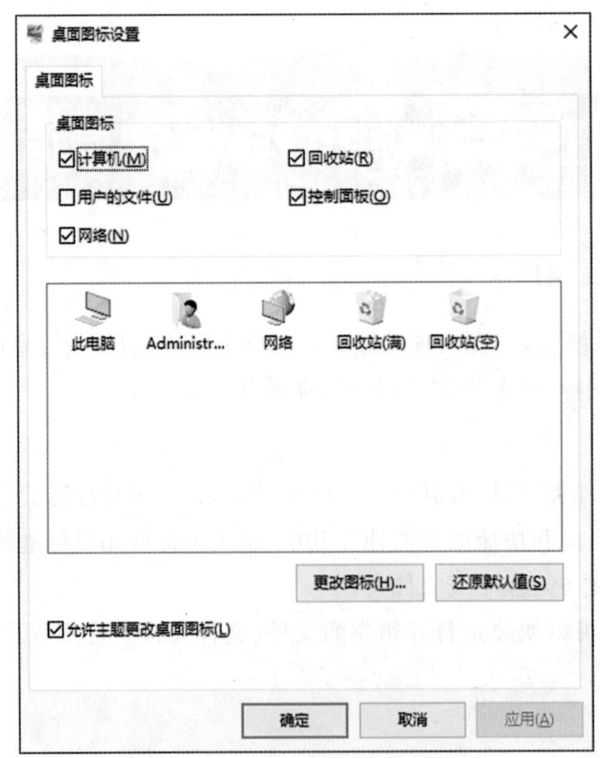

图3-6 “桌面图标设置”对话框

开阔视野

在 Windows 10 中，桌面上没有“我的文档”系统图标，取而代之的是以用户名命名的文件夹图标；也没有“网上邻居”图标，取而代之的是“网络”图标。

2. 在桌面上创建应用程序的快捷方式图标

左下角有箭头的图标是快捷方式图标。快捷方式是一个表示与某个项目链接的图标，而不是项目本身。双击快捷方式图标，即可打开相应的应用程序。如果删除快捷方式图标，则只会删除这个快捷方式，而不会删除相应原始程序。在桌面上创建快捷方式的具体方法有如下两种。

(1)通过拖放在桌面创建链接。打开 Windows 10 开始菜单，找到想要设置快捷方式的程序，如 Apple Software Update，然后按鼠标左侧拖动其中的 Apple Software Update 到桌面上，就会显示“在桌面创建链接”的提示，松开鼠标左键，即可在桌面上创建 Apple Software Update 的快捷方式。

按照同样的方法可以把 Windows 10 开始菜单中的任意应用程序拖放到桌面上创建链接，包括 Windows 应用商店的 Metro 应用。

(2)传统的“发送到桌面快捷方式”。在 Windows 10 开始菜单中的 Apple Software Update 上单击鼠标右键，先选择“更多”命令，再选择“打开文件位置”命令，就会打开 Windows 10 开始菜单文件夹下的 Microsoft Office 程序组文件夹。在 Access 图标上单击鼠标右键，选择“创建快捷方式”，即可在 Windows 10 桌面上创建 Apple Software Update 的快捷方式图标。

3. 删除桌面快捷图标

桌面上有大量的图标时，可能会影响计算机的速度，降低工作效率，可以删除不需要的图标。方法是在要删除的桌面图标上单击鼠标右键，从弹出的快捷菜单中选择“删除”命令。也可以选择需要删除的桌面图标，按 Delete 键，进行删除。

如果想要彻底删除桌面图标，按下 Delete 键的同时按下 Shift 键，此时系统会弹出“删除快捷方式”图标，提示“你确定要永久删除此快捷方式吗？”，单击“是”按钮即可。

4. 改变/移动图标的位置

Windows 10 默认将桌面图标排列在桌面左侧的列中，如果需要改变位置，可以直接拖动需要移动位置的图标，将其移至新的位置。也可以在桌面空白处单击鼠标右键，在弹出的快捷菜单中选择“查看”→“自动排列图标”命令，Windows 会将图标排列在左上角并将其锁定在该位置。

5. 调整图标大小

在桌面空白处单击鼠标右键，系统弹出快捷菜单，将鼠标指针指向“查看”命令，然后选择“大图标”“中等图标”或“小图标”，可以分别以不同方式对图标进行查看。

6. 图标排序

可以对桌面上的所有图标进行排序。在桌面空白处单击鼠标右键，系统弹出快捷菜单，将鼠标指针指向“排序方式”命令，然后单击“名称”“大小”“项目类型”或“修改时间”，就可以按相应方式实现图标的排序。

(二)任务栏

任务栏是位于桌面底部的水平长条，主要由“开始”按钮、搜索框、任务视图、快速启动区、应用程序图标显示区、通知区域和“显示桌面”按钮组成，如图 3－7 所示。任务栏是桌面的重要对象，用户通过任务栏可以实现任务与窗口之间的切换，并能及时查看当前正在执行的程序。任务栏中的“开始”菜单可以打开大部分

已经安装的软件，用户可以在搜索框直接输入关键词以搜索相关的桌面程序、网页、我的资料等，任务视图是一项能够同时以略缩图的形式全部展示计算机中打开的各软件、浏览器、文件等的任务界面，快速启动区存放的是最常用程序的快捷方式，应用程序图标显示区是用户进行多任务工作时的主要区域之一，通知区域可以用图标形象地显示计算机软硬件的重要信息。

图 3-7 任务栏

与以前的操作系统相比，Windows 10 中的任务栏设计得更加人性化，使用更加方便，功能和灵活性更强。用户按 Alt＋Tab 组合键，可以在不同的窗口之间进行切换操作。

1. 任务栏外观设置

在任务栏的空白区域单击鼠标右键，在弹出的快捷菜单中单击“任务栏设置”命令，打开“任务栏设置”对话框，显示任务栏的全部设置情况，如图 3-8 所示。

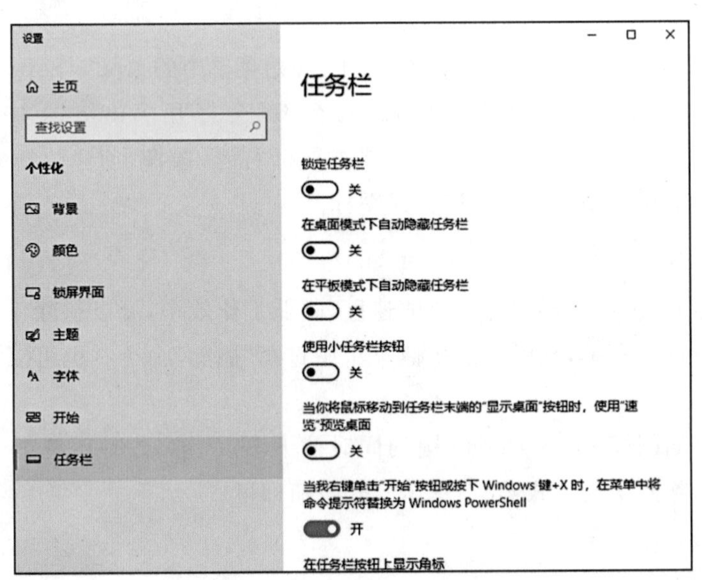

图 3-8 任务栏属性设置

(1)当“锁定任务栏”选项处于“开”状态时，可以使任务栏的大小和位置保持在固定状态，而不能被改动。当处于“关”状态时，任务栏的大小和位置可以用鼠标进行移动，具体方法是将鼠标指针放在任务栏空白处的边缘，按下鼠标左键，将其拖动至桌面的左边，任务栏就位于桌面的左边。用同样方法，可以将任务栏拖动至顶端、右边。

(2)当“在桌面模式下自动隐藏任务栏”选项处于“开”状态时，在鼠标指针离开任务栏时任务栏将自动隐藏。当选项处于“关”状态时，任务栏永远保持在桌面的最前端，始终显示。

(3)“在平板模式下自动隐藏任务栏”选项，是针对操作系统用于平板模式的任务栏隐藏设置，类似于“在桌面模式下自动隐藏任务栏”的设置。

(4)当“使用小任务栏按钮”选项处于“开”状态时，表示任务栏及固定在任务栏中的图标以缩小形式显示，更加节省空间。

(5)“当你将鼠标移动到任务栏末端的‘显示桌面’按钮时，使用‘速览’预览桌面”选项处于“开”状态时，鼠标移动到任务栏的最末端矩形块处即“显示桌面”按钮处时，打开的窗口会逐渐淡去并随之变成透明状，即可看见桌面;将鼠标从“显示桌面”按钮移去时,系统就会重新显示这些打开的窗口。相反,处于“关”状态时,鼠标移动到“显示桌面”按钮时系统没有任何显示,只有单击才可以呈现桌面,再次单击返回用户曾打开的窗口界面。

(6)“在任务栏按钮上显示角标”选项处于“开”状态,系统会在任务栏图标的显示右上角加角标,提示目前程序或系统信息状态。

(7)“任务栏在屏幕上的位置”选项下方的下拉列表框,允许用户选择“底部”“左侧”“右侧”和“顶部”4 个位置选项以确定任务栏在桌面上的位置。

(8)“合并任务栏按钮”选项下方的下拉列表框,允许用户选择任务栏上当前任务按钮的排列方式,有“始终隐藏标签”“任务栏已满时”“从不”3 种。

(9)在“通知区域”下方可以设置“选择哪些图标显示在任务栏上”和“打开或关闭系统图标”。当单击“选择哪些图标显示在任务栏上”选项时,系统打开新窗口,可以通过“开”或“关”设置哪些图标显示在通知区域。当单击“打开或关闭系统图标”时,系统打开新窗口,在此可以通过“开”或“关”设置哪些系统图标显示在通知区域。

2. 任务栏的大小调整

为了实际使用时方便显示,不仅任务栏的位置可以调整,其大小也可以调整。在任务栏空白处右击鼠标,观察弹出菜单中的“锁定任务栏”命令,如果其前面标有勾选标记,则单击该菜单命令,清除其前面的勾选标记,单击“确定”按钮,解除对任务栏的锁定。将鼠标指针指向任务栏的边缘,看到指针呈双箭头形状,按住鼠标左键向上或向下拖动,调整到合适位置时释放鼠标左键,即可调整任务栏的大小。

开阔视野

当“锁定任务栏”命令前面有勾选标记时,任务栏处于锁定状态,大小与位置是不可以调整的,鼠标指针指向任务栏的边缘时,系统也不会显示双箭头形状的指针。

3. 跟踪窗口

如果一次打开多个程序或文件,则所有窗口都会堆叠在桌面上。由于多个窗口经常相互覆盖或者占据整个屏幕,因此有时很难看到被覆盖的其他内容,或者不记得已经打开的内容,这种情况下使用任务栏很方便。无论何时打开程序、文件或文件夹,Windows 都会在任务栏上创建对应的已打开程序的图标按钮。当单击任务栏上的图标按钮时,可以实现不同窗口之间的切换,且当某一窗口为当前“活动”窗口时,其对应的任务栏按钮是突出显示的。

将鼠标指针移向任务栏按钮时,系统会出现一个小图片,上面显示缩小版的相应窗口(被称为“缩略图”),鼠标指针指向该缩略图时可全屏预览该窗口,如图 3-9 所示。如果要切换到正在预览的窗口,只需要单击该缩略图即可。

图 3-9 指向任务栏图标出现预览窗口

4. 快速启动区图标的添加与删除

为了启动程序的方便,可以把常用程序的启动图标添加到任务栏中,具体操作方法如下。

(1)找到需要添加的程序,按住鼠标左键后拖动程序图标至任务栏中的快速启动区。

(2)抬起鼠标左键,即可将启动程序的图标添加到任务栏的快速启动区中。

如果不需要该程序作为快速启动项,就可以在该程序图标上单击鼠标右键,从弹出的快捷菜单中单击"从任务栏取消固定"命令即可。

5. 搜索框的隐藏与显示

Windows 10 任务栏中的搜索框可以方便用户快速进行本地或联网查找,而且默认有 Cortana 语音助手。当不习惯使用语音助手时,可以将语音助手隐藏或改变显示形式,具体方法如下。

(1)在任务栏空白区域单击鼠标右键,选择"Cortana"→"显示 Cortana 图标"命令,随后即可看到任务栏中 Cortana 语音助手的搜索框消失,取而代之的是该程序的图标。

(2)在任务栏空白区域单击鼠标右键,系统弹出快捷菜单,选择"Cortana"→"隐藏"命令,则可以完全将搜索框和 Cortana 语音助手一起在任务栏中隐藏。

(3)在任务栏空白区域单击鼠标右键,系统弹出快捷菜单,选择"Cortana"→"显示 Cortana 图标"命令,搜索框和 Cortana 语音助手恢复在任务栏中的显示。

6."任务视图"按钮

单击任务栏中的"任务视图"按钮,系统可以同时呈现用户当前正在运行的多任务窗口,如图 3-10 所示。

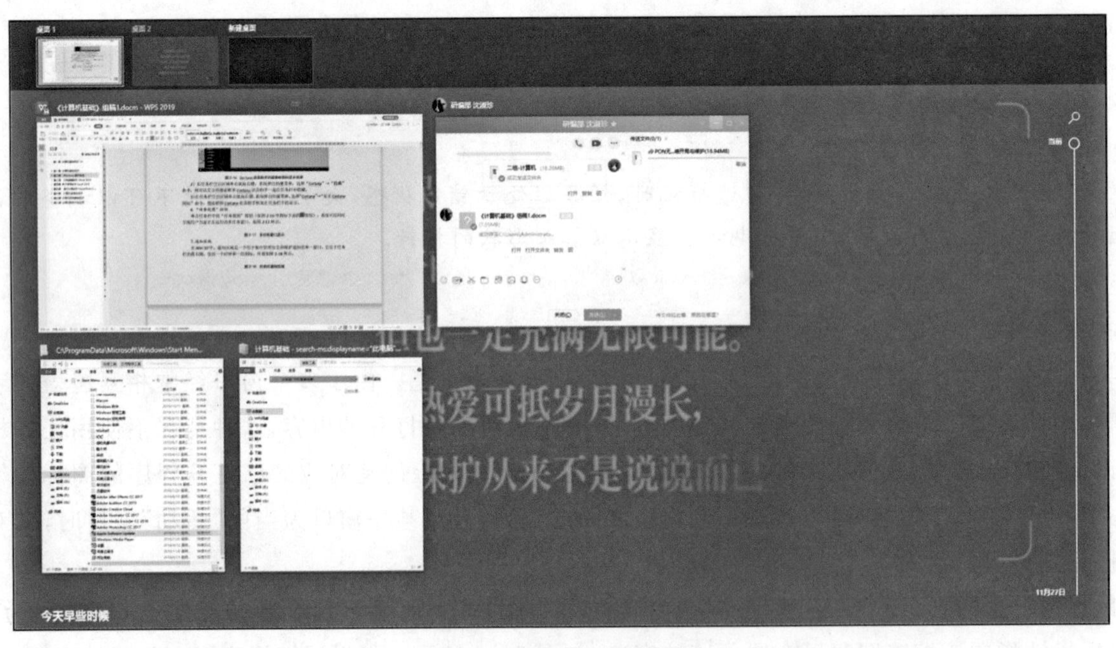

图 3-10 多任务窗口显示

7. 通知区域

在 Windows 10 中,通知区域是一个用于集中管理安全和维护通知的单一窗口。它位于任务栏的最右侧,包括一个时钟和一组图标,外观如图 3-11 所示。

图 3-11 任务栏通知区域

可以根据实际情况选择通知区域的图标显示与隐藏，以避免大量图标挤在一起给操作带来麻烦。具体方法可参照前面任务栏设置中的内容。

8. 在任务栏中添加工具栏

为方便操作，可以将某些常用工具栏放置到任务栏上，具体的操作方法与步骤如下。

(1)右击任务栏上的空白位置，从弹出的快捷菜单中选择“工具栏”命令，再选择“工具栏”级联的菜单。

(2)如选择“地址”和“链接”两个选项，即可向任务栏中添加“地址”工具栏和“链接”工具栏，如图 3－12 所示。

图 3－12　添加了“地址”和“链接”工具栏的任务栏

另外，那些不经常使用的工具，一般不用显示在“任务栏”上，以免影响日常工作。删除工具的操作步骤：在任务栏上的空白位置单击鼠标右键，从弹出的快捷菜单中选择“工具栏”命令，打开“工具栏”级联的菜单，去掉对应工具栏前面的勾选标记。

9. 显示桌面

Windows 10 任务栏最右端的小矩形是“显示桌面”按钮，单击此按钮，可以最小化打开的全部窗口，再次单击此按钮，会重新显示这些曾打开的窗口。

二、Windows 10 的窗口管理

在 Windows 10 中，窗口是用户界面中最重要的组成部分，用户对窗口的操作是最基本的操作。每当打开程序、文件或文件夹时，其内容都会在屏幕上被称为窗口的框或框架中显示。在 Windows 10 中，窗口分为两种，即应用程序窗口和文档窗口。窗口可以放到桌面上的任何位置，也可以最小化到任务栏，也就是可以进行最小化、最大化和移动等操作。

(一)窗口的组成

窗口实际上是一个应用程序在屏幕中打开的相应矩形区域，是用户与该程序之间的可视界面。虽然每个窗口的内容各不相同，但所有窗口都始终显示在屏幕的主要工作区域上。用户可以通过关闭一个窗口来终止一个程序的运行，也可以通过选择相应的应用程序窗口来选择相应的应用程序。不管怎样，窗口都包括标题栏、菜单栏等相同的基本组成部分，如图 3－13 所示。

(1)标题栏。位于窗口的最上方，显示文档和程序的名称，如果正在文件夹中工作，则显示文件夹的名称。

(2)最小化、最大化和关闭按钮。位于标题栏的右侧。这些按钮分别可以隐藏窗口、放大窗口使其填充整个屏幕或者关闭窗口。

(3)菜单栏。位于标题栏的下方，包含程序中可单击进行选择的项目，为用户在操作过程中提供了访问方法。

(4)滚动条。位于窗口的边界，用户可以使用滚动条滚动窗口的内容以查看当前视图之外的信息。

(5)边框和角。用户可以用鼠标指针拖动这些边框和角以更改窗口的大小。

上述只是窗口的一些基本组成部分，其他应用程序窗口除这些基本组成部分外，可能还有其他的导航窗格、按钮、框或栏。

(二)更改窗口的大小

默认情况下，打开的窗口大小和上次关闭时的大小一样，用户可以根据实际需要任意调整窗口的大小，具体方法与步骤如下。

(1)若要使窗口填满整个屏幕，应单击“最大化”按钮或双击该窗口的标题栏。

(2)若要将最大化的窗口还原到以前大小,应单击"还原"按钮或者双击窗口的标题栏。

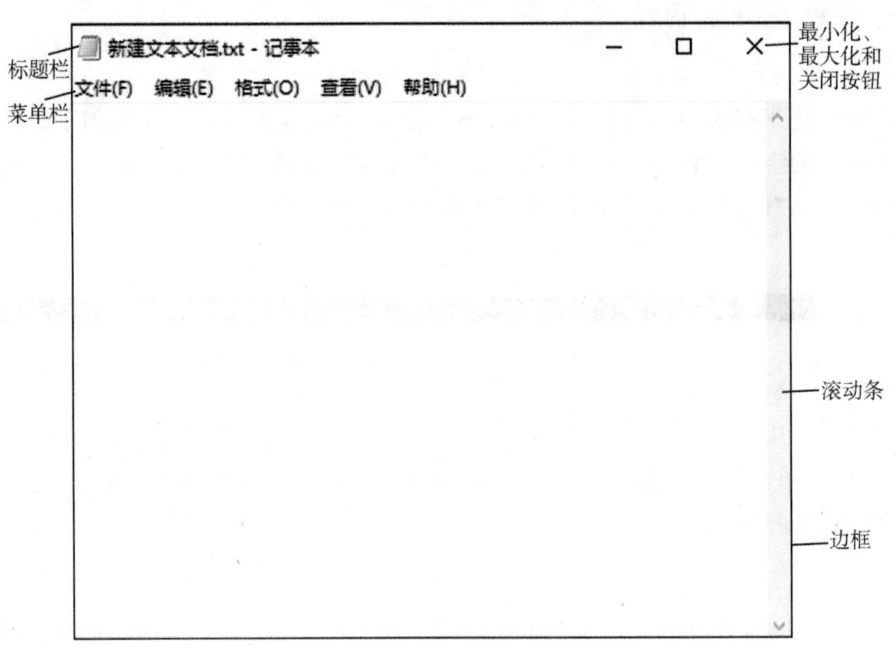

图 3-13 窗口的组成

(3)若要调整窗口的宽度,应把鼠标指针放在窗口的垂直边框上,当鼠标指针变成双向箭头时,左右拖动即可改变窗口的宽度。

(4)若要调整窗口的高度,应把鼠标指针放在窗口的水平边框上,当鼠标指针变成双向箭头时,上下拖动就可以改变窗口的高度。

(5)若要使窗口等比缩放,应把鼠标指针放在窗口的边框角上,当鼠标指针变成双向箭头时,拖动边框角可以等比缩放窗口。

开阔视野

已最大化的窗口无法调节大小,必须先将其还原为先前的大小或缩小窗口。

(三)移动窗口

当窗口打开之后,窗口没有处于最大化或最小化状态时,可以将鼠标指针指向其标题栏,然后拖动窗口的标题栏至目标处,松开鼠标左键,即可将窗口拖动到希望的位置。若想把窗口还原至以前的状态,只需按 Esc 键,即可撤销此次移动窗口的操作。

(四)自动排列窗口

如果桌面上打开的窗口不止一个,并且要求全部处于显示状态,可用 Windows 提供的 3 种自动排列窗口方式(层叠、堆叠显示或并排显示)达到此目的。在任务栏空白处单击鼠标右键,弹出快捷菜单,单击其中的"层叠窗口""堆叠显示窗口"或"并排显示窗口"即可。

(1)层叠窗口。把所有已打开的显示在桌面上的应用程序窗口都层叠在一起,如图 3-14 所示。这时,只有最前面的窗口可以被完整地看到,其他窗口都可以通过它们的标题栏来识别。当想把层叠状态中的任何一个被遮盖的窗口提升到所有窗口的最前面时,可以用鼠标左键单击相应窗口的标题栏,被单击的窗口立即成为活动窗口,处于桌面窗口的最前面。

图 3-14　层叠窗口

(2)堆叠显示窗口。所有打开的窗口并排显示,在保证每个窗口大小相当的情况下,使窗口尽量向水平方向伸展,如图 3-15 所示。

图 3-15　堆叠显示窗口

(3)并排显示窗口:在排列过程中,在保证每个窗口都显示的情况下,使窗口尽量向垂直方向伸展,如图 3-16 所示。

在任务栏空白处单击鼠标右键,如果在弹出的快捷菜单中选择"显示桌面"命令,则打开的所有窗口会最小化,只显示桌面;再次选择"显示打开的窗口"命令,会显示用户曾打开的窗口。

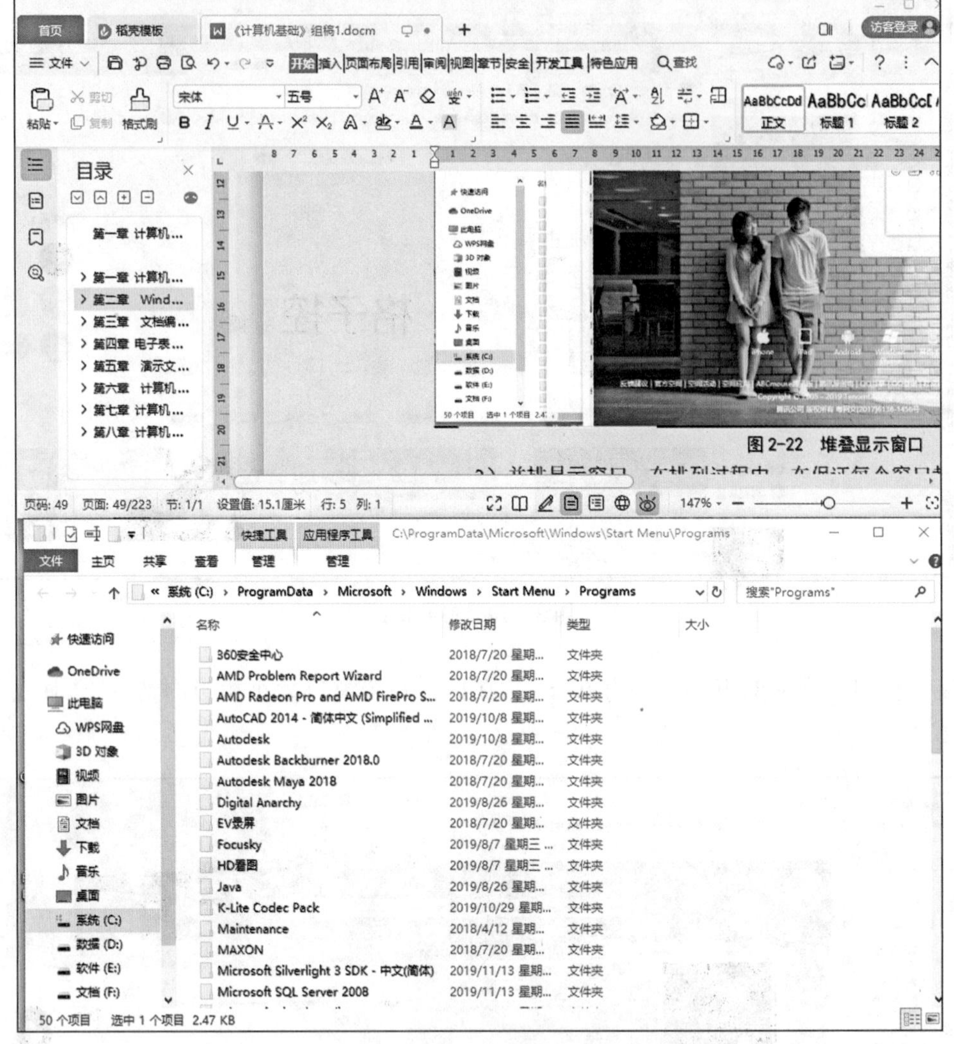

图 3-16 并排显示窗口

(五)多窗口间切换

如果同时打开了多个程序或文档,桌面会快速布满杂乱的窗口,通常不容易跟踪已打开的窗口,可通过下面 3 种方法实现多窗口的切换。

1. 使用鼠标

如果已打开多个窗口,在需要切换的窗口中任意位置单击鼠标左键,该窗口就可出现在所有窗口的最前面。

若要轻松地识别窗口,可以将鼠标指向其任务栏按钮。将鼠标指针停留在任务栏左侧的某个程序图标上,将看到一个缩略图一样大小的窗口预览,无论该窗口的内容是文档、照片,还是正在运行的视频。如果无法通过其标题识别窗口,则该预览功能特别有用。接着,在预览小窗口中移动鼠标指针,桌面上会同时显示该程序的某个窗口。

2. 使用 Alt+Tab 组合键

通过按 Alt+Tab 组合键可以切换到先前的窗口,或者通过按住 Alt 键并重复按 Tab 键循环切换所有打开的窗口和桌面,释放 Alt 键即可显示所选的窗口。

3. 使用 Win+Tab 组合键

在 Windows 10 系统中,按主键盘区中的 Win+Tab 组合键或单击任务栏上的“任务视图”按钮,即可显

示当前桌面环境中的所有窗口缩略图。此时，在需要切换的窗口上单击，即可快速切换到该窗口。

(六)特色窗口操作

1. 拖动窗口碰桌面顶端

当用户拖动窗口移至桌面顶端，窗口就会立刻变为最大化形式。想恢复原来大小，只需将窗口向原来相反方向拖动即可。

2. 窗口摇晃

当用户在桌面上打开多个窗口时，用鼠标左键选中窗口不放，并轻轻晃动，其他的窗口立刻最小化，只留当前窗口。再用鼠标拖动此窗口，轻轻晃动，则消失的窗口又会出现在原来的位置。

(七)对话框

对话框是一种特殊类型的窗口，它可以提出问题，允许用户选择选项来执行任务，或者提供信息。当程序或 Windows 需要用户进行响应才能继续时，经常会出现对话框。对话框与窗口的区别在于，它没有“最小化”“最大化”按钮，不能改变大小，但是可以被移动，如图 3 - 17 所示。

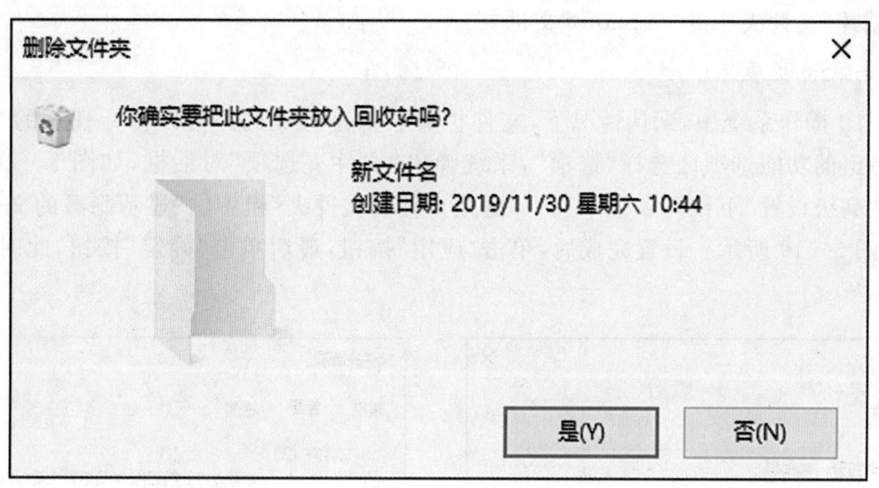

图 3 - 17　对话框

任务 3　文件管理

一、文件概述

(一)认识文件

1. 文件名的组成

在 Windows 10 操作系统中，文件名由“基本名”和“扩展名”构成，它们之间用英文圆点“.”隔开。基本名用来表明文件的名字，是由用户根据文件内容或随意命名的，可以改变；扩展名用来注册文件的类型，是系统根据文件类型给出的，是不能改变的。

文件可以只有基本名，没有扩展名，但不能只有扩展名，没有基本名。

2. 文件命名规则

对文件命名有以下规则。

(1)文件名称长度最多可达 256 个字符,1 个汉字相当于 2 个字符。文件名中不能出现如下字符:斜线(/、\)、竖线(|)、小于号(＜)、大于号(＞)、冒号(:)、引号(“”)、问号(?)和星号(*)。

(2)文件命名不区分大小写字母,如“abc.txt”和“ABC.txt”是同一个文件名。

(3)同一个文件夹下的文件名称不能相同。

3. 文件路径

文件路径是文件存储的位置,是用户在磁盘上寻找文件时所历经的文件夹线路。它由“盘符”和“文件夹”组成,它们之间用一个反斜杠“\”隔开,其中后一个文件夹是前一个文件夹的子文件夹。文件的路径分为绝对路径和相对路径。绝对路径是从根文件夹开始的路径,以“\”作为开始。

相对路径是从当前文件夹开始的路径。这里主要介绍文件的绝对路径。为了找到需要的文件,必须知道文件在计算机上的位置,而详细描述这个位置的就是路径名称。在描述路径名称时,盘符要用“:”分开,文件夹里的文件夹可以用“\”分开。例如,只要看到绝对路径“D:\图片\myphoto\abc.jpg”,就知道 abc.jpg 文件是在 D 盘的“图片”文件夹中的“nyphoto”文件夹。

4. 文件类型与文件扩展名

在 Windows 10 操作系统中,默认情况下,文件扩展名都是隐藏的。可以打开任意的文件夹窗口,单击“查看”菜单,从弹出的功能选项区选择“选项”,系统弹出“文件夹选项”对话框,如图 3-18 所示。单击“查看”选项卡,再从“高级设置”下拉列表框中选中“隐藏文件和文件夹”组中的“显示隐藏的文件、文件夹和驱动器”单选按钮,如图 3-19 所示。设置完成后,单击“应用”按钮,最后单击“确定”按钮,此时就可以看见所有文件的扩展名了。

图 3-18 “文件夹选项”对话框

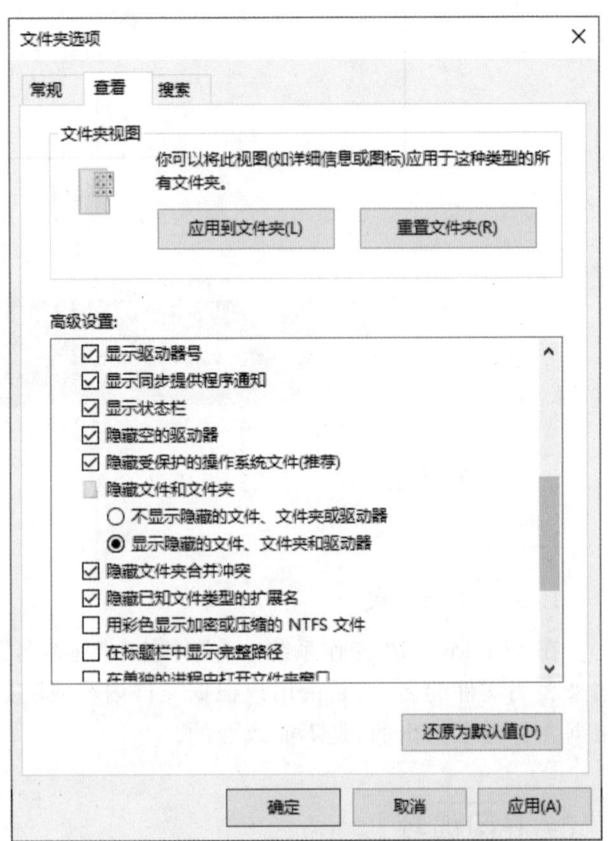

图 3-19 “查看”选项卡

在 Windows 10 系统中，常用的文件类型与扩展名对照表，如表 3-2 所示。

表 3-2　常用的文件类型与扩展名对照表

扩展名	文件含义
.jpeg 或.jpg	静态图像，具有很高的压缩比例，使用非常广泛，显示效果好，文件体积小
.bmp	位图文件，无压缩的文件格式，显示文件颜色没有限制，显示效果好，缺点是文件体积太大
.docx 或.doc	办公软件：Microsoft Office；字处理软件：Word 创建的文档
.txt	文本文件
.jnt	手写输入日记本文档
.wma	声音文件
.xsl 或.xlsx	电子表格处理文档
.rar 或.zip	常见的压缩文件格式
.ppt	幻灯片，演示文稿文档
.pdf	Adobe Acrobat 文档
.html	Web 网页文件
.mp3	使用 MPEG-3 格式压缩存储的声音文件，使用最为广泛的声音文件格式
.wmv	微软公司指定的声音文件格式，可被媒体播放器直接播放，体积小，便于传播

5. 文件大小

查看文件的大小有如下两种方法。

(1)选择要查看大小的文件并单击鼠标右键，在弹出的快捷菜单中选择“属性”命令，即可打开“属性”对话框查看文件的大小。

(2)打开包含要查看大小的文件的文件夹，单击窗口右下角的“在窗口中显示每一项的相关信息”按钮，即可在文件夹中查看文件的大小。

(二)认识文件夹

在 Windows 10 操作系统中，文件夹主要用来存放文件，是存放文件的容器。在过去的计算机操作系统中，我们习惯把它称为目录。树状结构的文件夹是目前微型计算机操作系统的流行文件管理模式。

1. 文件夹命名规则

在 Windows 10 中，文件夹的命名有以下规则。

(1)文件夹名称长度最多可达 256 个字符，1 个汉字相当于 2 个字符。文件夹名中不能出现如下字符：斜线(/、\)、竖线(|)、小于号(<)、大于号(>)、冒号(:)、引号(“”)、问号(?)和星号(*)。

(2)文件夹命名不区分大小写字母。

(3)文件夹通常没有扩展名。

(4)同一个文件夹中文件夹不能同名。

2. 文件夹大小

文件夹的大小单位与文件的大小单位相同，但只能使用“属性”对话框查看文件夹的大小。查看的方法是，选择要查看的文件夹并单击鼠标右键，在弹出的快捷菜单中选择“属性”命令，在弹出的“属性”对话框中即可查看文件夹的大小。

二、文件管理

(一)“此电脑”和“文件资源管理器”

在 Windows 10 中,存储在计算机上的大量文件和文件夹可以使用“此电脑”和“文件资源管理器”进行查看和管理。

1. 使用“此电脑”查看文件

Windows 10 中的“此电脑”窗口相当于 Windows 7 中的“计算机”窗口,具有查看和管理文件的功能。

(1)打开“此电脑”窗口。双击桌面“此电脑”图标,打开的“此电脑”窗口显示计算机所有的磁盘列表。

(2)使用“此电脑”窗口。当在“此电脑”窗口中单击某个磁盘盘符时,即可在窗口中看到其中分布的文件夹个数。双击某个磁盘盘符时,即打开磁盘,可以看到磁盘中存储的所有文件和文件夹。双击文件夹,就可以查看文件夹里存放的所有文件和文件夹。双击文件,就可以打开或运行该文件。将鼠标指针放到文件或文件夹上,就可以看到该文件或文件夹的详细信息(包括预览信息),如图 3-20 所示。

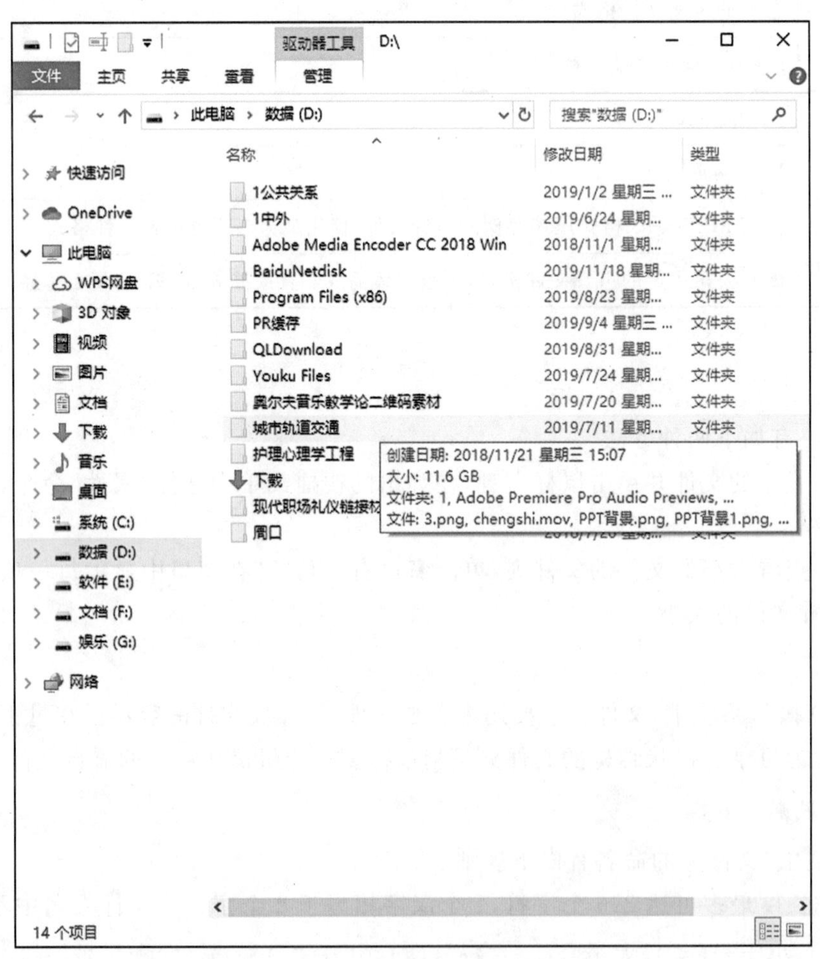

图 3-20 显示文件的详细信息

2. 使用“文件资源管理器”查看文件

文件资源管理器是 Windows 10 操作系统提供的资源管理工具,它以功能区和标签页的形式显示,便于用户查看计算机的所有资源,特别是它提供的树形文件系统结构,使用户能够更清楚、更直观地进行文件管理。

(1)打开“文件资源管理器”窗口的方法。

1)单击“开始”菜单,选择“所有程序”,单击“文件资源管理器”。

2)使用 Win+E 组合键。

(2)显示“文件资源管理器”窗口。打开“文件资源管理器”窗口,该窗口与“此电脑”窗口一样,用户可以在此窗口中对整个计算机中存储的文件进行访问和操作。该窗口主要包含“文件”“主页”“共享”和“查看”4 种选项卡,单击不同的选项卡,就可以找到不同类型的命令。

(3)使用“文件资源管理器”窗口。

1)“文件”选项卡。资源管理器的左窗格是导航窗格。用户可以使用树形结构的导航窗格来查找文件和文件夹,还可以在导航窗格中将文件或文件夹直接移动或复制到目标位置。单击“文件”选项卡,系统将出现“打开新窗口”“更改文件夹和搜索选项”等操作命令。

2)“主页”选项卡。打开任意磁盘或文件夹,可看到“主页”选项卡,主要包含对文件或文件夹的复制、移动、粘贴、重命名、删除、查看属性和选择等操作,如图 3-21 所示。

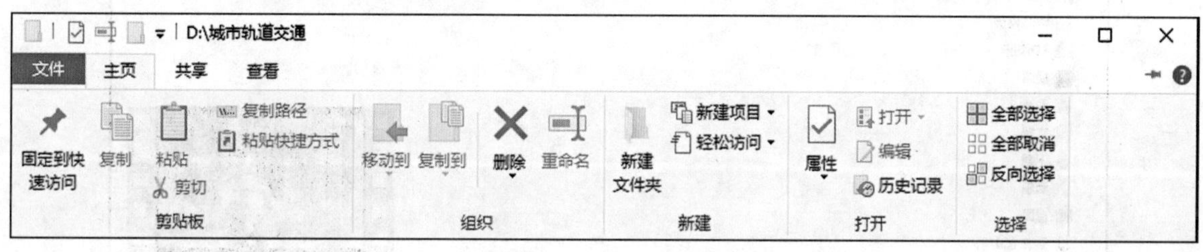

图 3-21 “主页”选项卡

3)“共享”选项卡。单击“共享”选项卡,系统打开“共享”选项卡,其中包含对文件的发送和共享操作命令,如共享、发送电子邮件、压缩、打印等,如图 3-22 所示。

图 3-22 “共享”选项卡

4)“查看”选项卡。“查看”选项卡主要包含“窗格”“布局”“当前视图”和“显示/隐藏”等功能区,可设置文件或文件夹显示方式,排列文件或文件夹,显示/隐藏文件或文件夹,等等,如图 3-23 所示。

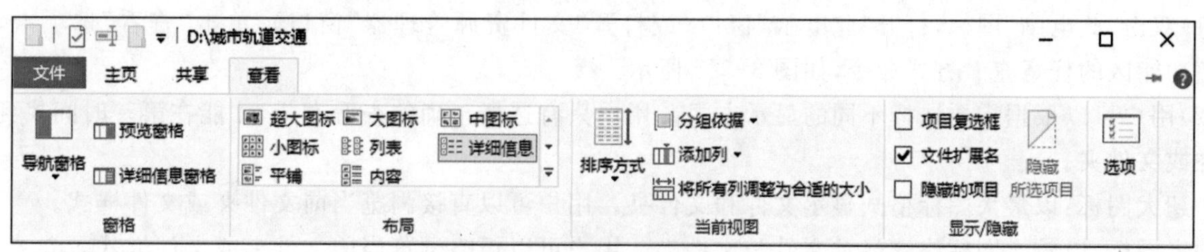

图 3-23 “查看”选项卡

5)其他选项卡。除了上述主要的选项卡外,当文件夹中包含图片时,系统会出现“图片工具”选项卡;当文件夹中包含音乐文件时,系统会出现“音乐工具”选项卡。另外,还有“管理”“解压缩”和“应用程序工具”等选项卡。

6)搜索框。搜索框位于资源管理器的右侧顶部,用户可在搜索框中键入关键词或短语,以查找当前文件夹或库中的项。例如,当用户键入“2020”时,所有名称与“2020”有关的文件将显示在文件列表中。

7)预览窗格。使用预览窗格可以查看大多数文件的内容。例如,选择电子邮件、文本文件或图片,无须

在程序中打开即可查看其内容。如果没有预览窗口,则可以单击工具栏中右边“预览窗格”按钮,这时系统会出现相应的预览效果,如图 3-24 所示。

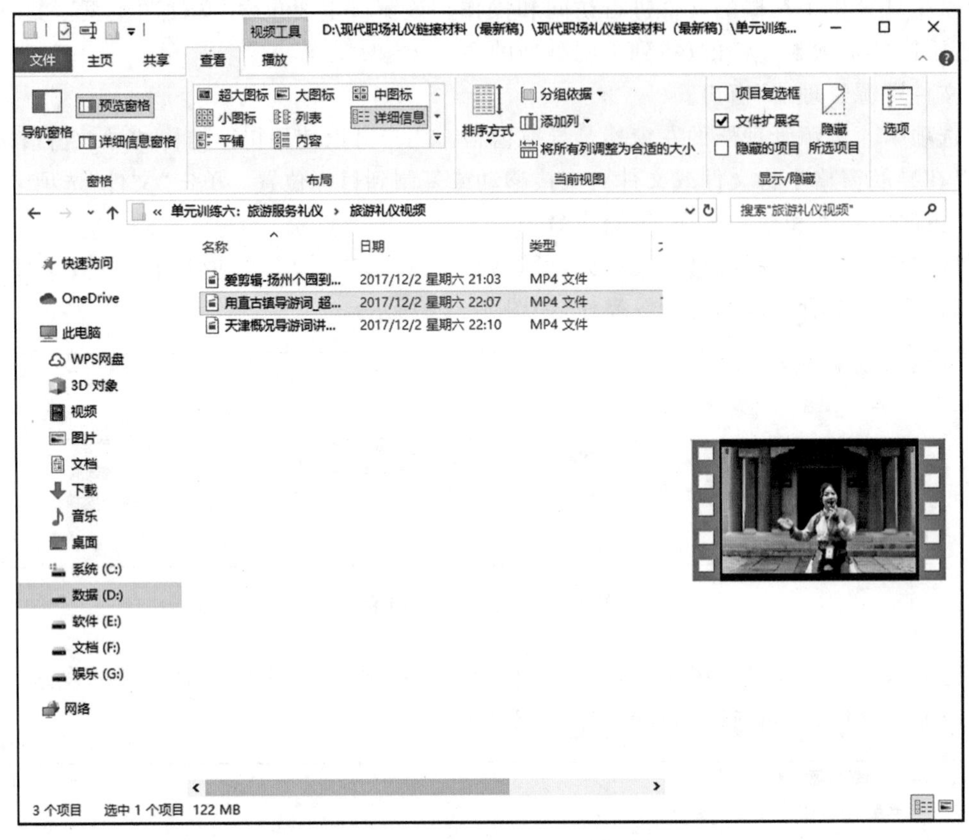

图 3-24　在“资源管理器”窗口中使用预览窗格

(二)文件与文件夹的操作

这类操作包括对文件和文件夹的新建、浏览、创建、移动、复制和删除等操作。

1. 浏览文件和文件夹

在 Windows 10 中,用户可以根据需要以不同的查看方式来浏览文件和文件夹,查看方式包括超大图标、大图标、中等图标、小图标、列表、详细信息、平铺和内容 8 种。具体的操作步骤如下。

(1)双击“此电脑”图标,打开“此电脑”窗口(或打开“文件资源管理器”窗口),单击“查看”选项卡,选择“布局”功能区的任意查看方式命令,如图 3-25 所示。

(2)用户可以根据需要选择不同的显示方式。用户只有选择正确的查看方式,才能在第一时间找到需要的文件或文件夹。

1)超大图标:以最大图标格式显示文件和文件夹。用户可以直接浏览当前文件夹或文件样式。

2)大图标:以较大图标格式显示文件与文件夹。用户可以粗略浏览当前文件夹或文件样式。

3)中等图标:以中等图标格式显示文件与文件夹。用户可以模糊浏览当前文件夹或文件样式。

4)小图标:以小图标格式显示文件与文件夹。

5)列表:以单列小图标格式排列来显示文件与文件夹。

6)详细信息:显示文件的名称、大小、类型、修改日期和时间。

7)平铺:与“中等图标”命令的排列方式类似。

8)内容:以图标格式显示文件及文件夹。

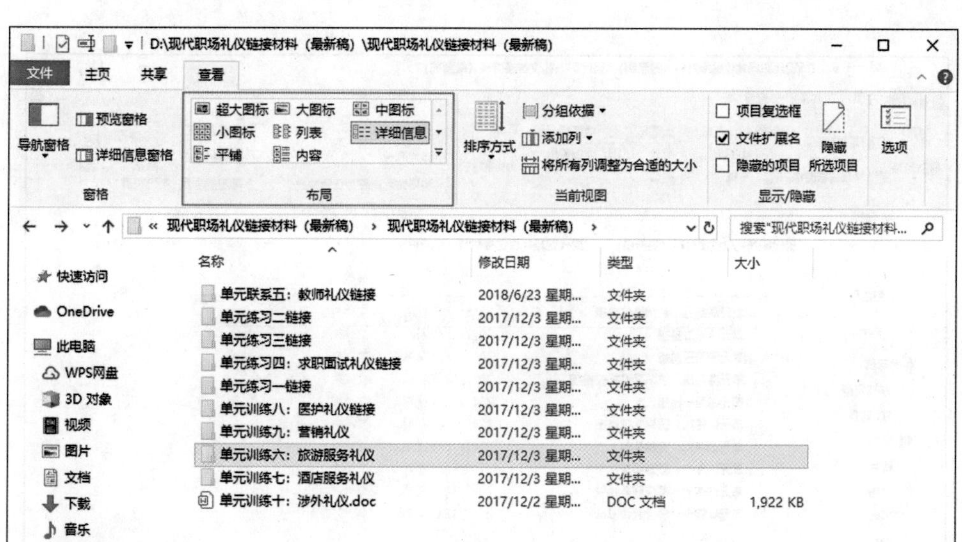

图 3-25　"布局"功能区

2. 文件与文件夹的选定

在文件管理操作中，大多数操作都遵循"先选定目标，后进行操作"的步骤，也就是在进行一项操作之前，要先选定操作对象，然后进行操作。在文件管理的文档窗口（"此电脑"或"文件资源管理器"）中，要选定对象（作为操作对象的文件或文件夹），最方便的方法是用鼠标操作，也可以用键盘来操作，选定的对象目标被深色块罩住。下面介绍几种情况的具体操作步骤。

（1）单个目标的选定。用鼠标左键单击要选定的文件对象，该对象的图标改变了颜色，表示该对象被选中了，如图 3-26 所示。

（2）多个连续目标的选定。单击要选定的一批连续分布文件对象的第一个，该对象的图标即改变了颜色，然后按住 Shift 键再单击要选定的一批连续分布文件对象的最后一个，此时从第一个到最后一个全部文件对象便都变了颜色，表示它们都被选中了，如图 3-27 所示。

另外，还可以用 Shift 键和↑、↓、←、→键进行多个连续目标的选定。

（3）多个分散目标的选定。按住 Ctrl 键，分别单击要选定的分散目标，在整个过程中始终按住 Ctrl 键，所有被单击过的目标便被选中了。

（4）全部选定。单击工具栏中的"组织"按钮，选择"全选"命令或按 Ctrl＋A 组合键，即可选取当前窗口中的所有文件和文件夹。

（5）使用矩形框选定多个目标。把鼠标指针指向目标的左上角（或右上角）区域（注意一定要指在目标外的空白区域，不能指在目标上），然后按住鼠标左键，向右下角（或左下角）拖动，随着鼠标的移动，出现一个矩形虚线框。当这个虚线矩形框罩住所有要选取的目标时，松开鼠标左键，这些目标便都被选中了（也可以从右下角或左下角向左上角或右上角拖动鼠标）。

（6）放弃已选定的部分目标。如果要从选中的目标中去掉某些已选中的目标，可以按住 Ctrl 键，在这些目标上单击鼠标左键即可。

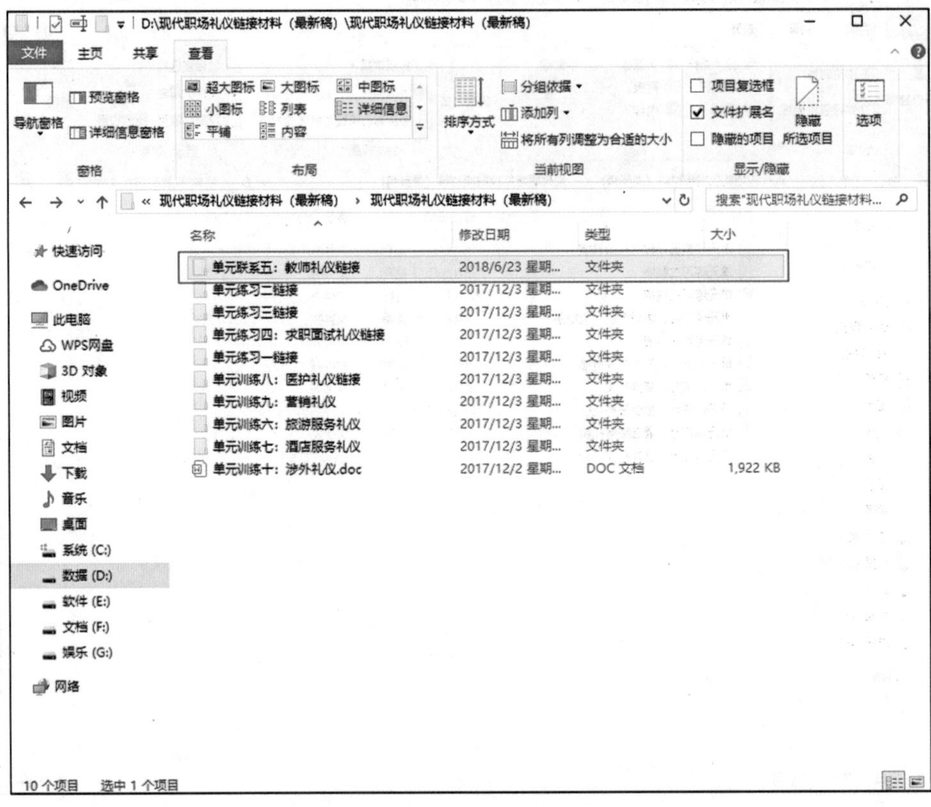

图 3－26　单个文件的选中

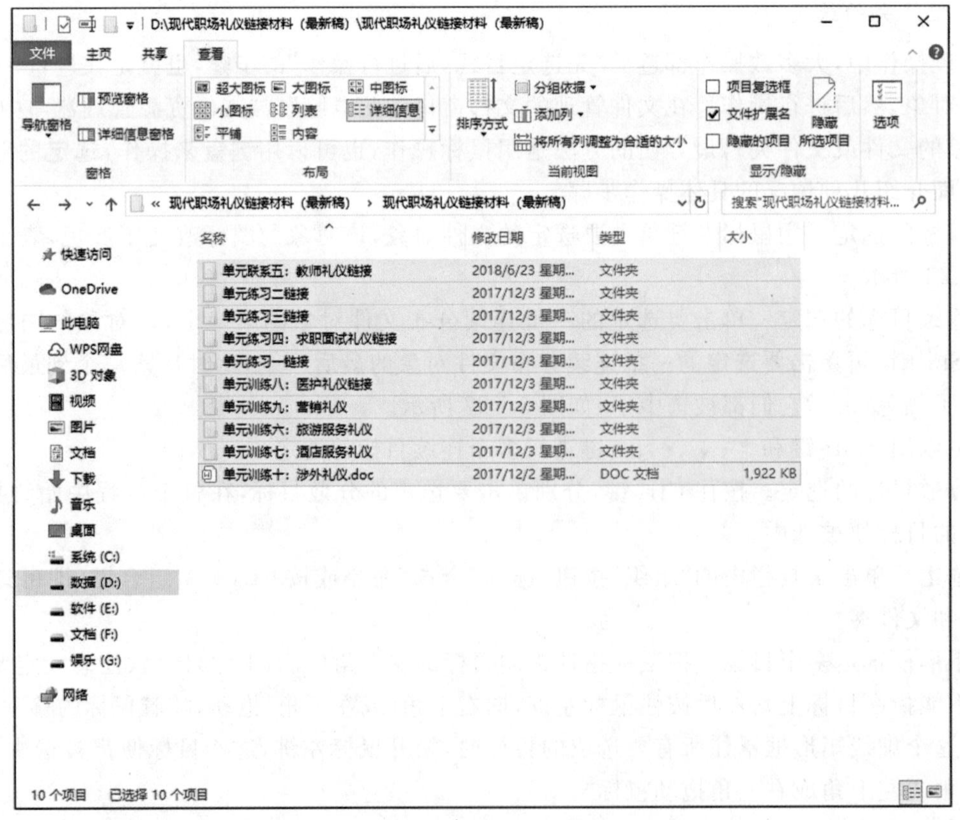

图 3－27　选择多个连续文件或文件夹

(7)反选文件或文件夹。有时用户可能遇到除了几个文件不需要选择外，其他的文件需要全选的情况，这时就可以利用系统提供的反选功能进行操作。方法是在文件管理器窗口中首先利用 Ctrl 键或 Shift 键，选择几个不需要选择的文件夹，然后单击“主页”选项卡，再选择“选择”功能区，选择“反向选择”命令。

(8)用选项选择文件。Windows 10 为同时选取多个文件或文件夹的操作提供了一个新的方法，就是使用复选框选项进行选择。使用这种方法来选择文件更加简单并且灵活，具体操作步骤如下。

1)在“文件资源管理器”或“此电脑”窗口，选择“查看”选项卡，选择“选项”命令，如图 3－28 所示。

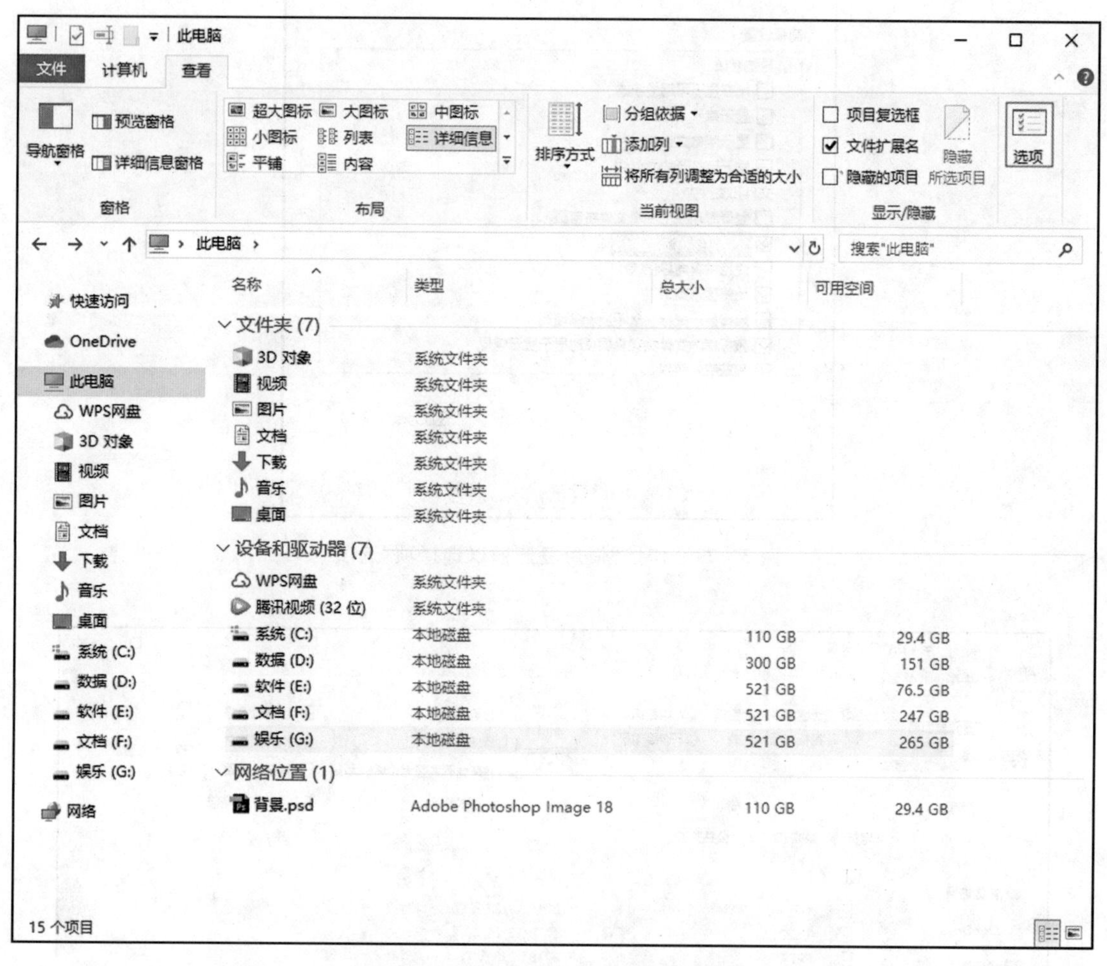

图 3－28　选择“文件夹选项”选项

2)系统弹出“文件夹选项”对话框，单击“查看”选项卡，在此页面找到“高级设置”下拉列表框中的“使用复选框以选择项”选项进行勾选，如图 3－29 所示。

3)单击“应用”按钮，然后单击“确定”按钮，完成设置。开启该选项功能后，将鼠标光标移动到需要选择的文件的上方，文件的左边会出现一个复选框，单击该选框，方框中出现一个小勾，表示该文件已被选中。按照该方法继续单击其他的选框即可选中多个文件，如图 3－30 所示。

开阔视野

当选中文件时，单击“查看”标签页的“预览窗格”按钮，按 Alt＋P 组合键，可开启(或关闭)预览窗格。这样，无论是 Office 文档，还是视频、照片，都可以在不打开文件的情况下在预览窗格内进行实时预览。

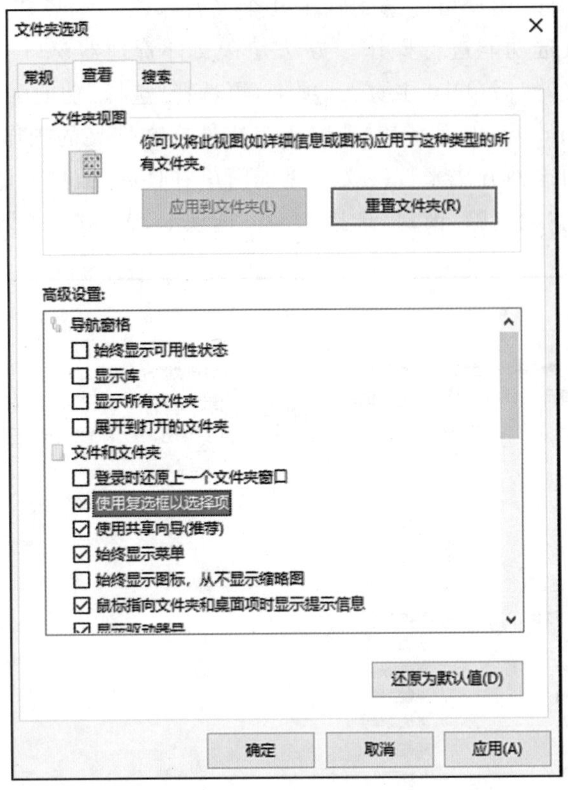

图 3-29　勾选“使用复选框以选择项”选项

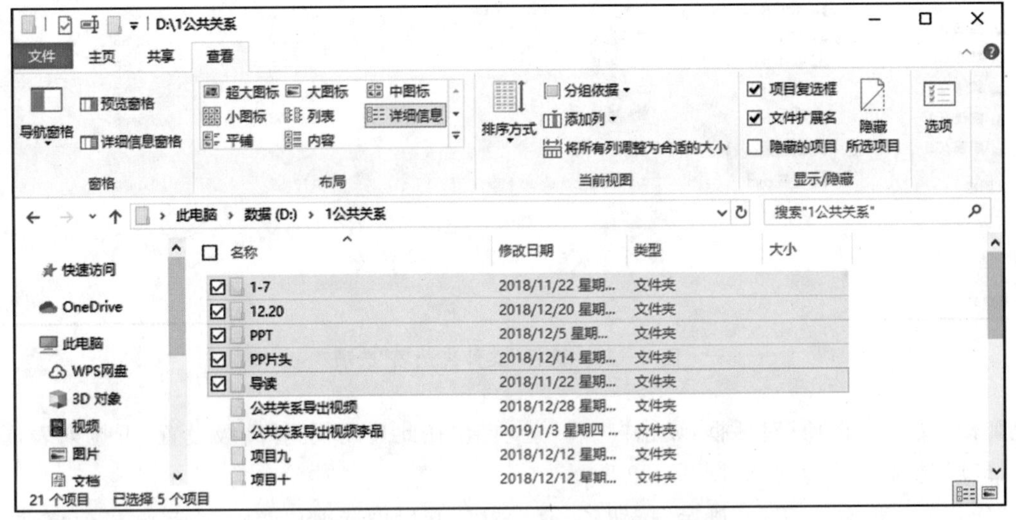

图 3-30　用选框选取多个文件及文件夹

3. 新建文件夹

为了方便用户快速找到想要使用的文件，通常将同一类型的文件放置在同一个由用户创建的文件夹中，其具体的操作步骤如下。

(1)在想要新建文件夹的磁盘分区的空白处单击鼠标右键，或在任意文件夹内空白处单击鼠标右键，或在桌面空白处单击鼠标右键，然后从弹出的快捷菜单中选择“新建”→“文件夹”命令，即可新建一个文件夹。

(2)新建的文件夹名称处于蓝底白字的可编辑状态，此时用户根据需要输入相应的文件夹名称即可。

4. 重命名文件和文件夹

在管理文件或文件夹的过程中，我们经常会遇到需要对已有文件或文件夹的名称进行更改的情况，此时，在需要重命名的文件或文件夹上单击鼠标右键，然后从弹出的快捷菜单中选择“重命名”命令，其名称文本框呈蓝底白字的可编辑状态，输入新的名字后，按 Enter 键即可完成重命名操作。其具体的方法与操作步骤如下。

(1)在“文档”窗口中，按下 Alt 键，选中需要重命名的文件夹，然后单击“主页”选项卡，选择“重命名”命令。此时，被选中的文件或文件夹的名称以高亮形式显示，并且在名称的末尾出现闪烁的光标，这时直接输入新的文件或文件夹名称即可。

(2)在需要重命名的文件或文件夹上单击鼠标右键，然后从弹出的快捷菜单中选择“重命名”命令，也可以重命名文件或文件夹。

(3)选中需要重命名的文件或文件夹后，按快捷键 F2，此时选中的文件或文件夹将以高亮形式显示，再输入新的名称即可。

(4)如果用户需要重命名相似的多个文件，则可以使用批量命名文件的方法，其具体操作过程如下。

1)在窗口中选中所有需要重命名的文件，单击“主页”选项卡，从弹出的窗口中选择“重命名”命令，如图 3-31 所示。此时所选文件中的最后一个文件的名称会呈现可编辑状态，如图 3-32 所示。

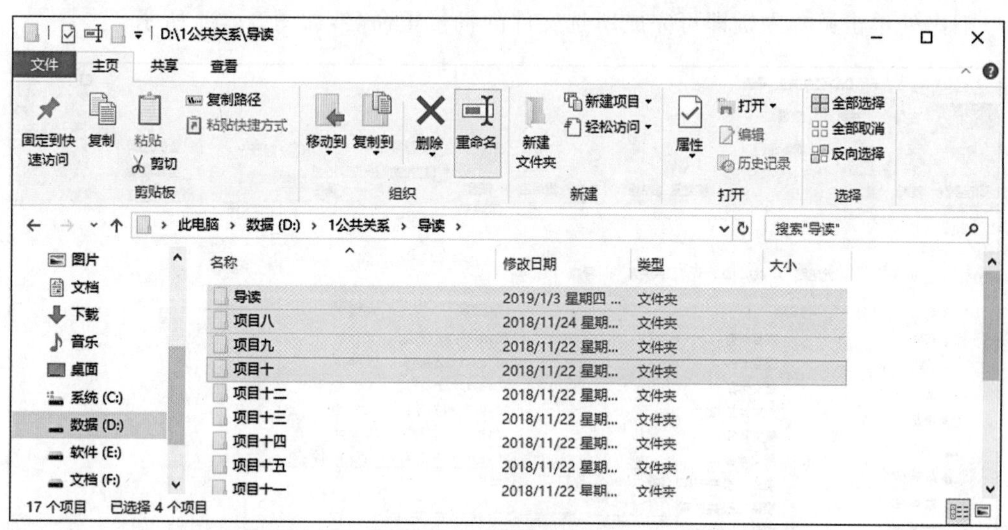

图 3-31 选择“重命名”命令

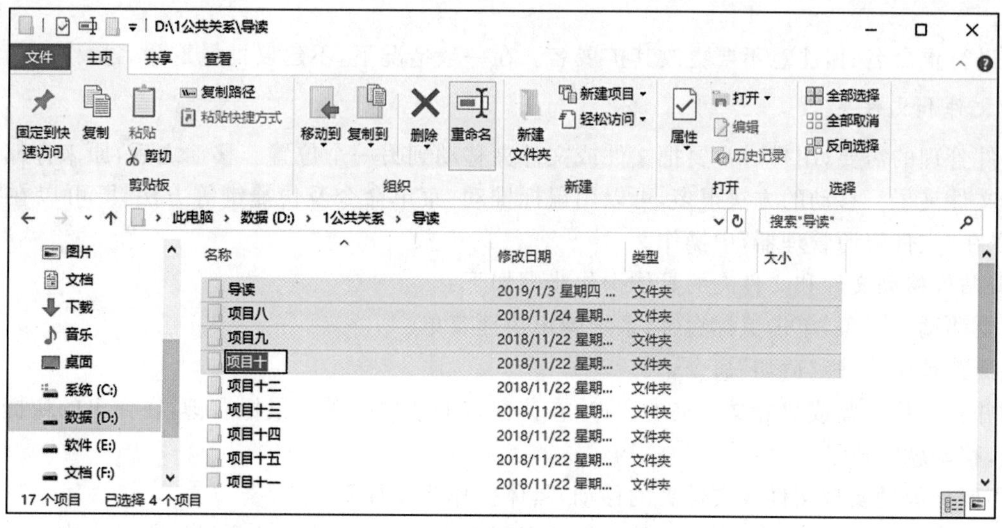

图 3-32 最后一个选中文件的名称呈现编辑状态

2)直接输入新文件名。例如,在这里输入“新文件名”,如图 3-33 所示。

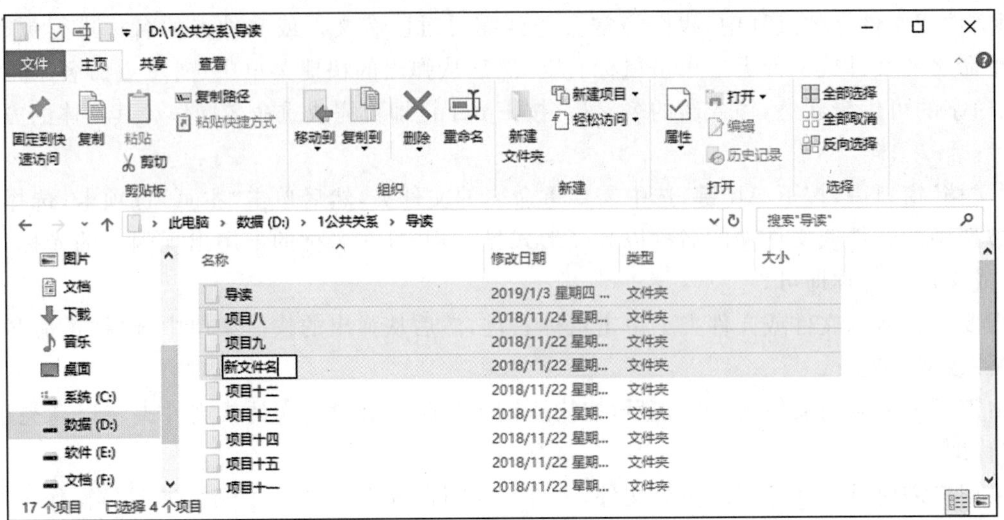

图 3-33　输入“新文件名”

3)在窗口空白处单击鼠标左键即可完成所选文件的批量重命名,如图 3-34 所示。

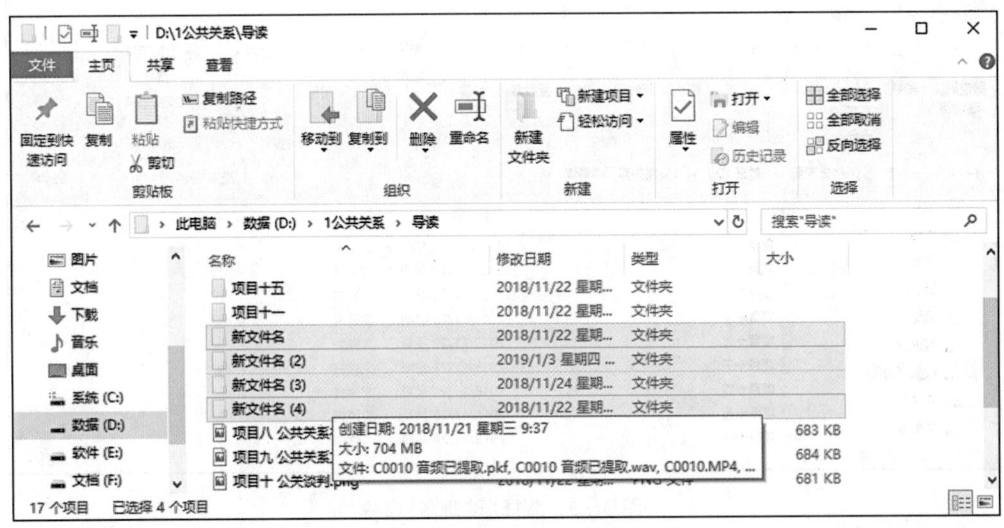

图 3-34　完成所选文件的批量重命名

对文件进行重命名时,注意不要更改其扩展名。在一般情况下,不建议批量重命名操作。

5. 移动文件和文件夹

为了文件管理的需要,用户时常要把文件或文件夹移动到另一个位置。移动之后,原来存储的位置就没有该文件或文件夹了。移动的方法很多,可以用鼠标推动、菜单命令及快捷键等方法,既可以在“此电脑”中操作,也可以在“文件资源管理器”中操作。

(1)用剪贴板移动文件和文件夹的具体操作步骤如下:

1)选定要移动的对象,单击鼠标右键,系统弹出快捷菜单。

2)在快捷菜单中,选择“剪切”命令。

3)找到并打开目标盘或目标文件夹的窗口,在该窗口的空白处单击鼠标右键,在弹出的快捷菜单中单击“粘贴”按钮,移动就完成了。

(2)使用鼠标拖动实现文件或文件夹的移动,具体操作步骤如下:

1)选中要移动的所有文件和文件夹,然后按住鼠标左键不放,将其拖动到目标文件夹中。

2)释放鼠标左键即可实现文件和文件夹的移动。

开阔视野

如果将非磁盘C的文件或文件夹拖动至桌面,默认的是复制,而不是移动。若要实现移动,需要在拖动鼠标时,同时按下Shift键。

(3)使用快捷键操作的具体步骤如下:

1)选定要移动的对象,按Ctrl+X组合键剪切文件。

2)找到并打开目标盘或目标文件夹的窗口,按Ctrl+V组合键粘贴文件,完成移动。

6.复制文件和文件夹

复制文件或文件夹指原来的文件或文件夹不做任何改变,在复制位置重新生成一份或多份完全相同的文件或文件夹,实际上是对文件或文件夹进行备份。执行复制操作后,原来位置的文件或文件夹仍然存在,这与移动文件和文件夹操作不同。

(1)用剪贴板复制文件和文件夹的具体操作步骤如下:

1)选定要复制的对象,右键单击鼠标,系统弹出快捷菜单。

2)在快捷菜单中,选择“复制”命令。

3)找到并打开目标盘或目标文件夹的窗口,在该窗口的空白处单击鼠标右键,系统弹出快捷菜单。在快捷菜单中,选择“粘贴”命令,复制就完成了。

(2)使用鼠标拖动实现文件或文件夹的复制,具体操作步骤如下:

1)选中要复制的对象。

2)按住鼠标左键的同时按住Ctrl键不放,将文件或文件夹拖到目标文件夹中,释放鼠标左键,复制就完成了。

(3)使用快捷键复制文件或文件夹的具体步骤如下:

1)选定要移动的对象,按Ctrl+C组合键则是复制文件。

2)找到并打开目标盘或目标文件夹的窗口,按Ctrl+V组合键则是粘贴文件,完成移动。

开阔视野

如果向U盘复制文件或文件夹,还可以使用快捷菜单上的“发送”功能,把文件直接发送至U盘。

7.删除文件和文件夹

为了保持计算机中文件系统的整洁并节约磁盘空间,用户可以将一些不使用的文件或文件夹删除,腾出计算机空间,改善计算机运行速度。在Windows 10中删除文件或文件夹有以下多种方法。

(1)在“文件资源管理器”或“此电脑”窗口,选择要删除的对象,然后单击“主页”选项卡,单击“删除”按钮,此时系统会弹出删除文件确认对话框(见图3-35),可以单击“是”按钮删除文件,对象将被送入回收站;也可以通过单击“否”按钮取消此操作。当单击“删除”按钮下方的下拉三角按钮时,系统将弹出“回收”“永久删除”和“显示回收确认”3种删除设置选项,如图3-36所示。用户根据实际需要进行设置后,单击“删除”按钮即可实现相应操作。

1)“回收”:表示删除的内容将被放入回收站。

2)“永久删除”:表示删除的内容将不被放入回收站,而被直接删除。

3)“显示回收确认”:表示删除内容前给出提示,用户通过文件对话框确认是否要删除。

(2)用拖动法删除文件或文件夹,具体步骤如下。

选择要删除的对象，按住鼠标左键，把删除对象拖进桌面上的回收站，初步删除该对象的操作就完成了。

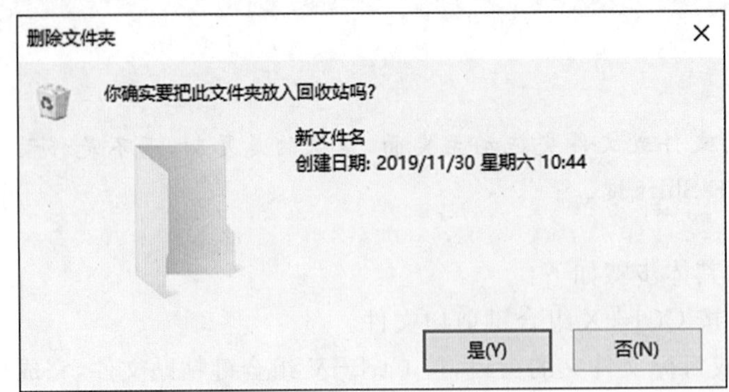

图 3-35　单击“删除”命令

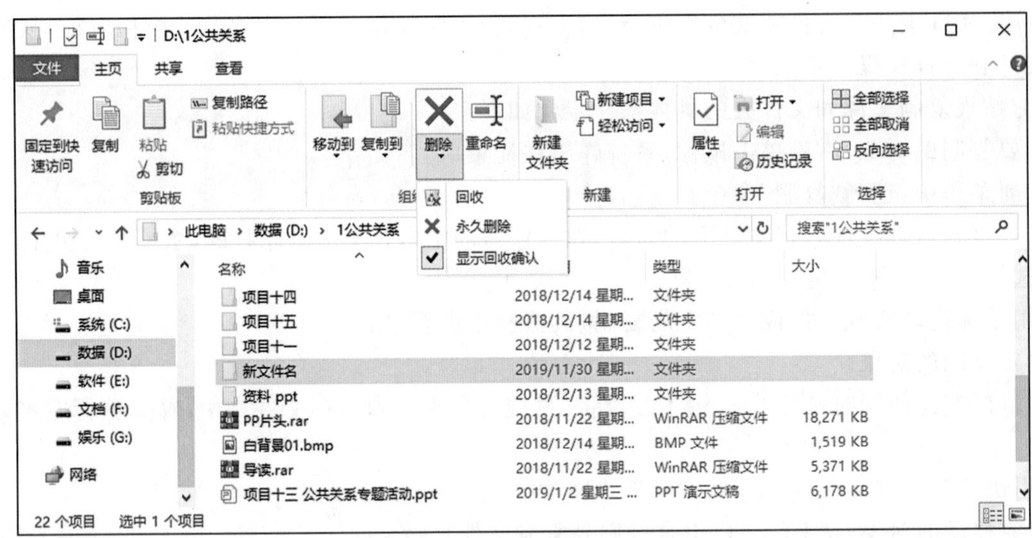

图 3-36　删除文件确认对话框

(3)用快捷键删除文件及文件夹，具体操作步骤如下。

选定删除对象，按键盘上的 Delete 键，在弹出的删除文件确认对话框中，选择“是”按钮，则把选定的对象送入回收站。

(4)用快捷菜单删除文件及文件夹，具体操作步骤如下。

选定删除对象，把鼠标指针指向删除对象(如果删除多个选定对象，只指向其中任意一个对象即可)，单击鼠标右键，在弹出的快捷菜单中选择“删除”命令，在弹出的确认删除的对话框中单击“是”按钮，则可将选定的删除对象送入回收站。

8. 还原文件或文件夹

用户不仅可以将文件或文件夹删除，还能够将删除的文件或文件夹(是指删除时放入回收站)找回，以防止因误操作而造成的文件丢失。具体操作步骤如下。回到桌面，双击“回收站”图标，在需要还原的文件或文件夹上单击鼠标右键，在弹出的快捷菜单中选择“还原”命令。

执行命令后，在文件或文件夹未删除之前的位置，可看到已还原的文件或文件夹。

9. 给文件或文件夹创建快捷方式

为了提高工作效率和查询速度，用户可以给经常用的文件和文件夹创建快捷方式。快捷方式是将计算机或网络中的项目在桌面、“开始”菜单或特定的文件夹中创建链接。双击快捷方式图标，可以避免复杂路径直接访问到对象本身。在桌面上创建文件或文件夹的快捷方式的具体操作步骤为打开“此电脑”或“文件资

源管理器”窗口，选择相应文件或文件夹，并在其图标上单击鼠标右键，在弹出的快捷菜单中选择“发送到”→“桌面快捷方式”命令，如图 3-37 所示。

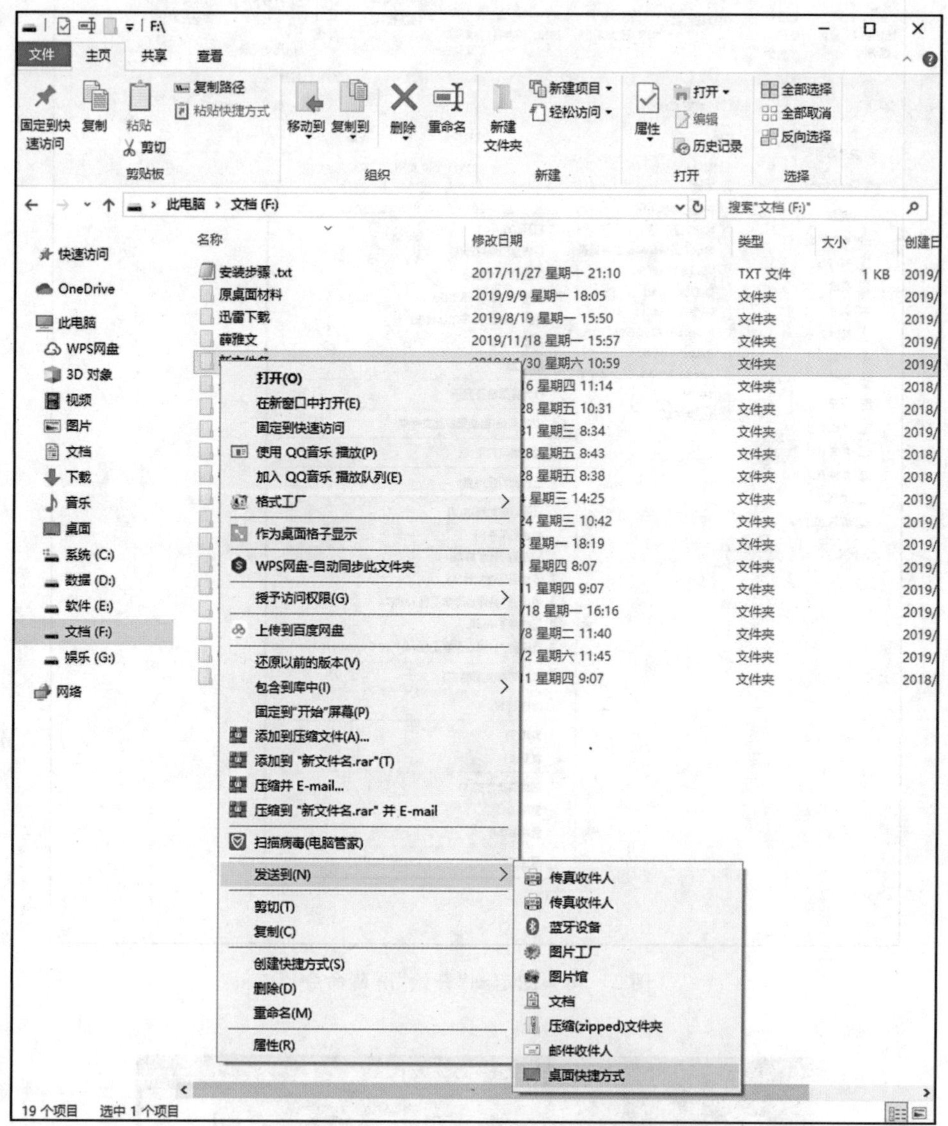

图 3-37 选择“桌面快捷方式”命令

执行命令后，关闭或最小化所有的窗口，返回桌面，此时看到桌面上已创建相应的文件或文件夹的快捷方式。

在 Windows 10 中，用户除了可以将快捷方式设置到桌面以外，还可以设置到开始屏幕，其具体操作步骤为找到要设置快捷方式的文件或文件夹，在图标上单击鼠标右键，在弹出的快捷菜单中选择“固定到‘开始’屏幕”命令，如图 3-38 所示。

固定到开始屏幕后，用户可以在开始屏幕中查看该文件夹的磁贴，如图 3-39 所示，用户以后使用时只需要单击该磁贴即可。

10. 更改快捷方式图标

在发送快捷方式到桌面后，原文件或文件夹的图标会与快捷方式图标保持一致，所以有的时候快捷方式的图标可能不太美观，需要进行更改。具体的操作步骤如下。

(1)在桌面上“新文件名”快捷图标上单击鼠标右键，在弹出的快捷菜单更改快捷方式图中选择“属性”命令。

图 3－38　固定到"开始"屏幕命令

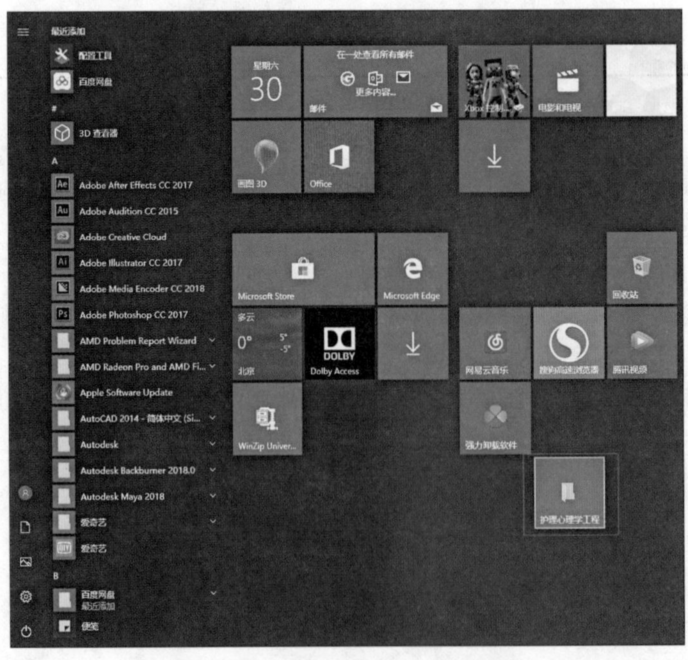

图 3－39　固定到"开始"屏幕效果

(2)在打开的"新文件名"属性对话框内,单击"更改图标"按钮,如图 3-40 所示。

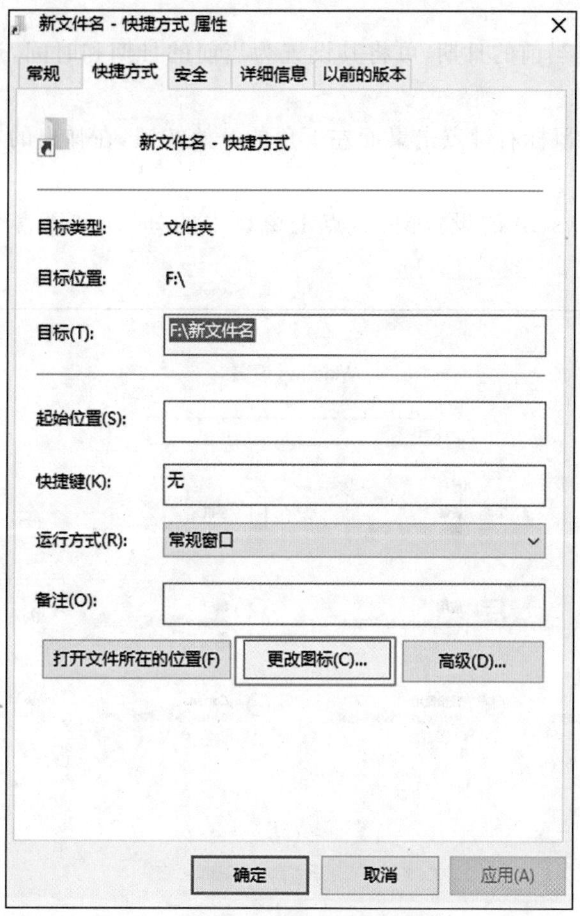

图 3-40　单击"更改图标"按钮

(3)在打开的"更改图标"对话框中,选择喜欢的图标,单击"确定"按钮即可。更改图标完成后,用户可以在桌面看到"新文件名"快捷图标更换后的效果,如图 3-41 所示。

图 3-41　"新文件名"快捷图标更换后的效果

任务 4　系统管理

在 Windows 10 中可对系统进行管理,如设置系统的日期和时间、系统个性化设置、安装和卸载应用程序、管理磁盘等。

一、设置日期和时间

windows10 系统如何修改时间

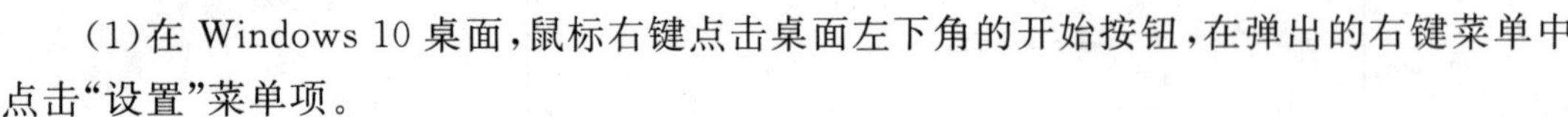

若系统的日期和时间不是当前的日期，可将其设置为当前的日期和时间，还可对日期的显示格式进行设置。

(1)在 Windows 10 桌面，鼠标右键点击桌面左下角的开始按钮，在弹出的右键菜单中点击“设置”菜单项。

(2)这时就会打开 Windows 10 的设置窗口，点击窗口中的“时间和语言”图标，如图 3-42 所示。

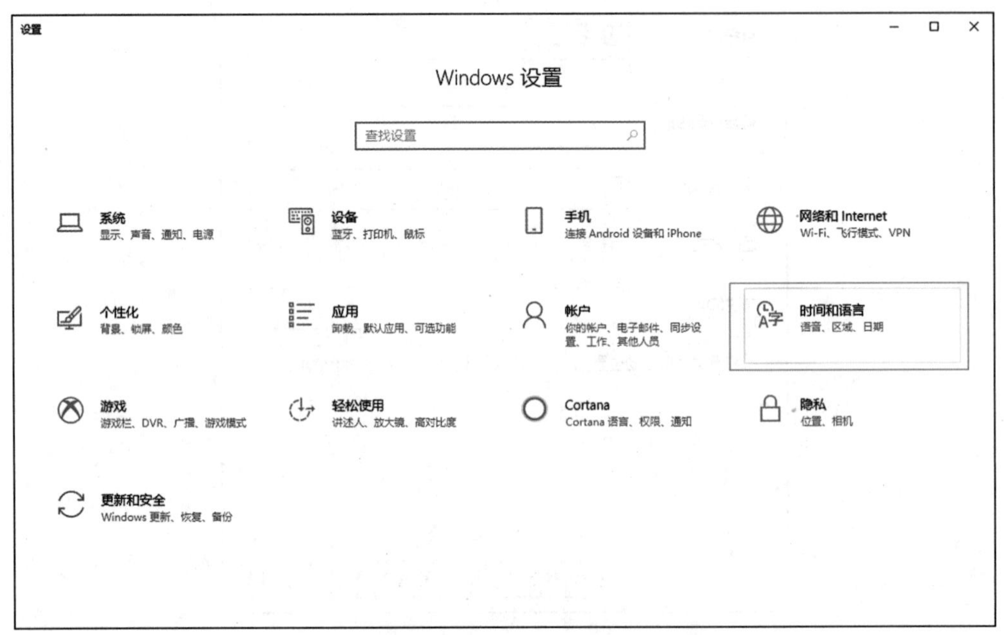

图 3-42　选择“时间和语言”图标

(3)在打开的日期和时间窗口中，点击左侧边栏的“日期和时间”选项卡，点击“更改”按钮设置时间，前提是把“自动设置时间”选项关闭，如图 3-43 所示。

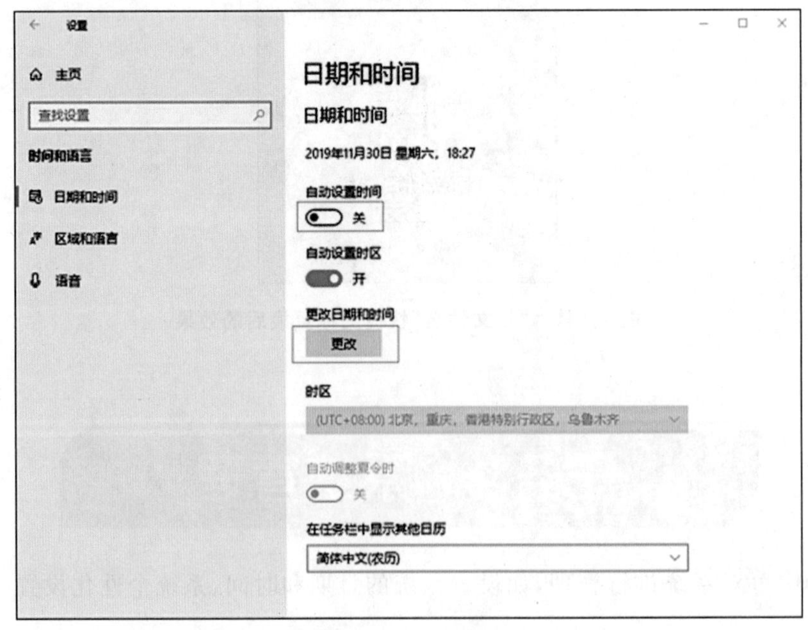

图 3-43　选择“更改”

(4)在弹出的更改日期和时间的窗口中修改正确的日期与时间，点击“确定”按钮即可。

二、Windows 10 个性化设置

windows10
个性化设置

Windows 10 系统允许用户进行个性化的设置，用户可以根据自己的喜好设计主题、定制窗口的外观和颜色、更换鼠标光标形态等，下面将详细介绍 Windows 10 的个性化设置。

(一)桌面背景的设置

虽然 Windows 10 为每个主题都提供了不同的桌面背景，但是用户仍然可以将主题中的背景用自己喜欢的图片来替换。设置桌面背景有以下两种方法。

1. 使用“个性化”窗口设置

(1)在桌面空白区域单击鼠标右键，在弹出的快捷菜单中选择“个性化”命令，打开“个性化”窗口。

(2)在“个性化”窗口中选择“背景”选项，在其右侧区域选择图片，即可设置桌面背景，如图 3-44 所示。

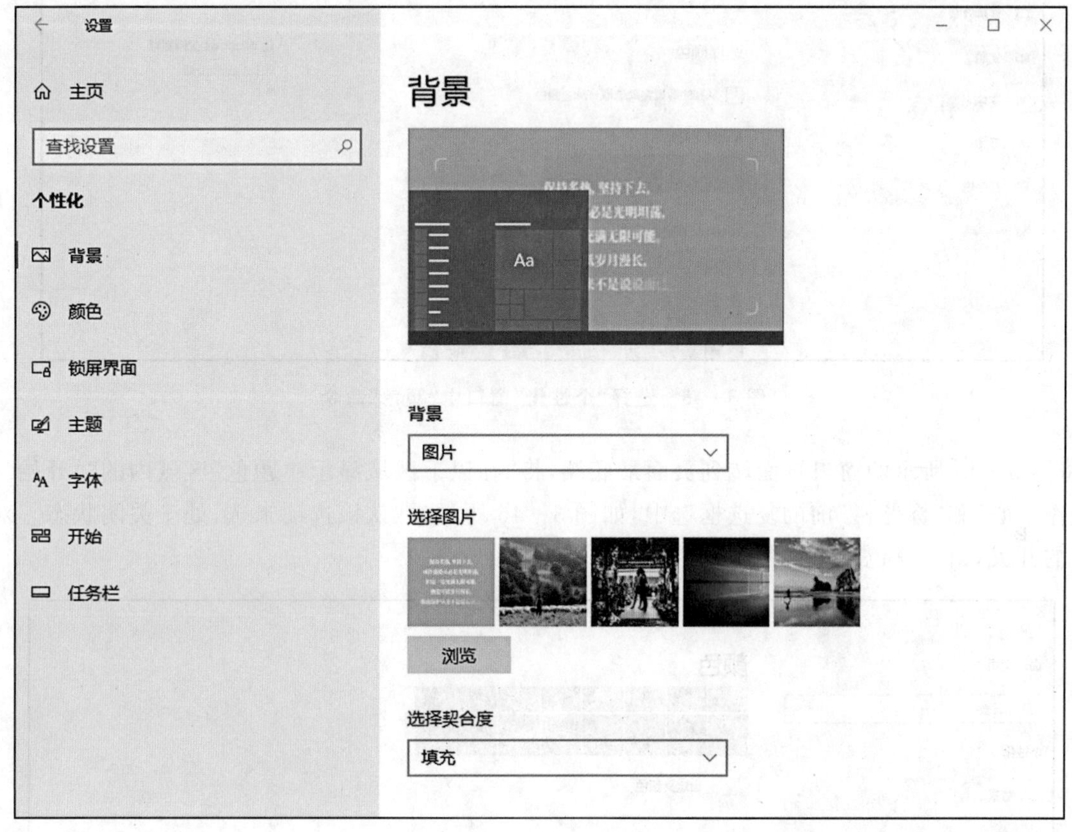

图 3-44　“个性化”窗口

(3)桌面背景主要包含图片、纯色和幻灯片放映 3 种形式。用户可在图片缩略图中选择要设置的背景图片，也可以单击“浏览”按钮，然后选择本地图片作为桌面背景图。当为图片形式时，用户可以选择系统自带或计算机本地的图片作为桌面背景；当为纯色形式时，用户可以选择纯色背景色作为桌面背景；当为幻灯片放映形式时，用户可以将自定义图片或相册设置为桌面背景，并以幻灯片形式展示。

2. 使用右键菜单设置

(1)打开“资源管理器”窗口，找到图片所保存的位置。

(2)选择需要的图片，然后单击鼠标右键，在弹出的快捷菜单中选择“设置为桌面背景”命令，这样即可将所选图片设置为桌面背景。

(二)颜色和外观的设置

在 Windows 10 操作系统中,用户能够个性化设置系统的窗口颜色,包括开始菜单、任务栏窗口等。用户可以随意设置窗口、菜单及任务栏的外观、颜色,还可以调整颜色浓度与透明效果,非常直观、方便。

(1)用前面所学的方法打开"个性化"窗口,或者单击"开始"菜单,在"开始"菜单上方,单击"设置"命令,也可以打开"个性化"窗口。

(2)在"个性化"窗口中,单击"颜色"命令,如图 3-45 所示。

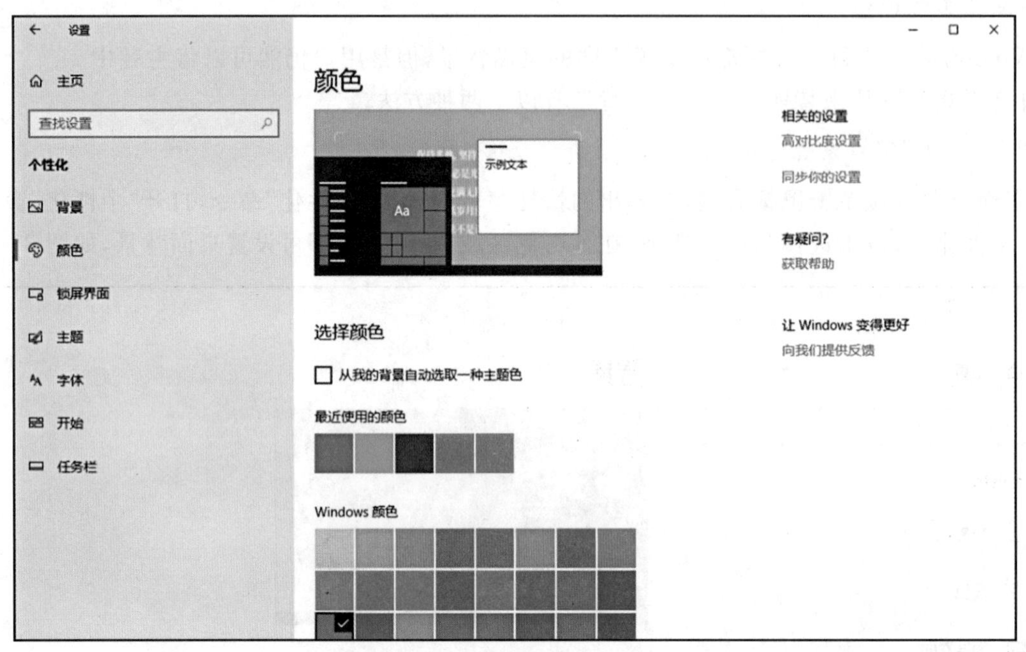

图 3-45 选择"个性化"窗口中"颜色"命令

(3)将图 3-45 所示的窗口页面转到页面最底端,将"在以下区域显示主题色"区域内的"'开始'菜单、任务栏和操作中心"和"标题栏"前的复选框选中,如图 3-46 所示,默认该选项未选,处于关闭状态。对于处于关闭状态的开关,窗口颜色将默认是不开启的。

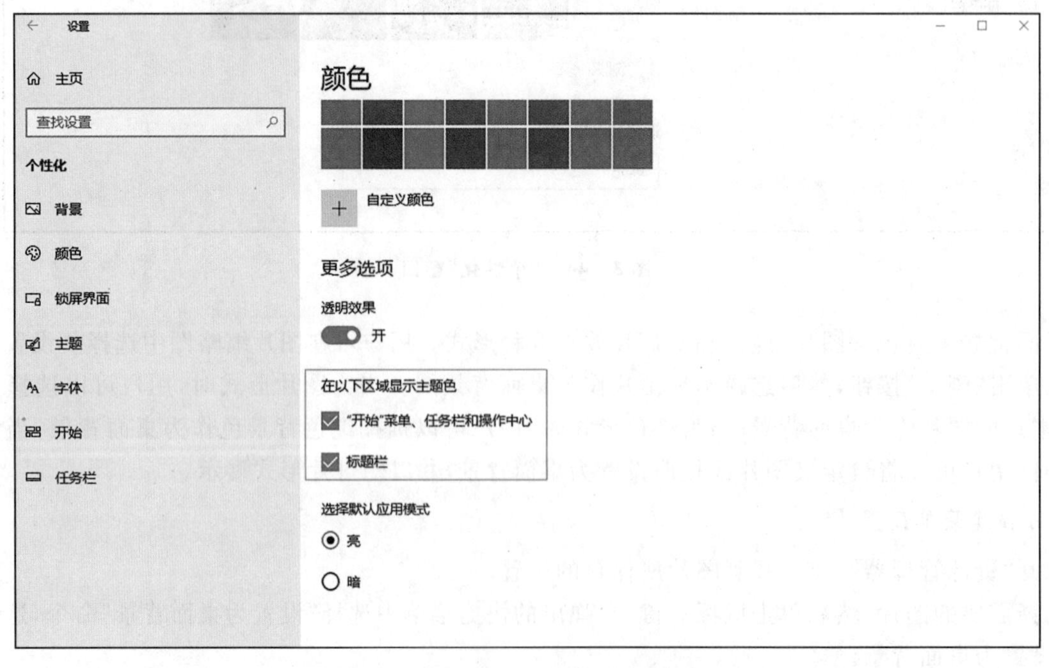

图 3-46 "个性化"窗口转到页面最底端

（4）选择一种窗口颜色。在颜色设置页面的顶端可以看到“从我的背景自动选取一种主题色”选项，如图 3－45 所示，单击前面复选框按钮，窗口颜色即可按当前背景自动设置。将前面复选框按钮取消选中状态，关闭自动设置。此时，可以从 Windows 提供的颜色中选择一种作为窗口颜色。

（三）锁屏界面的设置

为了防止荧光屏因长时间显示固定的画面而损坏其内部感光涂层，同时为了在用户离开计算机时，防止他人窥视计算机中正在操作的内容，Windows 10 系统设置了锁屏界面，对屏幕进行保护。具体操作步骤如下。

（1）在桌面空白区域单击鼠标右键，在弹出的快捷菜单中选择“个性化”命令，打开“个性化”窗口。

（2）单击窗口左边“锁屏界面”命令，在窗口出现关于锁屏界面的预览图及相关的配置信息。

（3）单击窗口右边“背景”下面的下拉菜单展开锁屏类型，如图 3－47 所示。Windows 10 的锁屏界面有 3 种不同的类型——“Windows 聚焦”“图片”“幻灯片放映”。设置为“Windows 聚焦”，系统会根据用户的使用习惯联网下载精美壁纸，设置为图片；用户也可以选择系统自带或计算机的本地图片作为锁屏界面。设置为“幻灯片放映”，可以将自定义图片或相册设置为锁屏界面，并以幻灯片形式展示。例如，这里选择“Windows 聚焦”。比较常用的就是选一张漂亮的图片作为锁屏界面。

图 3－47　“锁屏界面”窗口

（4）单击“选择图片”下方的图片进行选择，如果对系统默认的图片不满意，可以单击下方的“浏览”按钮进行选择。

（5）如果用户想要修改锁屏界面内显示的应用，可直接单击想要替换应用的按钮或“＋”按钮，然后在选项框中选择要添加的应用图标，如图 3－48 所示。

（四）屏幕保护程序的设置

当较长时间对计算机没有任何操作时，计算机会启动屏幕保护程序。计算机屏幕保护程序的设置，对显示器有保护作用。具体操作步骤如下。

（1）打开“锁屏界面”窗口，将窗口右边滚动条拖动至窗口底部，选择“屏幕保护程序设置”命令。

（2）打开“屏幕保护程序设置”对话框，如图 3－49 所示。单击“屏幕保护程序”下拉选项，选择任意一种屏幕保护程序，单击“应用”按钮。

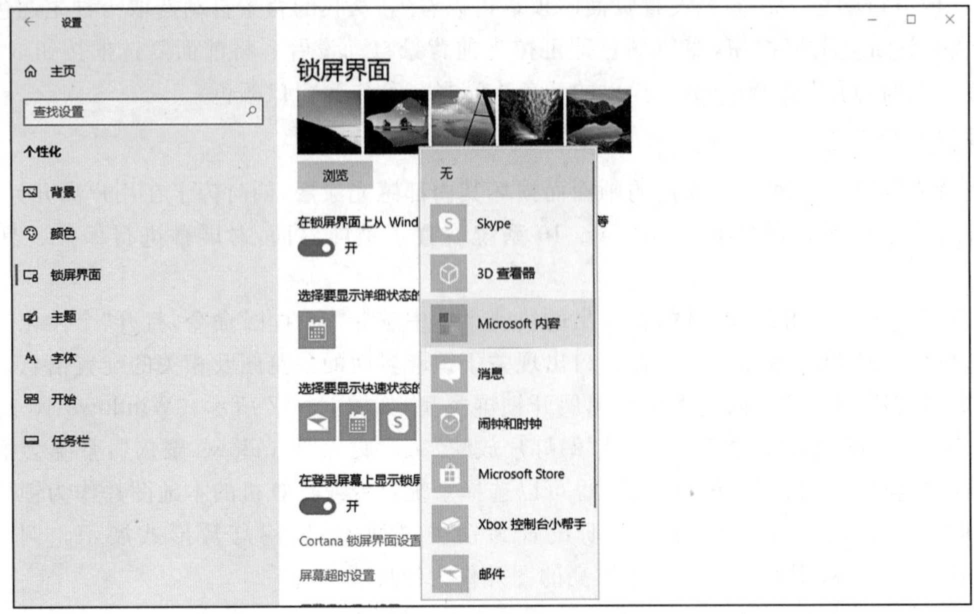

图 3-48 选择锁屏界面的应用

图 3-49 “屏幕保护程序设置”窗口

(3)以“3D 文字”屏幕保护程序为例，单击“设置”按钮，打开“3D 文字设置”对话框，可以对即将显示的3D 文字内容和外观进行设置，如图 3-50 所示。单击“确定”按钮后，返回图 3-49 所示窗口。

(4)如图 3-49 所示，在“等待”列表框中设置数值，表示等待多长时间无操作时，计算机会启动屏幕保护程序。

(5)选中“在恢复时显示登录屏幕”复选框，表示当恢复操作时，屏幕保护程序结束，显示登录屏幕。

(6)设置完毕后单击“确定”按钮。当用户较长时间不操作后，屏幕将显示刚才设置的屏幕保护 3D 文字动画。

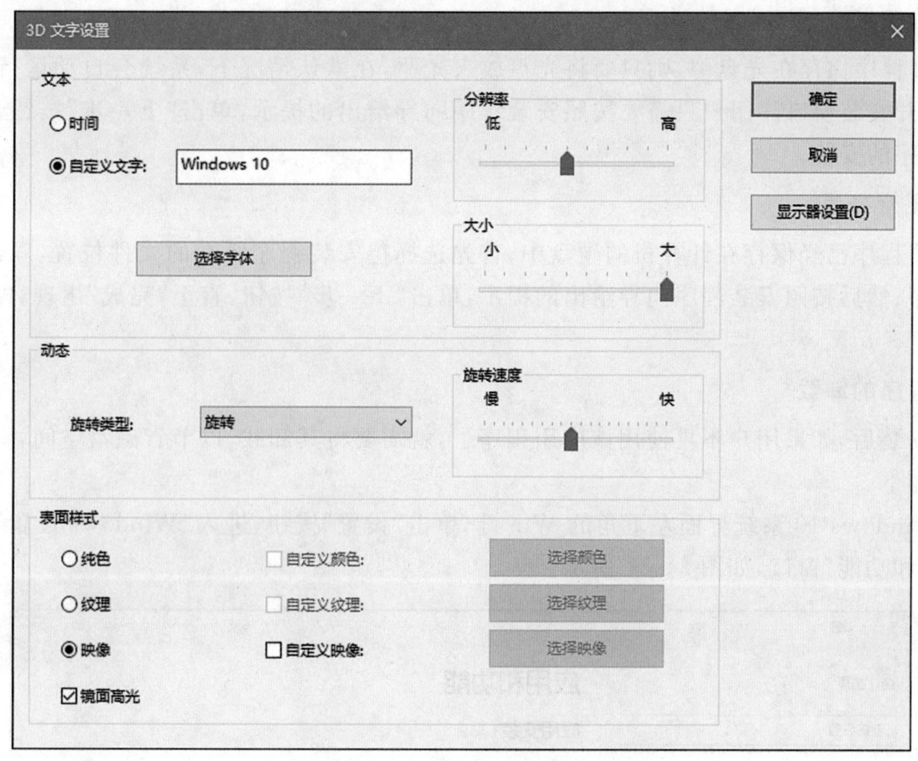

图 3－50　“3D 文字设置”对话框

（五）Windows 10 主题的设置

用户可以根据需要设置某个主题，更改主题的桌面背景、窗口颜色、声音和屏幕保护程序。更换 Windows 10 系统主题的步骤如下。

（1）打开个性化窗口，单击窗口左边的“主题”命令，出现系统自带的默认主题，包括背景、颜色、声音和鼠标光标等默认主题信息。

（2）单击“自定义主题”命令，即可应用自定义主题。

（3）单击“应用主题”下方的任意主题，预览框中就会显示该主题背景，也可以通过选择“在 Microsoft Store 中获取更多主题”打开链接，下载更多的新主题。

三、安装和卸载应用程序

虽然 Windows 10 自带一些常用应用软件，但这些软件往往还是不能满足用户工作和生活中的实际需要，仍然需要用户自己安装一些应用程序。

（一）安装应用程序前的准备

在选择安装所需应用程序前，需要做以下准备。

1. 注意安装程序是否与 Windows 10 系统兼容

在选择待安装的程序时，要看该安装程序是否是针对 Windows 10 系统的，或者是否与 Windows 10 系统兼容。

2. 用户的计算机硬件配置是否可以运行该安装程序

用户需要看自己计算机配置是否符合安装程序的硬件配置要求，这对硬件要求高的计算机辅助设计、三维动画设计、平面设计、音频或视频类编辑程序等应用程序尤其重要。

（二）安装应用程序

安装应用程序的方式有两种，具体操作如下。

1. 使用光盘安装

如果待安装程序保存在光盘中，则只要将光盘放入光驱，在默认情况下，系统会自动运行光盘中的自启动安装程序，打开安装窗口。用户只需要按照安装程序向导给出的提示，单击“下一步”按钮，直至“完成”出现，即可完成程序的安装。

2. 使用非光盘安装

如果待安装程序已经保存在计算机的硬盘中，首先选择待安装程序所在的文件位置，双击待安装程序，即启动安装程序；然后按照安装程序向导给出的提示，单击“下一步”按钮，直至“完成”出现，即可完成程序的安装。

(三)应用程序的卸载

应用程序安装后，如果用户不再使用该应用程序了，就需要将其卸载，以节省磁盘空间，资源程序卸载的具体操作步骤如下。

(1)单击 Windows 10 系统界面左下角的 Win 键，单击“设置”按钮，进入“Windows 设置”界面，单击“应用”，打开“应用和功能”窗口，如图 3-51 所示。

图 3-51 “应用和功能”窗口

(2)在图 3-51 所示窗口中，找到并选中待删除的程序，然后单击“卸载”按钮，即可完成程序的卸载。或者将图 3-51 所示窗口用滚动条移到窗口最底部，出现“相关设置”，单击其下方的“程序和功能”命令，如图 3-52所示，打开“程序和功能”窗口，在“程序和功能”窗口的列表中选择将要卸载的程序，然后右击其下方出现的“卸载”按钮，也可完成程序的卸载。

开阔视野

大多数程序在卸载后，仍会在系统中留下一些文件，这些保留的文件有相当一部分是用户在使用该程序时创建的数据文件，因此不会被卸载。

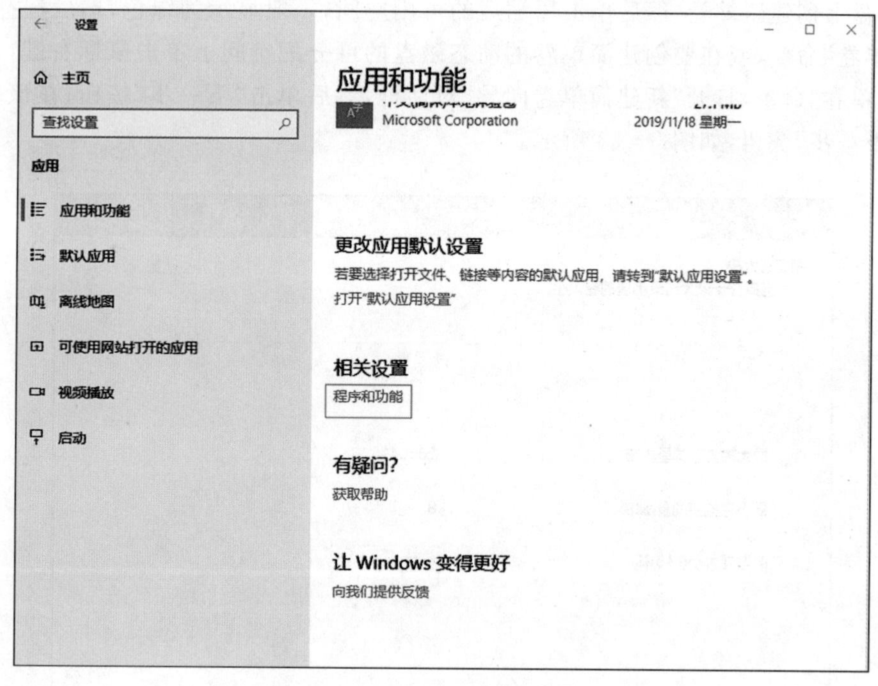

图 3-52　打开"程序和功能"窗口

四、磁盘管理

(一)分区管理

Windows10 系统下如何进行磁盘分区

用户可对磁盘进行分区管理，可在程序向导的帮助下进行创建简单卷、删除简单卷、扩展磁盘分区、压缩磁盘分区、更改驱动器号和路径等操作。

1. 创建简单卷

(1)双击桌面上的"此电脑"图标，打开"此电脑"窗口，在"计算机"选项卡的"系统"组中单击"管理"按钮，打开"计算机管理"窗口，再选择"磁盘管理"选项，即可打开"磁盘管理"窗口，如图 3-53 所示。

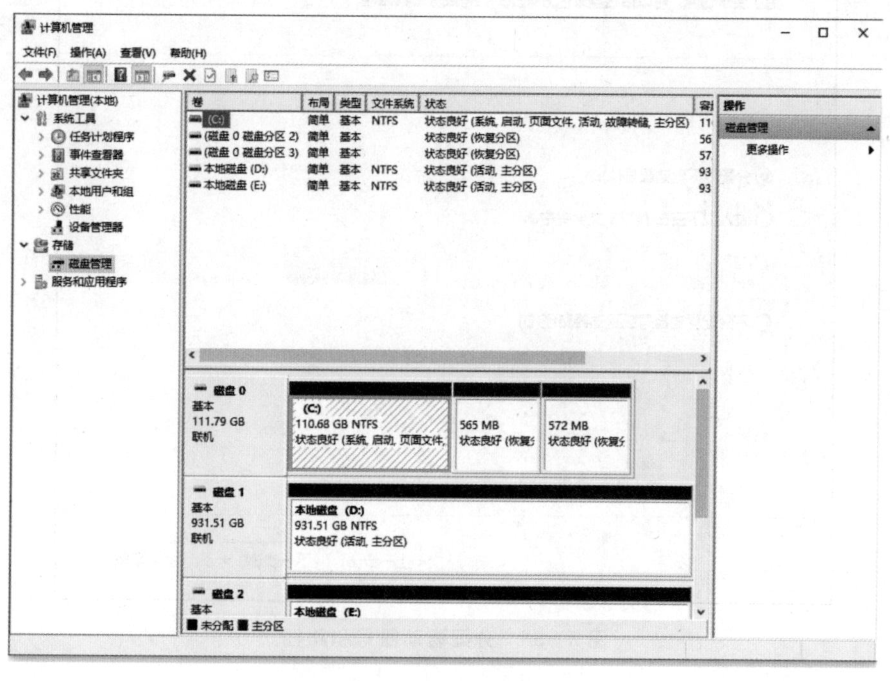

图 3-53　打开"磁盘管理"窗口

(2)在动态磁盘上创建压缩卷，然后单击压缩后的可用空间，一般显示为绿色，然后选择“操作”→“所有任务”→“新建简单卷”命令，或在要创建简单卷的动态磁盘的可分配空间上单击鼠标右键，在弹出的快捷菜单中选择“新建简单卷”命令，打开“新建简单卷向导”对话框，然后单击“下一步”按钮；在该对话框中指定卷的大小，并单击“下一步”按钮，如图 3－54 所示。

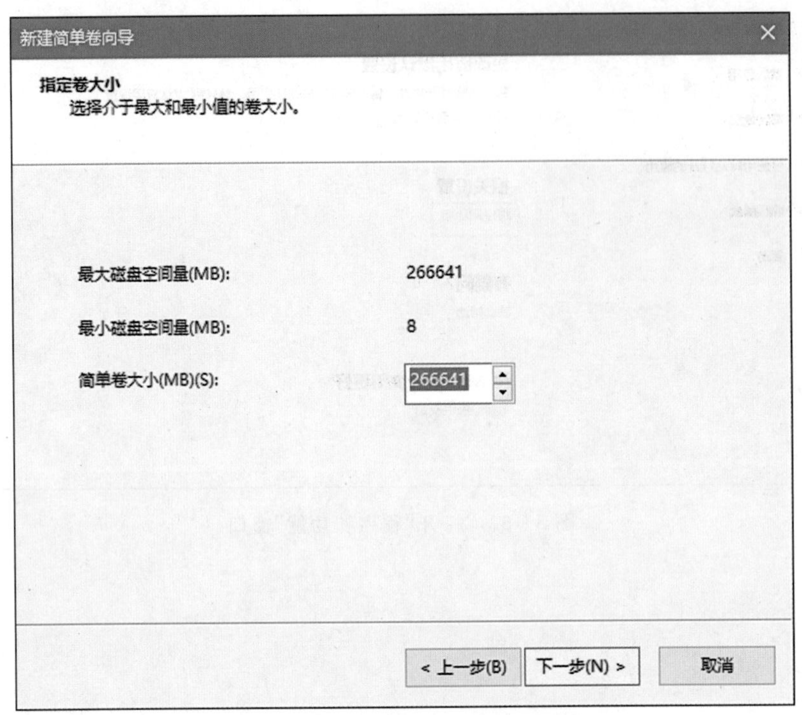

图 3－54　指定新建卷的大小

(3)分配驱动器号和路径后，继续单击“下一步”按钮，如图 3－55 所示。

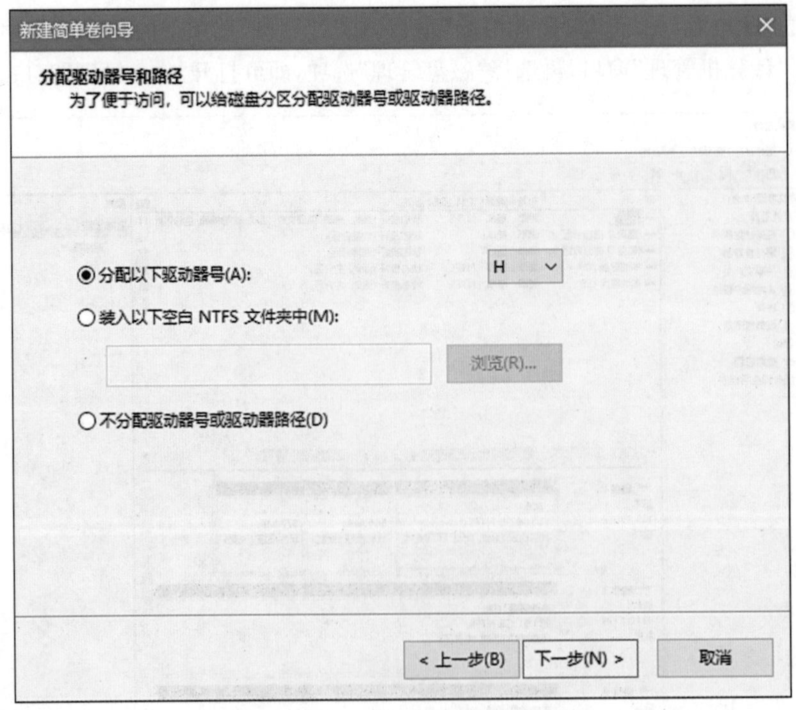

图 3－55　分配驱动器号和路径

(4)设置所需参数，格式化新建分区后，继续单击“下一步”按钮，如图 3-56 所示。

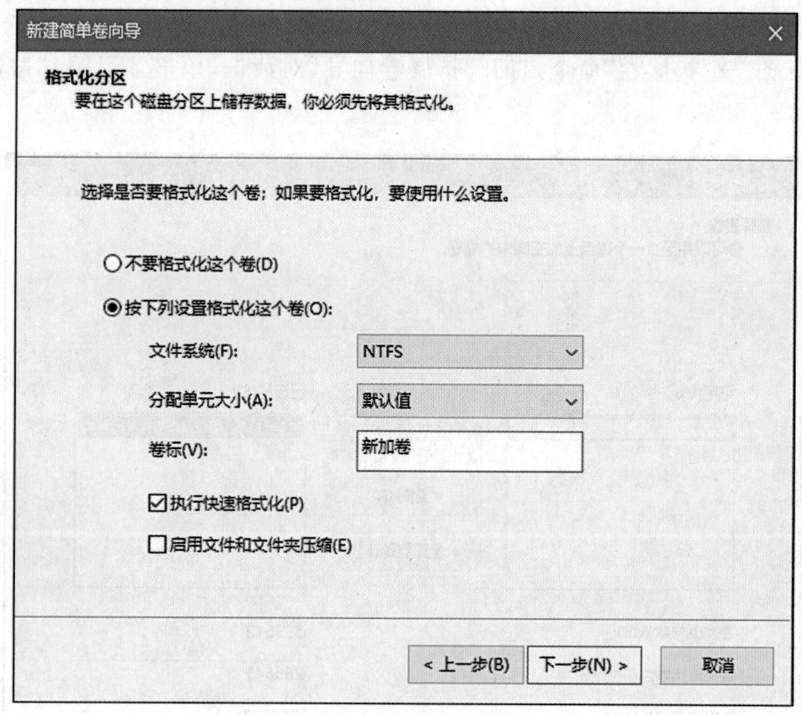

图 3-56　格式化分区

(5)显示设定的参数，单击“完成”按钮，完成“创建新建卷”的操作。

2. 删除简单卷

(1)打开“磁盘管理”窗口，在需要删除的简单卷上单击鼠标右键，在弹出的快捷菜单中选择“删除卷”命令，或选择“操作”→“所有任务”→“删除卷”命令，系统将打开提示对话框，如图 3-57 所示。

(2)单击“是”按钮完成卷的删除，删除后原区域显示为可用空间。

图 3-57　删除简单卷

3. 扩展磁盘分区

(1)打开“磁盘管理”窗口,在需要扩展的卷上单击鼠标右键,在弹出的快捷菜单中选择“扩展卷”命令,或选择“操作”→“所有任务”→“扩展卷”命令,打开“扩展卷向导”对话框,单击“下一步”按钮,指定选择磁盘的“空间量”参数,如图 3-58 所示。

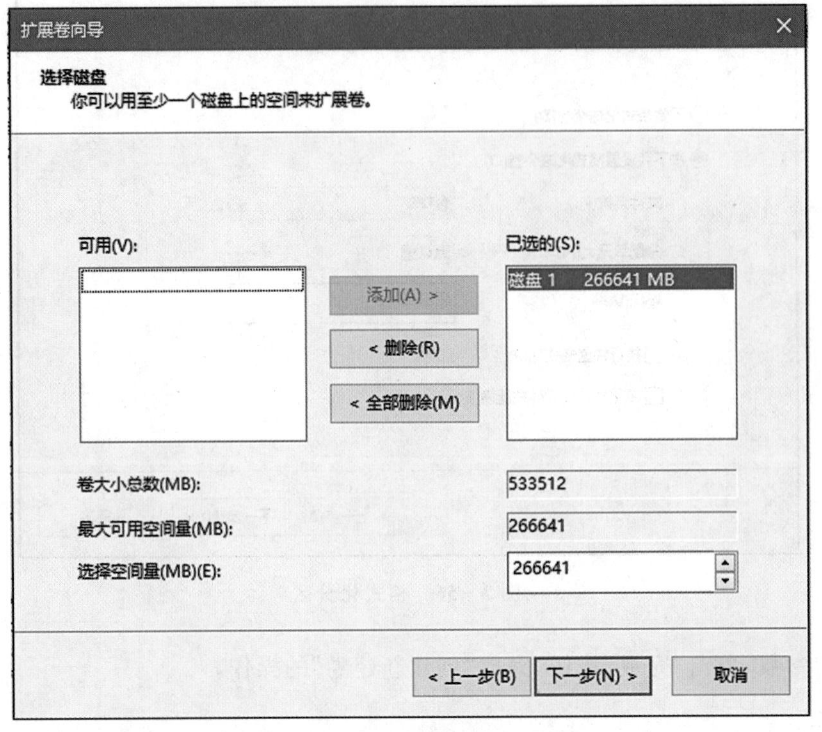

图 3-58 选择磁盘和确定待扩展空间

(2)单击“下一步”按钮,单击“完成”按钮,退出扩展卷向导。此时,磁盘的容量将把“可用空间”扩展进来。

4. 压缩磁盘分区

(1)打开“磁盘管理”窗口,在需要压缩的卷上单击鼠标右键,在弹出的快捷菜单中选择“压缩卷”命令,或选择“操作”→“所有任务”→“压缩卷”命令,打开“压缩”对话框,在“压缩”对话框中指定“输入压缩空间量”参数。

(2)单击“压缩”按钮完成压缩,如图 3-59 所示。压缩后的磁盘分区将变成“可用空间”。

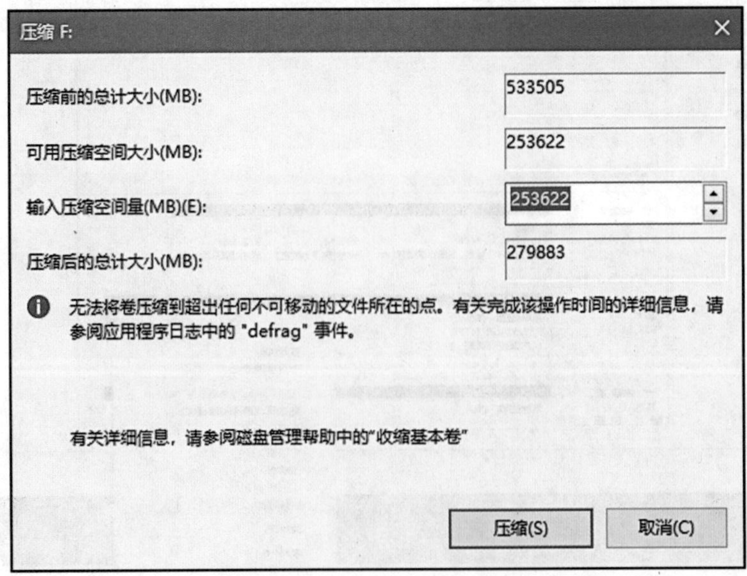

图 3-59 设置压缩参数

5. 更改驱动器号和路径

【例 3-1】将“H”盘符更改为“K”盘符。

具体步骤如下。

(1)打开“磁盘管理”窗口,在需要更改的驱动器号的卷上单击鼠标右键,在弹出的快捷菜单中选择“更改驱动器号和路径”命令,或选择“操作”→“所有任务”→“更改驱动器号和路径”命令,打开更改驱动器号和路径对话框,然后单击“更改”按钮。

(2)先打开“更改驱动器号和路径”对话框,从右侧的下拉列表中选择新分配的驱动器号;然后单击“确定”按钮,如图 3-60 所示。

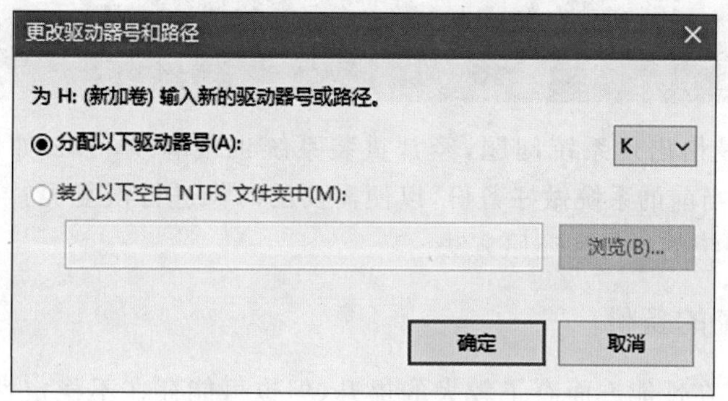

图 3-60　分配其他驱动器号

(3)打开“磁盘管理”提示对话框,单击“是”按钮,完成驱动器号的更改。

(二)格式化磁盘

格式化磁盘可通过以下两种方法实现。

1. 通过“资源管理器”窗口

(1)在“资源管理器”窗口中选择需要格式化的磁盘,单击鼠标右键。

(2)在弹出的快捷菜单中选择“格式化”命令,打开格式化对话框,进行格式化设置后单击“开始”按钮即可。

2. 通过“磁盘管理”工具

(1)打开“磁盘管理”窗口,在需要格式化的磁盘上单击鼠标右键。

(2)在弹出的快捷菜单中选择“格式化”命令,或选择“操作”→“所有任务”→“格式化”命令,打开“格式化”对话框。

(3)在对话框中设置格式化限制和参数,然后单击“确定”按钮,完成格式化操作。

(三)清理磁盘

用户在使用计算机进行读写与安装操作时,会留下大量的临时文件和没用的文件,不仅占用磁盘空间,还会降低系统的处理速度,因此需要定期进行磁盘清理,以释放磁盘空间。

【例 3-2】清理 C 盘中已下载的程序文件和 Internet 临时文件。

具体步骤如下。

(1)选择“开始”→“Windows 管理工具”→“磁盘管理”命令,打开“磁盘清理:驱动器选择”对话框。

(2)在对话框中选择需要进行清理的 C 盘,单击“确定”按钮,系统计算可以释放空间后打开“磁盘清理”对话框,在对话框中“要删除的文件”列表框中单击选中“已下载的程序文件”和“Internet 临时文件”复选框,然后单击“确定”按钮。

(3)打开确认对话框,单击“删除文件”按钮,系统将执行磁盘清理操作,以释放磁盘空间。

(四)整理磁盘碎片

计算机使用一段时间后,系统运行速度会慢慢降低,其中有一部分原因是系统磁盘碎片太多,整理磁盘碎片可以让系统运行更流畅。对磁盘碎片进行整理是指系统将碎片文件与文件夹的不同部分移动到卷上的相邻位置，使其在一个独立的连续空间中。对磁盘进行碎片整理需要在“磁盘碎片整理程序”窗口中进行。

【例 3－3】整理 C 盘中的碎片。

具体步骤如下。

(1)选择“开始”→“Windows 管理工具”→“磁盘管理”命令，打开“优化驱动器”对话框。

(2)选择要整理的 C 盘；单击“分析”按钮，开始对所选的磁盘进行分析；当分析结束后，单击“优化”按钮，开始对所选的磁盘进行碎片整理。在“优化驱动器”对话框中，还可以同时选择多个磁盘进行分析和优化。

任务 5　系统备份与还原

用户在使用计算机时最怕出现系统问题，经常重装系统也很麻烦，那么如何在 Windows 10 系统中对自己当前的系统做好备份，以便需要的时候进行恢复呢？下面将详细介绍 Windows 10 系统的备份和还原方法。

Windows10 备份还原恢复系统方法

一、Windows 10 系统的备份

虽然 Windows 10 系统在性能方面有了较大的提升，但也可能存在不稳定性，所以最好对系统进行备份操作。

Windows 10 系统的备份操作步骤如下。

(1)打开“控制面板”窗口，单击“系统和安全”超链接，在打开的界面中单击“备份和还原”超链接。

(2)在打开的“备份和还原”窗口中单击“设置备份”超链接。

(3)在打开的窗口中提供了多种备份文件的保存位置，可以是本机计算机磁盘，也可以是 DVD 光盘，甚至可以将备份保存到 U 盘等设备中，这里选择本机计算机磁盘，如图 3－61 所示。

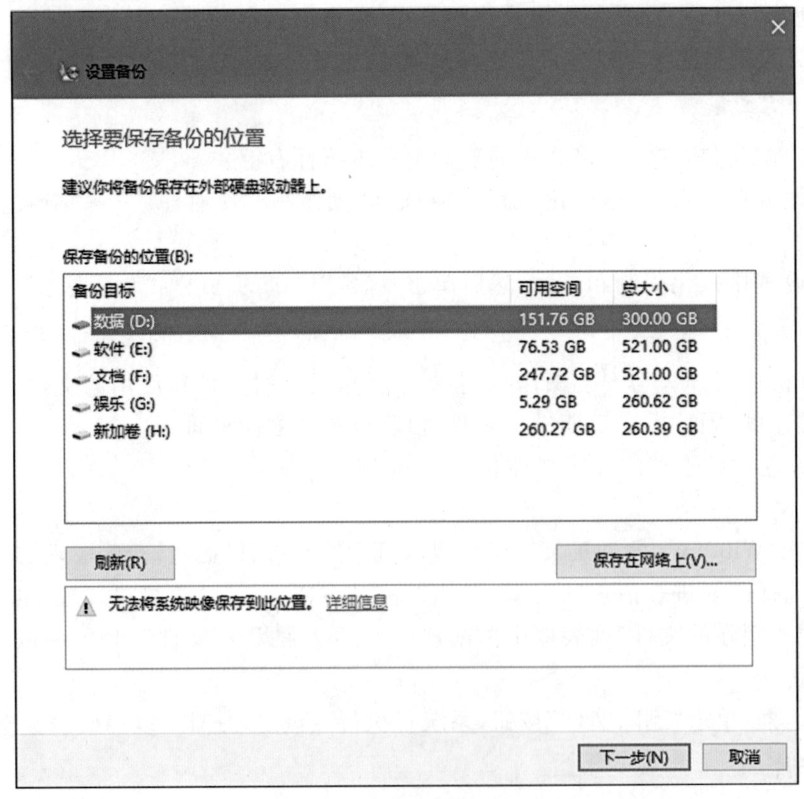

图 3－61　选择保存备份的位置

(4)依次单击“下一步”按钮,确认备份信息无误后,单击“保存设置并运行备份”按钮。

(5)稍后,系统将开始执行备份操作,待 Windows 备份完成后,将自动弹出提示对话框,单击“关闭”按钮完成备份操作。

二、Windows 10 系统的还原

如果出现磁盘数据丢失或操作系统崩溃的现象,可以通过控制面板来还原以前备份的数据。

Windows 10 系统的还原操作步骤如下。

(1)在“控制面板”窗口中单击“系统和安全”超链接,在打开的界面中单击“从备份还原文件”超链接。

(2)在打开的界面中单击“还原我的文件”按钮,打开“还原文件”对话框,单击“浏览文件夹”按钮,在打开的“浏览文件夹或驱动器的备份”对话框中选择已保存的 C 盘备份,然后单击“添加文件夹”按钮。

(3)返回“还原文件”对话框,其中显示了需要还原的文件夹,单击“下一步”按钮。

(4)在打开的窗口中选择还原文件的保存位置后,单击“还原”按钮。稍后,系统将开始执行还原操作,并显示成功还原文件的信息,最后单击“完成”按钮。

项目考核

一、填空题

1. 在 Windows 10 中,复制整个桌面的内容可以通过按键盘的__________按键来实现。

2. 可以在各种中文输入法之间切换的快捷键是__________。

3. __________和__________是操作系统的基本特征,两者互为依存条件。

4. 操作系统的基本功能包括__________、__________、__________、__________和__________。

5. 实时操作系统的主要特征是__________和__________。

二、选择题

1. 在计算机系统中,操作系统是(　　)。

A.处于裸机之上的第一层软件

B.处于硬件之下的顶层软件

C.处于应用软件之上的系统软件

D.处于系统软件之上的应用软件

2. 从用户观点看,操作系统是(　　)。

A.用户与计算机之间的接口　　B.控制与管理计算机资源的软件

C.合理地组织计算机工作流程　　D.计算机系统的一部分

3. 操作系统通过(　　)对进程管理。

A.进程　　B.进程控制块　　C.进程启动程序　　D.进程控制区

4. 文件管理的主要目的是(　　)。

A.实现文件按名存取　　B.实现虚拟存储

C.提高外存的读写速度　　D.用于储存系统文件

5. 批处理系统的主要缺点是(　　)。

A.CPU 的利用率低　　B.不能并发执行　　C.缺少交互性　　D.吞吐量小

三、简答题

1. 什么是操作系统?它的主要功能是什么?

2. 程序与进程是两个不同的概念,但又有紧密的联系,试说出两者之间的区别。

3. 目前操作系统采用的目录结构是什么?它具有什么优点?

项目四　Word 2019 基本操作

项目目标

1. 掌握新建文档、保存文档、编辑文档、浏览文档、打印文档、保护文档的基本操作。
2. 能够熟练制作规范的会议纪要。
3. 能够制作符合要求的考勤制度文档。
4. 能够制作合格的个人简历。

任务 1　会议纪要

会议纪要是在会议记录基础上经过加工、整理出来的一种记叙性和介绍性的文件，包括会议的基本情况、主要精神及中心内容，便于向上级汇报或有关人员传达及分发。

一、新建文档

使用 Word 2019 可以方便地创建各种文档，新建文档的方法很多，下面重点介绍实际工作中常用的两种方法：使用右键菜单新建和通过模板新建。

（一）使用右键菜单新建

一般情况下，先选定文件的保存位置，例如，将文档保存在 E 盘“文件”文件夹中，然后在该位置新建文档。

（1）打开文件夹，在文件夹中单击鼠标右键。

（2）在弹出的快捷键菜单中依次单击“新建”→“Microsoft Word 文档”选项，如图 4－1 所示。

（二）通过模板新建

除了 Office 2019 软件自带的模板之外，微软公司还提供了很多精美且专业的联机模板。

在日常办公中，若制作一些有固定格式的文档，如会议纪要、通知、信封等，通过使用微软公司提供的联机模板创建所需的文档会事半功倍。

下面以创建一个会议纪要文档为例介绍具体方法。为了能搜索到与自己需求更匹配的文档，这里以“会议”为关键词进行搜索。

（1）单击“文件”按钮，从弹出的界面中选择“新建”选项，系统会打开“新建”界面，在搜索框中输入想要搜索的模板名称，例如，输入“会议”，单击“开始搜索”按钮，如图 4－2 所示。

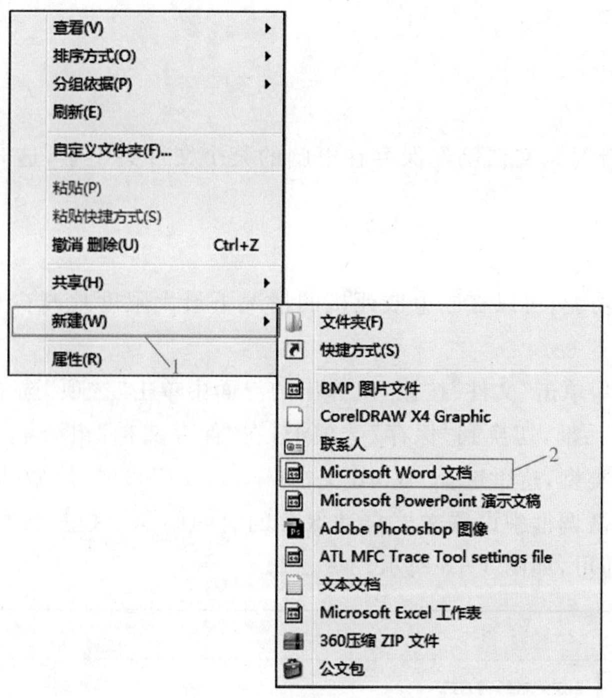

图 4-1 新建空白文档

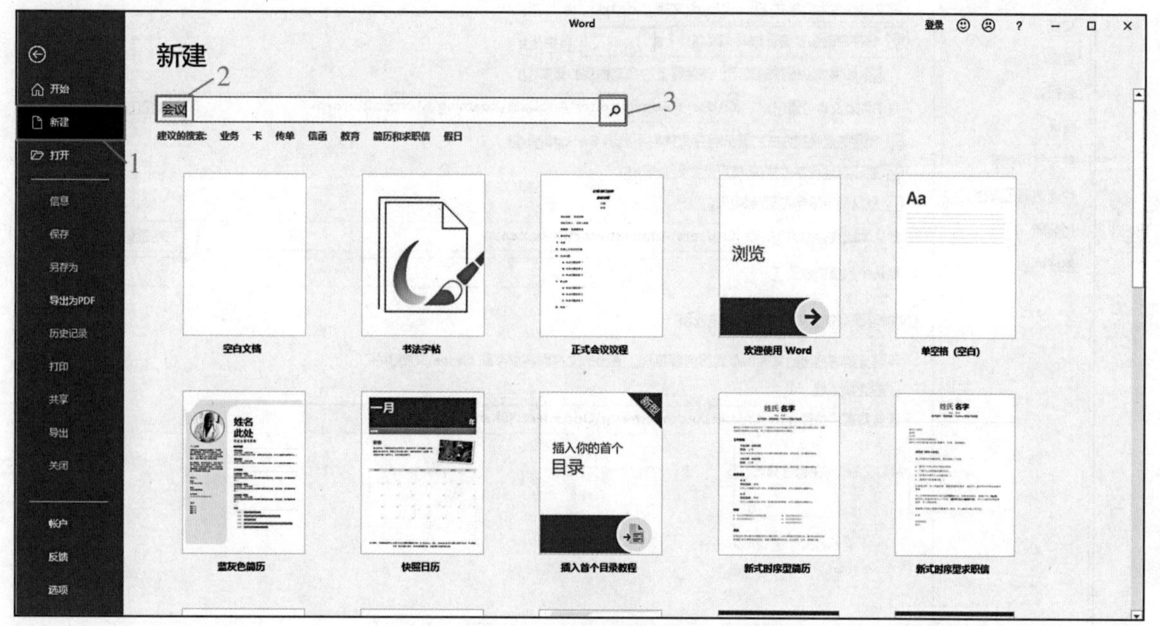

图 4-2 搜索联机模板

(2)在搜索框下方会显示搜索结果,从中选择一种合适的会议纪要选项,这里选择“正式会议纪要”选项。

(3)在弹出的预览界面中单击“创建”按钮。

(4)系统自动进入下载界面,显示“正在下载您的模板”,下载完毕即可在 Word 中打开。

开阔视野

下载联机模板需要连接网络,否则无法显示信息和下载。

二、保存文档

(一)快速保存

在实际使用中,更多的情况是文档已经保存在电脑的某个文件夹中了,这时只要按 Ctrl+S 组合键,就可以实现保存了。

(二)设置自动保存

使用 Word 的自动保存功能,可以在断电或死机的情况下最大限度地减少损失。设置自动保存的具体步骤如下。

(1)在 Word 文档窗口中,单击“文件”按钮,从弹出的界面中单击“选项”选项。

(2)弹出“Word 选项”对话框,切换到“保存”选项卡,在“保存文档”组合框中的“将文件保存为此格式”下拉列表中选择文件的保存类型,这里选择“Word 文档(＊.docx)”选项,然后选中“保存自动恢复信息时间间隔”复选框,并在其右侧的微调框中设置文档自动保存的时间间隔,这里将时间间隔设置为“8 分钟”。设置完毕后,单击“确定”按钮即可,如图 4-3 所示。

图 4-3 设置时间间隔

三、输入文本

编辑文档是 Word 文字处理软件最主要的功能之一,接下来介绍如何在 Word 文档中编辑中文、英文、数字以及日期等对象。

文本输入

(一)输入中文

新建会议纪要空白文档后,用户就可以在文档中输入内容了。

在文档中输入中文时，经常会遇见一些使用频率高、输入复杂的词语，这时可以使用自动更正功能，通过使用自动更正来替换词语，提高输入效率。使用自动更正的操作步骤如下。

(1)在 Word 文档窗口中，单击"文件"按钮，从弹出的界面中单击"选项"选项。

(2)弹出"Word 选项"对话框，切换到"校对"选项卡，在"自动更正选项"下方单击"自动更正选项…"按钮，如图 4-4 所示。

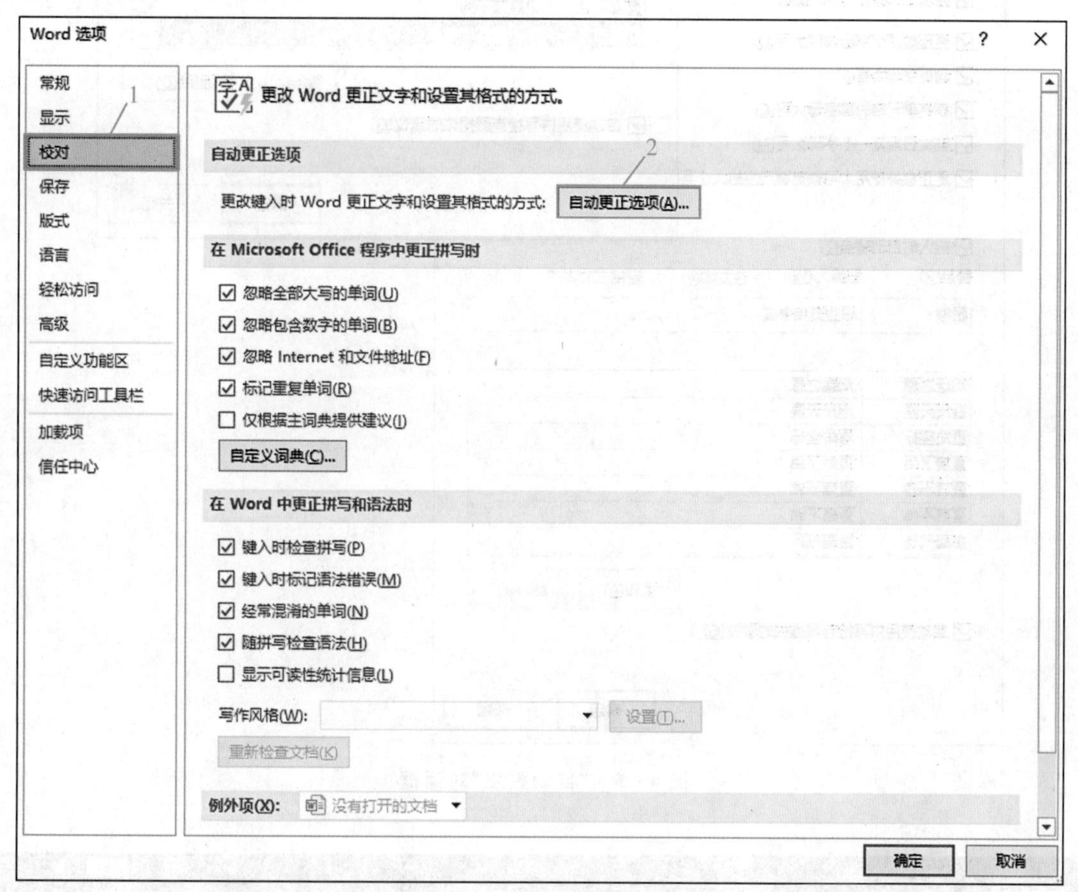

图 4-4 "Word 选项"对话框

(3)弹出"自动更正"对话框，自动切换到"自动更正"选项卡，在"键入时自动替换"列表框的"替换"输入框中输入"职考"，在"替换为"输入框中输入"职业资格考试"，单击"添加"按钮，即可看到替换的内容已经添加到列表框中，单击"确定"按钮，如图 4-5 所示。

(4)返回"Word 选项"对话框，单击"确定"按钮，返回 Word 文档，在文档中输入"职考"，系统会自动将其替换为"职业资格考试"。

(二)输入时间和日期

用户在编辑文档时，往往需要输入日期或者时间来记录文档的编辑时间。如果用户要使用当前的日期或时间，则可使用 Word 自带的插入日期和时间功能。输入日期和时间的具体步骤如下。

(1)将光标定在文档的最后一行，然后切换到"插入"选项卡，在"文本"组中单击"日期和时间"按钮，如图 4-6 所示。

(2)弹出"日期和时间"对话框，在"可用格式"列表框中选择一种日期格式，例如，选择"二〇二〇年一月十四日"选项，单击"确定"按钮。

(3)此时，输入的日期就按照选择的格式插入 Word 文档中。

(4)用户还可以使用快捷键输入当前日期和时间。按 Alt+Shift+D 组合键，即可输入当前的系统日

期；按 Alt+Shift+T 组合键，即可输入当前的系统时间。

图 4－5 “自动更正”对话框

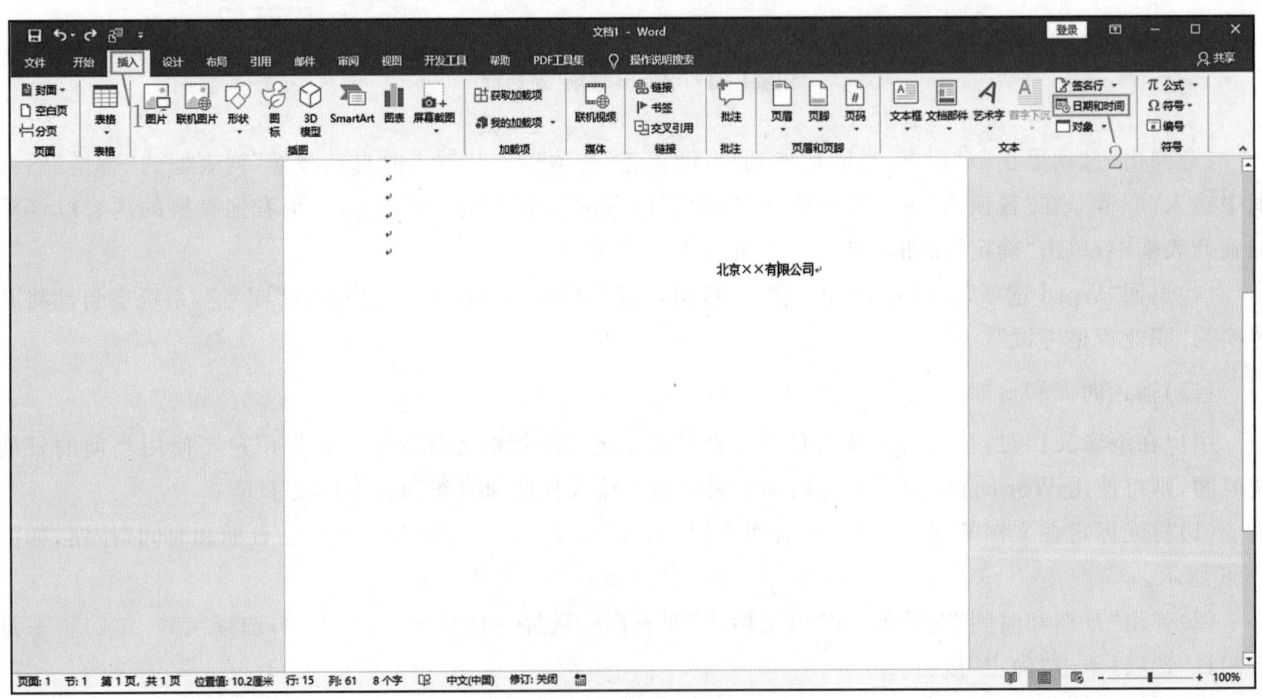

图 4－6 单击“日期和时间”按钮

开阔视野

文档录入完成后，如果不希望其中某些日期和时间随系统的改变而改变，则可选中相应的日期和时间，然后按 Ctrl+Shift+F9 组合键切断域的链接即可。

(三)输入英文

在编辑文档的过程中，用户如果想要输入英文文本，需要将输入法切换到英文状态，然后再进行输入。输入英文文本的具体步骤如下。

(1)按 Shift 键将输入法切换到英文状态下，将光标定位在文本第 1 页“人事部”后面，然后输入大写英文文本“HR”。

(2)在文档中如果要更改英文的大小写，需要先选择英文文字，如“HR”，然后切换到“开始”选项卡，在“字体”组中单击“更改大小写”按钮，从弹出的下拉列表中选择“小写”选项，如图 4-7 所示。

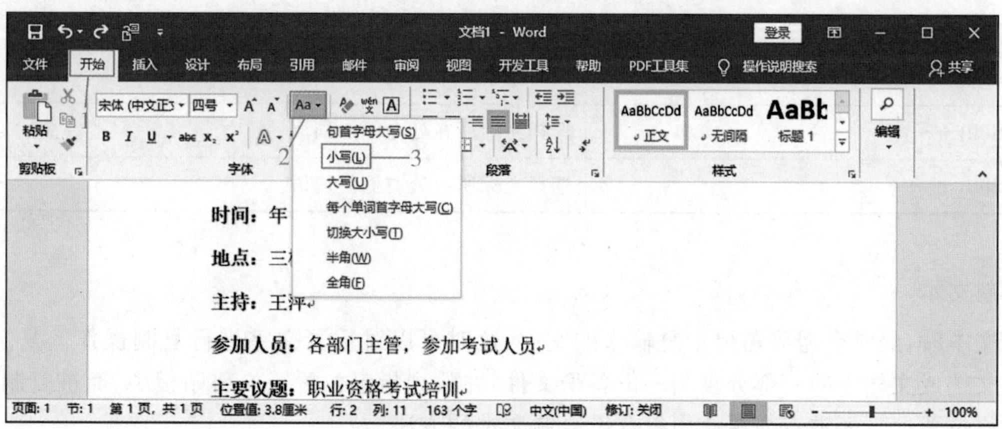

图 4-7 更改英文大小写

(3)可以看到英文变为“hr”。在保持“hr”的选中状态下，按 Shift+F3 组合键，“hr”变成了“Hr”；再次按 Shift+F3 组合键，“Hr”则变成了“HR”。

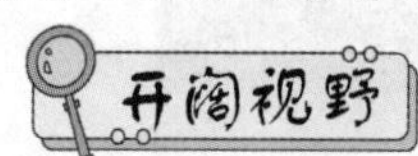

用户也可以使用快捷键改变英文输入的大小写，方法是在键盘上按 Caps Lock 键(大写锁定键)，然后按字母键，即可输入大写字母；再次按 Caps Lock 键，即可关闭大写。英文输入法中，按 Shift+字母键也可以输入大写字母。

四、编辑文本

文本的基本操作一般包括选择、复制、粘贴、剪切、删除以及查找和替换文本等内容，接下来分别进行介绍。

(一)选择文本

对 Word 文档中的文本进行编辑之前，首先应选择要编辑的文本。下面重点介绍几种使用组合键选择文本的方法。

在使用组合键选择文本之前，用户应该根据需要将光标定位在合适的位置，然后再按相应的组合键选择文本。

Word 提供了一整套利用键盘选择文本的方法，主要是通过 Shift、Ctrl 和方向键来实现的，操作方法如表 4－1 所示。

表 4－1　利用键盘选择文本的方法

组合键	功能
Ctrl＋A	选择整篇文档
Ctrl＋Shift＋Home	选择光标所在处至文档开始处的文本
Ctrl＋Shift＋End	选择光标所在处至文档结束处的文本
Alt＋Ctrl＋Shift＋PageUp	选择光标所在处至本页开始处的文本
Alt＋Ctrl＋Shift＋PageDown	选择光标所在处至本页结束处的文本
Shift＋↑	向上选中一行
Shift＋↓	向下选中一行
Shift＋←	向左选中一个字符
Shift＋→	向右选中一个字符
Ctrl＋Shift＋←	选择光标所在处左侧的词语
Ctrl＋Shift＋→	选择光标所在处右侧的词语

(二)复制文本

在编辑文本时，经常会遇到需要重复输入的文字，这时可以对重复文字进行复制操作。复制文本时，软件会将整个文档或文档中的一部分复制一份备份文件，并放到指定位置——剪贴板中，而被复制的内容仍按原样保留在原位置。下面重点介绍使用组合键复制文本的方法。

使用 Shift＋F2 组合键来复制文本，具体的操作步骤如下。

选中文本“职业资格考试”，按 Shift＋F2 组合键，状态栏中将出现“复制到何处”字样，如图 4－8 所示，单击放置复制对象的目标位置，然后按 Enter 键即可。

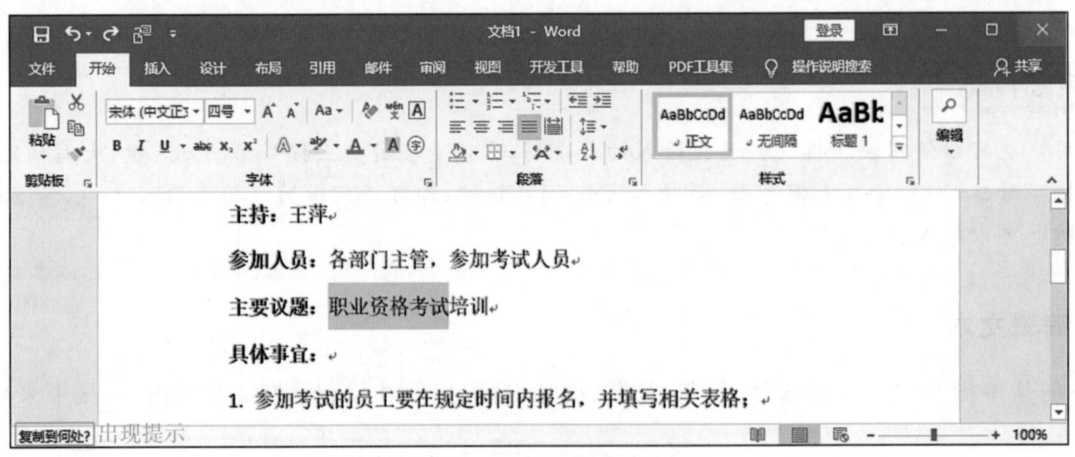

图 4－8　使用 Shift＋F2 组合键复制文本

(三)剪切文本

“剪切”是指用户把选中的文本放入到剪贴板中，单击“粘贴”按钮后，又会出现一份相同的文本，原来的文本会被系统自动删除。

除上述方法外，还有使用右键菜单、剪贴板、快捷键等剪切文本的方法，大家可以自行学习。

(四)粘贴文本

复制文本以后，接下来就可以进行粘贴操作了。用户常用的粘贴文本的方法有很多，下面重点介绍使用鼠标右键菜单的方法。

复制文本后，用户只需在目标位置单击鼠标右键，在弹出的快捷菜单中根据需求选择“粘贴选项”菜单项中合适的选项即可。

如果想保持复制文档中的字体、颜色及线条等格式不变，那么可以在右键弹出的快捷键菜单中选择“保留源格式”选项即可，如图 4－9 所示。

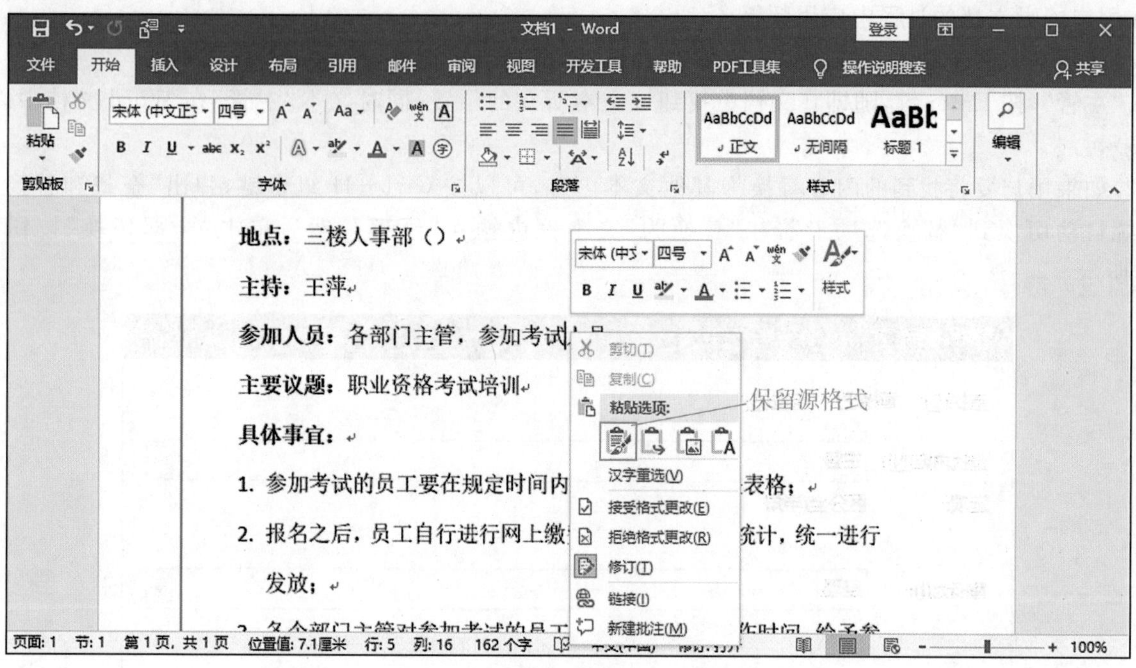

图 4－9 选择“保留源格式”选项

如果复制的文档内容是不同的格式，那么可以在右键弹出的快捷菜单中选择“合并格式”选项即可，如图 4－10 所示。

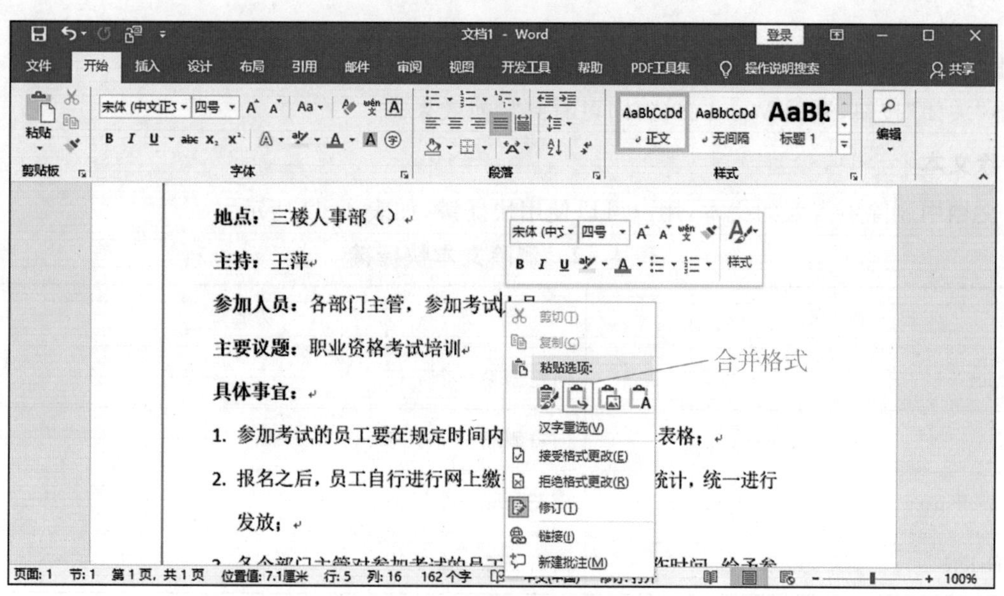

图 4－10 选择“合并格式”选项

如果在右键弹出的快捷菜单中选择“图片”选项，那么粘贴到文档中的内容是以图片形式显示的，其中的文字内容就无法再进行编辑了。如果不希望粘贴的内容发生变化，可以使用这种方式。

如果文本是从网络上复制过来的，用户只需要文字，不需要网络上的格式时，可以在右键弹出的快捷菜单中选择“只保留文本”选项。

（五）查找和替换文本

文本的查找替换

在编辑文本时，有时要查找并替换某些字词，例如，将文档中的“主管”替换为“经理”。如果文档内容很少，可以手动进行查找，但是如果文档篇幅很多，手动查找会很烦琐而且容易遗漏，这时使用 Word 强大的查找和替换功能可以节省大量的时间。查找和替换文本操作在用户编辑文档的过程中应用频繁。

（1）打开本实例的原始文件，按 Ctrl＋F 组合键，弹出“导航”窗格，然后在查找文本框中输入“主管”，按 Enter 键，随即在文档中找到该文本所在的位置，同时文本“主管”在 Word 文档中以黄色底纹显示。

（2）如果用户要将找到的内容替换为其他文本内容，可以按 Ctrl＋H 组合键，弹出“查找和替换”对话框，系统自动切换到“替换选项卡”，在“替换为”文本框内输入“经理”，然后单击“全部替换”按钮，如图 4－11 所示。

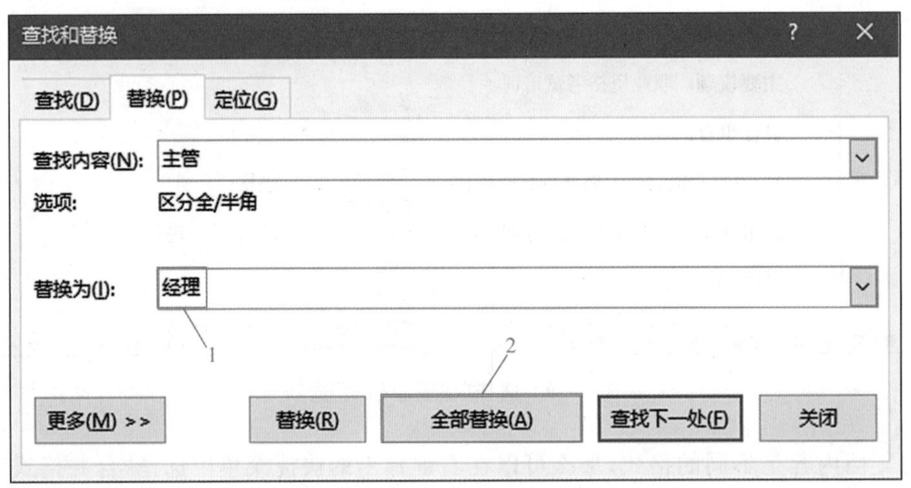

图 4－11　替换文本

（3）弹出“Microsoft Word”提示对话框，提示用户全部完成，然后单击“确定”按钮。

（4）单击“关闭”按钮，返回 Word 文档，即可看到替换效果。

（六）删除文本

要想从文档中删除不需要的文本，用户可以使用快捷键，如表 4－2 所示。

表 4－2　删除文本快捷键

快捷键	功能
Backspace	向左删除一个字符
Delete	向右删除一个字符
Ctrl＋Backspace	向左删除一个字词
Ctrl＋Delete	向右删除一个字词

五、文档视图

Word 提供了多种视图模式供用户选择，包括页面视图、阅读视图、Web 版式视图、大纲视图和草稿视图 5 种。“视图”选项卡中还新增了翻页、学习工具和“阅读”选项卡中的语音朗读功能。

下面重点介绍阅读视图与大纲视图这两种视图模式。

(一)阅读视图

阅读视图是为了方便阅读浏览文档而设计的视图模式，此模式默认仅保留了方便在文档中跳转的导航窗格，将其他诸如开始、插入、页面设置、审阅、邮件合并等文档编辑工具进行了隐藏，扩大了 Word 的显示区域。另外，Word 2019 优化了阅读功能，最大限度地为用户提供优良的阅读体验，便于用户在 Word 中阅读较长的文档。

具体操作步骤为：切换到“视图”选项卡，在“视图”组中单击“阅读视图”按钮，或者单击视图功能区中的“阅读视图”按钮，即可切换到“阅读视图”界面。

(二)大纲视图

“大纲视图”主要用于 Word 2019 文档结构的设置和浏览，使用“大纲视图”可以迅速了解文档的结构和内容梗概。

大纲视图可以方便地查看、调整文档的层次结构，设置标题的大纲级别，成区块地移动文本段落。此视图可以轻松地对超长文档进行在结构层面上的调整，而不会误删除一个文字。

以“会议纪要”为例，具体步骤如下。

(1)切换到“视图”选项卡，在“视图”组中单击“大纲”按钮。

(2)此时即可将文档切换到大纲视图模式，同时在功能区中会显示“大纲显示”选项卡。

(3)切换到“大纲显示”选项卡，在“大纲工具”组中单击“显示级别”按钮右侧的下三角按钮，用户可以从弹出的下拉列表中为文档设置或修改大纲级别。设置完毕单击“关闭大纲视图”按钮，自动返回进入大纲视图前的视图状态，如图 4-12 所示。

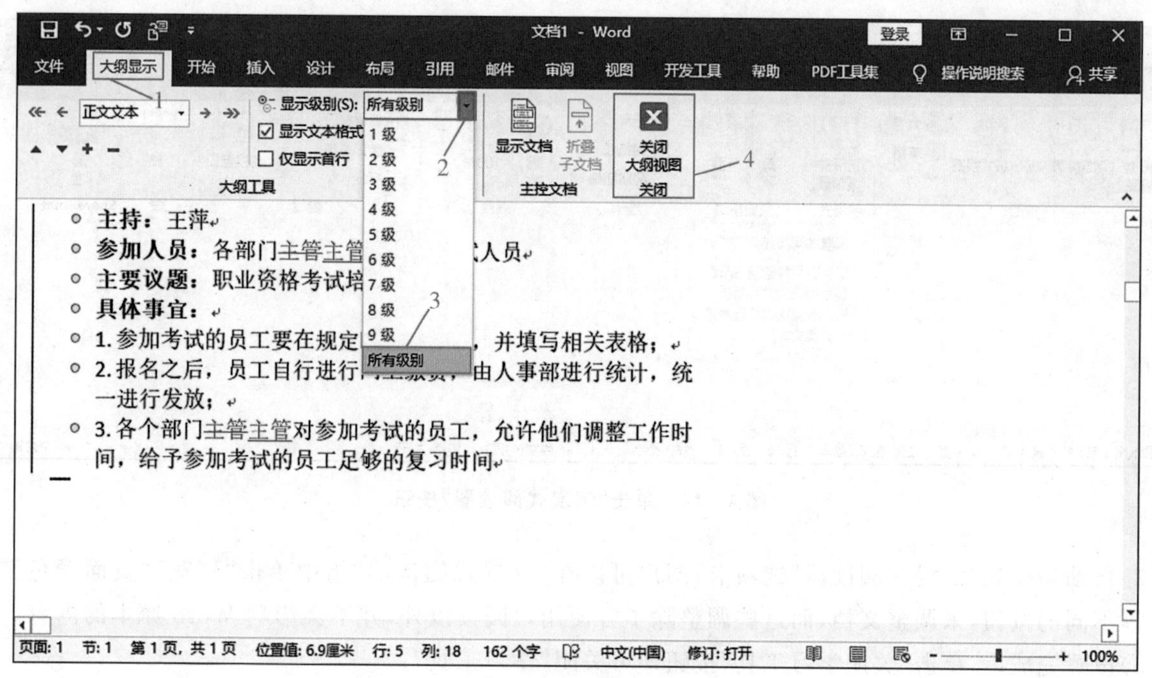

图 4-12　设置或修改大纲级别

（三）翻页

在启用 Word 文档后，系统默认的视图模式是竖直的排版，想要观看下一页的内容，需要用户不断向下滑动鼠标，为了阅读方便，这时我们可以单击“翻页”按钮，模拟翻书的阅读体验，此功能非常适合使用平板电脑的用户，具体的操作步骤如下。

切换到“视图”选项卡，在“页面移动”组中单击“翻页”按钮，即可进入翻页状态，如图 4－13 所示。

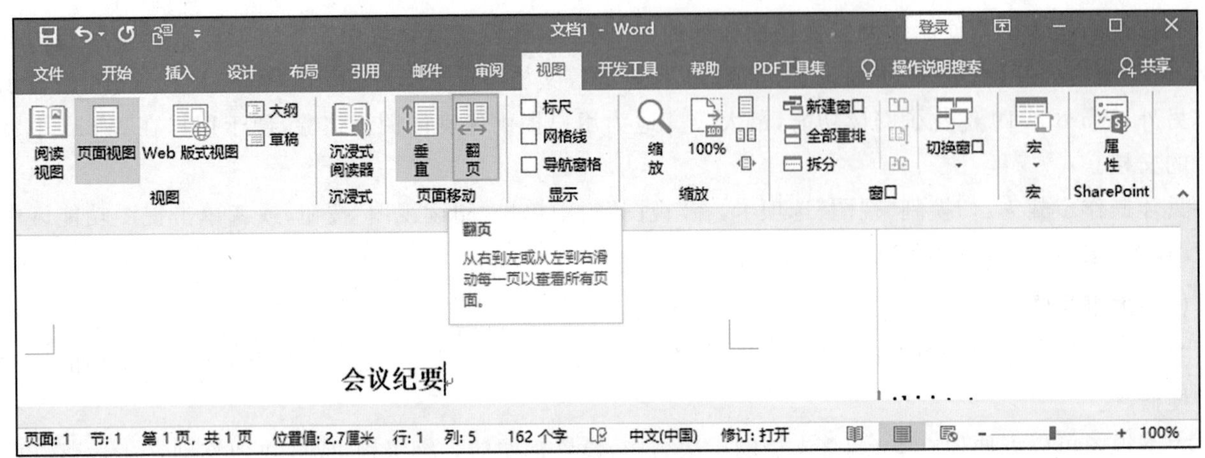

图 4－13 设置翻页状态

（四）学习工具

如果用户使用一般的方法来启动 Word 文档，再使用翻页功能后，竖直的排版会让版面缩小，而且无法调整画面的缩放。文档中的文字字体比较小，反而变得难以阅读，此时需要使用“沉浸式阅读器”的功能，具体的操作步骤如下。

（1）切换到“视图”选项卡，在“沉浸式”组中单击“沉浸式阅读器”按钮，如图 4－14 所示。

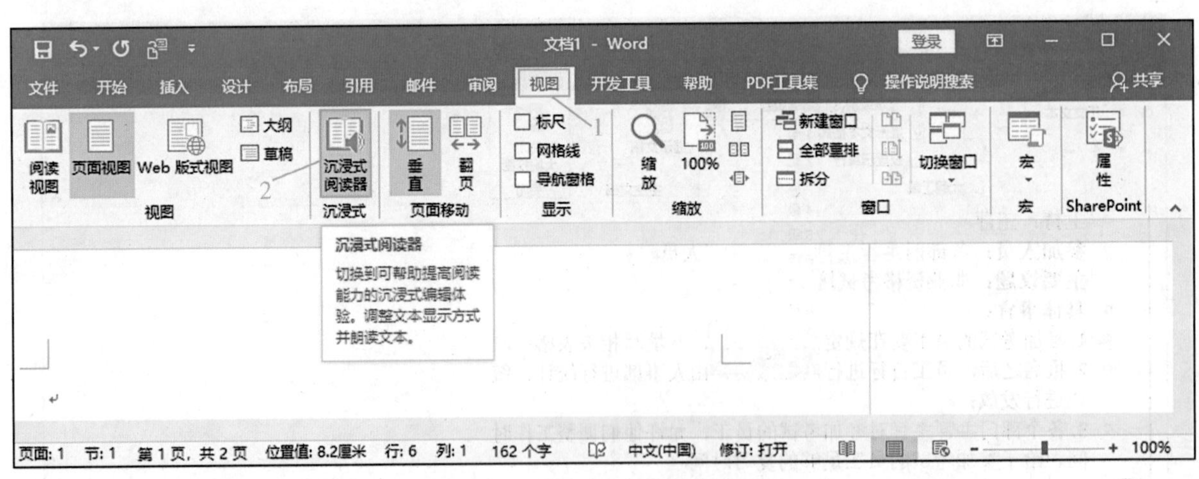

图 4－14 单击“沉浸式阅读器”按钮

（2）自动切换到“沉浸式阅读器”选项卡，用户可以在“沉浸式阅读器”组中单击“列宽”“页面颜色”“文字间距”等不同的按钮，来调整文档，而这些调整除了方便用户阅读以外，并不会影响 Word 原本的内容。

（3）设置完成后，单击“关闭学习工具”按钮即可关闭“学习工具”。

开阔视野

列宽：文字内容占整体版面的范围。

页面颜色：改变背景底色，甚至可以反转为黑底白色。

文字间距：字与字之间的距离。

音节：在音节之间显示分隔符，不过只针对西文显示。

朗读：将文字内容转换为语音朗读出来。

（五）语音朗读

在阅读文档时，如果用户眼睛疲劳，这时可以使用语音朗读功能。除了在“学习工具”选项卡中，可以将文字转为语音朗读以外，用户也可以在“审阅”选项卡中开启语音朗读功能，具体的操作如下。

（1）切换到“审阅”选项卡，在“语音”组中单击“大声朗读”按钮，如图 4 – 15 所示。

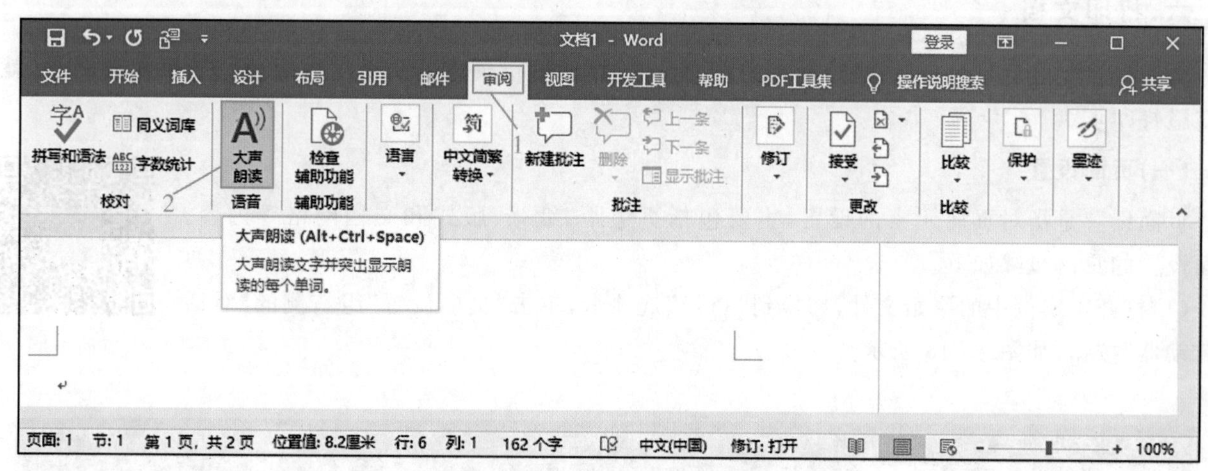

图 4 – 15 单击“大声朗读”按钮

（2）开启语音朗读后，在画面右上角会出现一个工具栏，如图 4 – 16 所示。可以在工具栏中单击“播放”按钮，由光标所在位置的文字内容开始朗读；也可以单击“上一个”按钮或“下一个”按钮，来跳转至上或下一行朗读。

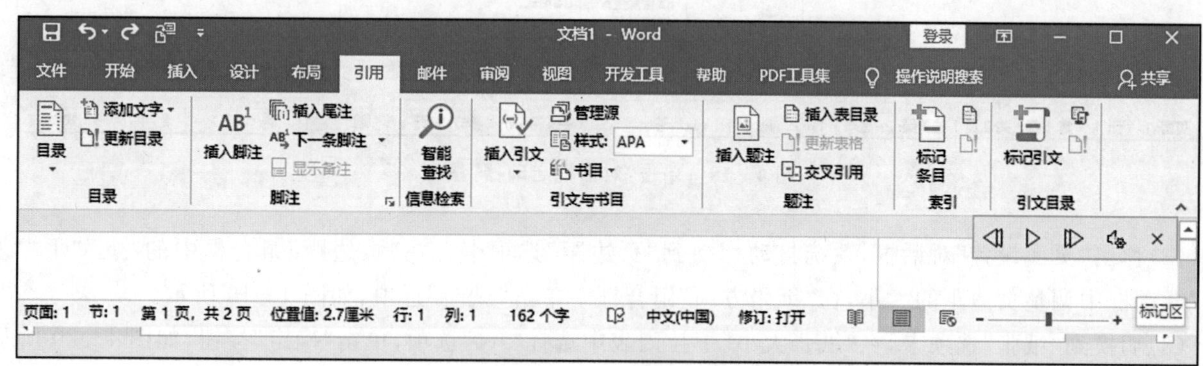

图 4 – 16 设置朗读方式

（3）用户也可以单击“设置”按钮，来调整阅读速度或选择不同声音的语音，如图 4 – 17 所示。

（4）朗读完成后，单击“停止”按钮，即可退出朗读模式。

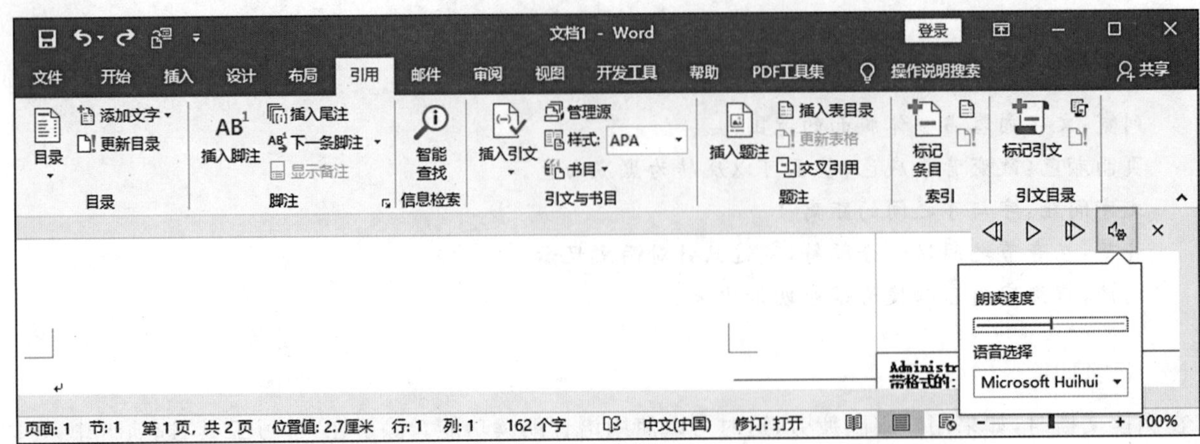

图 4-17 单击“设置”按钮

六、打印文档

文档编辑完成后，用户可以进行简单的页面设置，然后进行预览。如果用户对预览效果比较满意，就可以实施打印了。

(一)页面设置

页面布局

页面设置是指对页面元素的设置，主要包括页边距、纸张、版式和文档网格等内容。页面设置的具体步骤如下。

(1)打开本实例中的原始文件，切换到“布局”选项卡，单击“页面设置”组右侧的“对话框启动器”按钮，如图 4-18 所示。

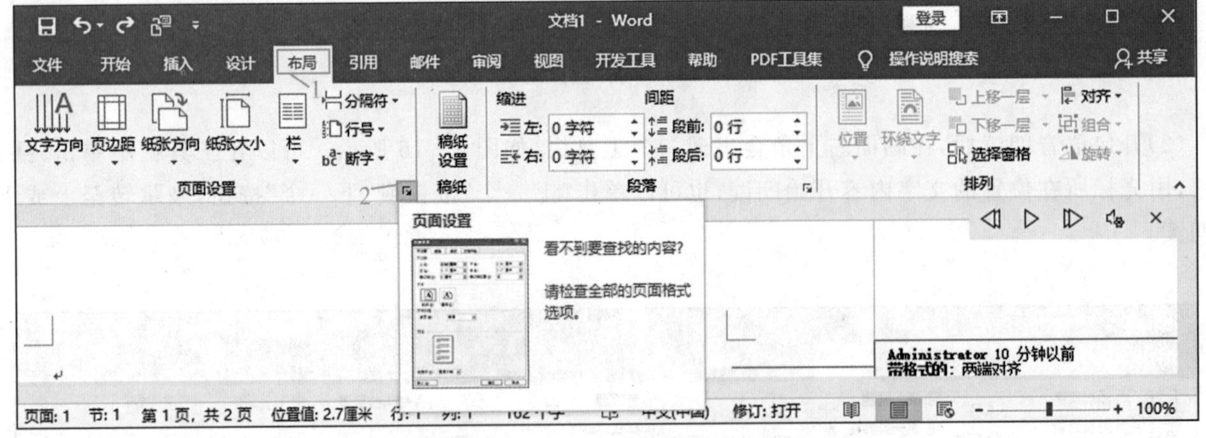

图 4-18 单击“对话框启动器”按钮

(2)弹出“页面设置”对话框，系统自动切换到“页边距”选项卡。在“页边距”组合框中的“上”“下”“左”“右”微调框中调整页边距的大小，在“纸张方向”组合框中单击“纵向”选项，如图 4-19 所示。

(3)切换到“纸张”选项卡，在“纸张大小”下拉列表中选择“A4”选项，单击“确定”按钮，如图 4-20 所示。

(二)预览后打印

页面设置完成后，可以通过预览来浏览打印效果，预览及打印的具体步骤如下。

(1)单击“自定义快速访问工具栏”按钮，从弹出的下拉列表中选择“打印预览和打印”选项，如图 4-21 所示。

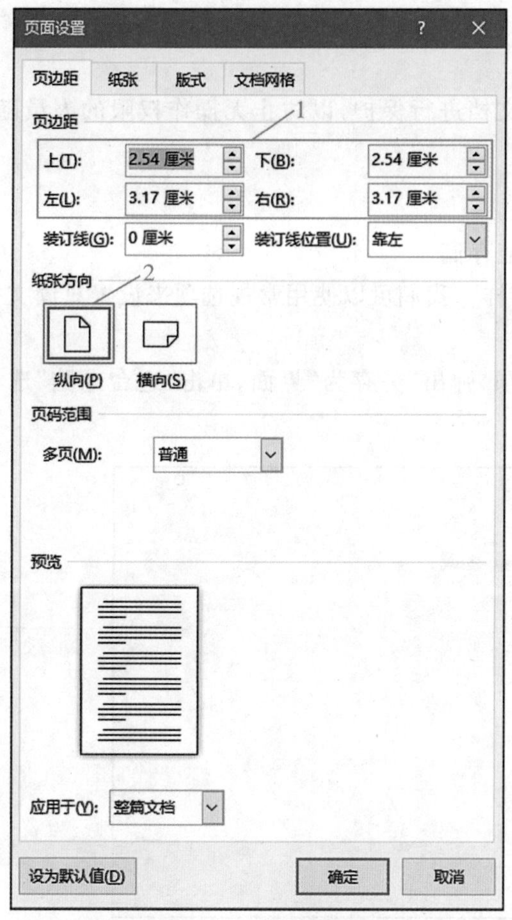
图 4－19 设置纸张方向

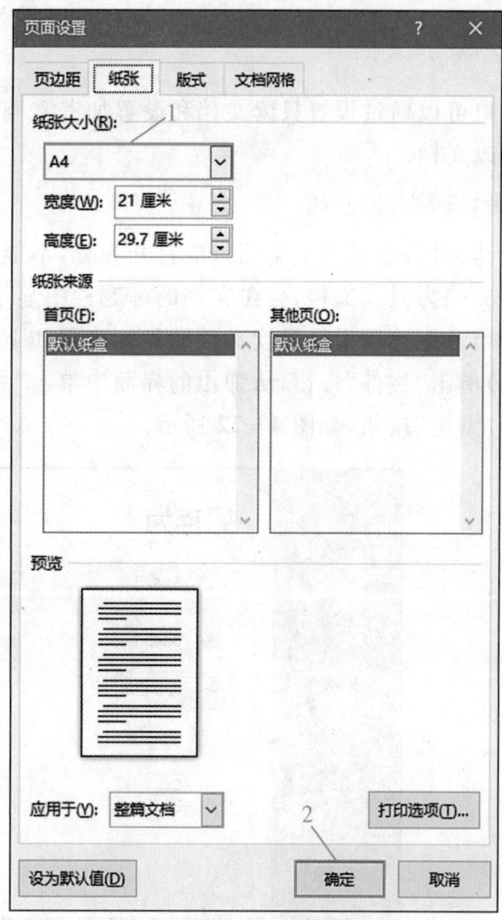
图 4－20 选择纸张大小

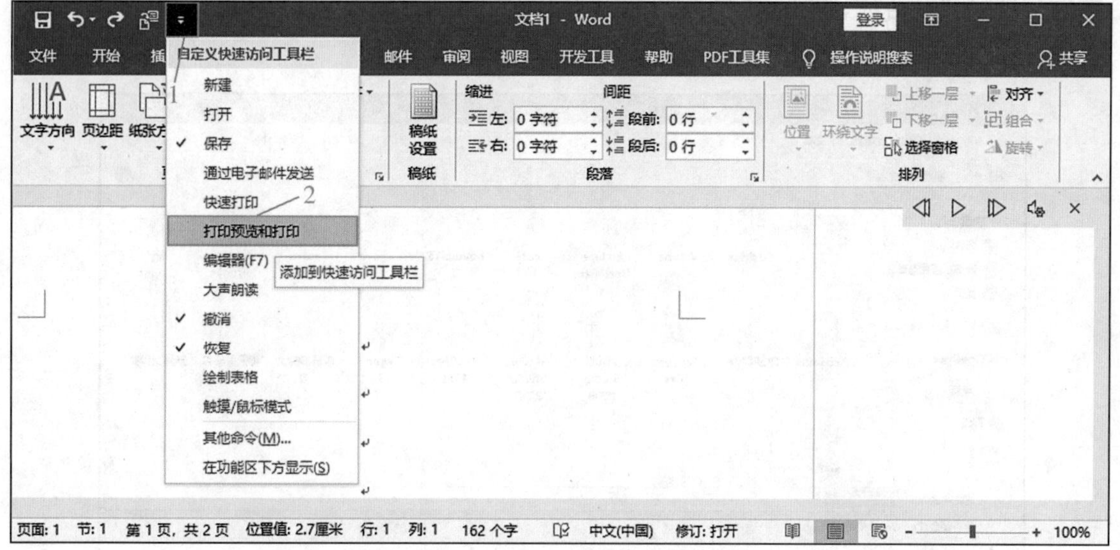
图 4－21 选择“打印预览和打印”选项

（2）此时“打印预览和打印”按钮就添加在了“快速访问工具栏”中。单击“打印预览和打印”按钮，弹出“打印”界面，其右侧显示了预览效果。

（3）用户可以根据打印需要单击相应选项并进行设置。如果用户对预览效果比较满意的话，就可以单击“打印”按钮进行打印了。

七、保护文档

用户可以通过设置只读文档和设置加密文档等方法对文档进行保护，以防止无操作权限的人员随意打开或修改文档。

(一)设置只读文档

只读文档，表示这个文档只能打开观看，不能修改也不能存储。

若文档为只读文档，会在文档的标题栏中显示“只读”字样。我们可以使用常规选项来设置只读文档。

使用常规选项设置只读文档的具体步骤如下。

(1)单击“文件”按钮，从弹出的界面中单击“另存为”选项，弹出“另存为”界面，单击“这台电脑”选项，然后单击“浏览”按钮，如图 4-22 所示。

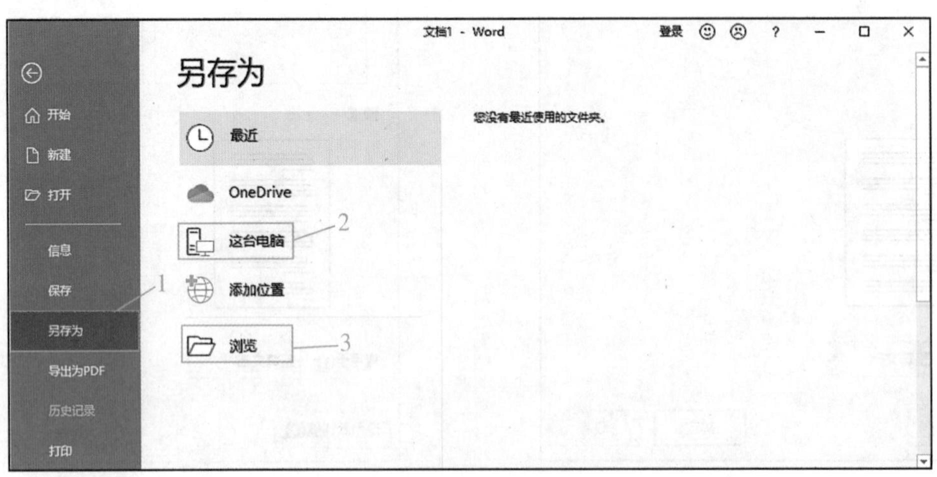

图 4-22　单击“浏览”按钮

(2)弹出“另存为”对话框，单击“工具”按钮，从弹出的下拉列表中选择“常规选项”选项，如图 4-23 所示。

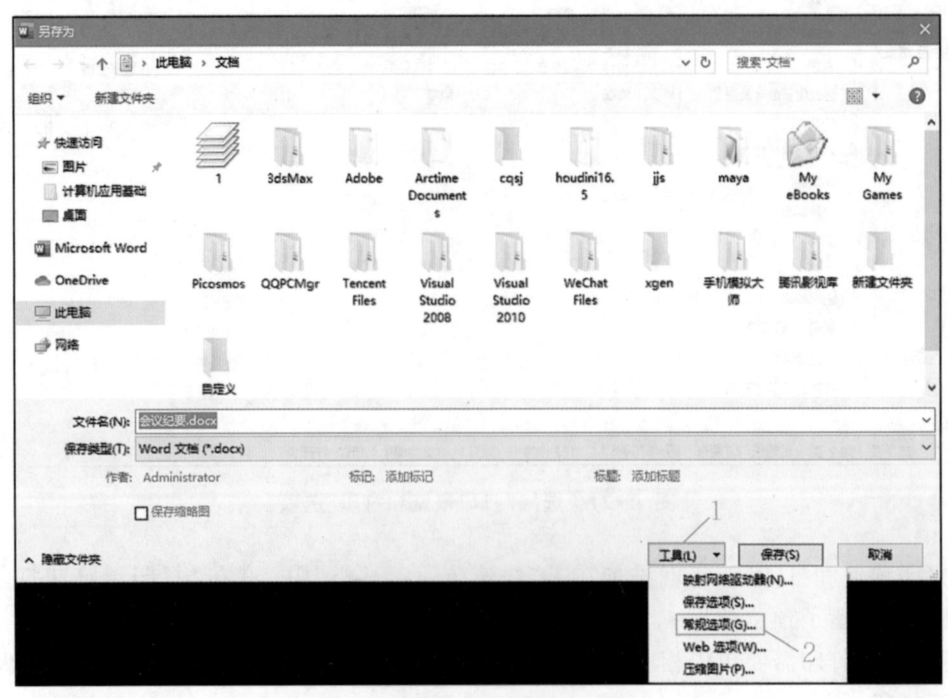

图 4-23　选择“常规选项”选项

(3)弹出“常规选项”对话框,勾选“建议以只读方式打开文档”复选框,单击“确定”按钮,如图 4-24 所示。

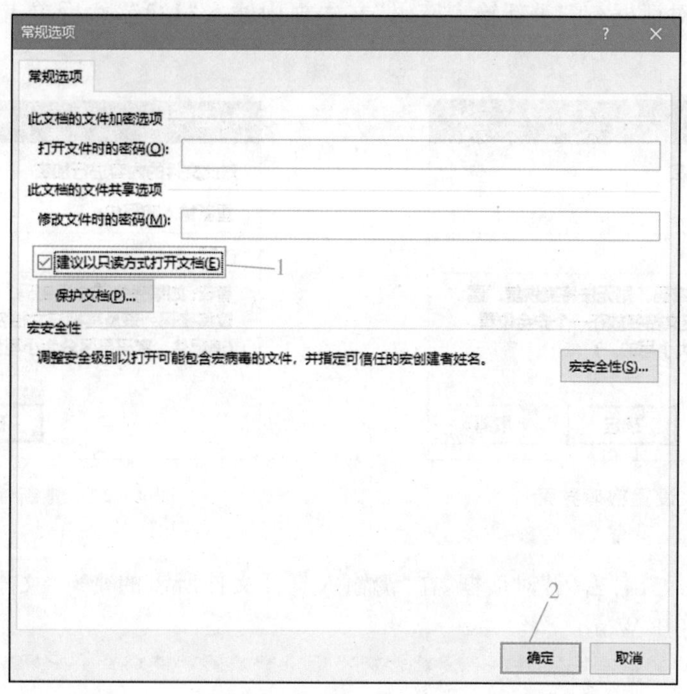

图 4-24 勾选“建议以只读方式打开文档”复选框

(4)返回“另存为”对话框,然后单击“保存”按钮即可。再次启动该文档时,将弹出“Microsoft Word”提示对话框,询问用户是否以只读方式打开,单击“是”按钮即可。

(5)启动 Word 文档,此时该文档处于“只读”状态。

(二)设置加密文档

为了保证文档安全,用户通常会为重要的文档进行加密,加密操作在日常办公中经常使用。设置文档加密的步骤如下。

(1)打开本实例的原始文件,单击“文件”按钮,从弹出的界面中单击“信息”选项,然后单击“保护文档”按钮,从弹出的下拉列表中选择“用密码进行加密”选项,如图 4-25 所示。

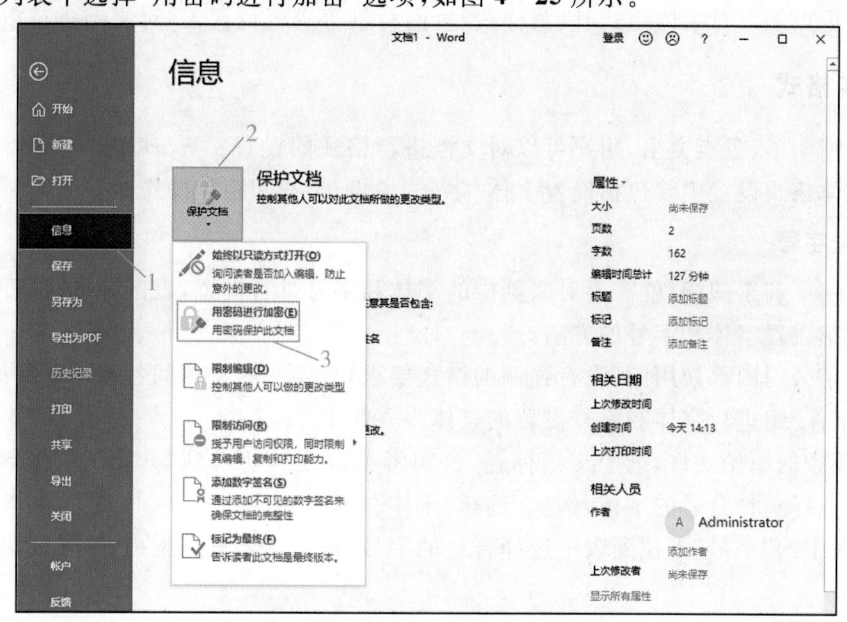

图 4-25 选择“用密码进行加密”选项

(2)弹出“加密文档”对话框，在“密码”文本框中输入“123”，然后单击“确定”按钮，如图 4－26 所示。

(3)弹出“确认密码”对话框，在“重新输入密码”文本框中输入“123”，然后单击“确定”按钮，如图 4－27 所示。

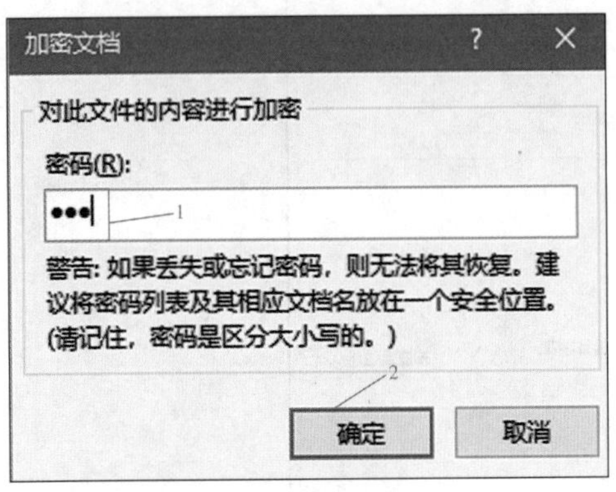

图 4－26　设置密码界面

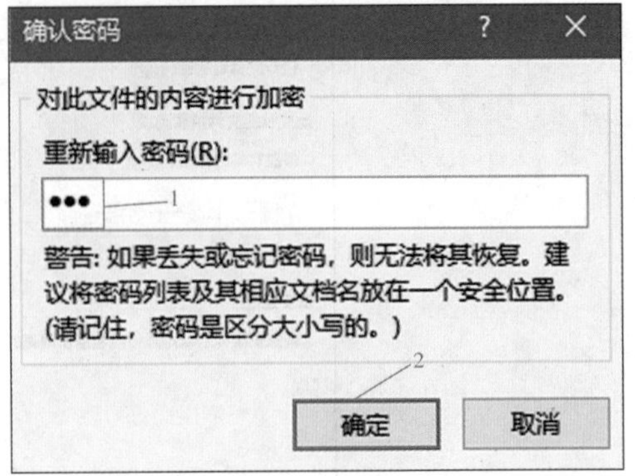

图 4－27　重新输入密码界面

(4)再次启动该文档，弹出“密码”对话框，在“请输入打开文件所需的密码”文本框中输入密码“123”，然后单击“确定”按钮即可打开 Word 文档。

这里将密码设置为 123，只是举例，实际工作中密码应该使用字母、数字组合的方式，这样的密码不容易被破解。

任务 2　公司考勤制度

考勤制度是公司进行正常工作秩序的基础，是支付工资、员工考核的重要依据。接下来通过制作一个“公司考勤制度”来重点学习对字体格式、段落样式、页面背景等进行设置，并对文档进行审阅。

一、设置字体格式

为了使文档清晰明了、重点突出，用户可以对文档进行格式的设置。Word 提供了多种字体格式供用户进行文本设置。字体格式设置主要包括设置字体、字号、加粗、字符间距等操作。

(一)设置字体、字号

要使文档的文字更利于阅读，就需要对文档中的字体和字号进行设置，以区分各种不同的文本。下面重点介绍使用“字体”组设置字体和字号的方法。

考勤制度文档是公司内部使用的，没有强制的格式要求，只要使用文档的各级标题按照一定的层级结构显示即可。使用“字体”组进行字体和字号设置的具体步骤如下。

(1)打开本实例中的原始文件，选中文档标题“公司考勤制度”，切换到“开始”选项卡，在“字体”组中的“字体”下拉列表中选择一种合适的字体，例如，选择“宋体”选项。

(2)在“字体”组中的“字号”下拉列表中选择合适的字号，标题需要重点突出，字号要设置得大一些，这里选择“二号”选项。

(二)设置加粗效果

设置加粗效果，可以让选择的文本更加突出。

打开本实例的原始文件，选中文档标题“公司考勤制度”，切换到“开始”选项卡，单击“字体”组中的“加粗”按钮即可，如图 **4-28** 所示。

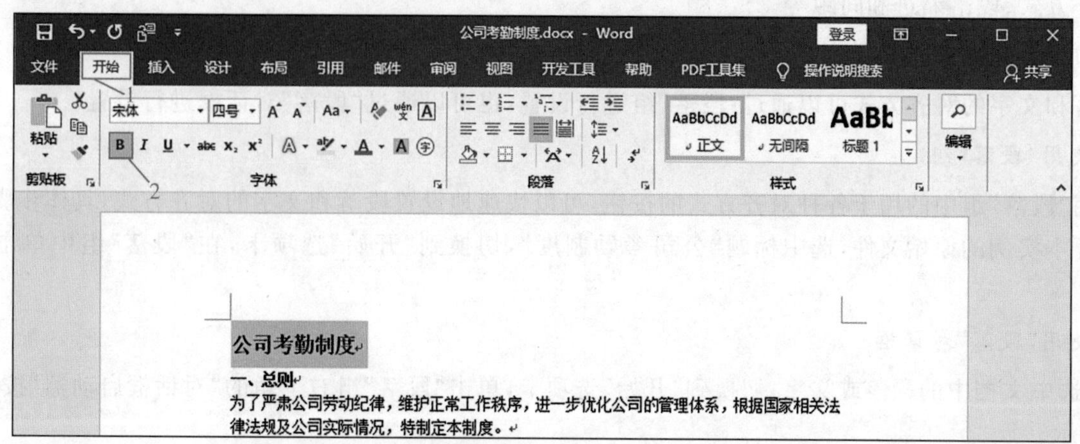

图 **4-28**　设置加粗效果

(三)设置字符间距

通过设置 Word **2019** 文档中的字符间距，可以使文档的页面布局更符合实际需要。设置字符间距的具体步骤如下。

(**1**)选中文档标题“公司考勤制度”，切换到“开始”选项卡，单击“字体”组右下角的“对话框启动器”按钮。

(**2**)弹出“字体”对话框，切换到“高级”选项卡，在“字符间距”组合框中的“间距”下拉列表中选择“加宽”选项，在“磅值”微调框中将磅值调整为“**4** 磅”，单击“确定”按钮，如图 **4-29** 所示。

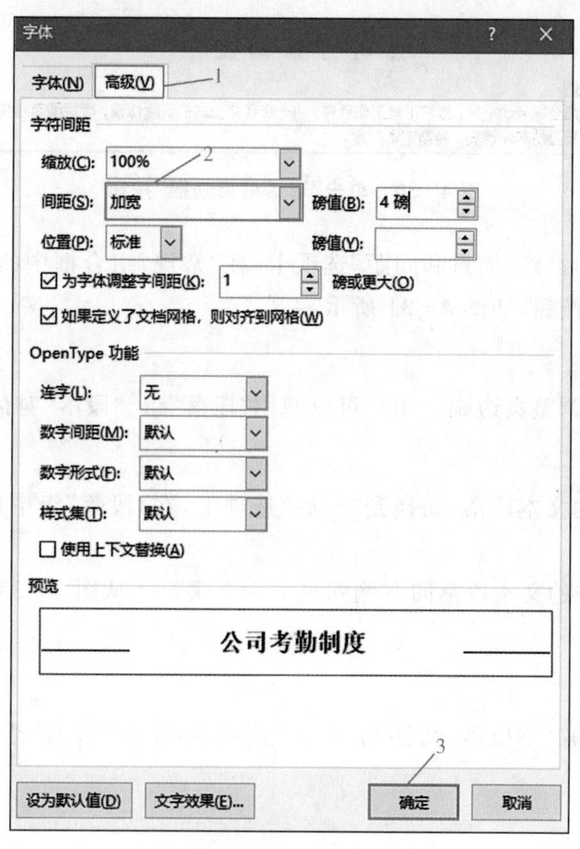

图 **4-29**　设置字体磅值

(3)返回 Word 文档,设置完成。

二、设置段落格式

设置字体格式后,用户还可以为文本设置段落格式,Word 2019 提供了多种设置段落格式的方法,主要包括对齐方式、段落缩进和间距等。

(一)设置对齐方式

段落和文字的对齐方式可以通过“段落”组进行设置,也可以通过“段落”对话框进行设置。

1. 使用“段落”组

使用“段落”组中的用于各种对齐方式的按钮,可以快速地设置段落和文字的对齐方式,具体步骤如下。

打开本实例的原始文件,选中标题“公司考勤制度”,切换到“开始”选项卡,在“段落”组中单击“居中”按钮。

2. 使用“段落”对话框

(1)选中文档中的段落或文字,切换到“开始”选项卡,单击“段落”组右下角的“对话框启动器”按钮,如图 4-30 所示。

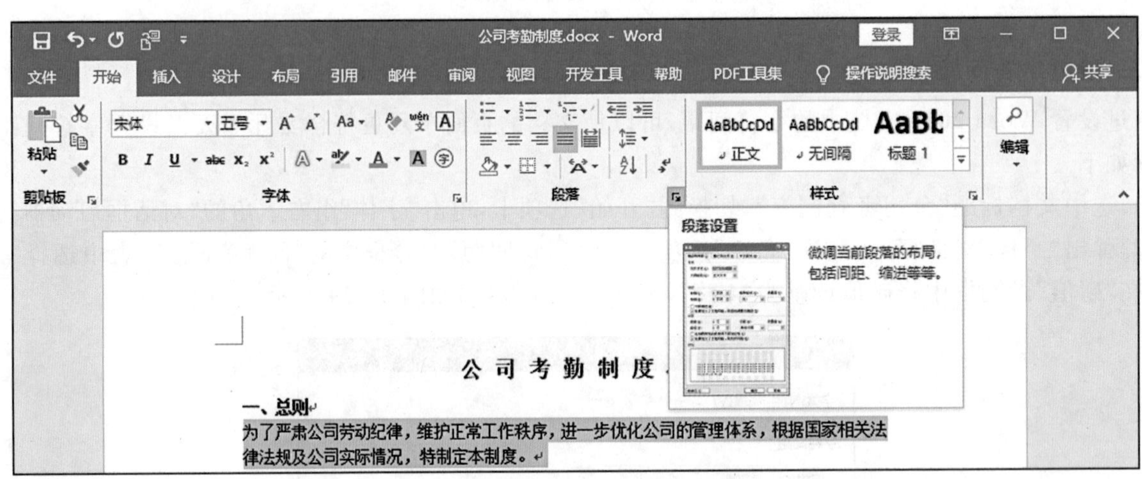

图 4-30 单击“对话框启动器”按钮

(2)弹出“段落”对话框,切换到“缩进和间距”选项卡,在“常规”组合框中的“对齐方式”下拉列表中选择“两端对齐”选项,单击“确定”按钮,如图 4-31 所示。

(二)设置段落缩进

通过设置段落缩进,可以调整页边距。用户可以使用“段落”组、“段落”对话框或标尺设置段落缩进。

1. 使用“段落”组

(1)选中“一、总则”下方的文本段落,切换到“开始”选项卡,在“段落”组中单击“增加缩进量”按钮,如图 4-32 所示。

(2)返回 Word 文档,选中的文本段落向右侧缩进了一个字符。从图 4-33 中可以看到向后缩进一个字符前后的对比效果。

2. 使用“段落”对话框

(1)选中“一、总则”下方的文本段落,切换到“开始”选项卡,单击“段落”组右下角的“对话框启动器”按钮,如图 4-34 所示。

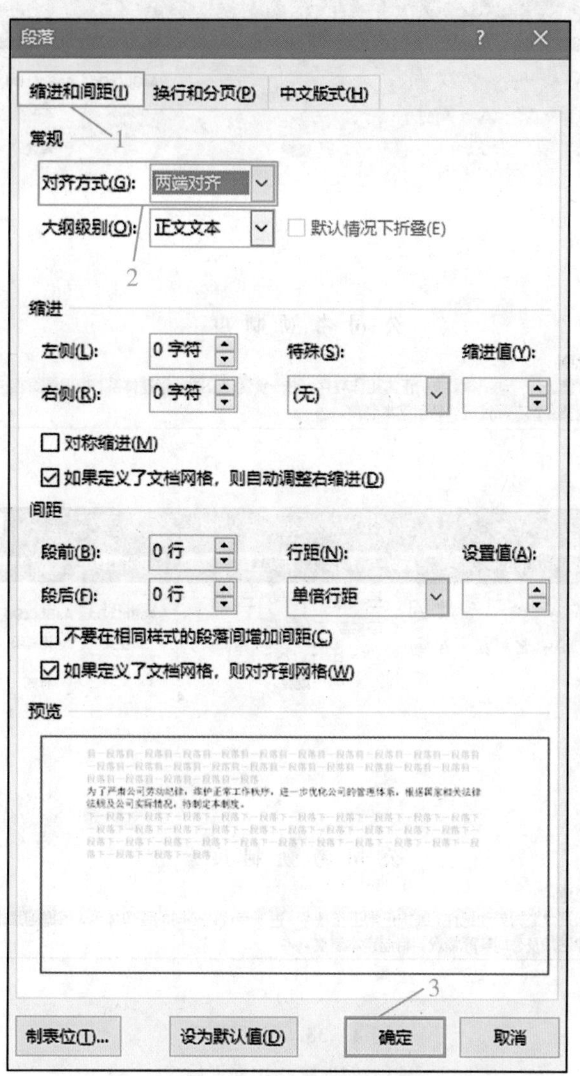

图 4－31　设置对齐方式

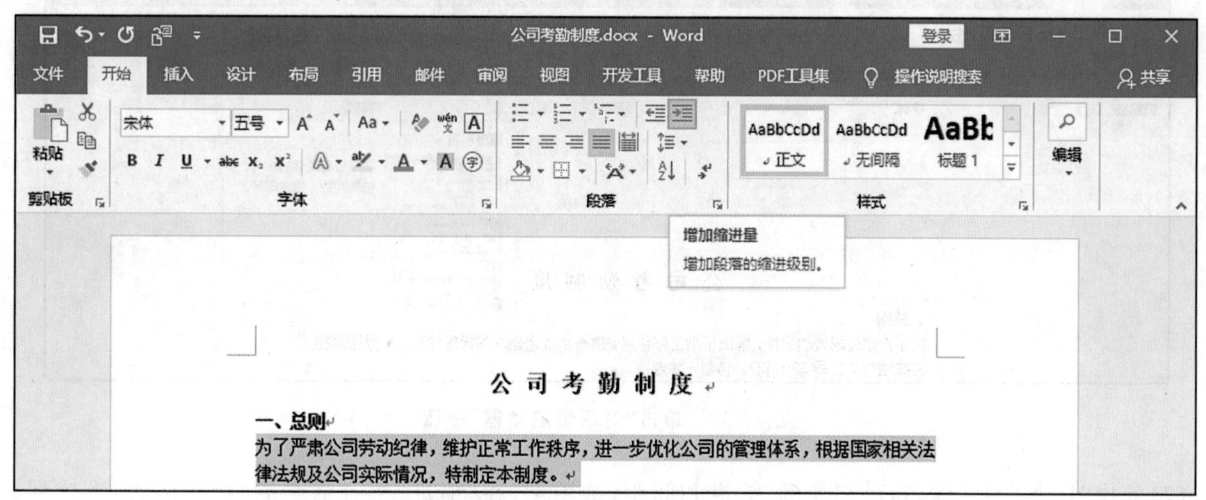

图 4－32　单击“增加缩进量”按钮

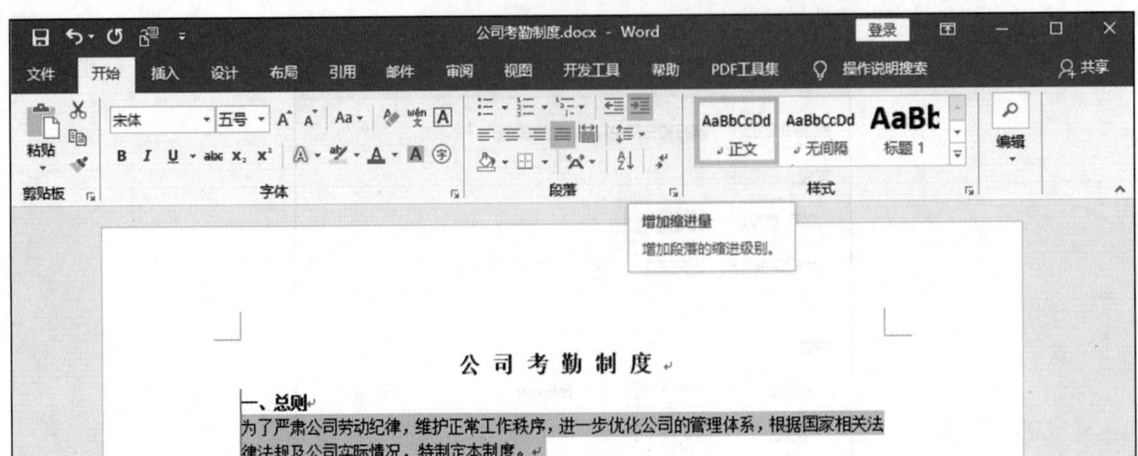

(a)

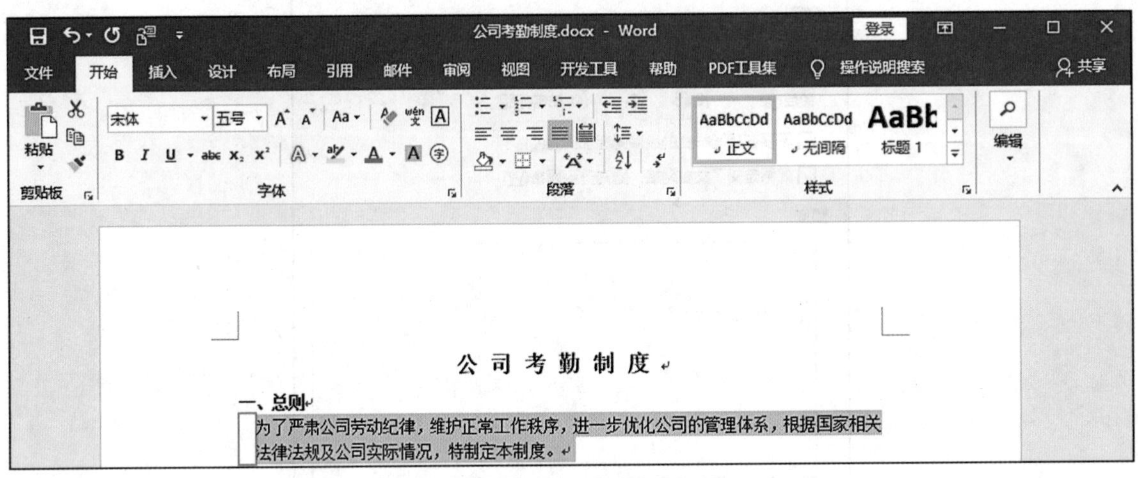

(b)

图 4-33　缩进前后

(a)缩进前；(b)缩进后

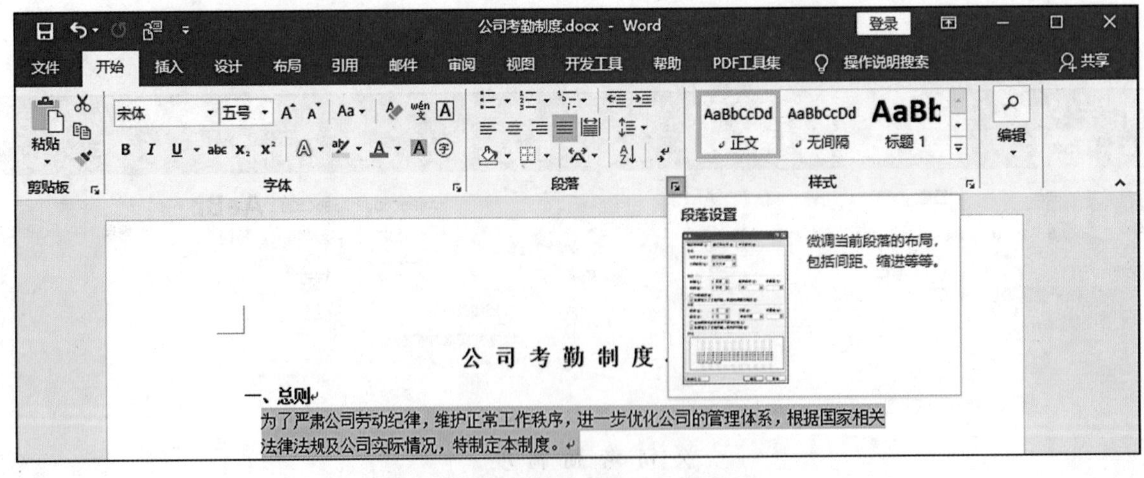

图 4-34　单击“对话框启动器”按钮

(2)弹出“段落”对话框，自动切换到“缩进和间距”选项卡，在“缩进”组合框中的“特殊格式”下拉列表中选择“首行缩进”选项，在“缩进值”微调框中默认为“2 字符”，其他设置保持不变，单击“确定”按钮，如图

4－35 所示。

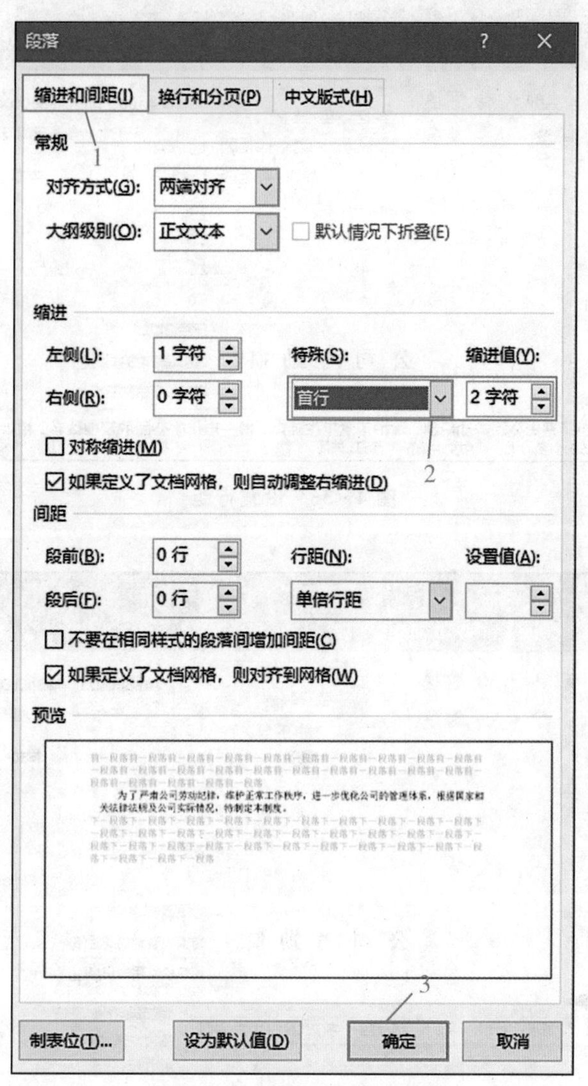

图 **4－35** 设置缩进字符

(3)使用同样的方法对其他段落进行设置。

(三)设置间距

间距是指行与行之间、段落与行之间、段落与段落之间的距离。用户可以通过如下方法设置行与段落间距。

1. 使用“段落”组

(1)打开本实例的原始文件，按 Ctrl＋A 组合键选中全篇文档，切换到“开始”选项卡，在“段落”组中单击“行和段落间距”按钮，从弹出的下拉列表中选择合适的选项，这里选择“**1.15**”选项，随即行距变成了 **1.15** 倍的行距，如图 **4－36** 所示。

(2)选中标题行，在“段落”组中单击“行和段落间距”按钮，从弹出的下拉列表中选择“增加段落后的空格”选项，随即标题所在的段落下方增加了一段空白间距，如图 **4－37** 所示。

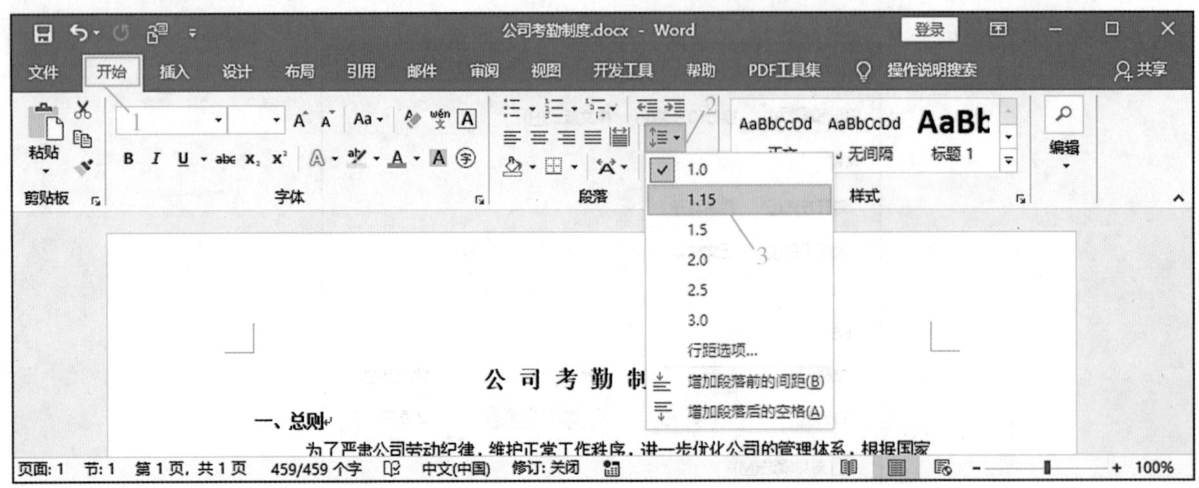

图 4 - 36　设置行距

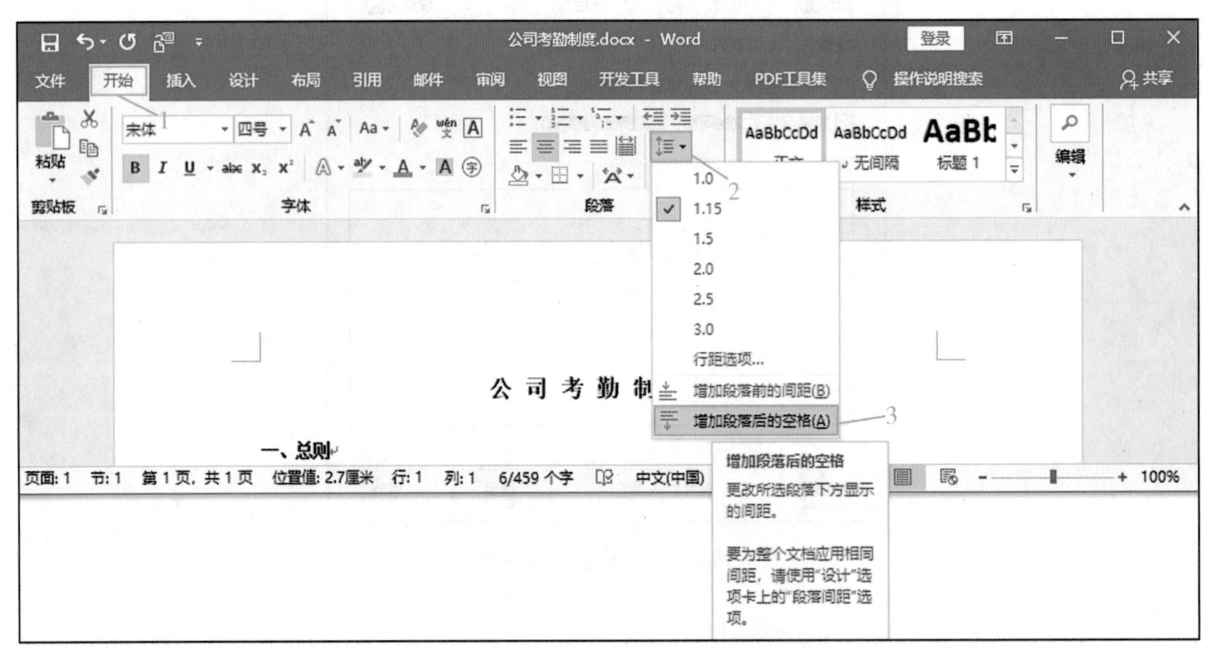

图 4 - 37　在标题所在的段落下方增加间距

2. 使用“段落”对话框

(1)打开本实例的原始文件,选中文档的标题行,切换到“开始”选项卡,单击“段落”组右下角的“对话框启动器”按钮。

(2)弹出“段落”对话框,自动切换到“缩进和间距”选项卡,调整“段前”微调框中的值为“1 行”,“段后”微调框中的值为“12 磅”,在“行距”下拉列表中选择“最小值”选项,在“设置值”微调框中输入“12 磅”,单击“确定”按钮,如图 4 - 38 所示。

3. 使用“布局”选项卡

选中文档中的各条目,切换到“布局”选项卡,在“段落”组的“段前”和“段后”微调框中同时将间距值调整为“0.5 行”,效果如图 4 - 39 所示。

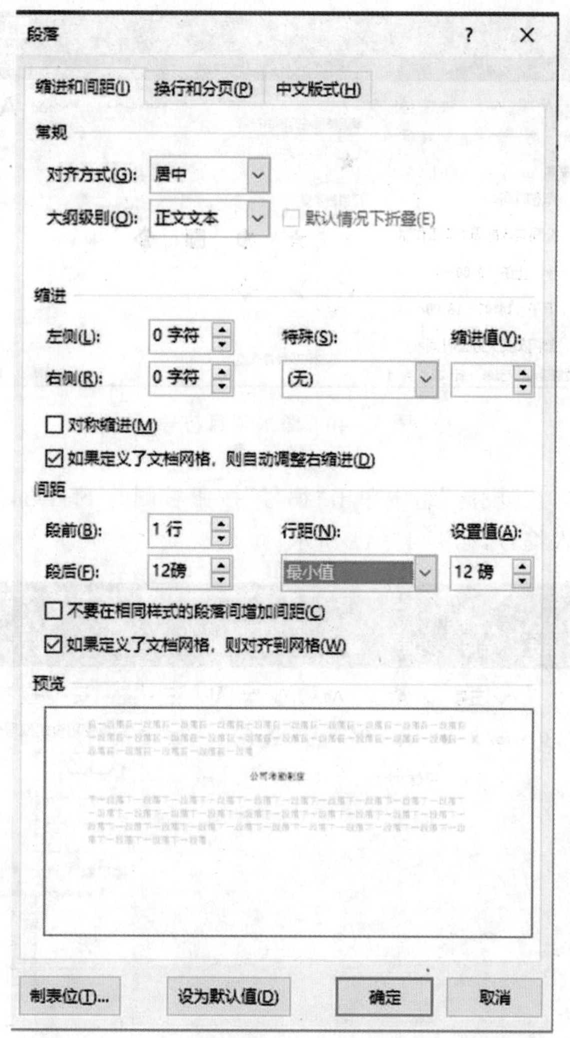

图 4-38 在“缩进和间距”选项卡中设置相应值

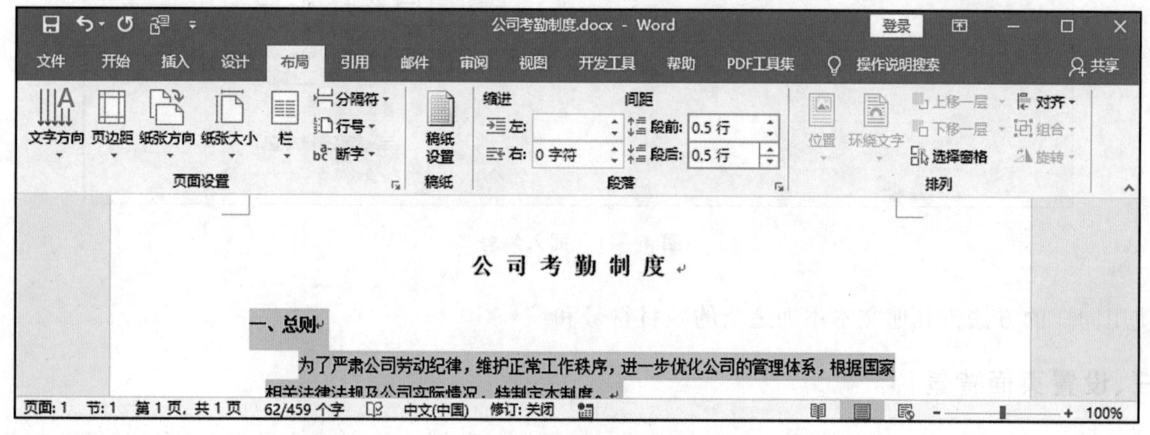

图 4-39 使用“布局”选项卡调整“段前”“段后”间距

(四)添加项目符号和编号

合理使用项目符号和编号,可以使文档的层次结构更清晰、更有条理。

打开本实例的原始文件,选中需要添加项目符号的文本,切换到“开始”选项卡,在“段落”组中单击“项目符号”按钮右侧的下三角,从弹出的下拉列表中选择“★”选项,随即在文本前插入了星形项目符号,如图 4-40 所示。

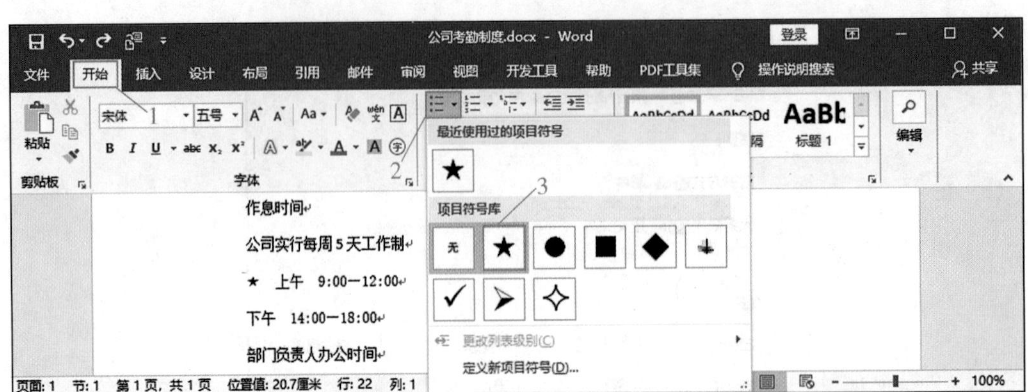

图 4-40 添加项目符号

选中需要添加编号的文本，在“段落”组中单击“编号”按钮右侧的下三角，从弹出的下拉列表中选择一种合适的编号，即可在文本中插入编号，如图 4-41 所示。

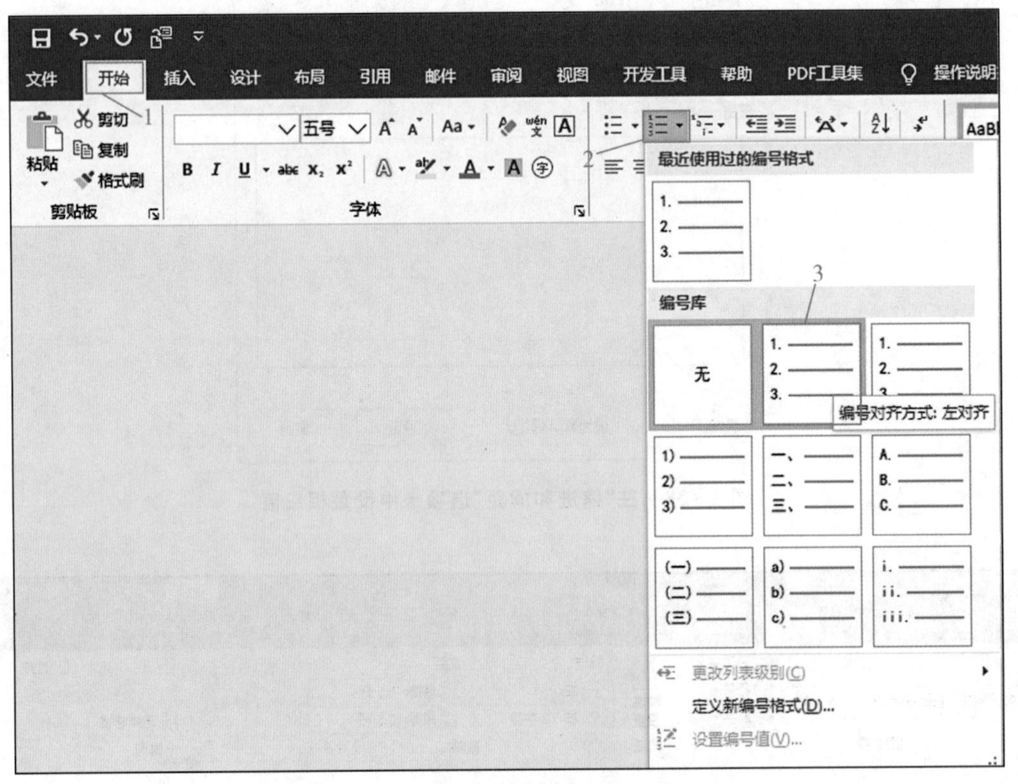

图 4-41 插入编号

使用同样的方法为其他文本添加适当的项目符号和编号。

三、设置页面背景

为了使 Word 文档看起来更加美观，用户可以为其添加各种漂亮的页面背景，包括水印、页面颜色以及其他填充效果。

(一)添加水印

水印是指作为文档背景图案的文字或图像。在一些重要文件上添加水印，例如，“绝密”“保密”的字样，不仅让阅读文件的人知道该文档的重要性，还可以告诉使用者文档的归属权。Word 2019 提供了多种水印模板和自定义水印功能。添加水印的具体步骤如下。

(1)打开本实例的原始文件,切换到“设计”选项卡,在“页面背景”组中单击“水印”按钮,从弹出的下拉列表中选择“自定义水印”选项,如图 4-42 所示。

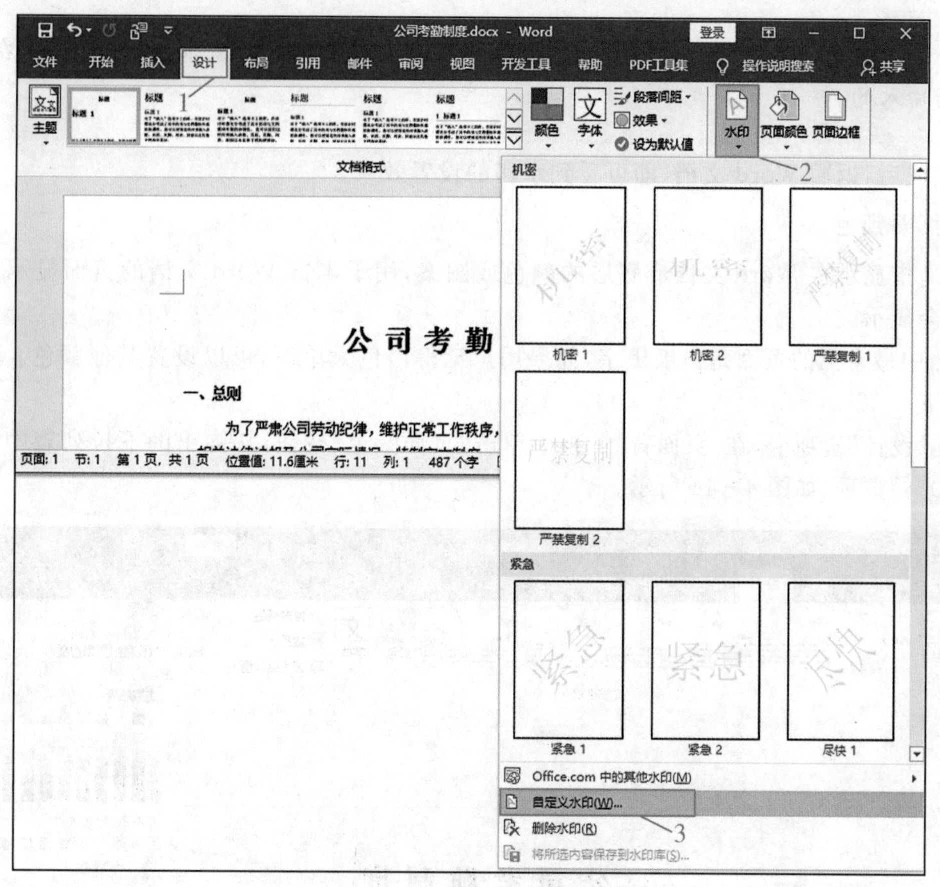

图 4-42 选择“自定义水印”选项

(2)弹出“水印”对话框,选中“文字水印”选钮。在“文字”下拉列表中选择“请勿拷贝”选项。水印一般使用黑体,因此这里在“字体”下拉列表中选择“黑体”选项。为了突出水印,可以将其“字号”调大,这里在“字号”下拉列表中选择“80”选项,其他选项保持默认,单击“确定”按钮,如图 4-43 所示。

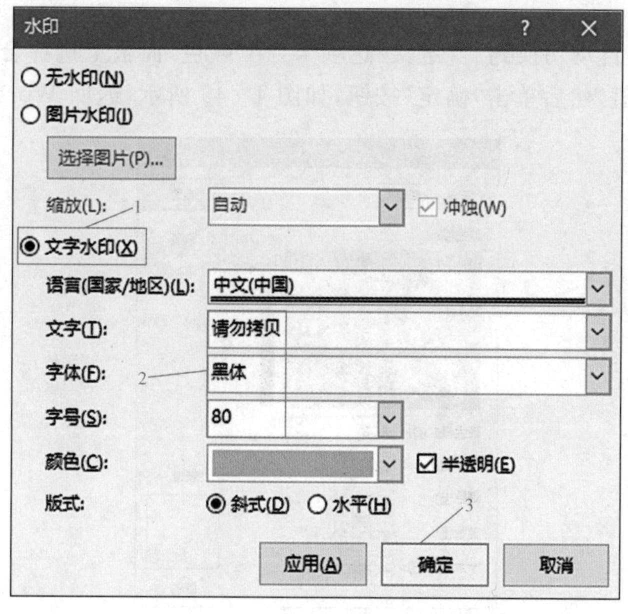

图 4-43 设置水印字体、字号

开阔视野

如图 4－43 所示，“文字”下拉列表中的信息，如果满足不了用户的需求，用户是可以在“文字”文本框中手动输入的。

(3)设置完成后，返回 Word 文档，即可看到水印的设置效果。

(二)设置页面颜色

页面颜色是指显示在 Word 文档最底层的颜色或图案，用于丰富 Word 文档的页面显示效果。页面颜色在打印时不会显示。

Word 文档中最常见的页面是白纸黑字，如果用户觉得白色太单调，可以设置其他颜色。设置页面颜色的具体步骤如下。

(1)切换到“设计”选项卡，在“页面背景”组中单击“页面颜色”按钮，从弹出的下拉列表中选择“绿色，个性色 6，淡色 80%”选项，如图 4－44 所示。

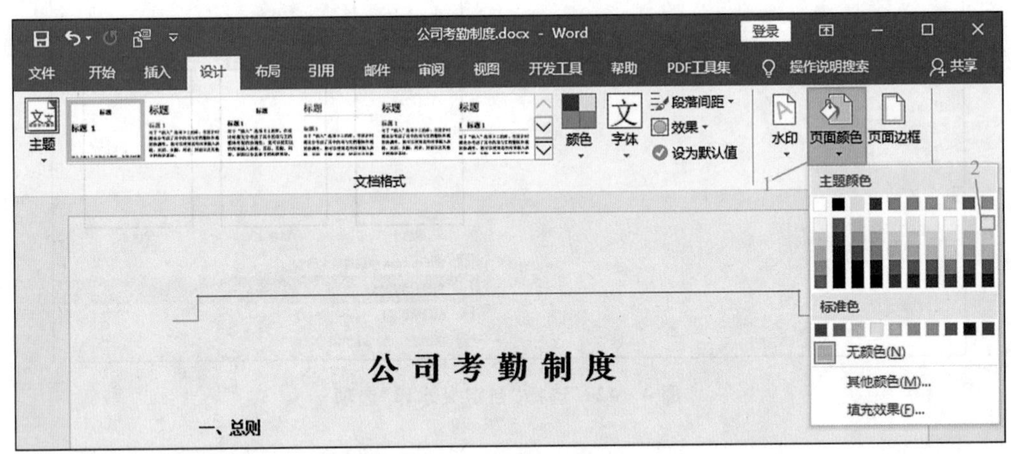

图 4－44　设置页面颜色

(2)如果“主题颜色”和“标准色”中显示的颜色依然无法满足用户的需求，那么可以从弹出的下拉列表中选择“其他颜色”选项。

(3)弹出“颜色”对话框，自动切换到“自定义”选项卡，在“颜色”面板上选择合适的颜色，也可以在下方的微调框中调整颜色的 RGB 值，然后单击“确定”按钮，如图 4－45 所示，返回 Word 文档可以看到设置效果。

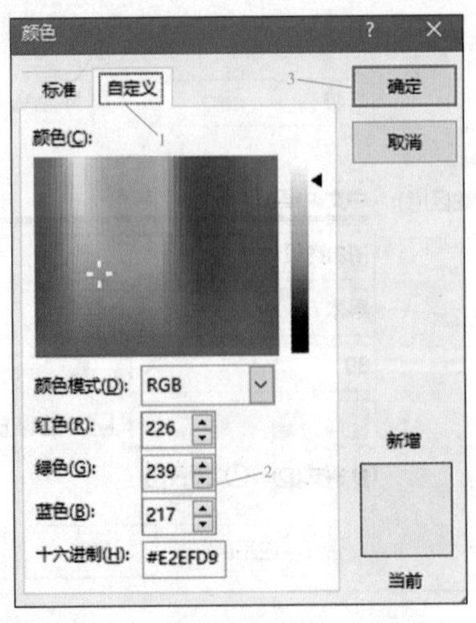

图 4－45　选择合适的颜色

四、审阅文档

在日常工作中，某些文件需要领导审阅或者经过大家讨论后才能执行，这就需要在这些文件上进行一些批示或修改。Word 2019 提供了批注、修订和更改等审阅工具，大大提高了用户的办公效率。

（一）添加批注

为了帮助阅读者更好地理解文档内容以及跟踪文档的修改情况，可以为 Word 文档添加批注。添加批注的具体步骤如下。

（1）打开本实例的原始文件，选中要插入批注的文本，切换到“审阅”选项卡，在“批注”组中单击“新建批注”按钮，如图 4－46 所示。

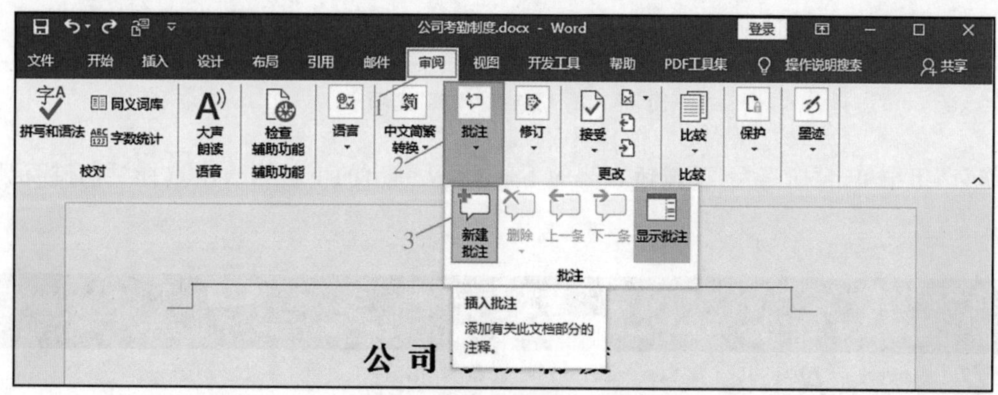

图 4－46　单击“新建批注”按钮

（2）随即在文档的右侧出现一个批注框，用户可以根据需要输入批注信息。Word 2019 的批注信息前面会自动加上用户名以及添加批注时间。

（3）如果要删除批注，可以先选中批注框，在“批注”组中单击“删除”按钮的下三角，从弹出的下拉列表中选择“删除”选项，如图 4－47 所示。

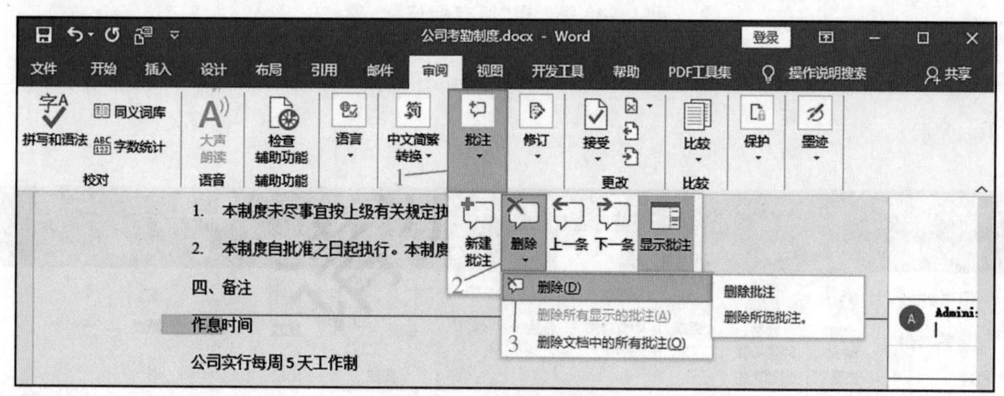

图 4－47　删除批注

Word 2019 批注新增加了“答复”按钮。用户可以在相关文字旁边讨论并轻松地跟踪批注。

（二）修订文档

Word 2019 提供了文档修订功能，在打开修订状态下，系统将会自动跟踪对文档的所有修改，包括插入、删除和格式更改，并对更改的内容做出标记。

（1）切换到“审阅”选项卡中，单击“修订”组中的“显示标记”按钮，从弹出的下拉列表中选择“批注框”→“在批注框中显示修订”选项，如图 4－48 所示。

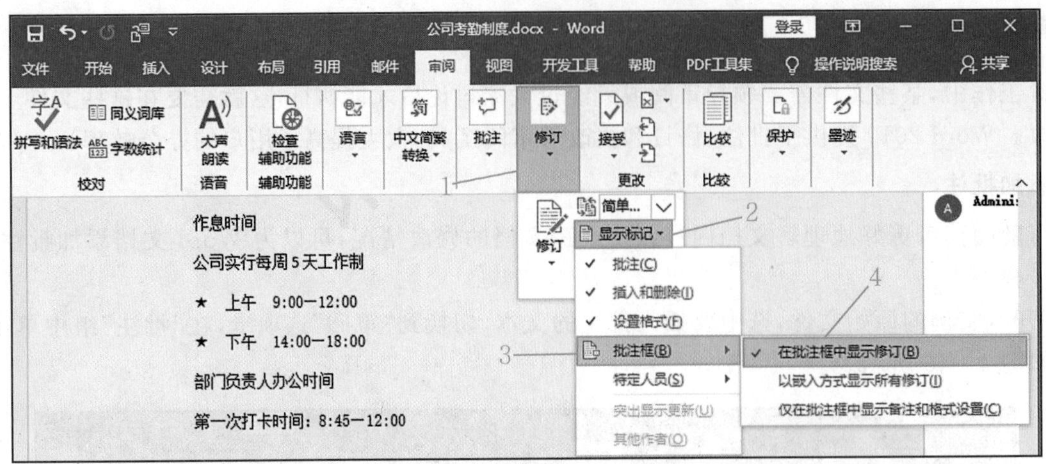

图 4-48　切换到“审阅”选项卡

(2)在“修订”组中单击“所有标记”按钮右侧的下三角，从弹出的下拉列表中选择“所有标记”选项，如图 4-49 所示。

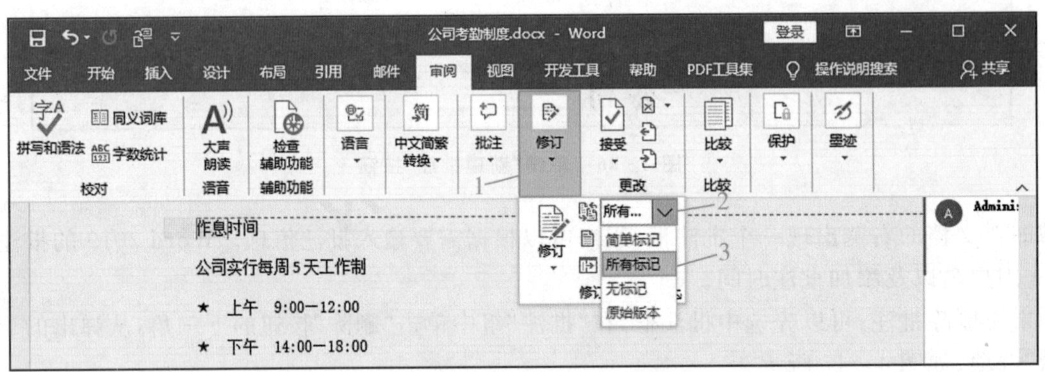

图 4-49　选择“所有标记”选项

(3)在 Word 文档中，切换到“审阅”选项卡，在“修订”组中单击“修订”按钮的上半部分，随即进入修订状态，如图 4-50 所示。

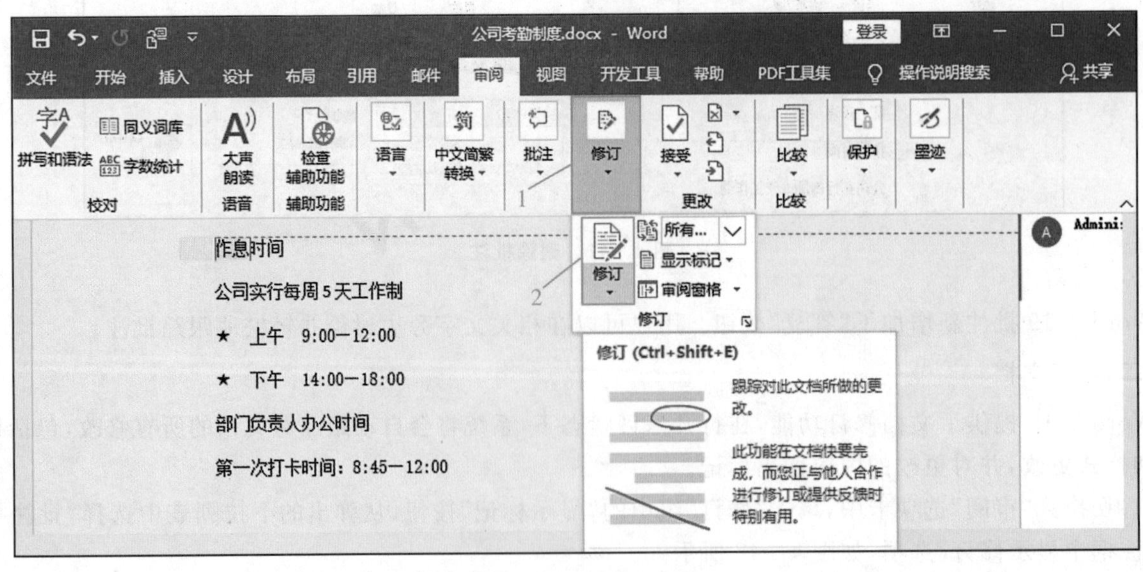

图 4-50　进入修订状态

(4)将文档的标题"公司考勤制度"的字号调整为"小一",随即在右侧弹出一个批注框,并显示格式修改的详细信息。

(5)在所有的修订完成后,用户可以通过"导航窗格"功能通篇浏览所有的审阅摘要。切换到"审阅"选项卡,在"修订"组中单击"审阅窗格"按钮,从弹出的下拉列表中选择"垂直审阅视图"选项,如图 4－51 所示。

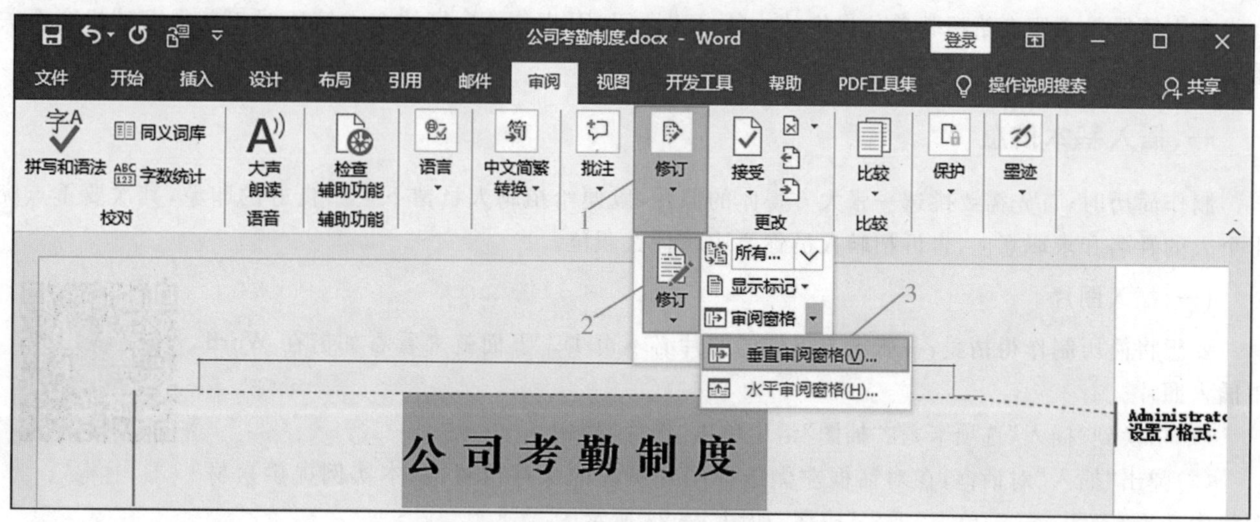

图 4－51　通过"审阅窗格"浏览审阅摘要

(6)此时在文档的左侧出现一个导航窗格,并显示审阅记录。

(三)更改文档

文档的修订工作完成后,用户可以跟踪修订内容,并选择接受或拒绝。更改文档的具体操作步骤如下。

(1)在 Word 文档中,切换到"审阅"选项卡,在"更改"组中单击"上一次修订"按钮或"下一处修订"按钮,可以定位到当前修订的上一条或下一条内容。

(2)在"更改"组中单击"接受"按钮的下三角,从弹出的下拉列表中选择"接受所有修订"选项,如图 4－52 所示。

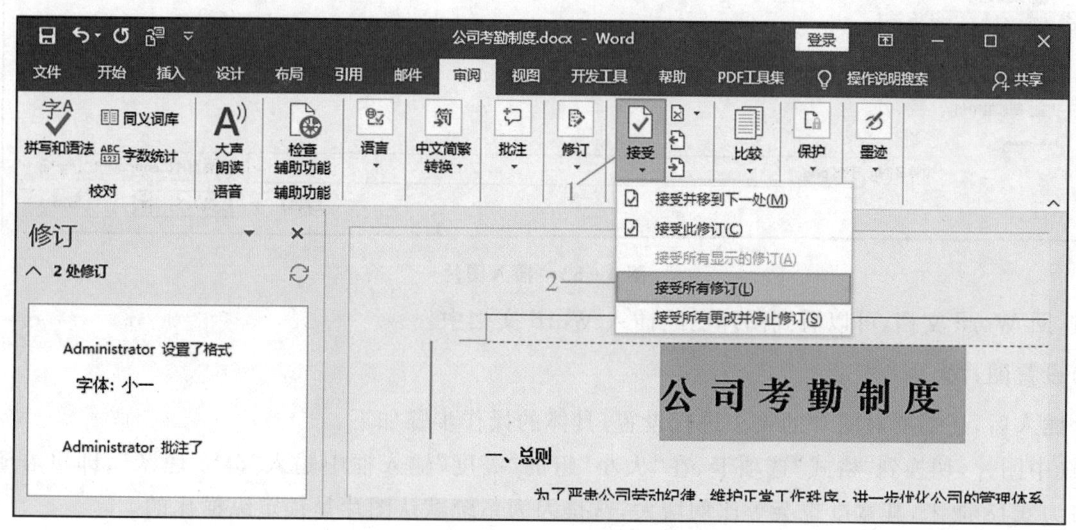

图 4－52　选择"接受所有修订"选项

(3)审阅完毕,单击"修订"组中的"修订"按钮,退出修订状态。

任务3　个人简历

个人简历是求职者给招聘单位提供的一份自我介绍，因此一份良好的个人简历对于获得面试机会至关重要。

一、插入基本信息

制作简历时，首先需要挑选一张大方得体的照片，以便给招聘人员留下一个良好的印象，其次要重点突出个人的姓名和求职意向，告诉招聘人员你要应聘什么职位。

(一)插入图片

要想将简历制作得精美，一张大方得体的照片必不可少。下面就来看看如何在Word中插入照片。

图形

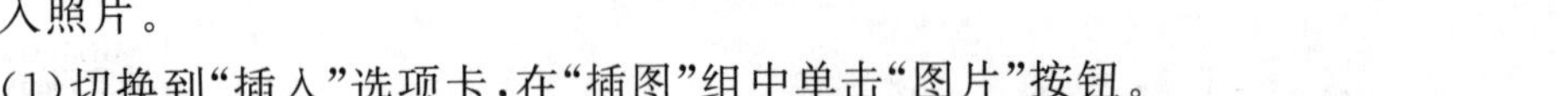
(1)切换到“插入”选项卡，在“插图”组中单击“图片”按钮。

(2)弹出“插入”对话框，在对话框左侧选择图片所在的保存位置，从本实例提供素材图片中选择“于甜.png”，单击“插入”按钮，如图4-53所示。

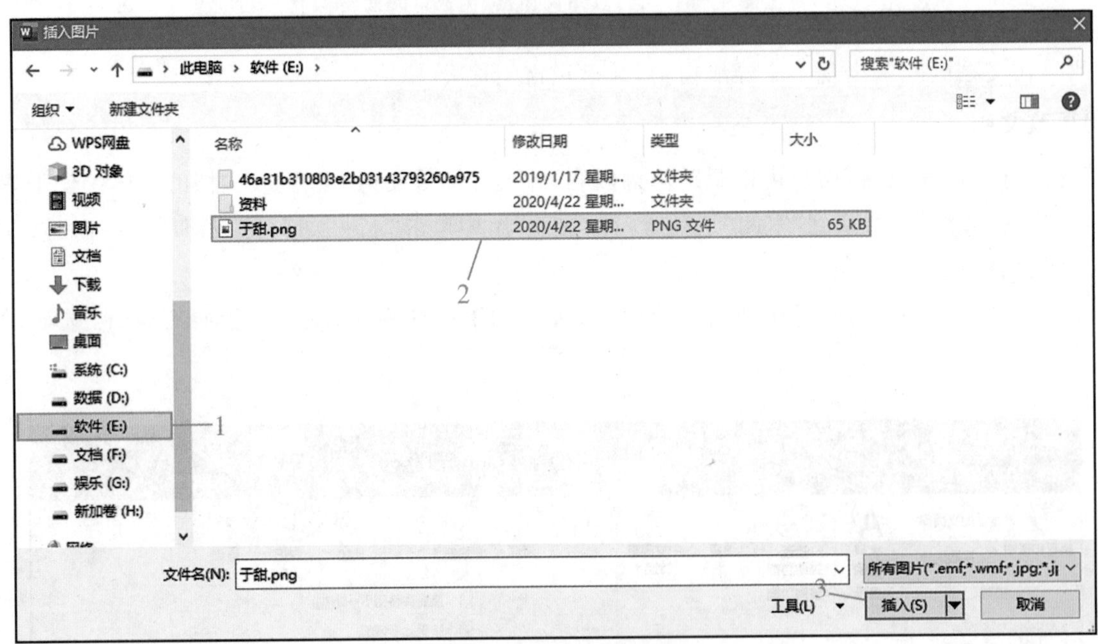

图4-53　插入图片

(3)返回Word文档，可以看到图片已经插入Word文档中。

(二)设置图片大小

图片插入后，还需要对图片的大小进行设置，具体的操作步骤如下。

(1)选中图片，切换到“格式”选项卡，在“大小”组的“高度”输入框中输入“6.18厘米”，即可看到图片的高度调整为6.18厘米，其宽度也会等比例增大，这是因为系统默认图片是锁定纵横比的。

(2)若用户需要单独调整图片的高度，单击“大小”组右侧的“对话框启动器”按钮。

(3)弹出“布局”对话框，系统自动切换到“大小”选项卡，在“缩放”列表框中撤销勾选“锁定纵横比”，单击“确定”按钮即可，如图4-54所示。

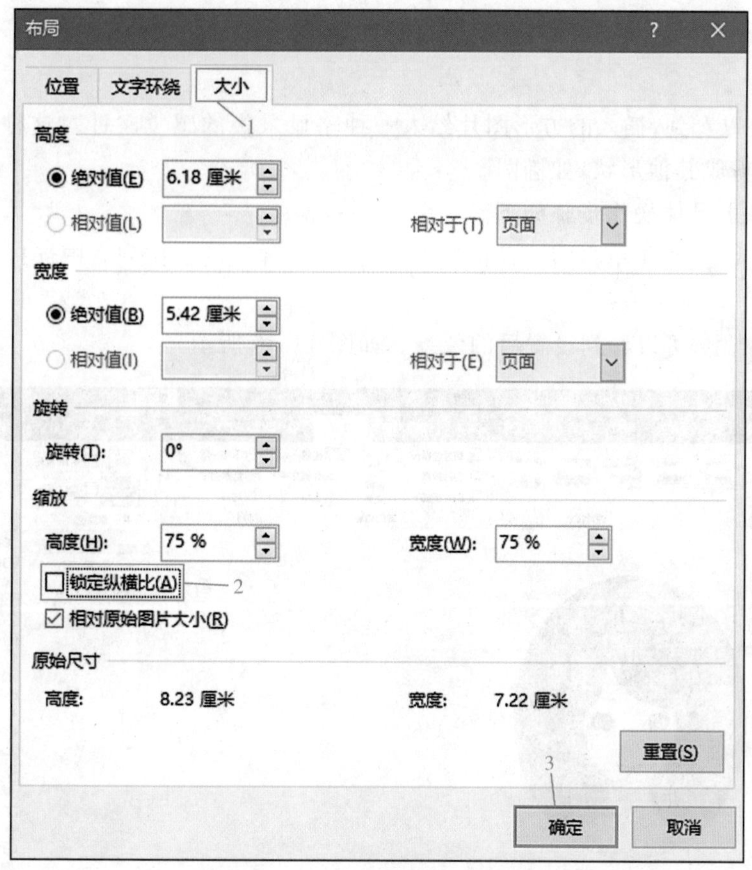

图 4－54　单独调整图片的高度

(三)设置图片环绕方式

在 Word 中默认插入的图片是嵌入式的,嵌入式图片与文字处于同一层,图片好比单个的特大字符,被放置在两个字符之间。为了美观和方便排版,需要先调试图片的环绕方式,此处将图片环绕方式设置为浮于文字上方即可。设置图片环绕方式的具体操作步骤如下。

(1)选中图片,切换到“格式”选项卡,在“排列”组单击“环绕文字”按钮,从弹出的下拉列表中选择“浮于文字上方”选项,如图 4－55 所示。

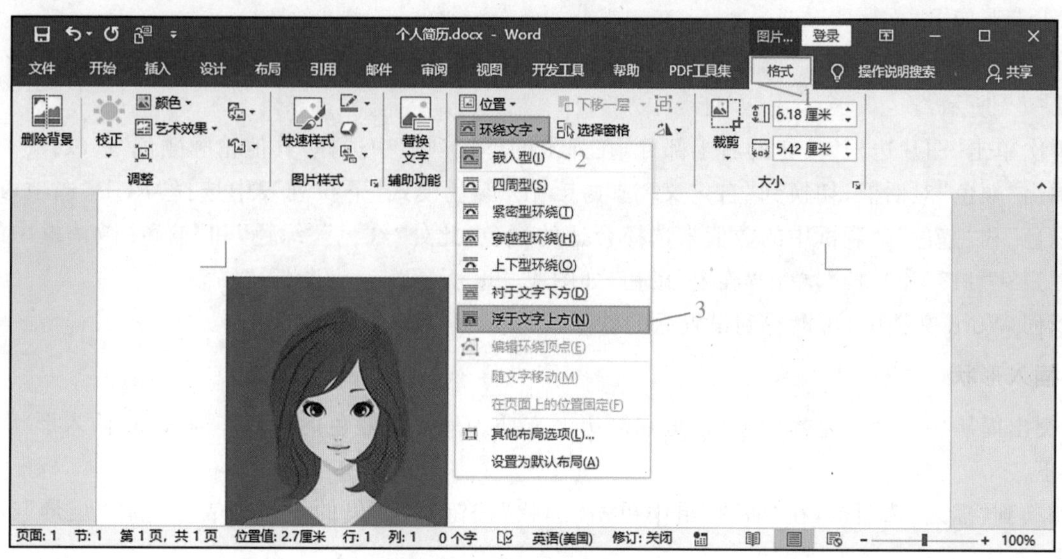

图 4－55　设置环绕方式

(2)设置好环绕方式后,将图片移动到合适的位置即可。

(四)裁剪图片

从 Word 文档中可以看到,插入的方形图片给人一种略显呆板的感觉。针对这种情况,可以使用 Word 的裁剪功能,将图片裁剪成其他形状,如椭圆。

将图片裁剪为椭圆的具体操作步骤如下。

(1)选中图片,在"大小"组中单击"裁剪"按钮的下部分,在弹出的下拉列表中选择"裁剪为形状"→"基本形状"→"椭圆"选项。

(2)返回 Word 文档中,可以看到设置后的效果。如图 4-56 所示。

图 4-56 裁剪图片

(五)设置图片边框

如果选用的图片背景颜色比较浅,不太容易与文档背景区分,我们可以为图片添加一个边框。添加边框的具体操作步骤如下。

(1)在"图片样式"组中单击"图片边框"按钮的右半部分,在弹出的下拉列表中选择"粗细"→"6 磅"选项,如图 4-57 所示。

(2)再次单击"图片边框"按钮的右半部分,在弹出的下拉列表中选择"其他轮廓颜色"选项。

(3)弹出"颜色"对话框,切换到"自定义"选项卡,在"颜色模式"下拉列表中选择"RGB"选项,通过调整"红色""绿色"和"蓝色"微调框中的数值来选择合适的颜色,此处"红色""绿色"和"蓝色"微调框中的数值分别设置为"118""113"和"113",单击"确定"按钮,如图 4-58 所示。

(4)返回 Word 文档中,可以看到设置后的效果。

(六)插入形状

为了突出简历中的个人基本信息,这里在简历上方插入一个浅蓝色的矩形作为底图,插入形状的具体操作步骤如下。

(1)切换到"插入"选项卡,在"插图"组中单击"形状"按钮,从弹出的下拉列表中选择"矩形"选项,如图 4-59所示。

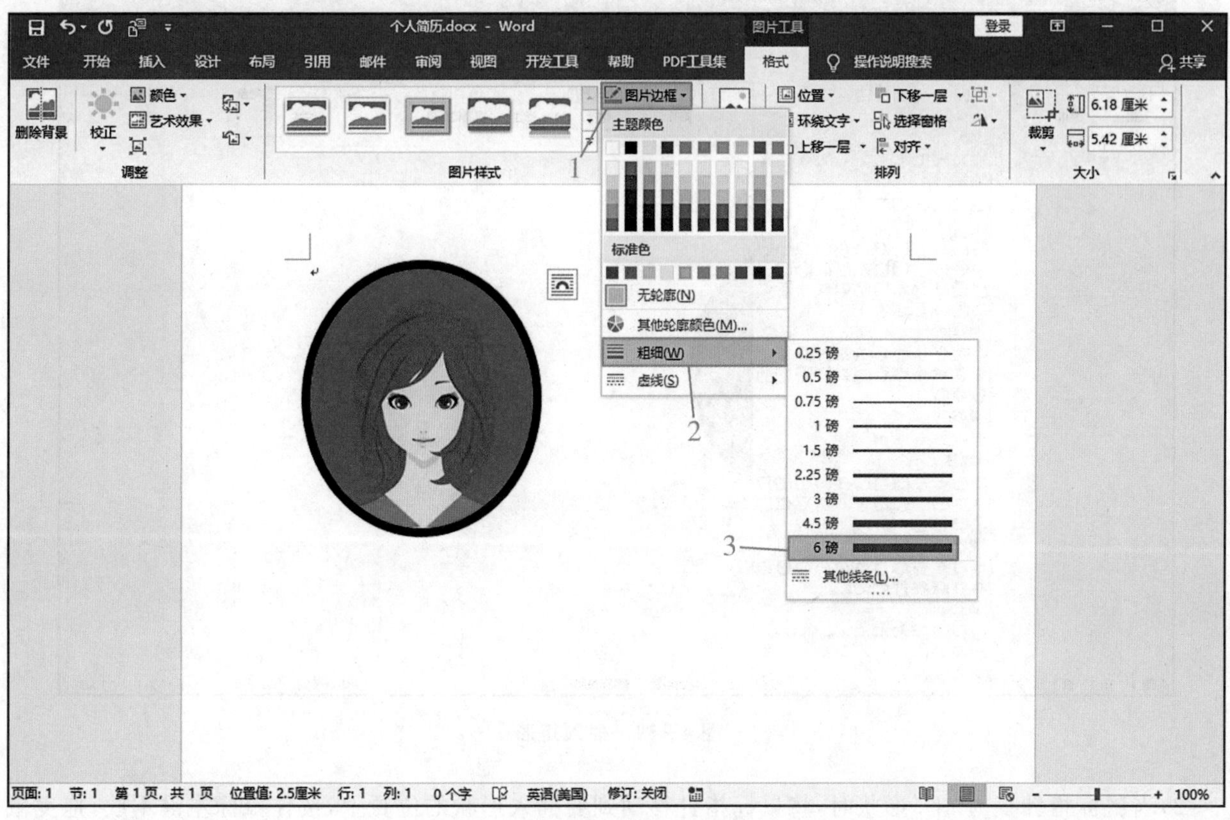

图 4－57 设置图片边框

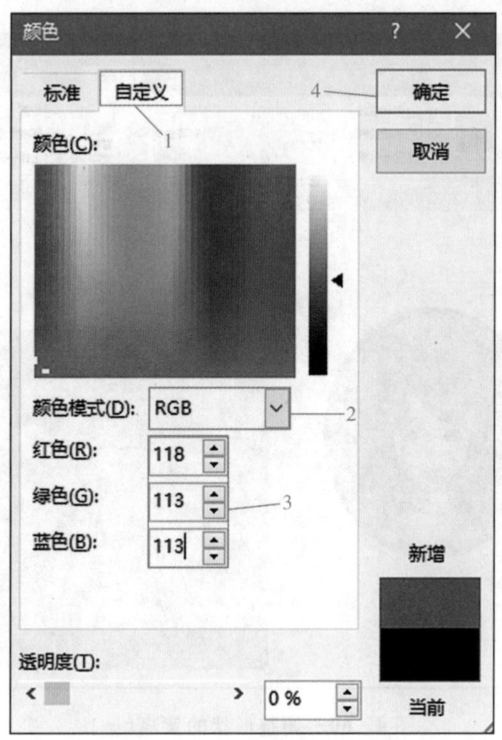

图 4－58 设置轮廓颜色

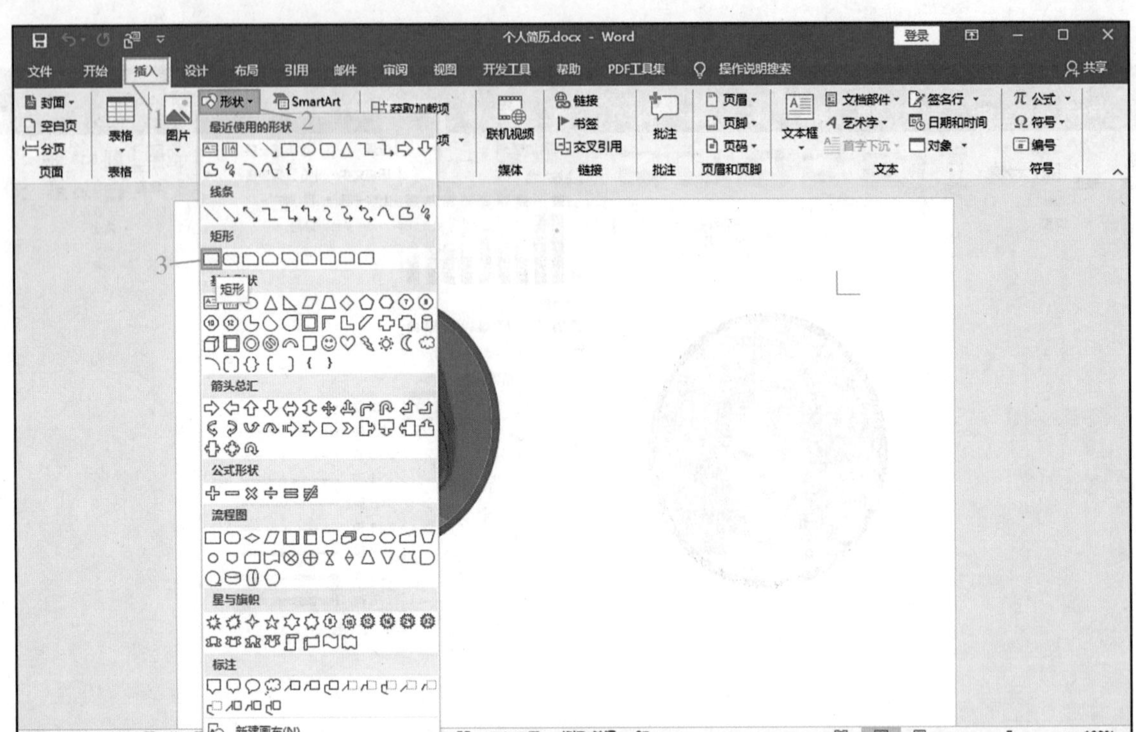

图 4-59　插入矩形

(2)当鼠标指针变为"十"形状时,将鼠标指针移动到要插入形状的位置上,按住鼠标左键不放,拖曳鼠标就可以绘制一个矩形,绘制完毕,放开鼠标左键即可。

(3)选中矩形,切换到"绘图工具"下的"格式"选项卡,在"大小"组中"高度"输入框中输入"8.87 厘米",可以看到宽度也会等比例变化,如图 4-60 所示。

图 4-60　调整形状的宽高(一)

(4)这里矩形的"宽度"需要单独进行调整,可以按照前面介绍的方法,在"布局"对话框中撤销勾选"锁定纵横比"选项,然后在"宽度"组合框中的"绝对值"输入框中输入"11.11 厘米",如图 4-61 所示。

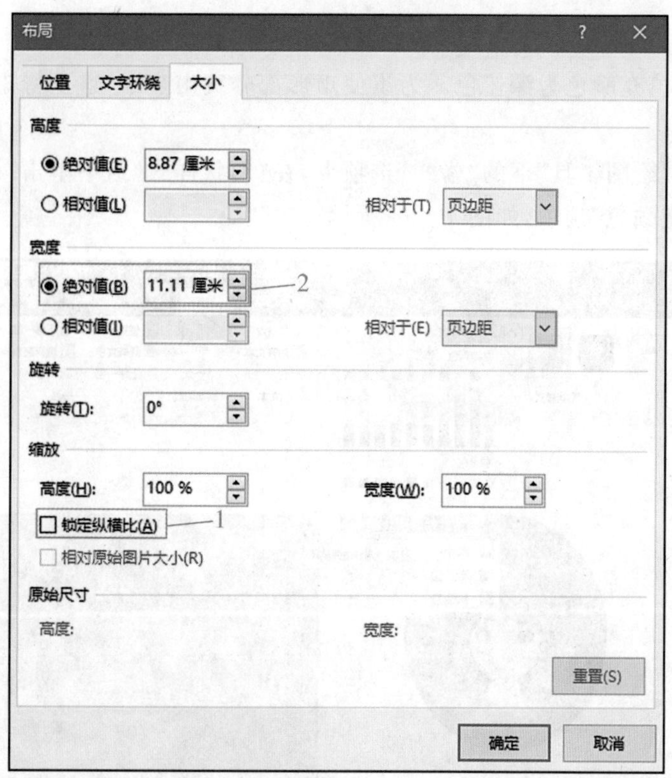

图 4-61　调整形状的宽高(二)

(5)切换到“位置”选项卡，在“水平”组合框中，选中“绝对位置”单选钮，在其后面的“右侧”下拉列表中选择“页面”选项，在“绝对位置”输入框中输入“8.1 厘米”；在“垂直”组合框中选中“绝对位置”单选钮，在“绝对位置”输入框中输入“0.03 厘米”，在“下侧”下拉列表中选择“页面”选项，单击“确定”按钮，如图 4-62 所示。

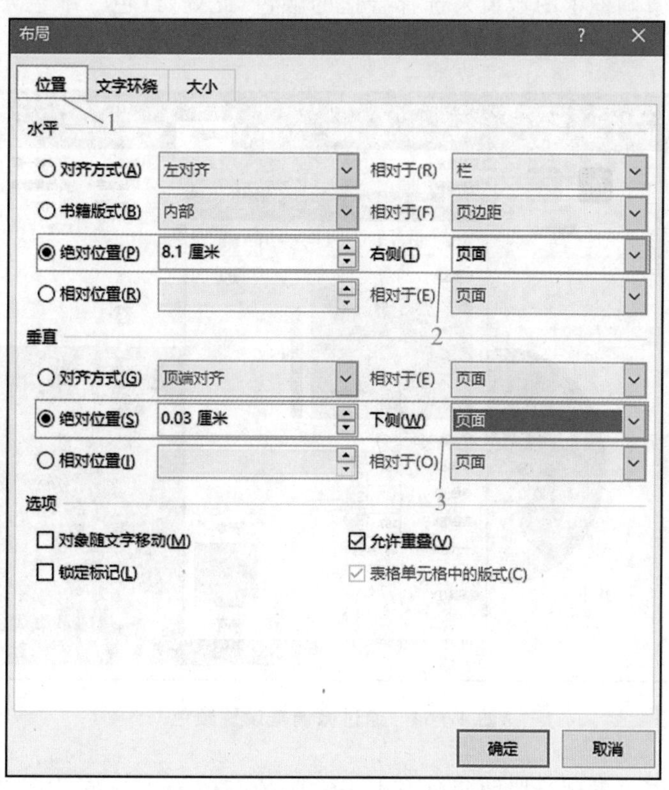

图 4-62　设置形状位置

(七)更改形状颜色

绘制的矩形默认底纹填充颜色为深蓝色。为了使矩形部分突出显示,这里将矩形设置为浅蓝色填充、无轮廓,具体的操作步骤如下。

(1)选中矩形,切换到“绘图工具”下的“格式”选项卡,在“形状样式”组中单击“形状填充”按钮,从弹出的下拉列表中选择“其他填充颜色”选项,如图 4-63 所示。

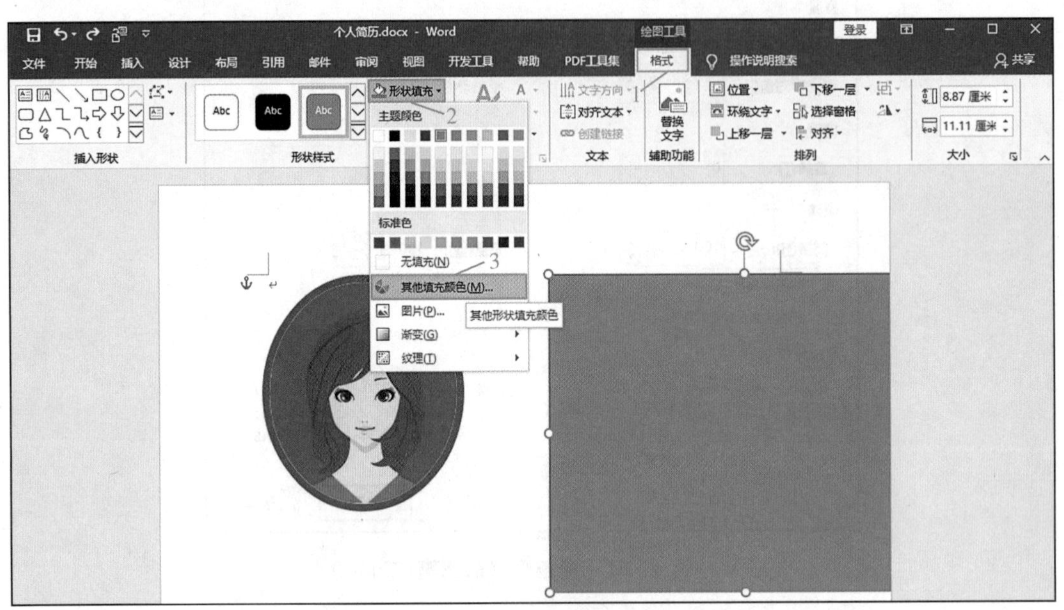

图 4-63 选择“其他填充颜色”选项

(2)弹出“颜色”对话框,切换到“自定义”选项卡,在“颜色模式”下拉列表中选择“RGB”选项,然后通过调整“红色”“绿色”“蓝色”微调框中的数值来选择合适的颜色,此处“红色”“绿色”“蓝色”微调框中的数值分别设置为“63”“127”“187”,单击“确定”按钮,如图 4-64 所示。

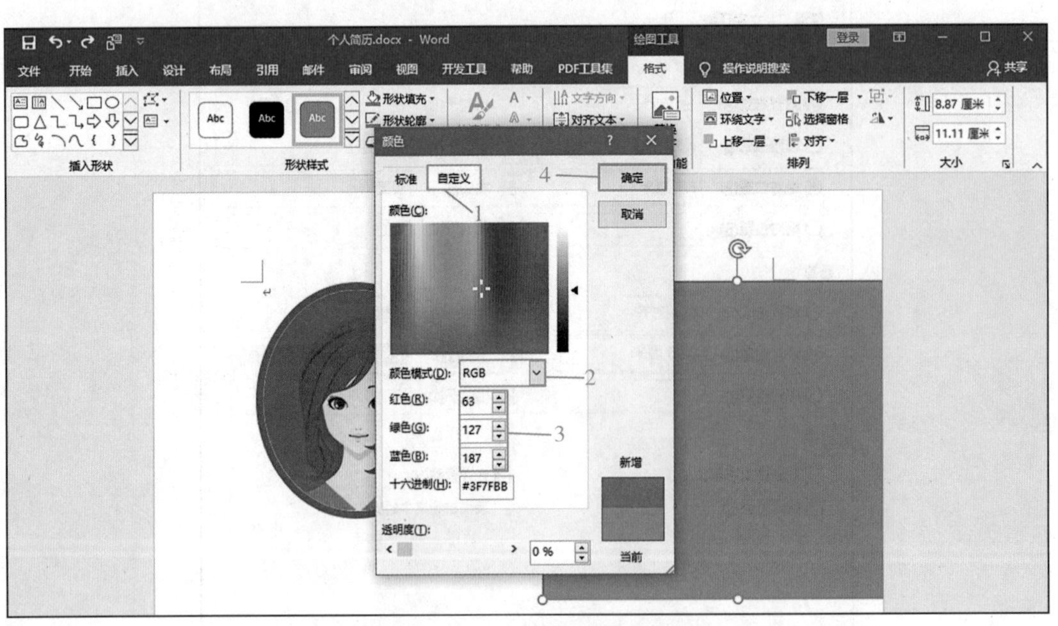

图 4-64 通过微调框设置颜色

(3)返回 Word 文档,可以看到设置的颜色。由于需要的颜色为浅蓝色,因此还可以对颜色进行透明度的设置。单击“形状样式”组右侧的“对话框启动器”按钮。

(4)弹出“设置形状格式”任务窗格，切换到“填充与线条”选项卡，单击“填充”选项，在弹出的列表框中的“透明度”框中输入“80%”，如图 4-65 所示。

图 4-65 设置颜色透明度

(5)设置完毕，单击“关闭”按钮，返回 Word 文档中，可以看到设置后的效果。

(6)在“形状样式”组中单击“形状轮廓”按钮，从弹出的下拉列表中选择“无轮廓”选项，可以将形状设置为无轮廓，如图 4-66 所示。

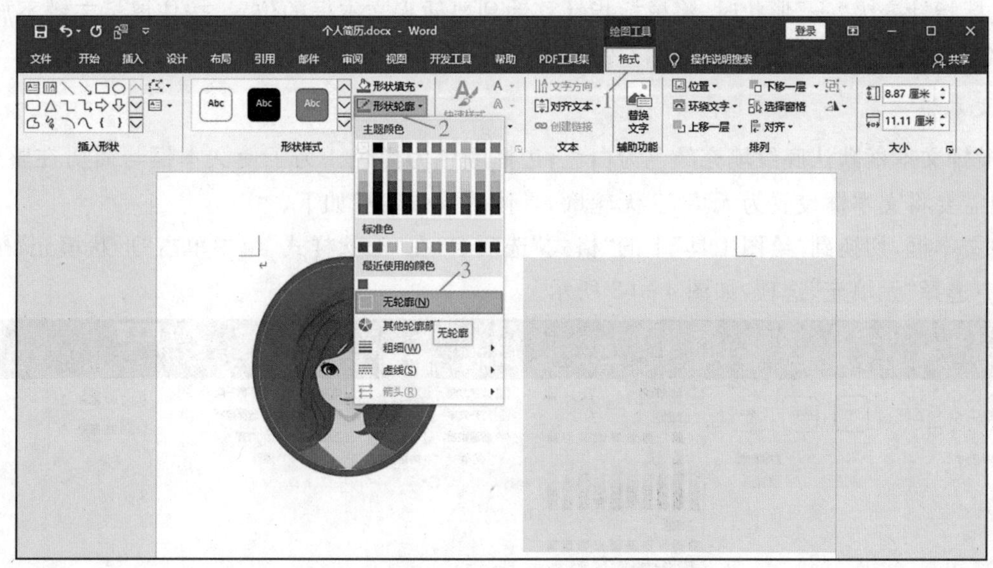

图 4-66 设置形状轮廓

(八)插入并设置文本框

插入图片与底图后，还需要插入求职者的姓名与求职意向，这里可以通过插入文本框的方法来输入相关信息，具体的操作步骤如下。

1. 插入文本框

(1)切换到“插入”选项卡，在“文本”组单击“文本框”按钮，在弹出的下拉列表中选择“绘制横排文本框”选项，如图 4-67 所示。

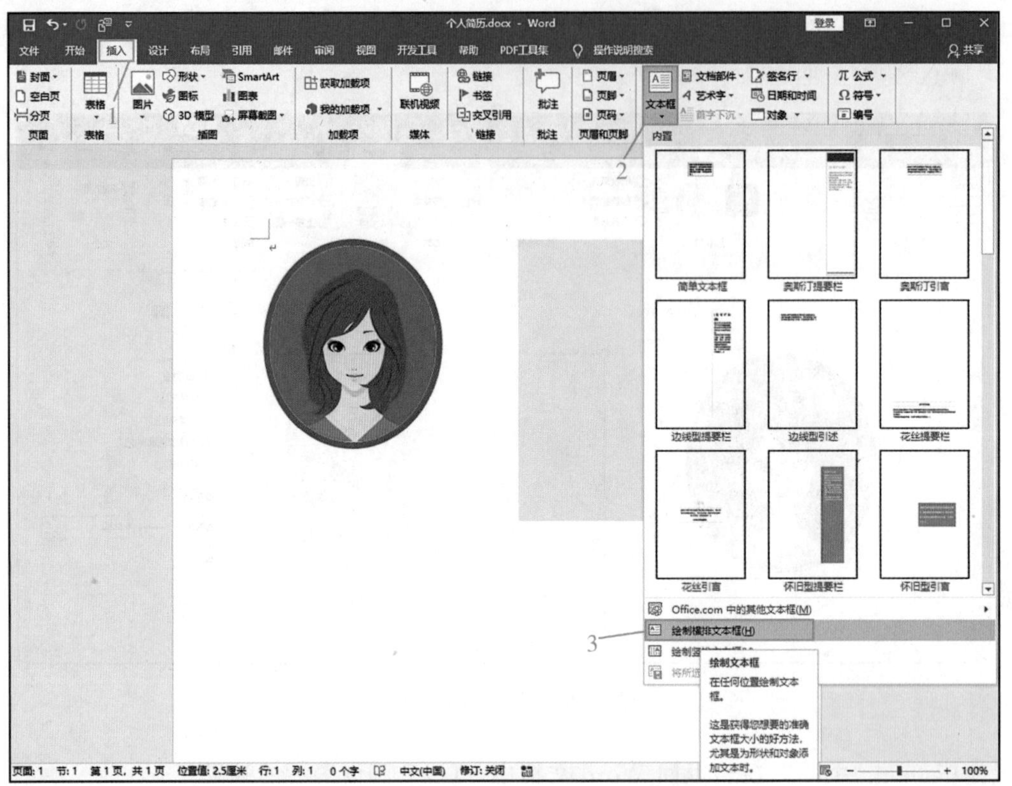

图 4-67　选择“绘制横排文本框”选项

(2)当鼠标指针变为“十”形状时，将鼠标指针移动到要插入文本框的位置，按住鼠标左键不放，拖曳鼠标可以绘制一个文本框，绘制完毕，释放鼠标左键即可。

2. 设置文本框

绘制的横排文本框默认底纹填充颜色为白色，边框颜色为黑色。为了使文本框与简历在整体上更加契合，这里我们需要将文本框设置为无填充、无轮廓，具体的操作步骤如下。

(1)选中文本框，切换到“绘图工具”下的“格式”选项卡，在“形状样式”组中单击“形状填充”按钮，从弹出的下拉列表中选择“无填充”选项，如图 4-68 所示。

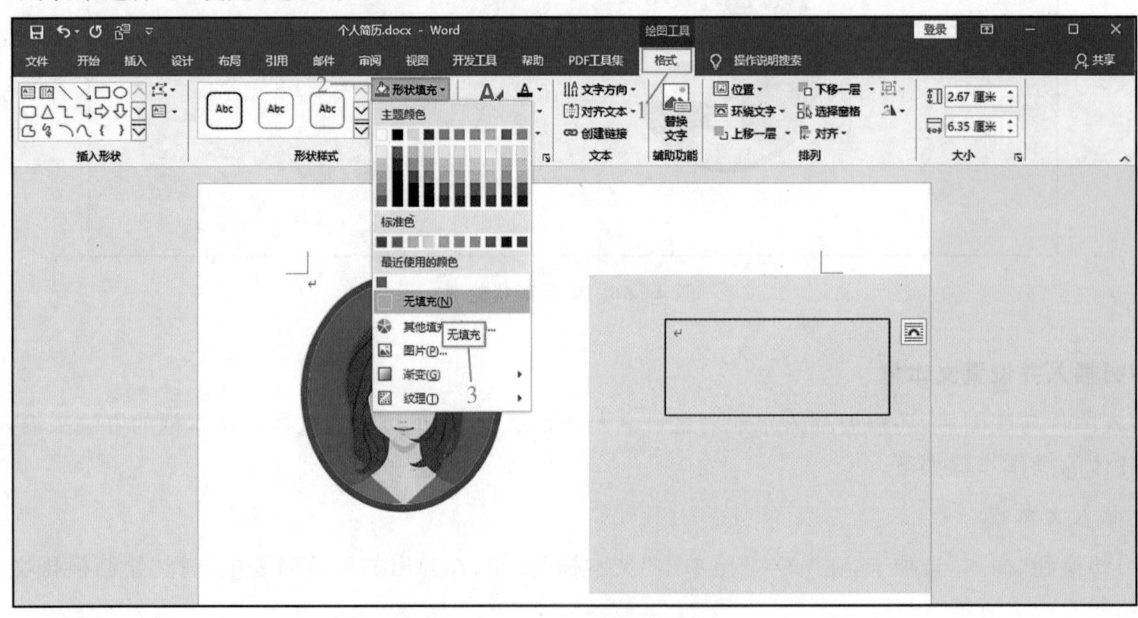

图 4-68　选择“无填充”选项

(2)选中文本框,切换到"绘图工具"下"格式"选项卡,在"形状样式"组中单击"形状轮廓"按钮,从弹出的下拉列表中选择"无轮廓"选项,如图 4-69 所示。

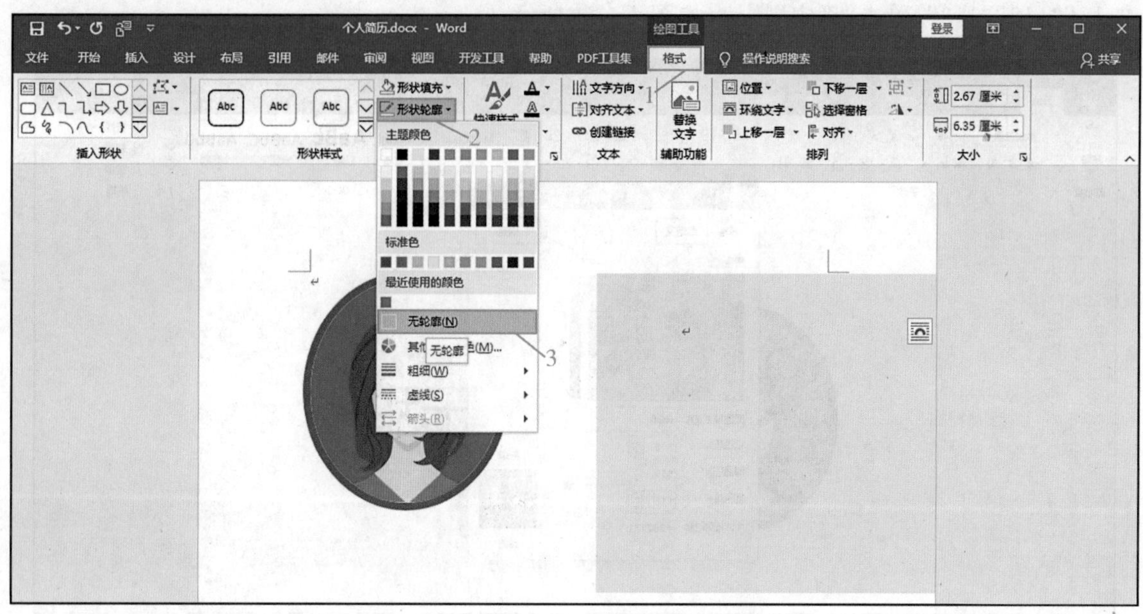

图 4-69 选择"无轮廓"选项

3. 设置字体格式

设置完文本框格式之后,接下来就可以在文本框中输入求职者的姓名以及求职意向,并设置输入内容的字体格式,具体操作步骤如下。

(1)在文本框中输入文本"于甜",然后选中文本,切换到"开始"选项卡,在"字体"组中"字体"下拉列表中选择"微软雅黑"选项,在"字号"下拉列表中选择"48"选项。

(2)文本框中文字默认字体颜色为黑色,而浓重的黑色会使文档整体显得比较压抑,所以这里可以适当将文字的字体颜色调浅一点,并与形状颜色相呼应。

(3)选中文字,切换到"开始"选项卡,单击"字体颜色"按钮右下侧的下三角,在弹出的下拉列表中选择"其他颜色"选项,如图 4-70 所示。

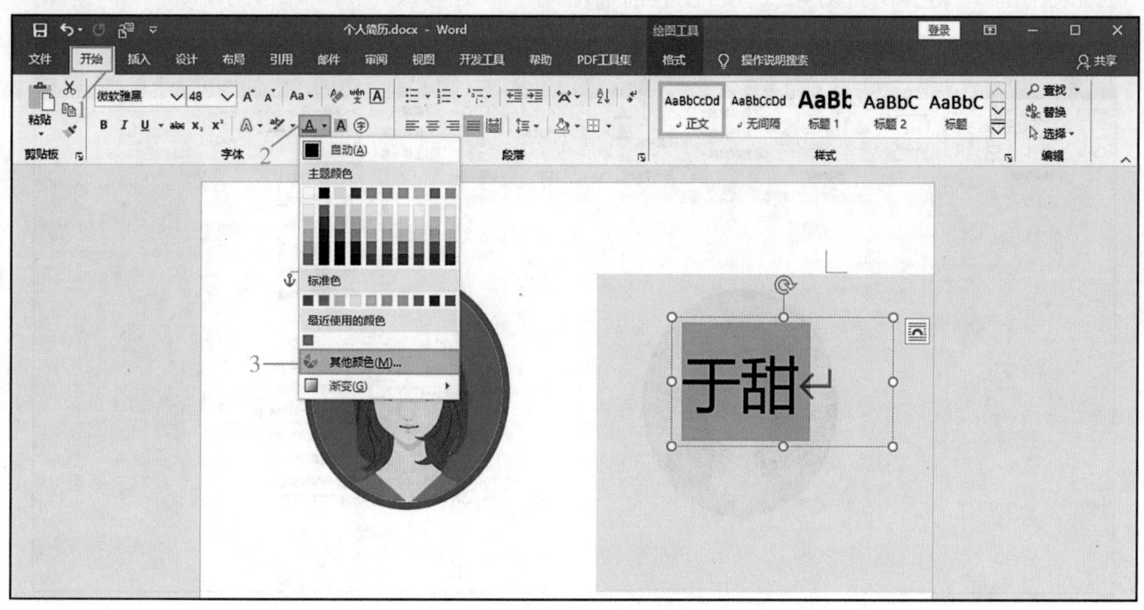

图 4-70 设置字体颜色(一)

（4）弹出“颜色”对话框，切换到“自定义”选项卡，在“颜色模式”下拉列表中选择“RGB”选项，通过调整“红色”“绿色”和“蓝色”微调框中的数值来选择合适的颜色，此处“红色”“绿色”“蓝色”微调框中的数值分别设置为“118”“113”“113”，单击“确定”按钮，如图 4-71 所示。

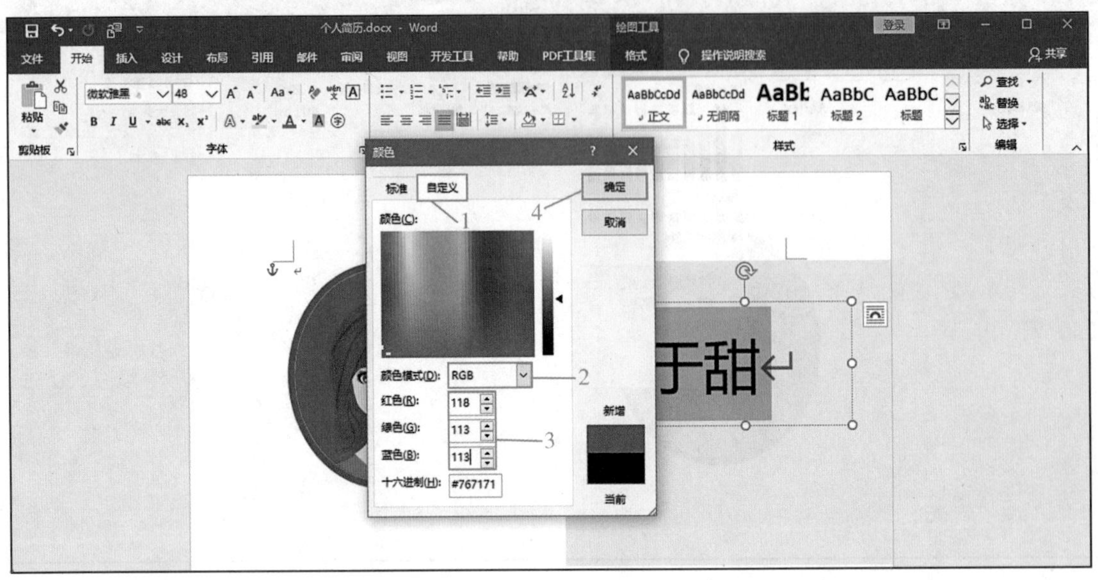

图 4-71 设置字体颜色(二)

（5）返回 Word 文档，可以看到设置后的效果。

（6）按照相同的方法，在姓名文本框下方再绘制一个文本框，并将其设置为无轮廓、无填充。然后在文本框中输入“求职意向：美术老师”，并设置其格式，此处将字体设置为“华文细黑”，字号为“26”，字体颜色与姓名颜色一致。

4. 设置对齐方式

前面我们已经设置了矩形的位置，为了使文本框的位置更精准，可以使用对齐方式来调整文本框的位置，具体的操作步骤如下。

（1）选中插入的两个文本框，切换到“绘图工具”下的“格式”选项卡，在“排列”组中单击“对齐”按钮，在弹出的下拉列表中选择“对齐所选对象”选项，使其前面出现一个对勾，如图 4-72 所示。

图 4-72 设置对齐方式

(2)再次单击“对齐”按钮,在弹出的下拉列表中选择“水平居中”选项。

(3)将文本框对齐后,为了移动方便可以将其组合在一起。在“排列”组中单击“组合”按钮,在弹出的列表中选择“组合”选项,如图 4-73 所示。

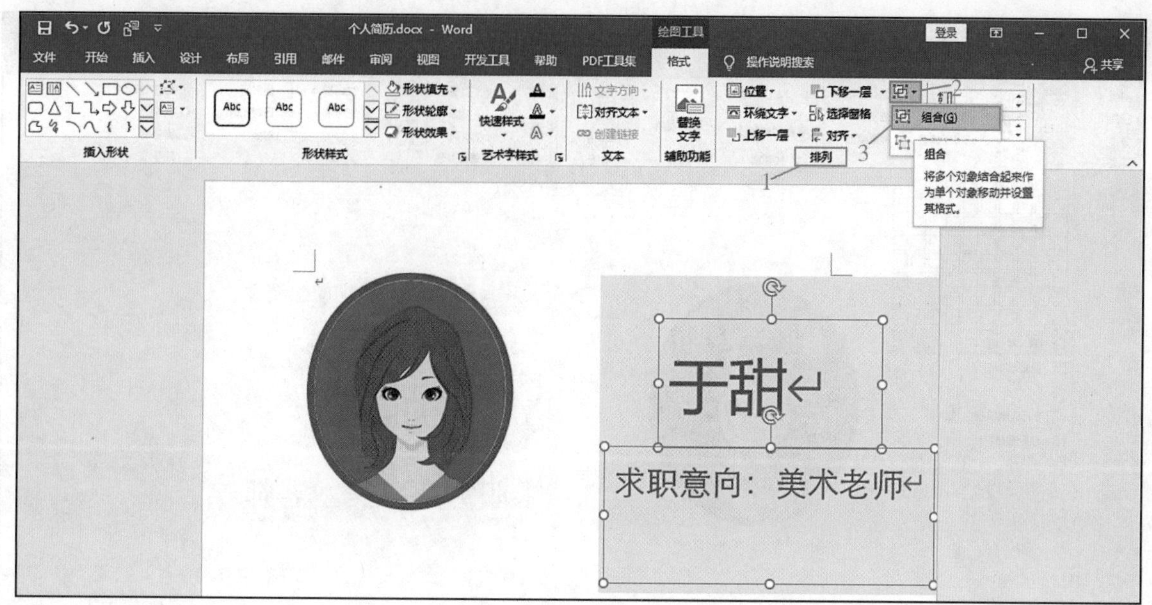

图 4-73　选择“组合”选项

(4)选择矩形与文本框,单击“对齐”按钮,在弹出的下拉列表中选择“水平居中”与“垂直居中”选项,返回 Word 文档中,可以看到基本信息的设置效果。

二、创建表格

创建表格

前面讲解了插入求职者的基本信息,接下来需要输入求职者的详细信息,例如,联系方式、教育背景、工作经验等。

(一)插入表格

个人的基本信息、联系方式、掌握技能、教育经历、工作经历以及个人评价等信息,我们可以使用表格的形式输入。

表格部分的内容编辑完成后效果如图 4-74 所示。

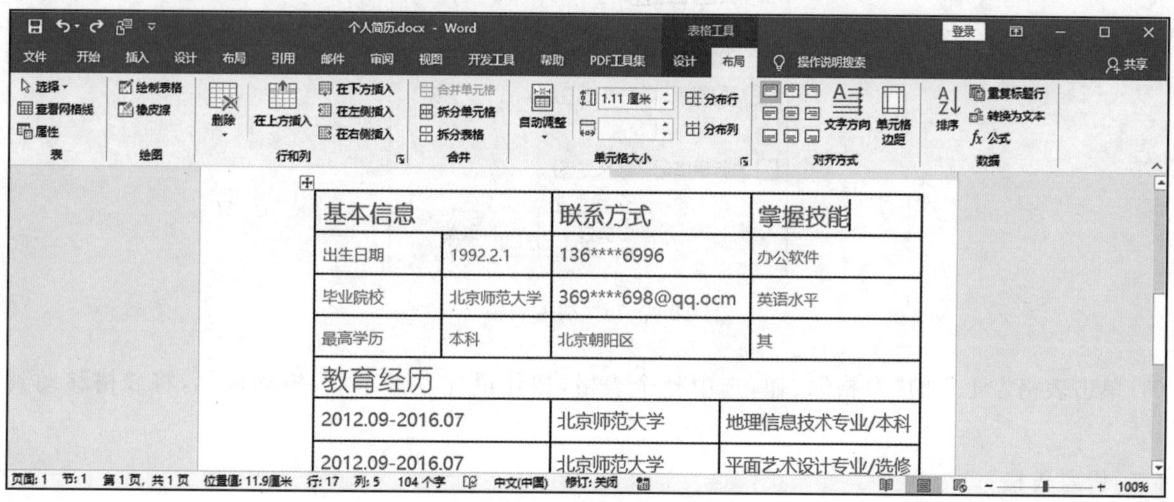

图 4-74　表格内容编辑完成

插入表格的具体操作步骤如下。

(1)切换到“插入”选项卡,在“表格”组单击“表格”按钮,在弹出的下拉列表中选择“插入表格”选项,如图4-75所示。

图4-75 选择“插入表格”选项

(2)弹出“插入表格”对话框,在“表格尺寸”组合框中的“列数”微调框中输入“4”,在“行数”微调框中输入“10”,然后在“‘自动调整’操作”组合框中选中“根据内容调整表格”按钮,如图7-76所示,单击“确定”按钮即可在文档中插入表格。

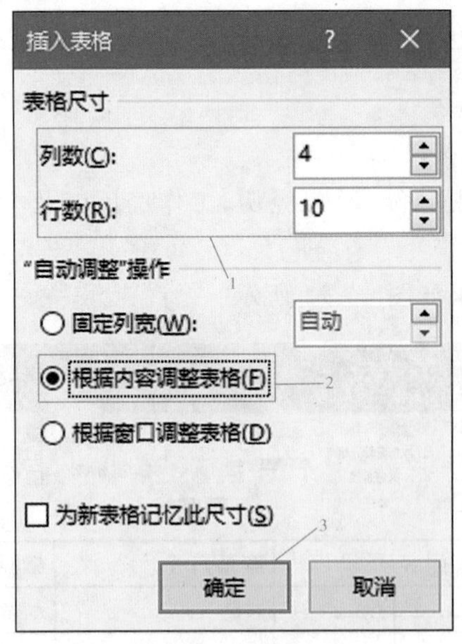

图4-76 插入表格

(3)单击表格左上角的“表格”按钮,选中整个表格,按住鼠标左键不放,拖动鼠标,将表格移动到合适位置。

(二)设置表格

插入表格之后,还需要在表格中输入内容,并对表格进行设置。

1. 设置表格的字体格式

在表格中输入内容前，需要先设置表格的字体格式，具体的操作步骤如下。

(1)选中表格的第1行，切换到"开始"选项卡，在"字体"组中的"字体"下拉列表中选择"幼圆"选项，在"字号"下拉列表中选择"小二"选项，"字体颜色"设置为"46""116""181"，然后单击"加粗"按钮，将表格第1行的"字体"设置为幼圆、"字号"为小二、加粗显示，设置效果如图4-77所示。

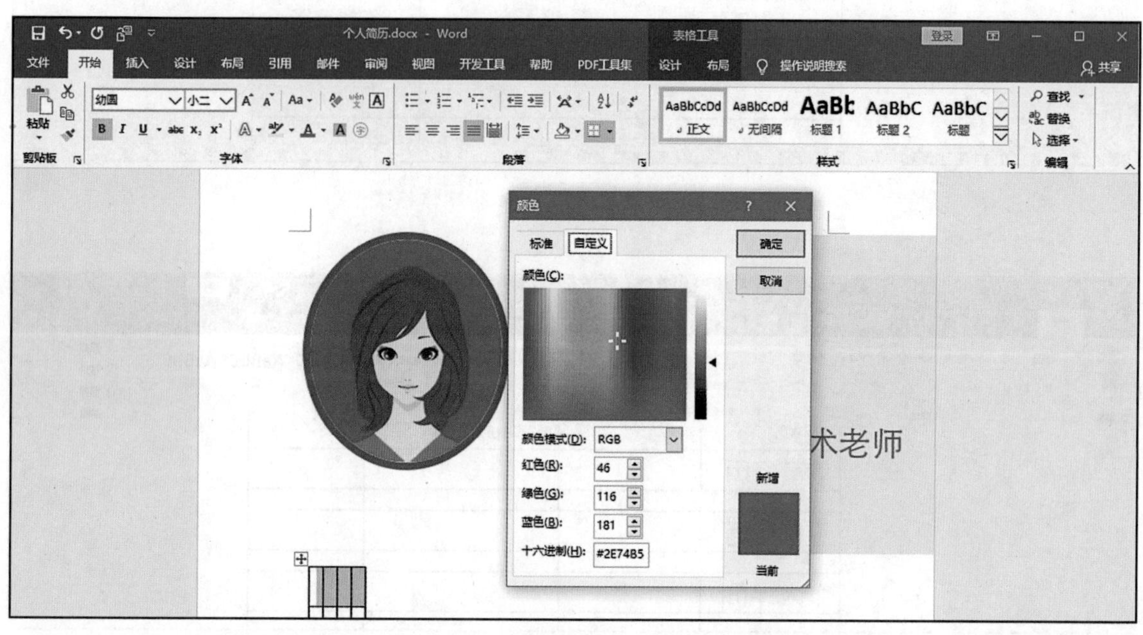

图4-77 设置表格第1行字体格式

(2)设置完成后，返回Word文档，并输入第1行的相关内容，如图4-78所示。

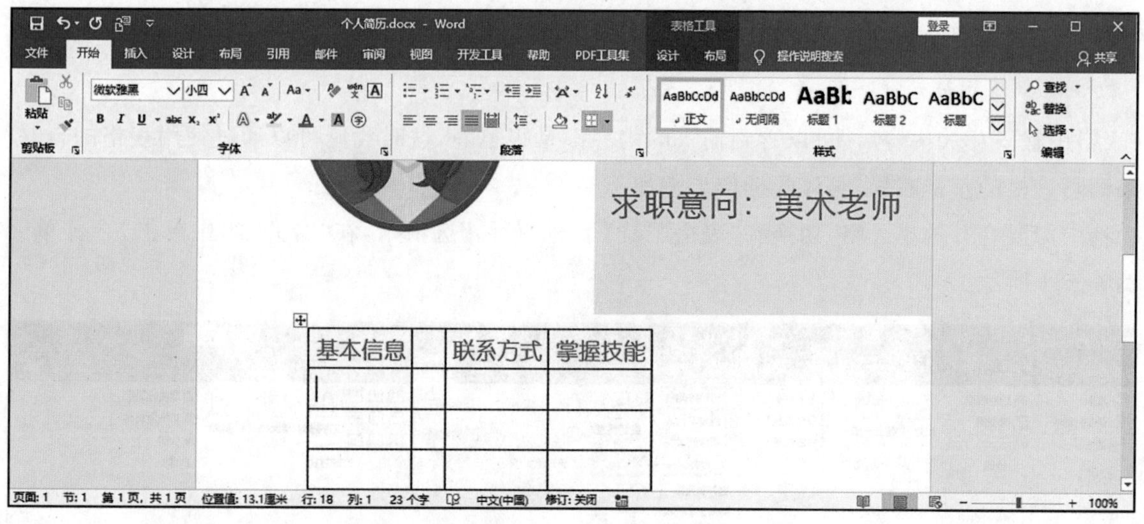

图4-78 输入相关内容

(3)接着选中表格的第2～4行，在"字体"下拉列表中选择"微软雅黑"选项，在"字号"下拉列表中选择"小四"选项，"字体颜色"设置为"141""141""141"，"联系方式"栏需要重点突出，将"字号"设置为"四号"，"字体颜色"设置为"128""128""128"，设置效果如图4-79所示。

(4)设置完成后，在表格第2～4行输入内容。

(5)按照前面介绍的方法，将第5行、第7行和第9行"字体"设置为幼圆、"字号"为二号、加粗显示，"字体颜色”设置为“46”“116”“181”,然后在表格中输入相关内容,设置效果如图 4-80 所示。

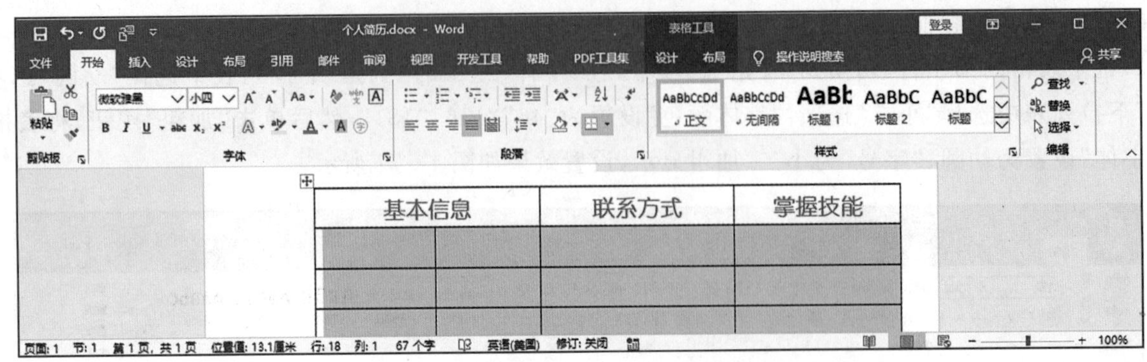

图 4-79　设置表格第 2～4 行字体格式

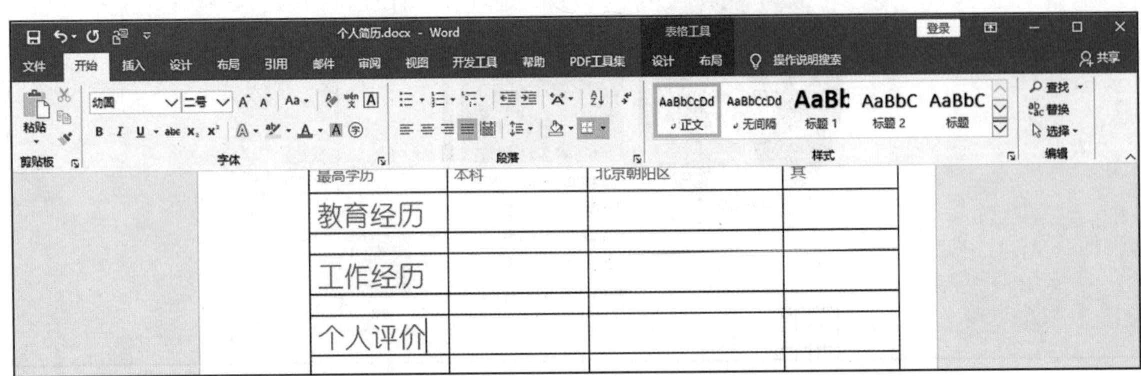

图 4-80　设置第 5、7、9 行的字体格式

(6)按照前面介绍的方法,将第 6 行、第 8 行和第 10 行“字体”设置为微软雅黑、“字号”为四号、加粗显示,“字体颜色”设置为“118”“113”“113”,然后在表格中输入相关内容。

2. 表格的合并与拆分

在表格中输入相关内容后,可以看到输入的内容不是很整齐,这时我们可以通过使用表格的合并与拆分功能,来调整表格的整体布局,具体的操作步骤如下。

(1)选中需要合并的单元格,切换到“表格工具”下的“布局”选项卡,在“合并”组中单击“合并单元格”按钮,如图 4-81 所示。

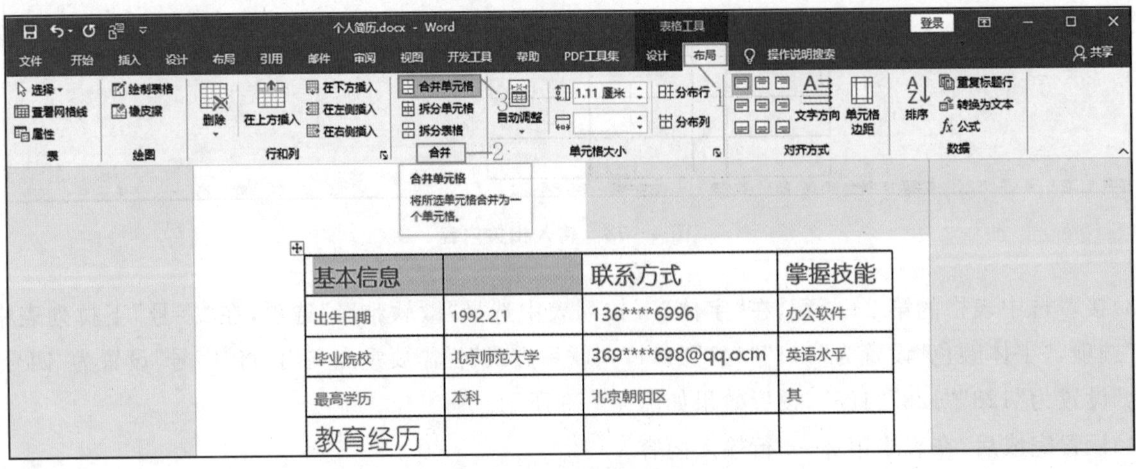

图 4-81　合并单元格

(2)返回 Word 文档中,可以看到单元格合并的效果。

(3)选中需要拆分的单元格,切换到“表格工具”下的“布局”选项卡,在“合并”组中单击“拆分单元格”按钮,如图 4-82 所示。

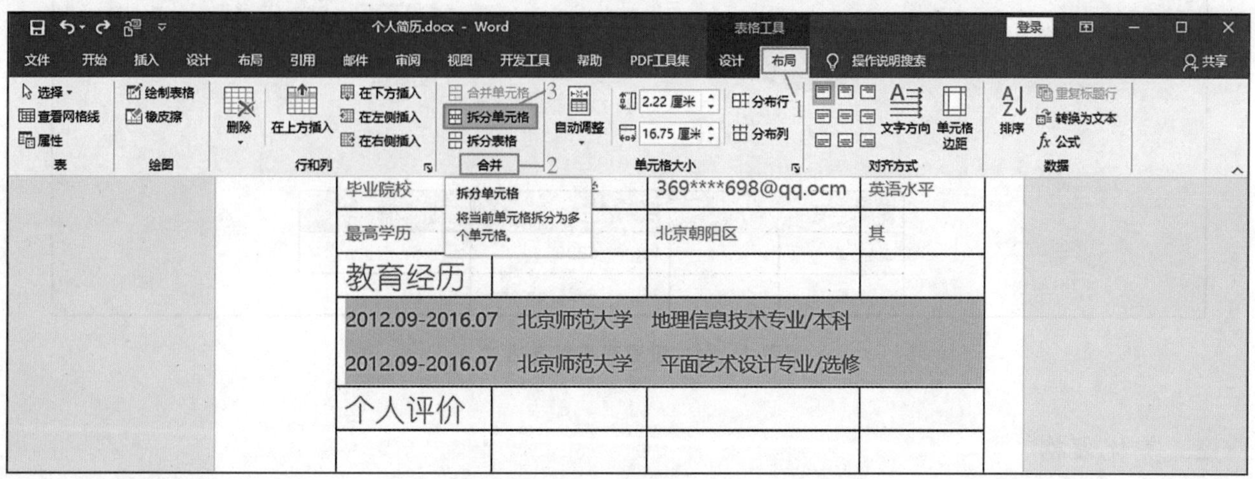

图 4-82 拆分单元格(一)

(4)弹出“拆分单元格”对话框,在“列数”微调框中输入“3”,在“行数”微调框中输入“2”,单击“确定”按钮,如图 4-83 所示。

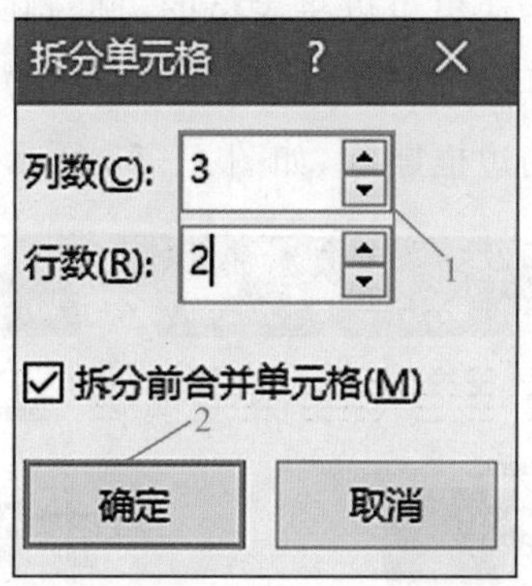

图 4-83 拆分单元格(二)

(5)返回 Word 文档,可以看到拆分的效果。按照同样的方法,将其他表格按照需要合并或拆分。

用户也可以通过单击鼠标右键,在弹出的快捷菜单中选择“合并单元格”或“拆分单元格”,来实现表格的合并与拆分。

3. 设置表格对齐方式

在文档中设置表格对齐方式的具体操作步骤如下。

选中需要设置的表格,切换到“表格工具”下的“布局”选项卡,在“对齐方式”组中单击“水平居中”选项,如图 4-84 所示。

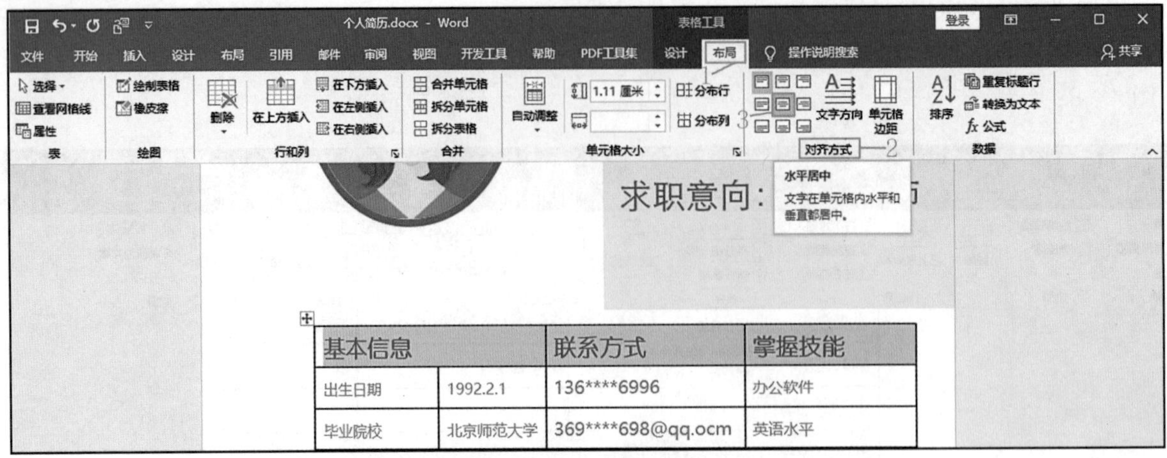

图 4－84　设置表格对齐方式

三、美化表格

插入表格并输入内容之后，还需要对表格进行美化设置。我们可以在表格中去除表格边框，调整表格行高，为表格中的文字添加边框以及插入一些小图标。

（一）去除边框

表格带有边框会显得比较中规中矩，这里可以将表格的边框删除。去除边框的具体操作步骤如下。

(1)选中整个边框，切换到“表格工具”栏的“设计”选项卡，在“边框”组中单击“边框”按钮，在弹出的下拉列表中选择“无框线”选项，即可将表格的边框删除，如图 4－85 所示。

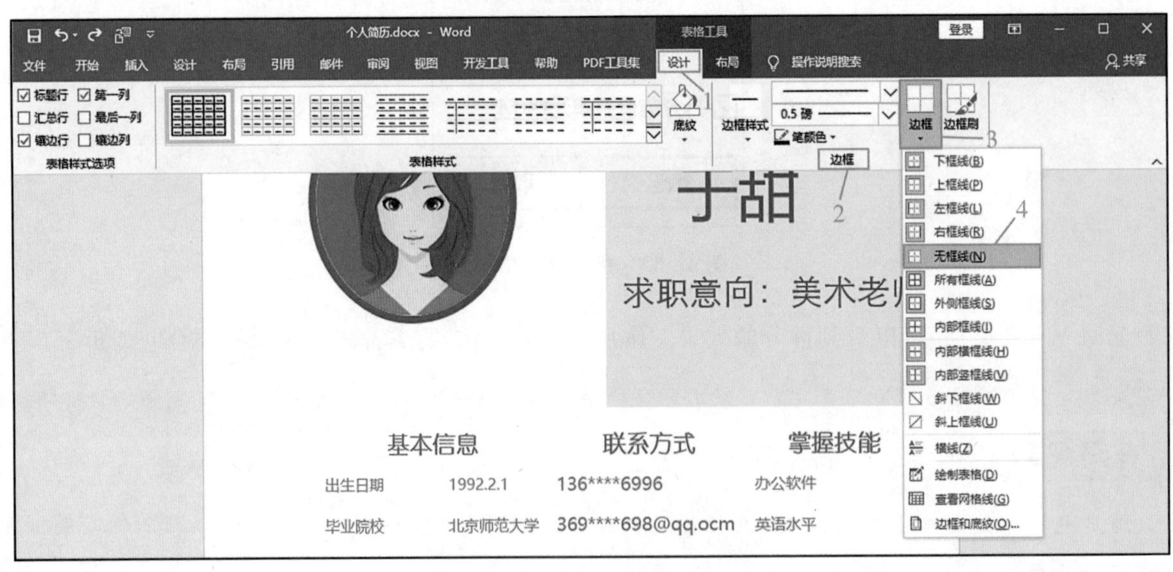

图 4－85　选择“无框线”选项

(2)返回 Word 文档，可以看到单元格的边框已经被全部删除。

(3)如果将表格中的边框全部删除，会显得整体比较单调，我们可以在某些表格下方保留部分表格的边框。选中需要设置的表格，单击“边框”按钮，在弹出的下拉列表中选择“下框线”选项，如图 4－86 所示。

(4)为表格添加“下框线”后，需要对线的宽度进行调整，单击“边框”按钮，在弹出的下拉列表中选择“边框和底纹”选项，如图 4－87 所示。

图 4-86 选择“下框线”选项

图 4-87 选择“边框和底纹”选项

(5)弹出“边框和底纹”对话框，系统自动切换到“边框”选项卡，在“宽度”列表中选择“2.25 磅”，在“颜色”下拉列表中将颜色设置为“159”“159”“159”，并在“预览”列表框中选中“下边框”选项，单击“确定”按钮，如图 4-88 所示。

(6)返回文档中，可以看到设置后的效果。使用同样的方法，将其余边框线设置为一样的即可。

(二)调整行高

在表格中输入的内容有多有少，例如，“个人评价”中的内容就很多，我们可以调整表格行与行之间的高度来控制表格的间距。

调整行高的具体操作步骤如下。

（1）选中要调整的单元格，切换到“表格工具”下的“布局”选项卡，在“单元格大小”组中的“高度”微调框中输入“1.5 厘米”，即可调整表格的行高，如图 4－89 所示。

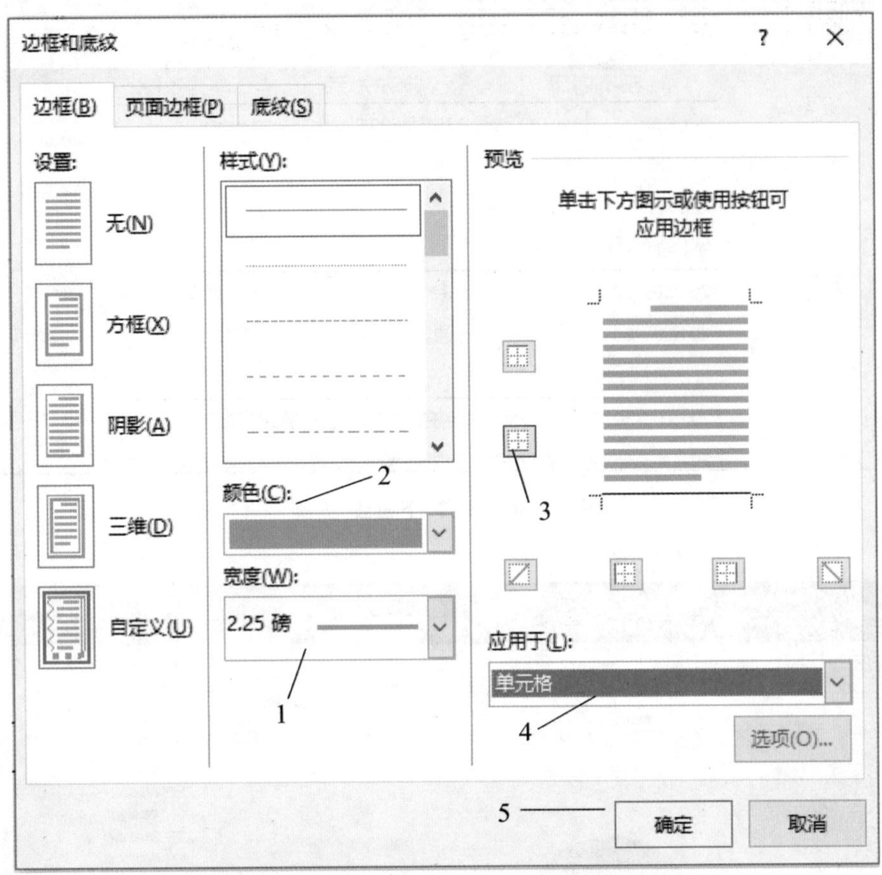

图 4－88 设置边框格式

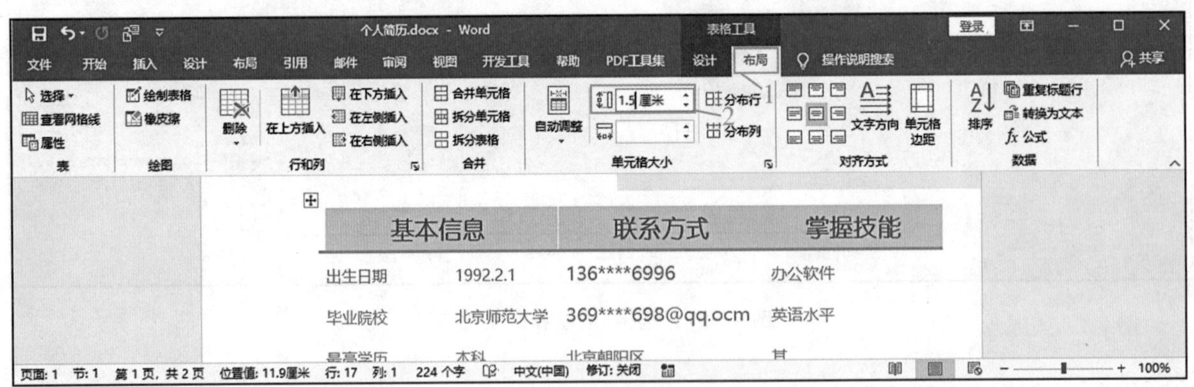

图 4－89 调整行高

（2）设置完毕，选中“教育经历”“工作经历”“个人评价”部分的表格，将其行高设置为“1.5 厘米”即可。

（三）为表格中的文字添加边框

输入设置完成表格中的内容后，我们可以看到这部分内容全是文字，略显单调。此处，还可以为表格中的内容添加边框，具体操作步骤如下。

（1）切换到“插入”选项卡，在“插图”组中单击“形状”按钮，在弹出的下拉列表中选择“矩形：剪去单角”选项，如图 4－90 所示。

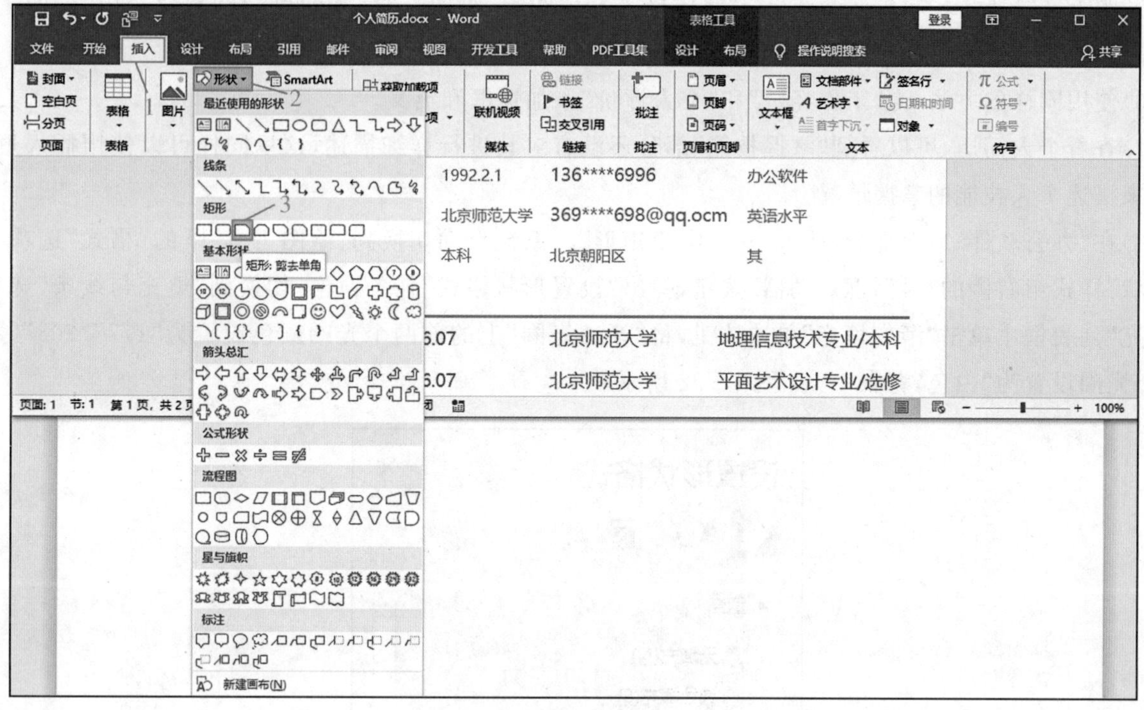

图 4－90 插入形状

(2)当鼠标指针变为"十"形状时，将鼠标指针移动到要插入矩形的位置上，按住鼠标左键不放，拖曳鼠标就可以绘制一个矩形，绘制完毕后，放开鼠标左键即可。

(3)选中插入的形状，按照前面介绍的方法，在"大小"组中调整形状大小，"高度"为"1.35 厘米"，"宽度"为"9.39 厘米"。

(4)调整大小后，按照前面介绍的方法，将其形状设置为"无填充"，"形状轮廓"的颜色为"浅灰色，背景 2，深色 25％"，"粗细"为"1 磅"，如图 4－91 所示。

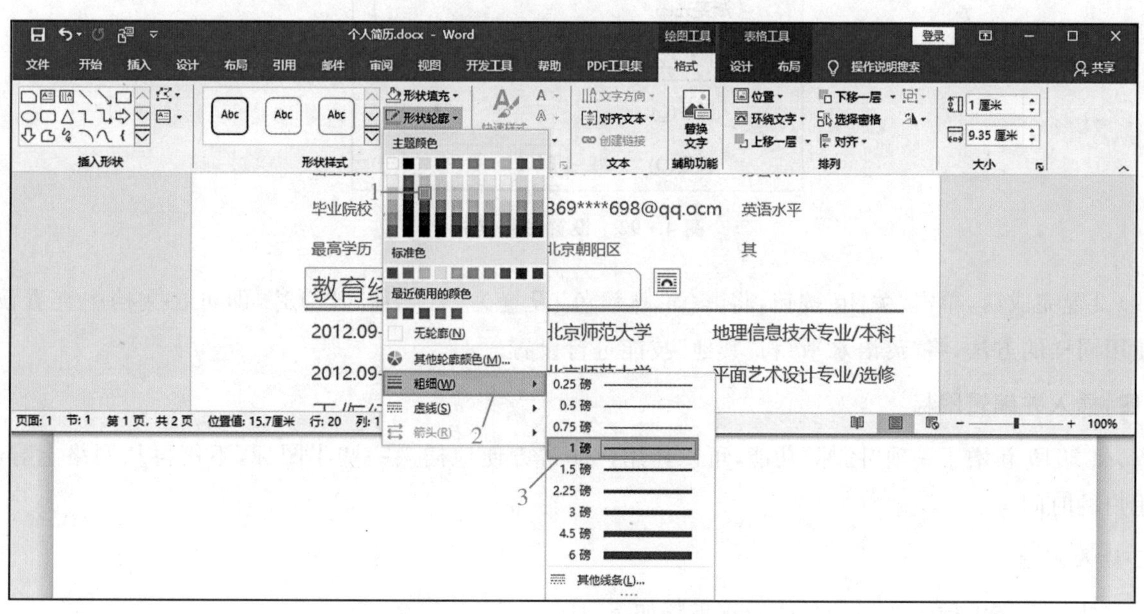

图 4－91 设置形状格式

(5)设置完成后，可以看到边框中只有"教育经历"4 个字，有点空旷的感觉，这里可以在其后面输入"教

育经历”的英文“Education Experience”，“字体格式”为“幼圆，小四”，“字体颜色”与“教育经历”这四个字的相同。

(6)使用同样的方法，为“工作经历”和“个人评价”添加边框和英文。

(7)查看个人简历，可以看到“掌握技能”部分还没有对其进行详细描述，这里同样可以使用插入形状的方法，来描述个人技能的掌握情况。

(8)在“办公软件”后面部分，插入一个“圆角矩形”。系统自动切换到“绘图工具”下的“格式”选项卡，单击“形状”样式组右侧的“对话框启动器”按钮，弹出“设置形状格式”任务窗格，切换到“填充与线条”选项卡，在“填充”列表框中单击“渐变填充”单选按钮，将“渐变光圈”上的前两个光圈颜色设置为“177”“203”“233”，后两个光圈设置为“白色，背景 1”，如图 4－92 所示。

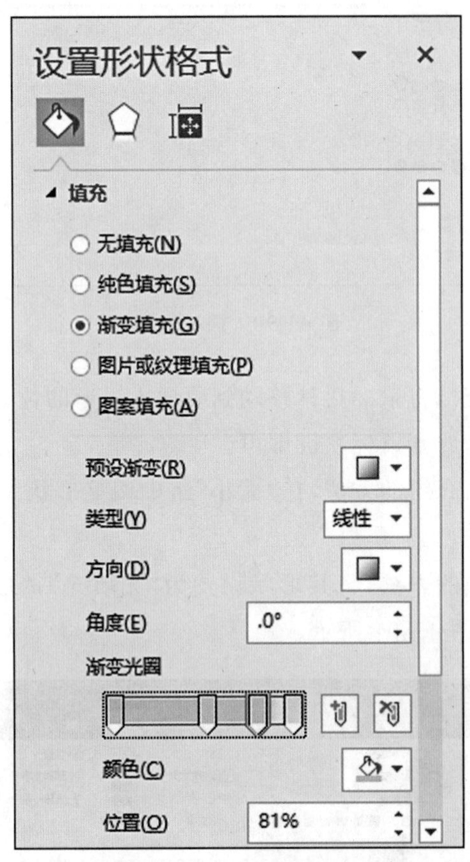

图 4－92　设置形状格式

(9)设置完成后，单击“关闭”按钮，将其“轮廓颜色”设置为“91”“155”“213”，即可在文档中查看设置效果。使用同样的方法，将“英语水平”和“其他”技能进行设置。

(四)插入并编辑图标

Word 2019 新增了一项“图标”功能，可以让用户非常方便地插入一些小图标，不用再从网络上寻找，节省了用户的时间。

1. 插入图标

在文档的表格中插入图标的具体操作步骤如下。

(1)将光标定位到要插入图标的位置，切换到“插入”选项卡，在“插图”组中单击“图标”按钮，如图 4－93 所示。

图 4－93 插入图标(一)

(2)弹出“插入图标”对话框，因为这里要插入的是联系方式的图标，所以在左侧单击“交流”选项，在右侧选择一个“电话”的图标，图标上方出现一个对勾，单击“确认”按钮，如图 4－94 所示。

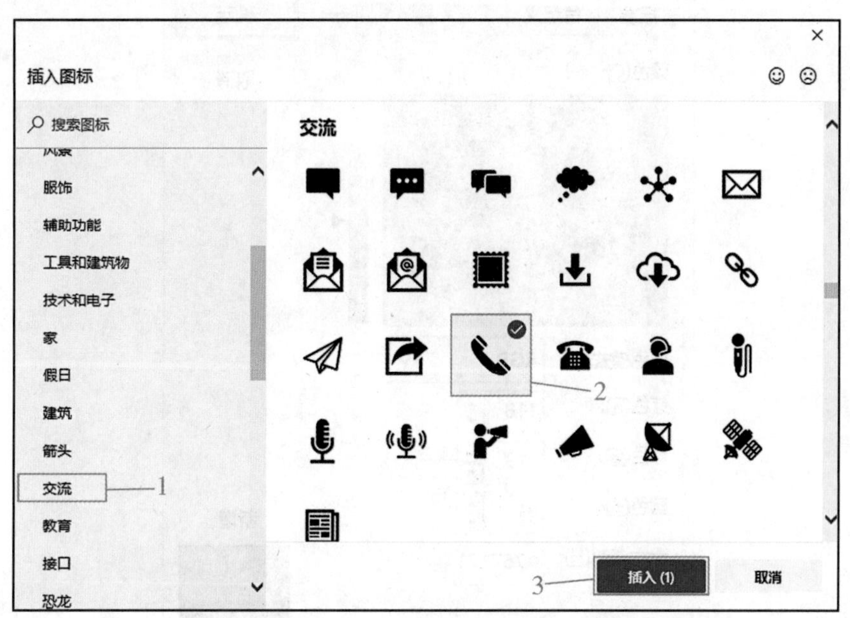

图 4－94 插入图标(二)

(3)返回 Word 文档，可以看到插入的图标。下面来设置图标的大小。单击图标旁边的“布局选项”按钮，在弹出的快捷菜单中选择“浮于文字上方”选项，然后将图标移动到合适的位置。

2. 设置图标的颜色

插入图标后，为了使其与简历的整体协调，还需要对图标的颜色进行设置，具体的操作步骤如下。

(1)切换到“图形工具”下的“格式”选项卡，在“图形样式”组中单击“图形填充”按钮，在弹出的下拉列表中选择“其他填充颜色”选项，如图 4－95 所示。

(2)弹出“颜色”对话框，切换到“自定义”选项卡，在“颜色模式”下拉列表中选择“RGB”选项，然后通过调整“红色”“绿色”“蓝色”微调框中的数值来选择合适的颜色，此处“红色”“绿色”“蓝色”微调框中的数值分别设置为“118”“113”“113”，单击“确定”按钮，如图 4－96 所示。

(3)返回 Word 文档，可以看到图标的设置颜色，按照相同的方法插入邮箱以及地址的图标即可。

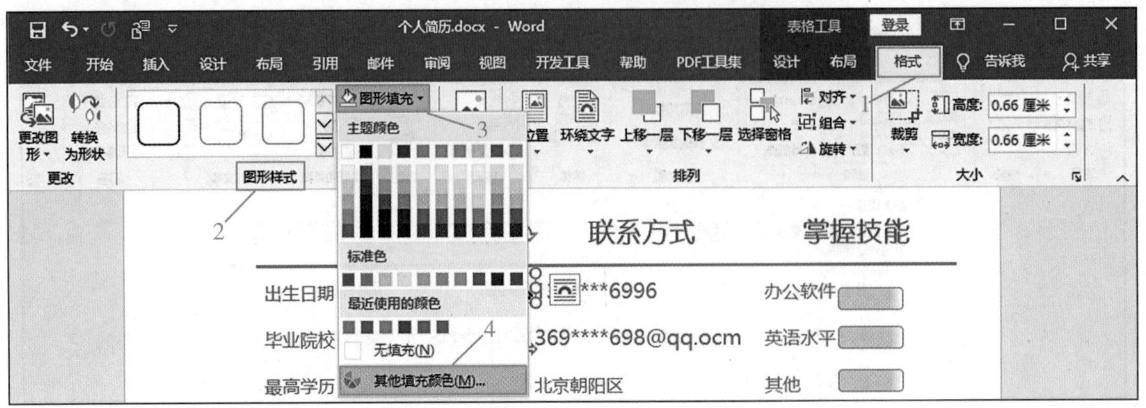

图 4－95　选择"其他填充颜色"选项

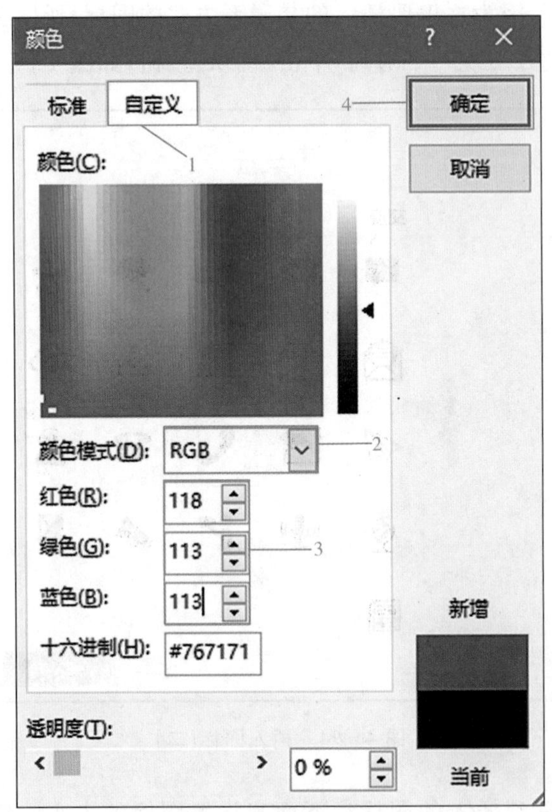

图 4－96　设置颜色

项目考核

一、填空题

1. Word 文档中的段落标记可按键产生，它在表示本段落结束的同时，还可以记载________信息。

2. 在 Word 编辑状态下，要在 Word 窗口中显示水平标尺，应使用________菜单下的________命令。

3. 在 Word 中，要在图片中加入文字，可以通过单击"绘图"工具栏中的________按钮来实现。

4. 在 Word 中可以使用________菜单下的________命令轻松地统计出当前文档字数、段数、页数等信息。

5. 只查看大标题，或重组长文档时，运用__________视图是很方便的。

二、选择题

1. 选定整个文档可以用快捷键(　　)。

A.Ctrl+A　　B.Shift+A　　C.Alt+A　　D.Ctrl+Alt+A

2. 利用(　　)功能可以对文档进行快速格式复制。

A.自动换行　　B.格式刷　　C.自动更正　　D.自动图文集

3. 在 Word 编辑时，文本被复制后，暂时保存在(　　)中。

A.临时文档　　B.新建文档　　C.剪贴板　　D.内存

4. 在 Word 环境中，不用打开文件对话框就能直接打开最近使用过的 Word 文件的方法是(　　)。

A.工具栏按钮方法　　B.菜单“文件”→“打开”

C.快捷键　　D.菜单“文件”中的列表

5. 在 Word 中，如果将选定的文档内容置于页面的正中间，只需单击格式工具栏上的(　　)按钮即可。

A.两端对齐　　B.居中　　C.左对齐　　D.右对齐

三、简答题

1. 大纲视图和阅读视图的特点分别是什么？

2. 审阅文档中，有哪些审阅工具？

3. 说明文档中“插入表格”的操作过程。

项目五　Excel 2019 基本操作

项目目标

1. 掌握创建工作簿与工作表、输入和编辑数据、插入行与列、设置文本格式、页面设置等基本操作。
2. 能够制作规范的客户信息管理表。
3. 能使用合并计算和分类汇总功能对数据进行分类和汇总。

任务 1　客户信息管理表

一、输入标题

在美化公司客户信息管理表时，首先要设置管理表的标题，并对标题中的艺术字进行设计与美化。

(一)插入标题文本框

插入标题文本框能更好地控制标题内容的宽度和长度，具体操作步骤如下。

(1)打开 Excel 2019 软件，新建一个 Excel 表格，将工作表命名为“公司客户信息管理表”。

(2)选择“文件”选项卡，在弹出的界面中选择“另存为”→“浏览”选项，在弹出的“另存为”对话框中选择文件要保存的位置，并在“文件名”文本框中输入“公司客户信息管理表”，单击“保存”按钮，如图 5-1 所示。

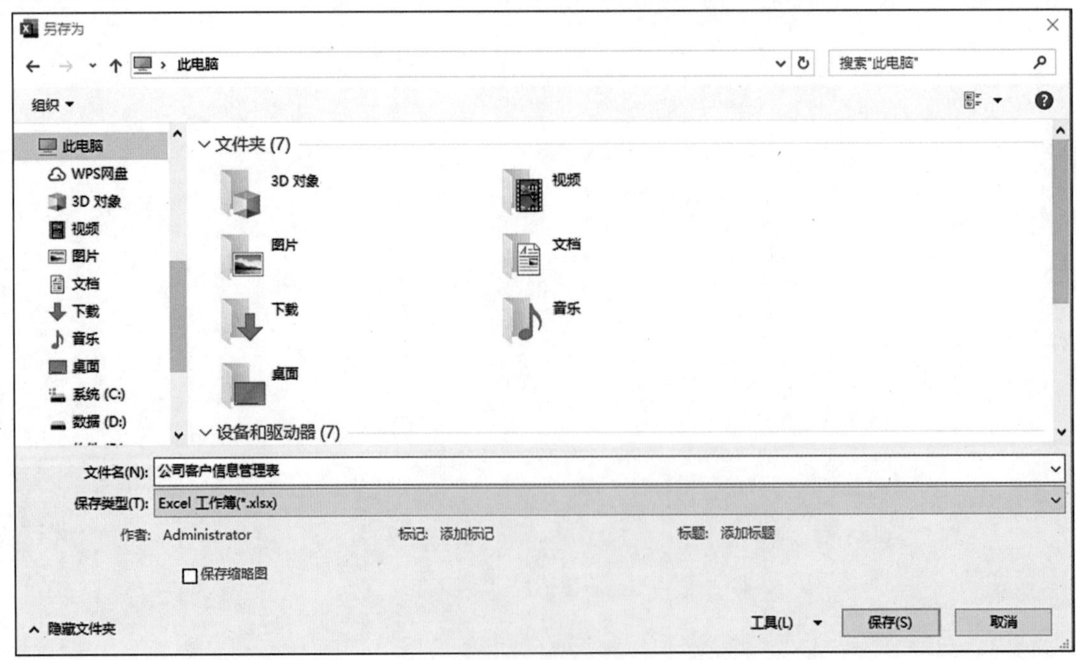

图 5-1　保存文件

(3)单击“插入”选项卡下“文本”组中的“文本框”按钮，在弹出的下拉列表中选择“绘制横排文本框”选项，如图 5－2 所示。

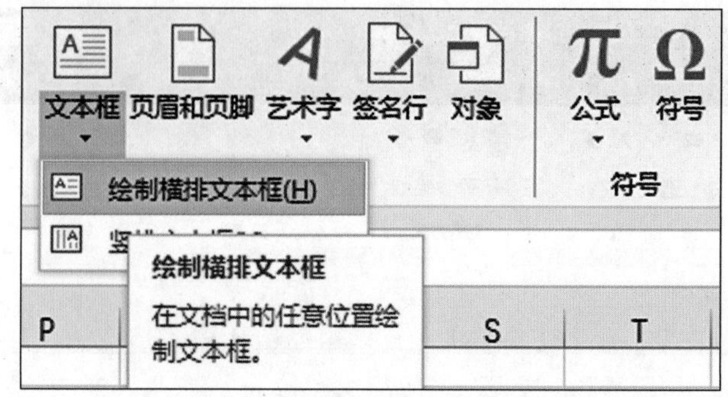

图 5－2 选择“绘制横排文本框”选项

(4)在表格中单击，指定标题文本框的开始位置，按住鼠标左键并拖曳，拖曳至合适大小后释放鼠标左键，即可完成标题文本框的绘制。这里在单元格区域 A1:L5 上绘制文本框，如图 5－3 所示。

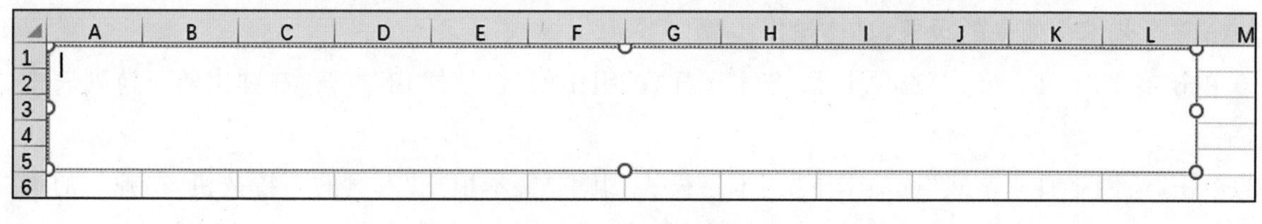

图 5－3 绘制文本框

(二)设计标题的艺术字效果

设置好标题文本框位置和大小后，即可在标题文本框内输入标题，并根据需要设计标题的艺术字效果。首先输入文本，并设置文本的字体、字号和对齐方式等。

(1)在“文本框”中输入“公司客户信息管理表”。

(2)选中“公司客户信息管理表”文本，单击“开始”选项卡下“字体”组中的“增大字号”按钮，把标题的字号增大到合适的大小，并设置“字体”为“华文新魏”，如图 5－4 所示。

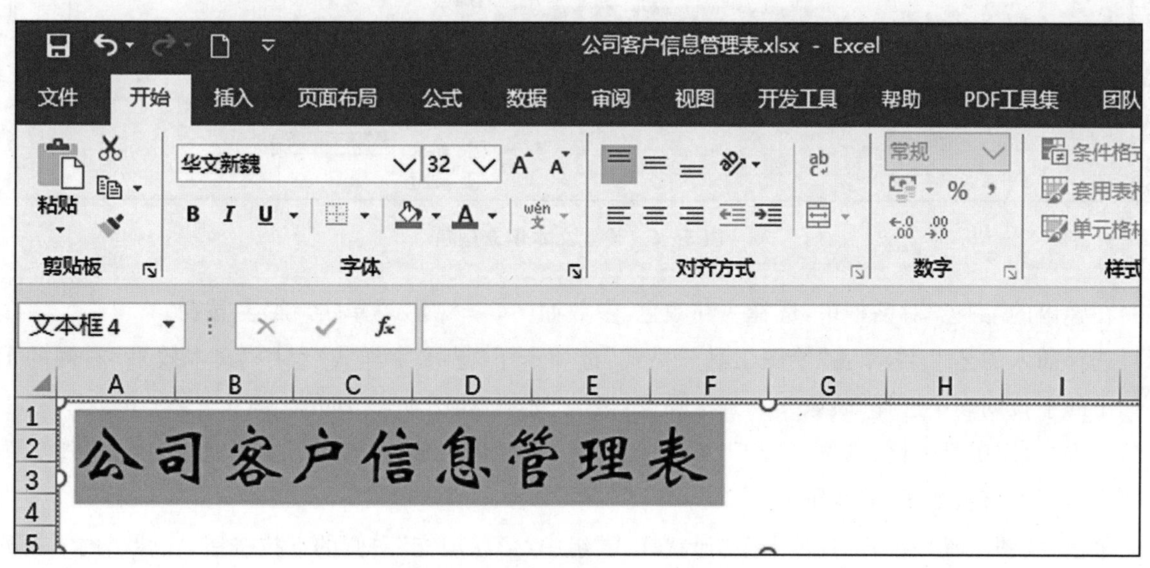

图 5－4 设置标题的字体字号

(3)选择输入的文本,单击"开始"选项卡下"对齐方式"组中的"居中"和"垂直居中"按钮,使标题位于文本框的中间位置,如图 5-5 所示。

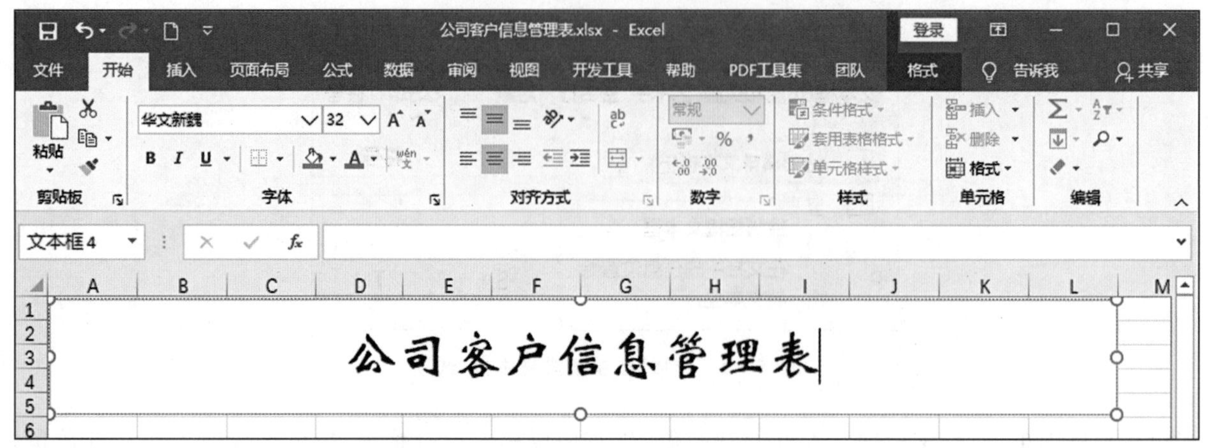

图 5-5 设置对齐方式

其次,进行艺术字效果的设置,具体操作步骤如下。

(1)单击"绘图工具—格式"选项卡下"艺术字样式"组中的"快速样式"按钮,在弹出的下拉列表中选择一种艺术字。

(2)单击"绘图工具—格式"选项卡下"艺术字样式"组中"文本填充"右侧的下拉按钮,在弹出的下拉列表中有许多颜色可以选择,如果没有需要的颜色,选择"其他填充颜色"选项,如图 5-6 所示。

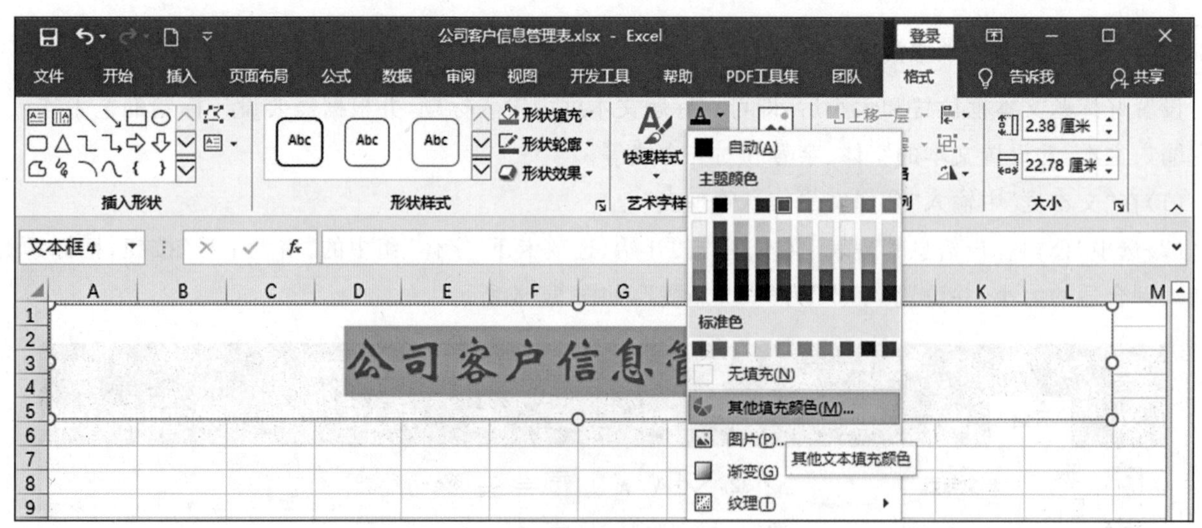

图 5-6 设置文本填充颜色

(3)在弹出的"颜色"对话框中,选择一种颜色,参数如图 5-7 所示,单击"确定"按钮。

(4)选择插入的艺术字,单击"绘图工具—格式"选项卡下"艺术字样式"组中"文本效果"右侧的下拉按钮,在弹出的下拉列表中选择"映像"→"紧密映像:接触"选项,如图 5-8 所示。

(5)单击"绘图工具—格式"选项卡下"形状样式"组中"形状填充"右侧的下拉按钮,在弹出的下拉列表中选择一种合适的颜色,如图 5-9 所示。

(6)单击"绘图工具—格式"选项卡下"形状样式"组中"形状填充"右侧的下拉按钮,在弹出的下拉列表中选择"渐变"→"线性向下"选项,如图 5-10 所示。

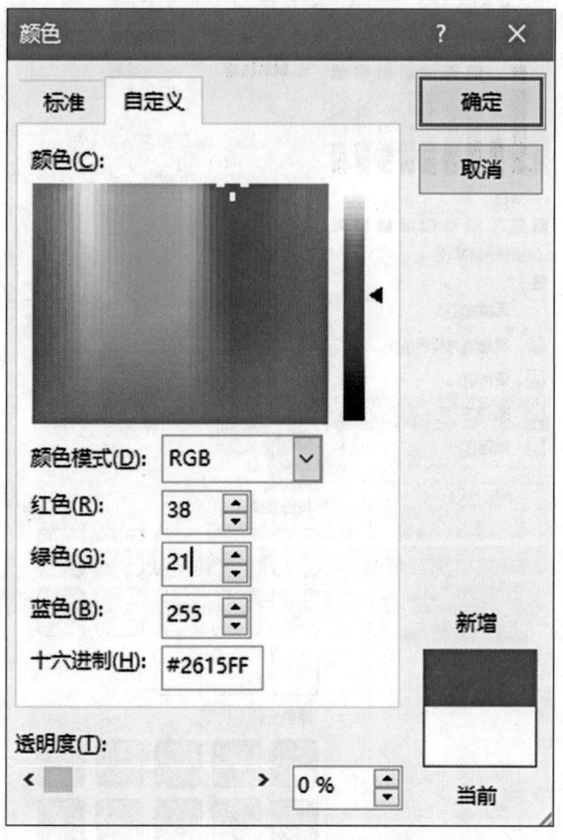

图 5－7　设置颜色参数

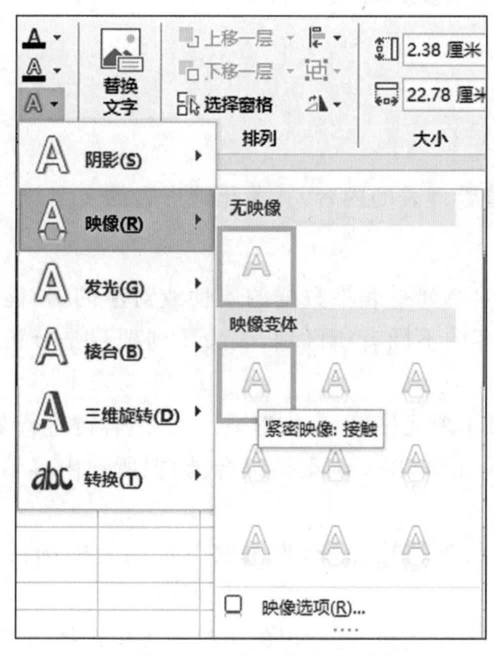

图 5－8　设置艺术字样式

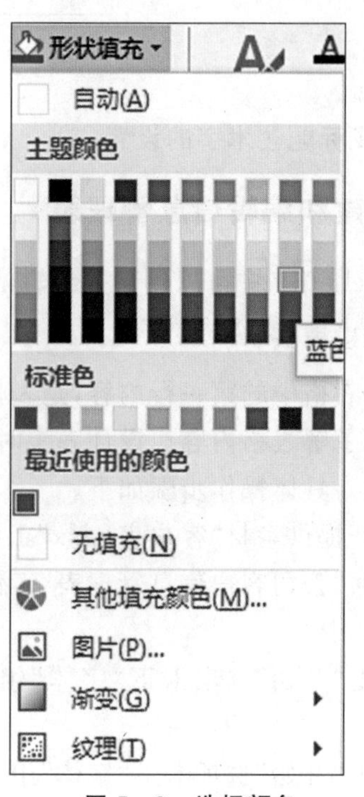

图 5－9　选择颜色

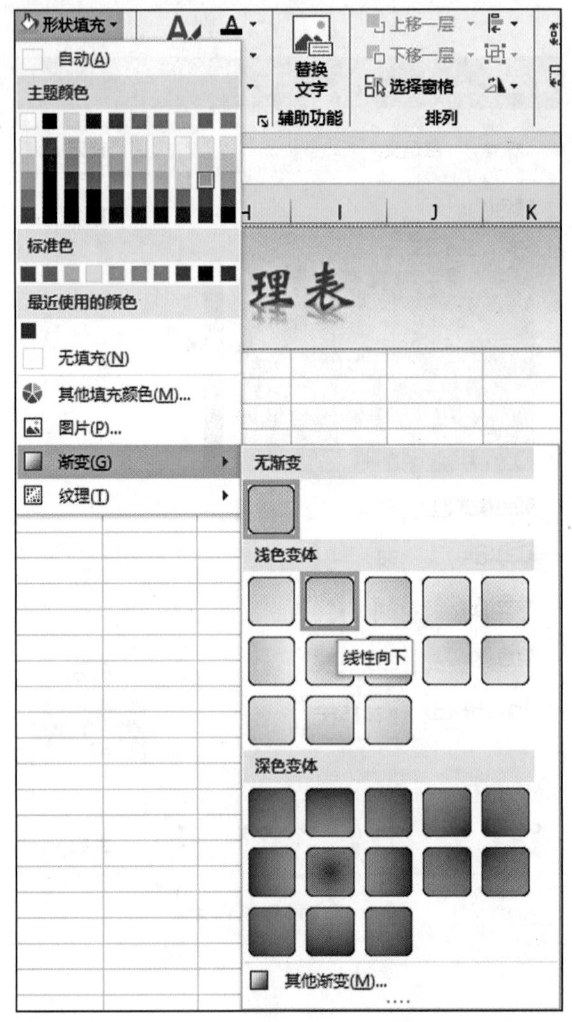

图 5-10　设置形状填充样式

(7)完成标题艺术字的设置。

二、创建和编辑信息管理表

在 Excel 2019 中可以创建并编辑信息管理表,完善管理表的内容,并美化管理表的文字。

(一)创建表头

表头是表格中的第一行内容,是表格的开头部分,主要列举表格数据的属性或对应的值,能够使用户通过表头快速了解表格内容。设计表头时应根据调查内容的不同有所区别,表头所列项目是分析表格数据时不可或缺的。具体操作步骤如下。

(1)打开提供素材"客户表.xlsx"工作簿,选择 A1:L1 单元格区域,按"Ctrl+C"组合键进行复制。

(2)返回"公司客户信息管理表"工作簿,选择 A6 单元格,按 Ctrl+V 组合键,把所选内容粘贴到单元格区域 A6:L6 中。

(3)单击"开始"选项卡下"字体"组中"字体"右侧的下拉按钮,在弹出的下拉列表中选择"华文楷体"选项。

(4)单击"开始"选项卡下"字体"组中"字号"右侧的下拉按钮,在弹出的下拉列表中选择"12"选项。

(5)单击"开始"选项卡下"字体"组中的"加粗"按钮。

(6)单击"开始"选项卡下"对齐方式"组中的"居中"按钮,使表头中的字体居中。

（二）创建信息管理表

表头创建完成后，需要对信息管理表进行完善，并补充客户信息。具体操作步骤如下。

（1）在打开的“客户表.xlsx”工作簿中复制 A2：L22 单元格区域的内容。

（2）返回“公司客户信息管理表.xlsx”，选择单元格 A7，按 Ctrl＋V 组合键，把所选内容粘贴到单元格区域 A7：L27 中。

（3）单击“开始”选项卡下“字体”组中“字体”右侧的下拉按钮，在弹出的下拉列表中选择“微软雅黑”选项。

（4）单击“开始”选项卡下“字体”组中“字号”右侧的下拉按钮，在弹出的下拉列表中选择“12”选项。

（5）单击“开始”选项卡下“对齐方式”组中的“居中”按钮，使表格中的内容居中对齐。

（三）编辑信息管理表

完成信息管理表的内容后，需要对单元格的行高与列宽进行相应的调整，并给管理表添加边框。具体操作步骤如下。

（1）单击“全选”按钮，单击“开始”选项卡下“单元格”组中“格式”按钮，在弹出的下拉列表中选择“自动调整列宽”选项，如图 5－11 所示。

（2）选择第 6 行至第 27 行，增大行高。

（3）选择 A6：L27 单元格区域，单击“开始”选项卡下“字体”组中“无框线”右侧的下拉按钮，在弹出的下拉列表中选择“所有框线”选项，如图 5－12 所示。

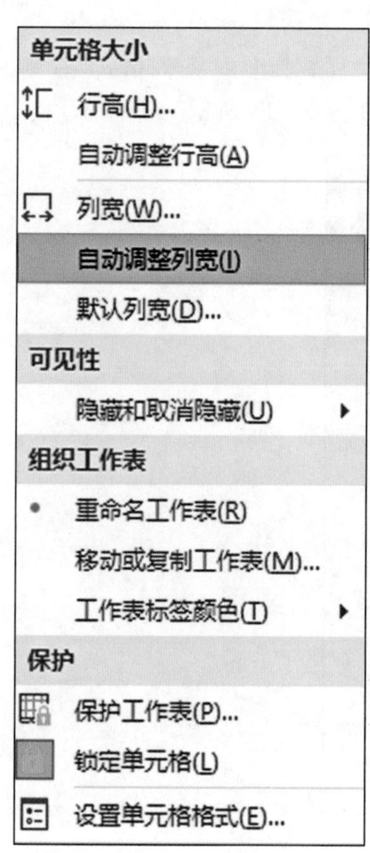

图 5－11　设置自动调整列宽

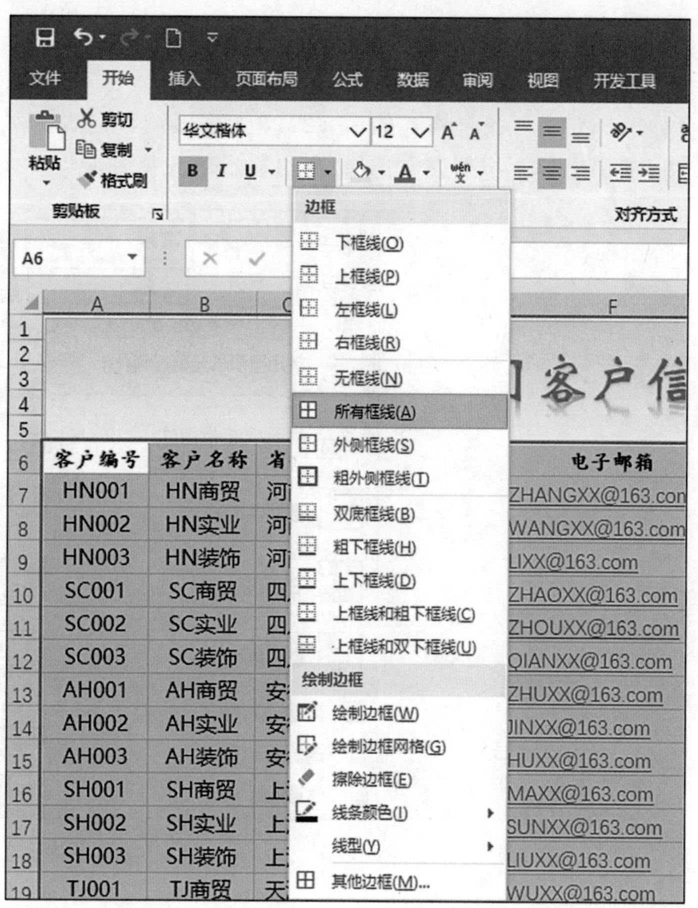

图 5－12　选择“所有框线”选项

（4）编辑完成后的信息管理表的效果如图 5－13 所示。

公司客户信息管理表

客户编号	客户名称	省份	员工数量	联系人	电子邮箱	手机号码	产品类型	订货数量	已发货	已交货款	备注
HN001	HN商贸	河南	180	张XX	ZHANGXX@163.com	138XXXX0	NX8-01	900	90	45	
HN002	HN实业	河南	563	王XX	WANGXX@163.com	138XXXX0	NX8-01	2000	200	56	
HN003	HN装饰	河南	751	李XX	LIXX@163.c mailto:WANGXX@163.com - 单击一次可跟踪超链接。		NX8-01	800	80	20	
SC001	SC商贸	四川	256	赵XX	ZHAOXX@1 单击并按住不放可选择此单元格。		NX8-01	850	85	41	
SC002	SC实业	四川	425	周XX	ZHOUXX@163.com	138XXXX0	NX8-01	2100	210	60	
SC003	SC装饰	四川	614	钱XX	QIANXX@163.com	138XXXX0	NX8-01	3000	300	30	
AH001	AH商贸	安徽	452	朱XX	ZHUXX@163.com	138XXXX0	NX8-01	2500	250	87	
AH002	AH实业	安徽	96	金XX	JINXX@163.com	138XXXX0	NX8-01	1100	110	140	
AH003	AH装饰	安徽	352	胡XX	HUXX@163.com	138XXXX0	NX8-01	2400	240	85	
SH001	SH商贸	上海	241	马XX	MAXX@163.com	138XXXX0	NX8-01	1600	160	28	
SH002	SH实业	上海	521	孙XX	SUNXX@163.com	138XXXX0	NX8-01	900	900	102	
SH003	SH装饰	上海	453	刘XX	LIUXX@163.com	138XXXX0	NX8-01	2000	200	45	
TJ001	TJ商贸	天津	409	吴XX	WUXX@163.com	138XXXX0	NX8-01	5000	500	72	

公司客户信息管理表

图 5-13 设置完成效果图

三、设置条件格式

在信息管理表中设置条件格式，可以把满足某种条件的单元格突出显示，并设置选取规则，以及添加更简单易懂的数据条效果。

1. 突出显示优质客户信息

(1)选择要设置条件格式的 I7:I27 单元格区域，单击“开始”选项卡下“样式”组中“条件格式”右侧的下拉按钮，在弹出的下拉列表中选择“突出显示单元格规则”→“大于”选项，如图 5-14 所示。

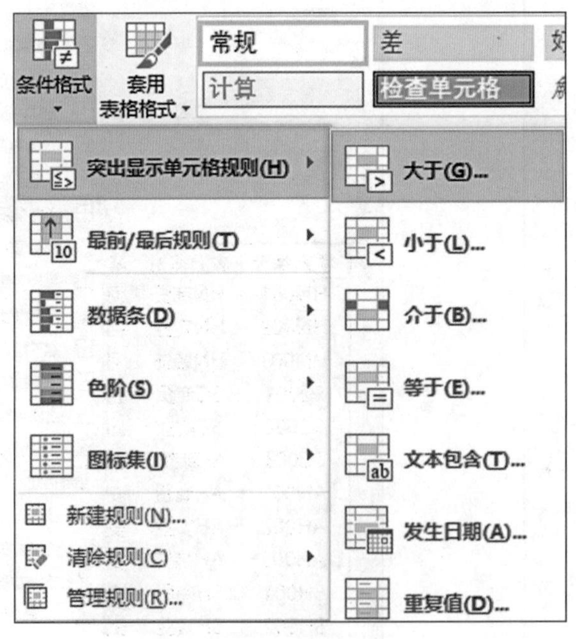

图 5-14 设置条件格式(一)

(2)弹出“大于”对话框，在“为大于以下值的单元格设置格式”文本框中输入“3000”，在“设置为”右侧的下拉列表框中选择“浅红填充色深红色文本”选项，单击“确定”按钮，如图 5-15 所示。

(3)效果如图 5-16 所示，订货数量超过 3 000 的用户已突出显示。

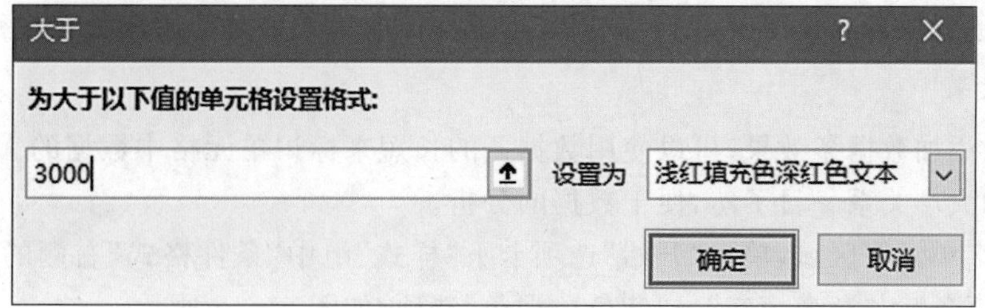

图 5-15　设置条件格式(二)

产品类型	订货数量	已发货	已交货款	备注
NX8-01	900	90	45	
NX8-01	2000	200	56	
NX8-01	800	80	20	
NX8-01	850	85	41	
NX8-01	2100	210	60	
NX8-01	3000	300	30	
NX8-01	2500	250	87	
NX8-01	1100	110	140	
NX8-01	2400	240	85	
NX8-01	1600	160	28	
NX8-01	900	900	102	
NX8-01	2000	200	45	
NX8-01	5000	500	72	
NX8-01	2400	240	30	
NX8-01	4000	400	50	
NX8-01	4200	420	150	
NX8-01	6800	680	180	
NX8-01	2600	260	80	
NX8-01	1200	120	45	
NX8-01	3800	380	60	
NX8-01	2400	240	70	

图 5-16　设置条件格式(三)

2. 设置项目的选取规则

项目选取规则可以突出显示选定区域中最大、最小的百分数或所指定的数据所在单元格,还可以指定大于或小于平均值的单元格。在信息管理表中,需要为发货数量设置一个选取规则,具体操作步骤如下。

(1)选择 J7:J27 单元格区域,单击“开始”选项卡下“样式”组中“条件格式”右侧的下拉按钮,在弹出的下拉列表中选择“最前/最后规则”→“低于平均值”选项。

(2)弹出“低于平均值”对话框,单击“设置为”右侧的下拉按钮,在弹出的下拉列表中选择“绿填充色深绿色文本”选项,单击“确定”按钮,如图 5-17 所示。

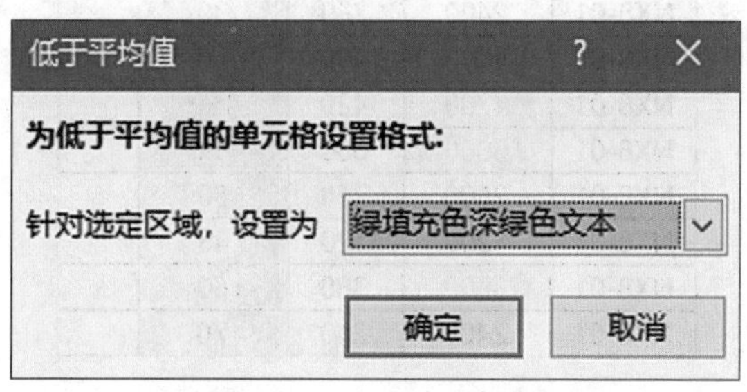

图 5-17　设置填充颜色

(3)可看到在信息管理表工作簿中，低于发货数量平均值的单元格都使用绿色背景突出显示。

3. 添加数据条效果

在信息管理表中添加数据条效果，可以使用数据条的长短来标识单元格中数据的大小，也可以使用户对多个单元格中数据的大小关系一目了然，便于数据的分析。

(1)选择 K7:K27 单元格区域，单击“开始”选项卡下“样式”组中“条件格式”右侧的下拉按钮，在弹出的下拉列表中选择“数据条”→“渐变填充”→“紫色数据条”选项，如图 5－18 所示。

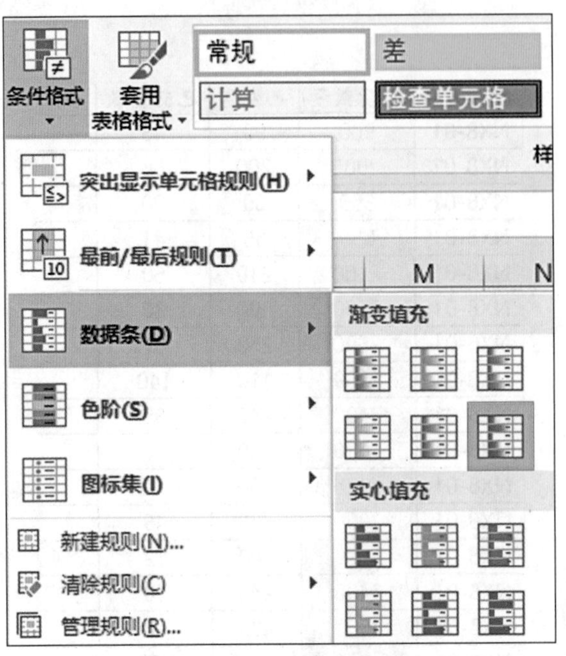

图 5－18　设置数据条效果

(2)添加数据条后的效果如图 5－19 所示。

产品类型	订货数量	已发货	已交货款	备注
NX8-01	900	90	45	
NX8-01	2000	200	56	
NX8-01	800	80	20	
NX8-01	850	85	41	
NX8-01	2100	210	60	
NX8-01	3000	300	30	
NX8-01	2500	250	87	
NX8-01	1100	110	140	
NX8-01	2400	240	85	
NX8-01	1600	160	28	
NX8-01	900	900	102	
NX8-01	2000	200	45	
NX8-01	5000	500	72	
NX8-01	2400	240	30	
NX8-01	4000	400	50	
NX8-01	4200	420	150	
NX8-01	6800	680	180	
NX8-01	2600	260	80	
NX8-01	1200	120	45	
NX8-01	3800	380	60	
NX8-01	2400	240	70	

图 5－19　设置完成效果

四、应用样式和主题

在信息管理表中应用样式和主题，可以使用 Excel 2019 中设计好的字体、字号、颜色、填充色、表格边框等样式来实现对工作簿的美化。

(一)应用单元格样式

在信息管理表中应用单元格样式，可以使用工作簿中设计好的字体、表格边框样式等，具体操作步骤如下。

(1)选择单元格区域 A6:L27，单击“开始”选项卡下“样式”组中的“单元格样式”右侧的下拉按钮，在弹出的面板中选择“新建单元格样式”选项，如图 5－20 所示。

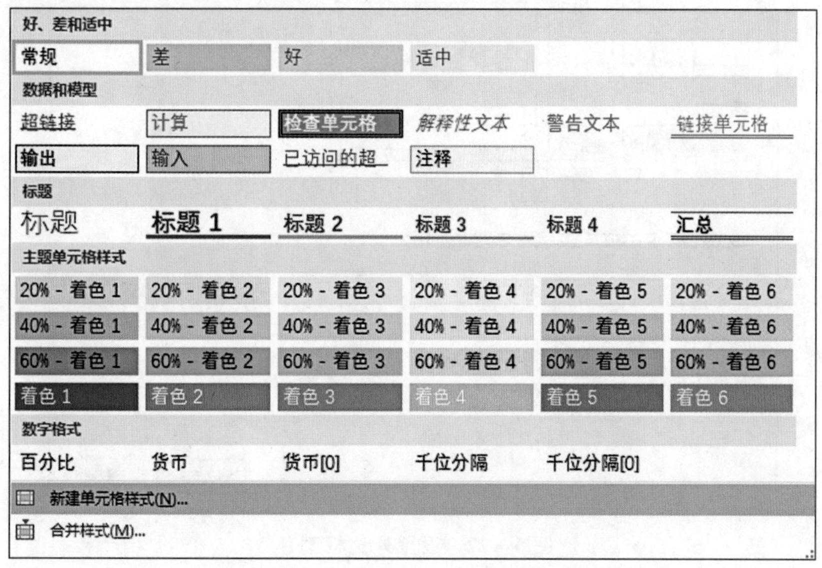

图 5－20　选择“新建单元格样式”选项

(2)在弹出的“样式”对话框中，在“样式名”文本框中输入样式名称，这里输入“信息管理表”，单击“格式”按钮，如图 5－21 所示。

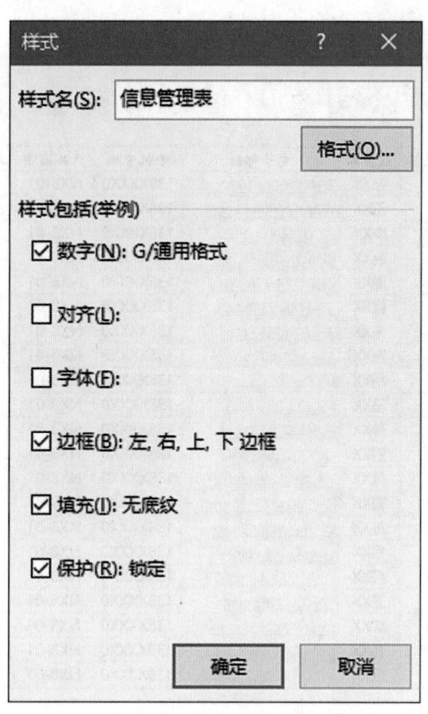

图 5－21　单击“格式”按钮

(3)在弹出的“设置单元格格式”对话框中，选择“边框”选项卡，单击“颜色”右侧的下拉按钮，在弹出的颜色面板中选择一种颜色，单击“外边框”图标，单击“确定”按钮，如图 5－22 所示。

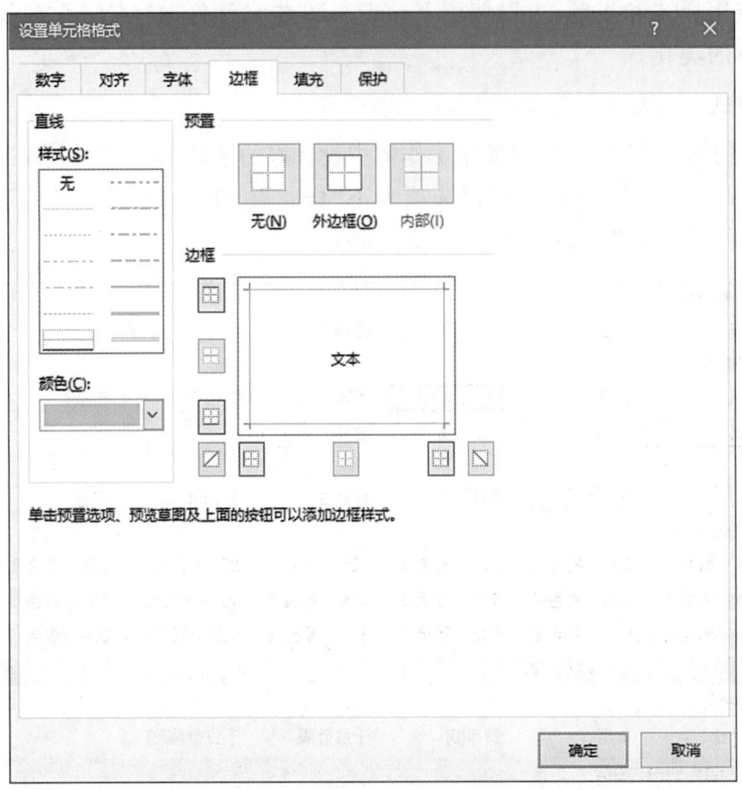

图 5－22　设置外边框颜色

(4)返回“样式”对话框，单击“确定”按钮。

(5)单击“开始”选项卡下“样式”组中“单元格样式”右侧的下拉按钮，在弹出的下拉列表中选择“自定义”→“信息管理表”选项。

(6)应用单元格样式后的效果如图 5－23 所示。

公司客户信息管理表

客户编号	客户名称	省份	员工数量	联系人	电子邮箱	手机号码	产品类型	订货数量	已发货	已交货款	备注
HN001	HN商贸	河南	180	张XX	ZHANGXX@163.com	138XXXX0	NX8-01	900	90	45	
HN002	HN实业	河南	563	王XX	WANGXX@163.com	138XXXX0	NX8-01	2000	200	56	
HN003	HN装饰	河南	751	李XX	LIXX@163.com	138XXXX0	NX8-01	800	80	20	
SC001	SC商贸	四川	256	赵XX	ZHAOXX@163.com	138XXXX0	NX8-01	850	85	41	
SC002	SC实业	四川	425	周XX	ZHOUXX@163.com	138XXXX0	NX8-01	2100	210	60	
SC003	SC装饰	四川	614	钱XX	QIANXX@163.com	138XXXX0	NX8-01	3000	300	30	
AH001	AH商贸	安徽	452	朱XX	ZHUXX@163.com	138XXXX0	NX8-01	2500	250	87	
AH002	AH实业	安徽	96	金XX	JINXX@163.com	138XXXX0	NX8-01	1100	110	140	
AH003	AH装饰	安徽	352	胡XX	HUXX@163.com	138XXXX0	NX8-01	2400	240	85	
SH001	SH商贸	上海	241	马XX	MAXX@163.com	138XXXX0	NX8-01	1600	160	28	
SH002	SH实业	上海	521	孙XX	SUNXX@163.com	138XXXX0	NX8-01	900	900	102	
SH003	SH装饰	上海	453	刘XX	LIUXX@163.com	138XXXX0	NX8-01	2000	200	45	
TJ001	TJ商贸	天津	409	吴XX	WUXX@163.com	138XXXX0	NX8-01	5000	500	72	
TJ002	TJ实业	天津	530	郑XX	ZHENGXX@163.com	138XXXX0	NX8-01	2400	240	30	
TJ003	TJ装饰	天津	286	陈XX	CHENXX@163.com	138XXXX0	NX8-01	4000	400	50	
SD001	SD商贸	山东	364	吕XX	LVXX@163.com	138XXXX0	NX8-01	4200	420	150	
SD002	SD实业	山东	480	韩XX	HANXX@163.com	138XXXX0	NX8-01	6800	680	180	
SD003	SD装饰	山东	296	卫XX	WEIXX@163.com	138XXXX0	NX8-01	2600	260	80	
JL001	JL商贸	吉林	420	沈XX	SHENXX@163.com	138XXXX0	NX8-01	1200	120	45	
JL002	JL实业	吉林	150	孔XX	KONGXX@163.com	138XXXX0	NX8-01	3800	380	60	
JL003	JL装饰	吉林	650	毛XX	MAOXX@163.com	138XXXX0	NX8-01	2400	240	70	

图 5－23　应用单元格样式效果图

(二)套用表格格式

套用表格格式

Excel 预置有 60 种常用的格式,用户可以自动地套用这些预先定义好的格式,以提高工作的效率。具体操作步骤如下。

(1)选择要套用格式的单元格区域 A6:L27,单击“开始”选项卡下“样式”组中“套用表格格式”右侧的下拉按钮,在弹出的下拉列表中选择“浅色”选项组中的“蓝色,表样式浅色 9”选项,如图 5-24 所示。

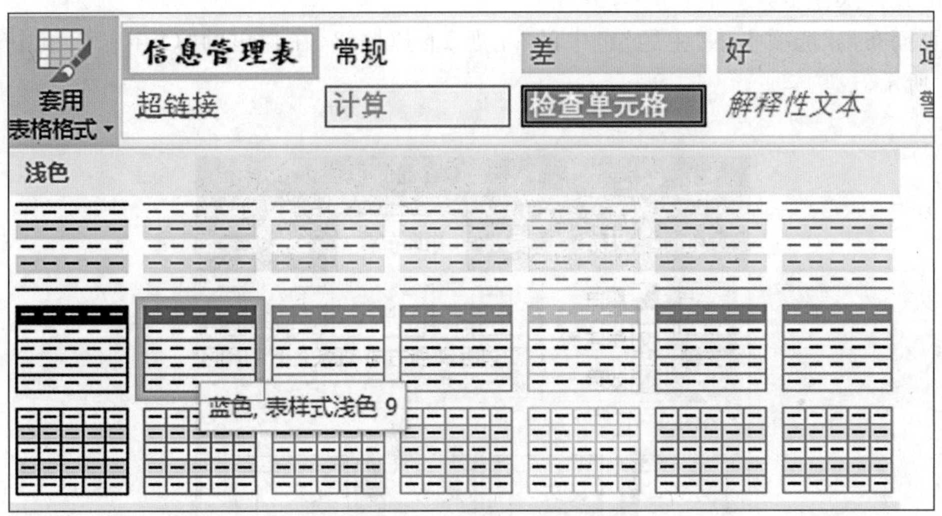

图 5-24 选择表格格式

(2)弹出“套用表格式”对话框,选中“表包含标题”复选框,单击“确定”按钮。

(3)套用该浅色样式后,效果如图 5-25 所示。

公司客户信息管理表

客户编	客户名	省	员工数	联系	电子邮箱	手机号	产品类	订货数	已发	已交货	备注
HN001	HN商贸	河南	180	张XX	ZHANGXX@163.com	138XXXX0	NX8-01	900	90	45	
HN002	HN实业	河南	563	王XX	WANGXX@163.com	138XXXX0	NX8-01	2000	200	56	
HN003	HN装饰	河南	751	李XX	LIXX@163.com	138XXXX0	NX8-01	800	80	20	
SC001	SC商贸	四川	256	赵XX	ZHAOXX@163.com	138XXXX0	NX8-01	850	85	41	
SC002	SC实业	四川	425	周XX	ZHOUXX@163.com	138XXXX0	NX8-01	2100	210	60	
SC003	SC装饰	四川	614	钱XX	QIANXX@163.com	138XXXX0	NX8-01	3000	300	30	
AH001	AH商贸	安徽	452	朱XX	ZHUXX@163.com	138XXXX0	NX8-01	2500	250	87	
AH002	AH实业	安徽	96	金XX	JINXX@163.com	138XXXX0	NX8-01	1100	110	140	
AH003	AH装饰	安徽	352	胡XX	HUXX@163.com	138XXXX0	NX8-01	2400	240	85	
SH001	SH商贸	上海	241	马XX	MAXX@163.com	138XXXX0	NX8-01	1600	160	28	
SH002	SH实业	上海	521	孙XX	SUNXX@163.com	138XXXX0	NX8-01	900	900	102	
SH003	SH装饰	上海	453	刘XX	LIUXX@163.com	138XXXX0	NX8-01	2000	200	45	
TJ001	TJ商贸	天津	409	吴XX	WUXX@163.com	138XXXX0	NX8-01	5000	500	72	
TJ002	TJ实业	天津	530	郑XX	ZHENGXX@163.com	138XXXX0	NX8-01	2400	240	30	
TJ003	TJ装饰	天津	286	陈XX	CHENXX@163.com	138XXXX0	NX8-01	4000	400	50	
SD001	SD商贸	山东	364	吕XX	LVXX@163.com	138XXXX0	NX8-01	4200	420	150	
SD002	SD实业	山东	480	韩XX	HANXX@163.com	138XXXX0	NX8-01	6800	680	180	
SD003	SD装饰	山东	296	卫XX	WEIXX@163.com	138XXXX0	NX8-01	2600	260	80	
JL001	JL商贸	吉林	420	沈XX	SHENXX@163.com	138XXXX0	NX8-01	1200	120	45	
JL002	JL实业	吉林	150	孔XX	KONGXX@163.com	138XXXX0	NX8-01	3800	380	60	
JL003	JL装饰	吉林	650	毛XX	MAOXX@163.com	138XXXX0	NX8-01	2400	240	70	

图 5-25 设置完成效果图

(4)在此样式中单击任意一个单元格,功能区就会出现“表格工具—设计”选项卡,单击“表格样式”组中的“其他”按钮,在弹出的下拉列表中选择一种样式,即可完成更改表格样式的操作。

(5)选择表格内的任意单元格,单击“表格工具—设计”选项卡下“工具”组中的“转换为区域”按钮。

(6)弹出“Microsoft Excel”提示框,单击“是”按钮。

(7)结束标题栏的筛选状态,把表格转换为区域。

(三)设置主题样式

Excel 2019 工作簿由颜色、字体及效果组成,使用主题可以对信息管理表进行美化,让表格更加美观。设置主题样式的具体操作步骤如下。

(1)单击“页面布局”选项卡下“主题”组中的“主题”下拉按钮,在弹出的“Office”面板中选择“环保”选项,如图 5 - 26 所示。

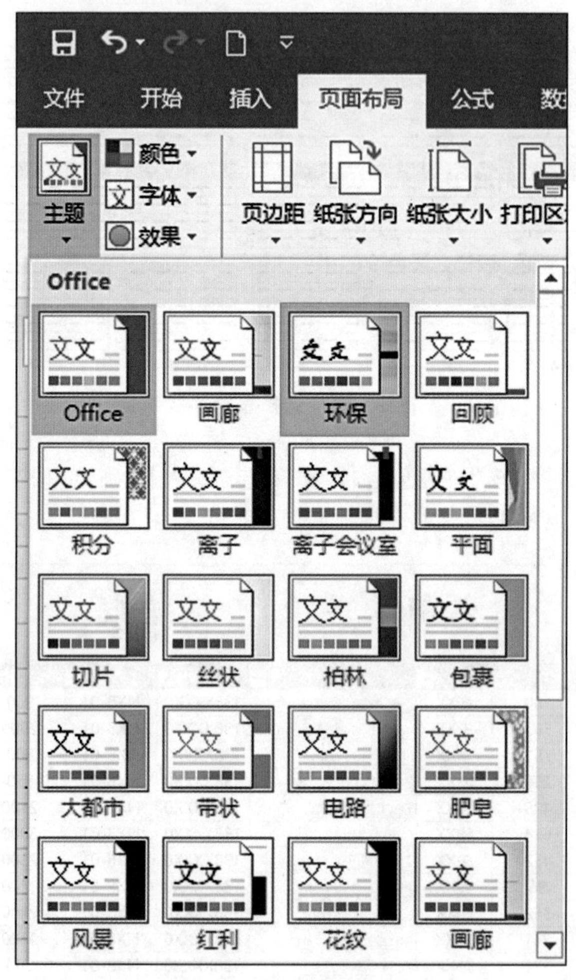

图 5 - 26　设置主题样式

(2)设置表格为“环保”主题。

(3)单击“页面布局”选项卡下“主题”组中“颜色”右侧的下拉按钮,在弹出的“Office”面板中,选择“蓝色”选项。

(4)设置“蓝色”主题颜色后的效果如图 5 - 27 所示。

(5)单击“页面布局”选项卡下“主题”组中“字体”右侧的下拉按钮,在弹出的“Office”面板中,选择一种字体主题样式。

(6)设置主题样式后的效果如图 5 - 28 所示。

公司客户信息管理表

客户编号	客户名称	省份	员工数量	联系人	电子邮箱	手机号码	产品类型	订货数量	已发货	已交货款	备注
HN001	HN商贸	河南	180	张XX	ZHANGXX@163.com	138XXXX0	NX8-01	900	90	45	
HN002	HN实业	河南	563	王XX	WANGXX@163.com	138XXXX0	NX8-01	2000	200	56	
HN003	HN装饰	河南	751	李XX	LIXX@163.com	138XXXX0	NX8-01	800	80	20	
SC001	SC商贸	四川	256	赵XX	ZHAOXX@163.com	138XXXX0	NX8-01	850	85	41	
SC002	SC实业	四川	425	周XX	ZHOUXX@163.com	138XXXX0	NX8-01	2100	210	60	
SC003	SC装饰	四川	614	钱XX	QIANXX@163.com	138XXXX0	NX8-01	3000	300	30	
AH001	AH商贸	安徽	452	朱XX	ZHUXX@163.com	138XXXX0	NX8-01	2500	250	87	
AH002	AH实业	安徽	96	金XX	JINXX@163.com	138XXXX0	NX8-01	1100	110	140	
AH003	AH装饰	安徽	352	胡XX	HUXX@163.com	138XXXX0	NX8-01	2400	240	85	
SH001	SH商贸	上海	241	马XX	MAXX@163.com	138XXXX0	NX8-01	1600	160	28	
SH002	SH实业	上海	521	孙XX	SUNXX@163.com	138XXXX0	NX8-01	900	900	102	
SH003	SH装饰	上海	453	刘XX	LIUXX@163.com	138XXXX0	NX8-01	2000	200	45	
TJ001	TJ商贸	天津	409	吴XX	WUXX@163.com	138XXXX0	NX8-01	5000	500	72	
TJ002	TJ实业	天津	530	郑XX	ZHENGXX@163.com	138XXXX0	NX8-01	2400	240	30	
TJ003	TJ装饰	天津	286	陈XX	CHENXX@163.com	138XXXX0	NX8-01	4000	400	50	
SD001	SD商贸	山东	364	吕XX	LVXX@163.com	138XXXX0	NX8-01	4200	420	150	
SD002	SD实业	山东	480	韩XX	HANXX@163.com	138XXXX0	NX8-01	6800	680	180	
SD003	SD装饰	山东	296	卫XX	WEIXX@163.com	138XXXX0	NX8-01	2600	260	80	
JL001	JL商贸	吉林	420	沈XX	SHENXX@163.com	138XXXX0	NX8-01	1200	120	45	
JL002	JL实业	吉林	150	孔XX	KONGXX@163.com	138XXXX0	NX8-01	3800	380	60	
JL003	JL装饰	吉林	650	毛XX	MAOXX@163.com	138XXXX0	NX8-01	2400	240	70	

图 5－27　设置主题颜色效果图

公司客户信息管理表

客户编号	客户名称	省份	员工数量	联系人	电子邮箱	手机号码	产品类型	订货数量	已发货	已交货款	备注
HN001	HN商贸	河南	180	张XX	ZHANGXX@163. com	138XXXX0	NX8-01	900	90	45	
HN002	HN实业	河南	563	王XX	WANGXX@163. com	138XXXX0	NX8-01	2000	200	56	
HN003	HN装饰	河南	751	李XX	LIXX@163. com	138XXXX0	NX8-01	800	80	20	
SC001	SC商贸	四川	256	赵XX	ZHAOXX@163. com	138XXXX0	NX8-01	850	85	41	
SC002	SC实业	四川	425	周XX	ZHOUXX@163. com	138XXXX0	NX8-01	2100	210	60	
SC003	SC装饰	四川	614	钱XX	QIANXX@163. com	138XXXX0	NX8-01	3000	300	30	
AH001	AH商贸	安徽	452	朱XX	ZHUXX@163. com	138XXXX0	NX8-01	2500	250	87	
AH002	AH实业	安徽	96	金XX	JINXX@163. com	138XXXX0	NX8-01	1100	110	140	
AH003	AH装饰	安徽	352	胡XX	HUXX@163. com	138XXXX0	NX8-01	2400	240	85	
SH001	SH商贸	上海	241	马XX	MAXX@163. com	138XXXX0	NX8-01	1600	160	28	
SH002	SH实业	上海	521	孙XX	SUNXX@163. com	138XXXX0	NX8-01	900	900	102	
SH003	SH装饰	上海	453	刘XX	LIUXX@163. com	138XXXX0	NX8-01	2000	200	45	
TJ001	TJ商贸	天津	409	吴XX	WUXX@163. com	138XXXX0	NX8-01	5000	500	72	
TJ002	TJ实业	天津	530	郑XX	ZHENGXX@163. com	138XXXX0	NX8-01	2400	240	30	
TJ003	TJ装饰	天津	286	陈XX	CHENXX@163. com	138XXXX0	NX8-01	4000	400	50	
SD001	SD商贸	山东	364	吕XX	LVXX@163. com	138XXXX0	NX8-01	4200	420	150	
SD002	SD实业	山东	480	韩XX	HANXX@163. com	138XXXX0	NX8-01	6800	680	180	
SD003	SD装饰	山东	296	卫XX	WEIXX@163. com	138XXXX0	NX8-01	2600	260	80	
JL001	JL商贸	吉林	420	沈XX	SHENXX@163. com	138XXXX0	NX8-01	1200	120	45	
JL002	JL实业	吉林	150	孔XX	KONGXX@163. com	138XXXX0	NX8-01	3800	380	60	
JL003	JL装饰	吉林	650	毛XX	MAOXX@163. com	138XXXX0	NX8-01	2400	240	70	

图 5－28　设置主题样式效果图

任务 2　商品库存明细表

一、设置数据验证

在制作商品库存明细表的过程中，对数据的类型和格式会有严格要求，因此需要在输入数据时对数据的有效性进行验证。

(一)设置商品编号长度

商品库存明细表需要对商品进行编号，以便更好地进行统计。编号的长度是固定的，因此需要对输入数据的长度进行限制，以避免输入错误的数据，具体操作步骤如下。

(1)选中“商品库存明细表”工作表中的 B3:B22 单元格区域。

(2)单击“数据”选项卡下“数据工具”组中的“数据验证”按钮。

(3)弹出“数据验证”对话框，选择“设置”选项卡，单击“验证条件”选项区域中“允许”文本框右侧的下拉按钮，在弹出的下拉列表中选择“文本长度”选项，如图 5 - 29 所示。

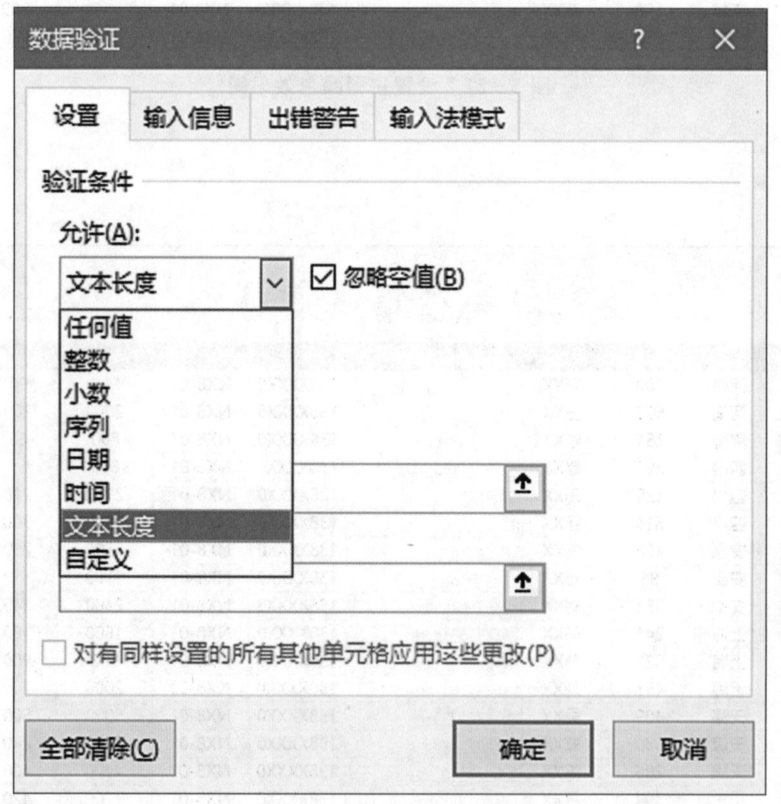

图 5 - 29　选择“文本长度”选项

(4)数据文本框变为可编辑状态，在“数据”文本框的下拉列表中选择“等于”选项，在“长度”文本框内输入“6”，选中“忽略空值”复选框，单击“确定”按钮，如图 5 - 30 所示。

(5)完成设置输入数据长度的操作后，当输入的文本长度不是 6 时，系统会弹出如图 5 - 31 所示的提示窗口。

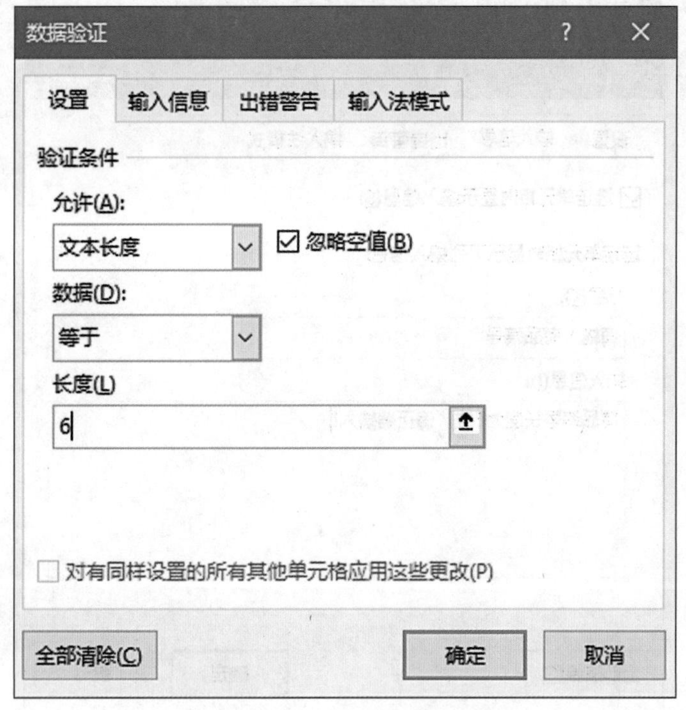

图 5－30　设置文本框长度

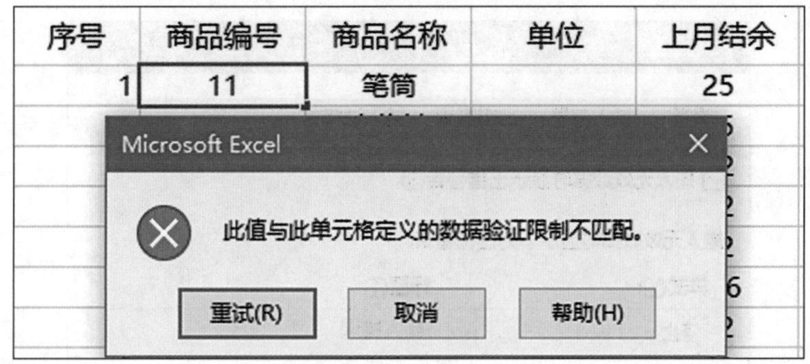

图 5－31　提示窗口

(二)设置输入信息时的提示

完成对单元格输入数据的长度限制设置后，可以设置输入信息时的提示信息，具体操作步骤如下。

(1)选中 B3:B22 单元格区域，单击"数据"选项卡下"数据工具"组中的"数据验证"按钮。

(2)弹出"数据验证"对话框，选择"输入信息"选项卡，选中"选定单元格时显示输入信息"复选框，在"标题"文本框中输入"请输入商品编号"，在"输入信息"文本框中输入"商品编号长度为 6 位，请正确输入！"，单击"确定"按钮，如图 5－32 所示。

(3)返回 Excel 工作表中，操作设置了提示信息的单元格时，即可显示提示信息。

(三)设置输入错误时的警告信息

当用户输入错误的数据时，可以设置警告信息提示用户，具体操作步骤如下。

(1)选中 B3:B22 单元格区域，单击"数据"选项卡下"数据工具"组中的"数据验证"按钮。

(2)弹出"数据验证"对话框，选择"出错警告"选项卡，选中"输入无效数据时显示出错警告"复选框，在"样式"下拉列表中选择"停止"选项，在"标题"文本框中输入"输入错误"，在"错误信息"文本框中输入"请输入正确的商品编号”，单击“确定”按钮，如图 5 - 33 所示。

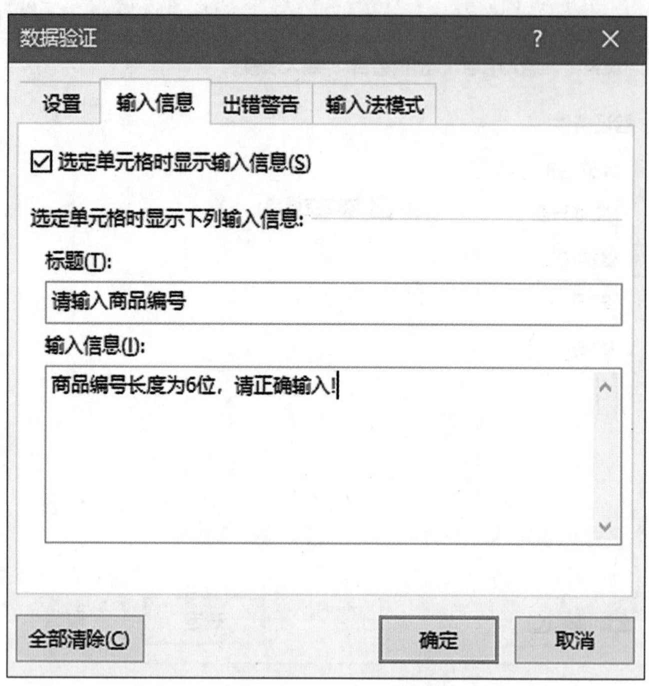

图 5 - 32　设置输入信息时的提示信息

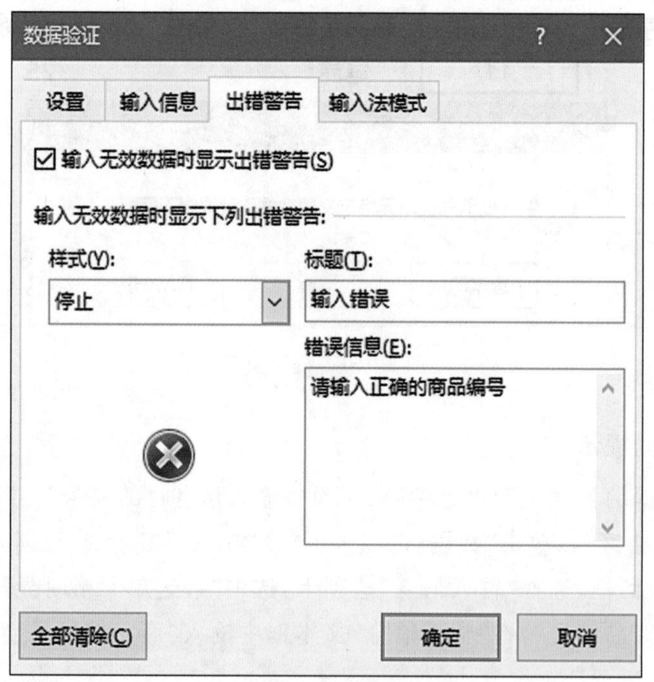

图 5 - 33　设置输错时的警告信息

(3)在 B3 单元格中输入错误数据，如输入“11”，就会弹出设置的警示信息。

(4)设置完成后，在 B3 单元格内输入“MN0001”，按“Enter”键确定，即可完成输入。

(5)使用快速填充功能填充 B4:B22 单元格区域。

(四)设置单元格的下拉按钮

假如单元格内需要输入类似单位这样的特定字符时，可以将其设置为下拉选项以方便输入，具体操作步骤如下。

(1)选中 D3:D22 单元格区域,单击“数据”选项卡下“数据工具”组中的“数据验证”按钮。

(2)弹出“数据验证”对话框,选择“设置”选项卡,单击“验证条件”选项区域“允许”右侧的下拉按钮,在弹出的下拉列表中选择“序列”选项,如图 5－34 所示。

图 5－34　选择“序列”选项

(3)激活“来源”文本框,在文本框内输入“个,盒,包,支,卷,瓶,把”,同时选中“忽略空值”和“提供下拉箭头”复选框,单击“确定”按钮。

(4)设置单元格区域的提示信息,在“标题”文本框中输入“在下拉列表中选择”,在“输入信息”文本框中输入“请在下拉列表中选择商品的单位!”,如图 5－35 所示。

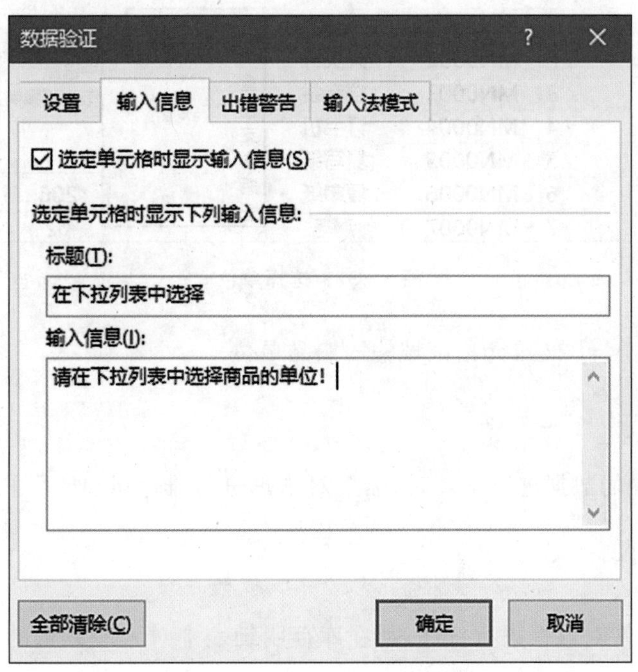

图 5－35　设置单元格提示信息

(5)设置单元格的出错警告信息，在“标题”文本框中输入“输入有误”，在“错误信息”文本框中输入“请到下拉列表中选中！”，如图 5－36 所示。

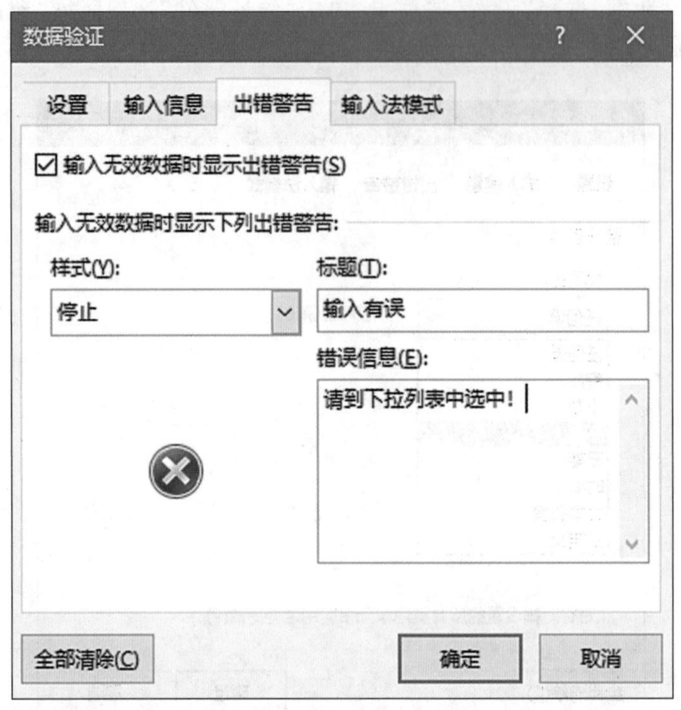

图 5－36　设置单元格的出错警告信息

(6)经上述操作后，在单位列的单元格后显示下拉选项，单击下拉按钮，即可在下拉列表中选择特定的单位，效果如图 5－37 所示。

商品库				
序号	商品编号	商品名称	单位	上月结余
1	MN0001	笔筒		25
2	MN0002	大头针	个	中选择
3	MN0003	档案袋	盒	表中选择商
4	MN0004	订书机	包	
5	MN0005	复写纸	支 卷	
6	MN0006	复印纸	瓶	206
7	MN0007	钢笔	把	62

图 5－37　选择单位

(7)使用同样的方法在 B4:B22 单元格区域输入商品单位。

二、排序数据

排序数据

在对商品库存明细表中的数据进行统计时，需要对数据进行排序，以便更好地对数据进行分析和处理。

(一)单条件排序

Excel 可以根据某个条件对数据进行排序，如在库存明细表中对入库数量的多少进行排序，具体操作步骤如下。

(1)选中数据区域的任意单元格,单击“数据”选项卡下“排序和筛选”组中的“排序”按钮,如图 5－38 所示。

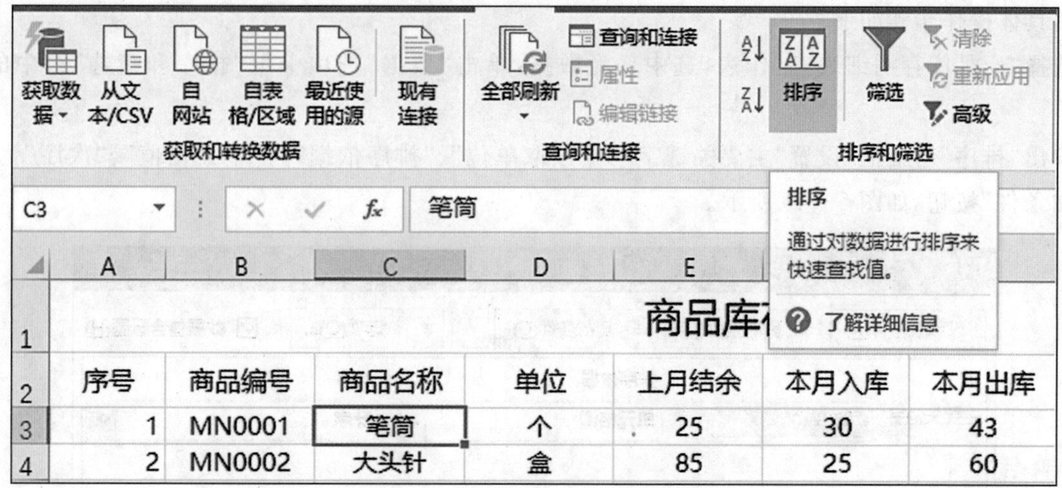

图 5－38　单击“排序”按钮

(2)弹出“排序”对话框,将“主要关键字”设置为“本月入库”,将“排序依据”设置为“单元格值”,将“次序”设置为“升序”,选中“数据包含标题”复选框,单击“确定”按钮,如图 5－39 所示。

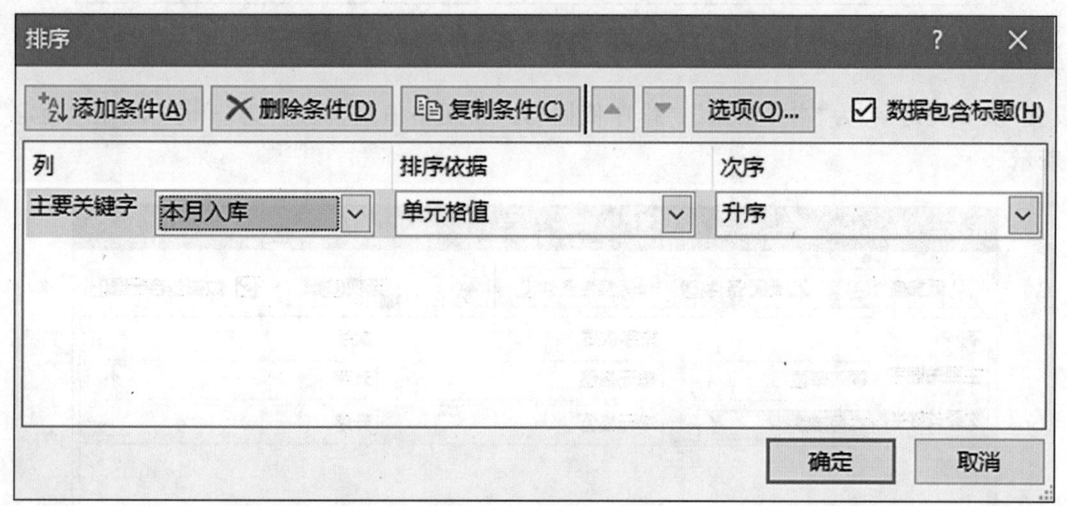

图 5－39　设置排序条件

(3)即可将数据以入库数量为依据进行从小到大的排序。

开阔视野

Excel 默认的排序是根据单元格中的数据进行的。在按升序排序时,Excel 使用如下的顺序。

(1)数值从最小的负数到最大的正数排序。

(2)文本按 A～Z 顺序排序。

(3)逻辑值 False 在前,True 在后。

(4)空格排在最后。

(二)多条件排序

如果在对各个部门进行排序的同时，也要对各个部门内部商品的本月结余情况进行比较，则可以使用多条件排序，具体操作步骤如下。

(1)选择“商品库存明细表”工作表，选中任意数据，单击“数据”选项卡下“排序和筛选”组中的“排序”按钮。

(2)弹出“排序”对话框，设置“主要关键字”为“领取单位”、“排序依据”为“单元格值”、“次序”为“升序”，单击“添加条件”按钮，如图5-40所示。

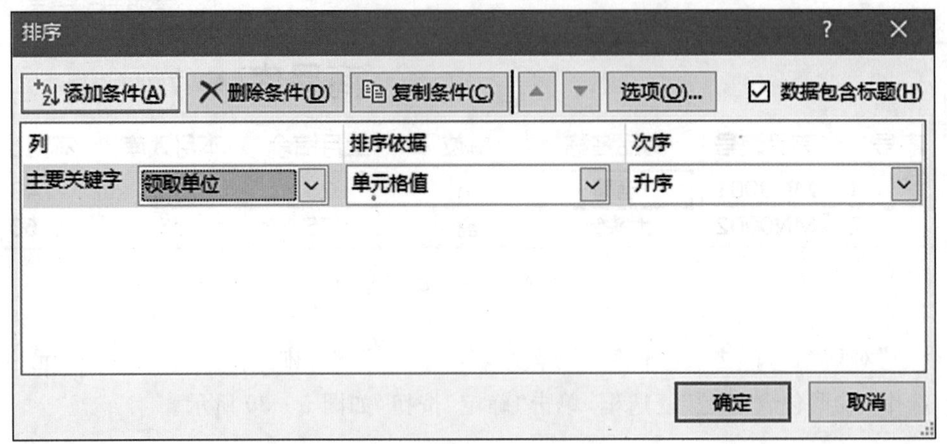

图5-40　设置多条件排序(一)

(3)设置“次要关键字”为“本月结余”、“排序依据”为“单元格值”、“次序”为“升序”，单击“确定”按钮，如图5-41所示。

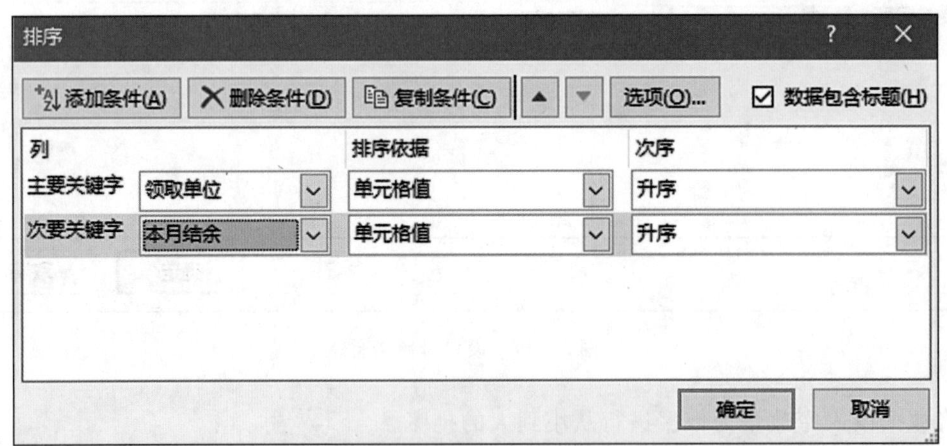

图5-41　设置多条件排序(二)

(4)可对工作表进行排序。

开阔视野

在多条件排序中，数据区域按主要关键字排列，主要关键字相同的按次要关键字排列，如果次要关键字也相同，则按第三关键字排列。

(三)按行或列排序

如果需要对商品库存明细进行按行或按列的排序,就可以通过排序功能实现,具体操作步骤如下。

(1)选中 E2:G22 单元格区域,单击"数据"选项卡下"排序和筛选"组中的"排序"按钮。

(2)弹出"排序"对话框,单击"选项"按钮。

(3)弹出"排序选项"对话框,在"方向"选项区域中选中"按行排序"单选按钮,单击"确定"按钮,如图 5-42 所示。

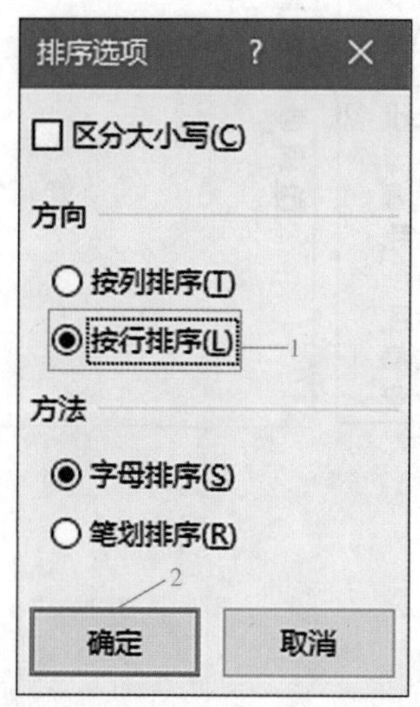

图 5-42　选择"按行排序"选项

(4)可将工作表数据根据设置进行排序。

(四)自定义排序

如果需要按商品的单位进行一定的顺序排列,那么可以将商品的名称自定义为排序序列,具体操作步骤如下。

(1)选中数据区域中任意单元格。

(2)单击"数据"选项卡下"排序和筛选"组中的"排序"按钮。

(3)弹出"排序"对话框,设置"主要关键字"为"单位",选择"次序"下拉列表中的"自定义序列"选项,如图 5-43 所示。

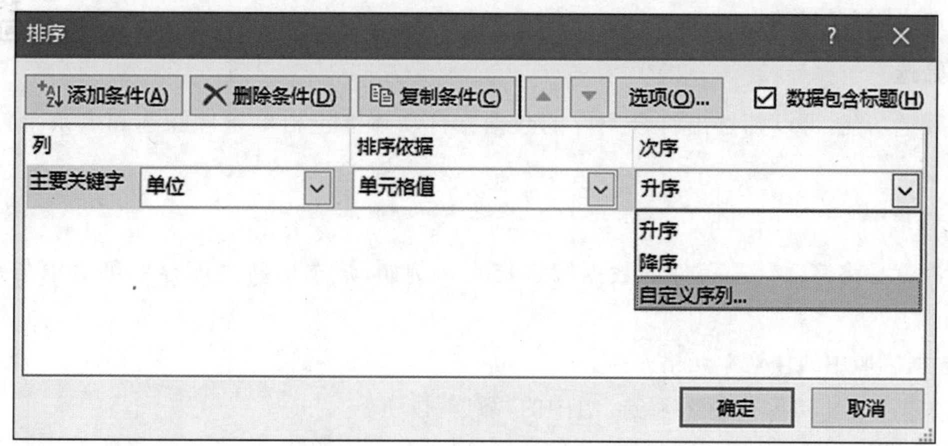

图 5-43　选择"自定义序列"选项

(4)弹出"自定义序列"对话框,在"自定义序列"选项卡下"输入序列"文本框内输入"个、盒、包、支、卷、

瓶、把”，每输入一个条目，按 Enter 键分隔条目，输入完成后单击“确定”按钮，如图 5－44 所示。

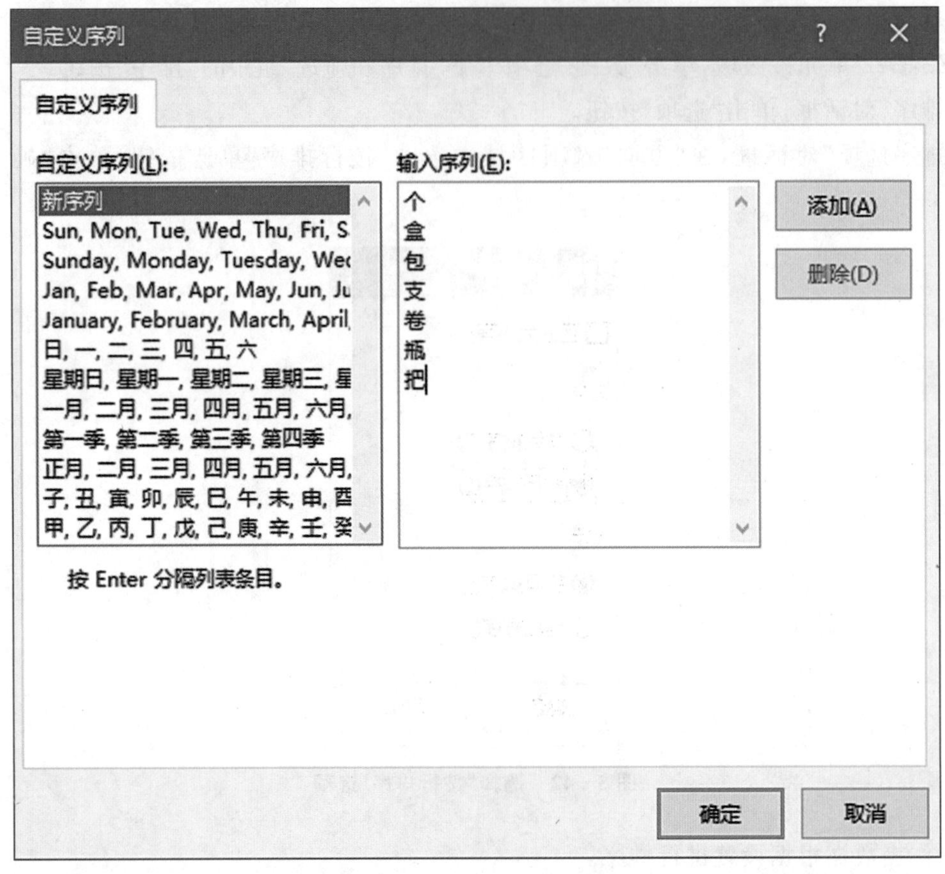

图 5－44　设置自定义排序

(5)可在“排序”对话框中看到自定义的次序，单击“确定”按钮。

(6)可将数据按照自定义的序列进行排序。

三、筛选数据

筛选数据

在对商品库存明细表的数据进行处理时，如果需要查看一些特定的数据，可以使用数据筛选功能筛选出需要的数据。

(一)自动筛选

通过自动筛选功能，可以筛选出符合条件的数据。自动筛选包括单条件筛选和多条件筛选。

1. 单条件筛选

单条件筛选就是将符合一种条件的数据筛选出来。例如，筛选出商品库存明细表中与初中部有关的商品。

(1)选中数据区域中的任意单元格。

(2)单击“数据”选项卡下“排序和筛选”组中的“筛选”按钮。

(3)工作表自动进入筛选状态，每列的标题下面出现一个下拉按钮，单击单元格的下拉按钮，如图 5－45 所示。

(4)在弹出的下拉选项中选中“初中部”复选框，单击“确定”按钮，如图 5－46 所示。

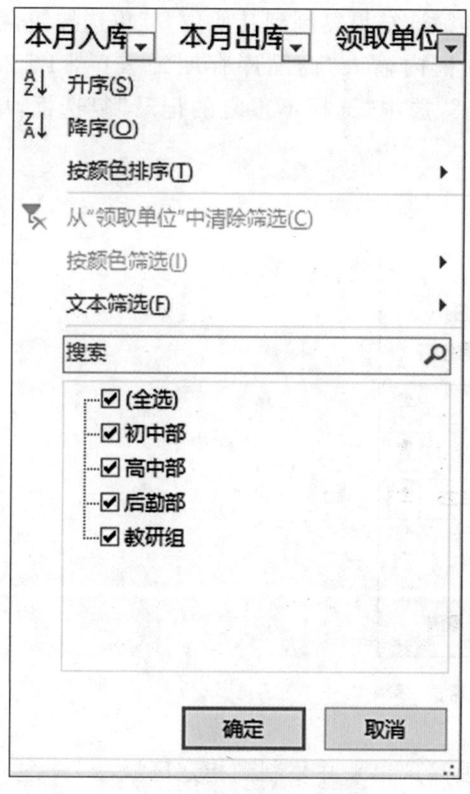

图 5－45 单击单元格下拉按钮

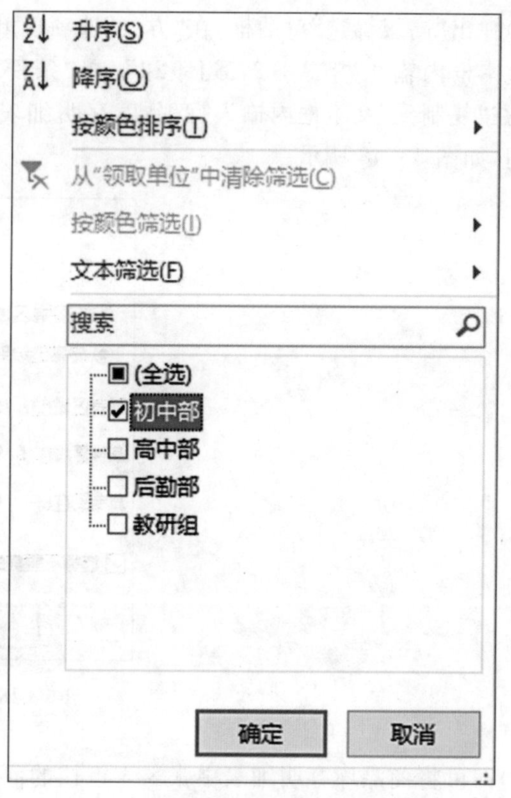

图 5－46 选中"初中部"复选框

(5)可将与初中部有关的商品筛选出来。

2. 多条件筛选

多条件筛选就是将符合多个条件的数据筛选出来。例如,显示商品库存明细表中档案袋和回形针的使用情况。

(1)选中数据区域中的任意单元格。

(2)单击"数据"选项卡下"排序和筛选"组中的"筛选"按钮。

(3)工作表自动进入筛选状态,每列的标题下面出现一个下拉按钮,单击 C2 单元格的下拉按钮。

(4)在弹出的下拉选项中选中"档案袋"和"回形针"复选框,单击"确定"按钮。

(5)可筛选出与档案袋和回形针有关的所有数据。

(二)高级筛选

如果要将商品库存明细表中张××审核的商品名称单独筛选出来,可以使用高级筛选功能设置多个复杂筛选条件来实现,具体操作步骤如下。

(1)在 I25 和 I26 单元格内分别输入"审核人"和"张××",在 J25 单元格内输入"商品名称"。

(2)选中数据区域中的任意单元格,单击"数据"选项卡下"排序和筛选"组中的"高级"按钮,如图 5－47 所示。

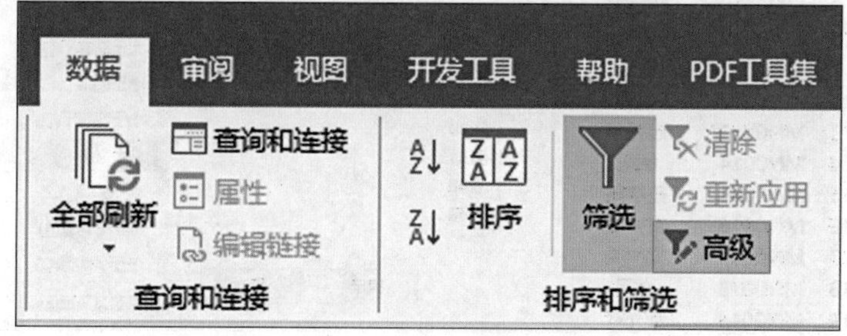

图 5－47 单击"高级"按钮

(3)弹出“高级筛选”对话框，在“方式”选项区域中选中“将筛选结果复制到其他位置”单选按钮，在“列表区域”文本框内输入“＄A＄2：＄J＄22”，在“条件区域”文本框内输入“商品库存明细表！＄I＄25 ：＄I＄26”，在“复制到”文本框内输入“商品库存明细表！＄J＄25”，选中“选择不重复的记录”复选框，单击“确定”按钮，如图 5－48 所示。

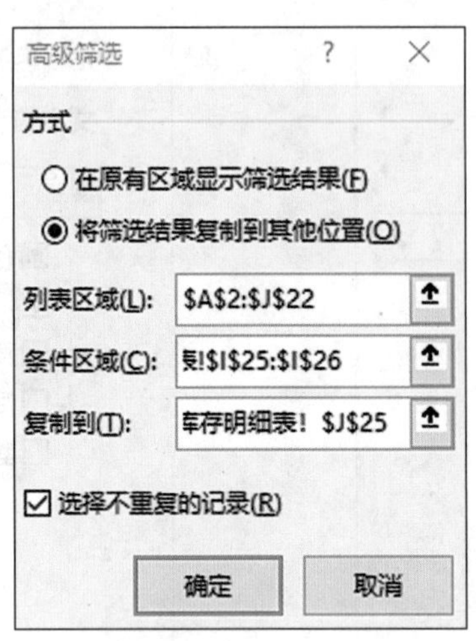

图 5－48　设置高级筛选

(4)即可将商品库存明细表中张××审核的商品名称单独筛选出来并复制到指定区域。

开阔视野

输入的筛选条件文字需要和数据表中的文字保持一致。

(三)自定义筛选

(1)选择数据区域中的任意单元格。

(2)单击“数据”选项卡下“排序和筛选”组中的“筛选”按钮。

(3)进入筛选模式，单击“本月入库”下拉按钮，在弹出的下拉列表中选择“数字筛选”→“介于”选项，如图 5－49 所示。

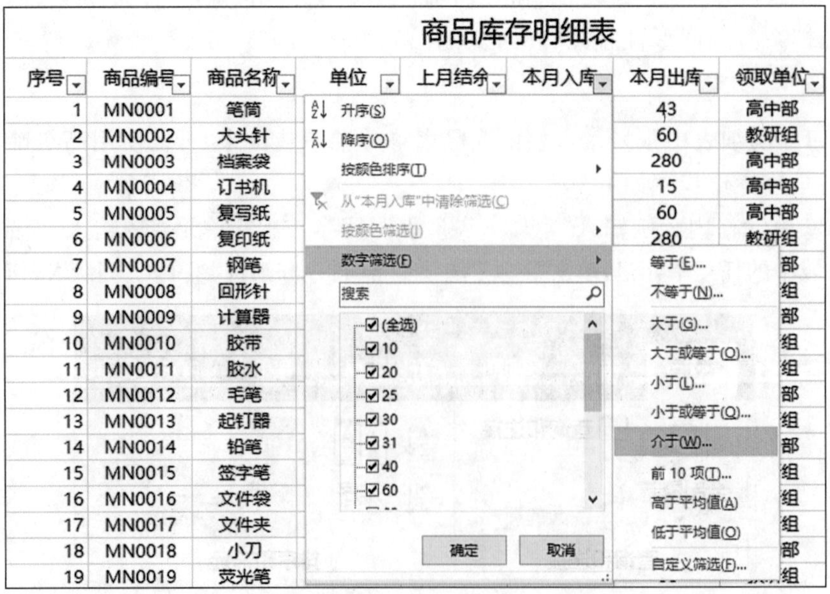

商品库存明细表

序号	商品编号	商品名称	单位	上月结余	本月入库	本月出库	领取单位
1	MN0001	笔筒				43	高中部
2	MN0002	大头针				60	教研组
3	MN0003	档案袋				280	高中部
4	MN0004	订书机				15	高中部
5	MN0005	复写纸				60	高中部
6	MN0006	复印纸				280	教研组
7	MN0007	钢笔					部
8	MN0008	回形针					组
9	MN0009	计算器					部
10	MN0010	胶带					组
11	MN0011	胶水					组
12	MN0012	毛笔					部
13	MN0013	起钉器					组
14	MN0014	铅笔					部
15	MN0015	签字笔					组
16	MN0016	文件袋					组
17	MN0017	文件夹					组
18	MN0018	小刀					部
19	MN0019	荧光笔					组

图 5－49　选择“介于”选项

(4)弹出“自定义自动筛选方式”对话框，在“显示行”选项区域中上方左侧下拉列表框中选择“大于或等于”选项，对应的右侧数值设置为“20”，选中“与”单选按钮，在下方左侧下拉列表中选择“小于或等于”选项，对应的数值设置为“31”，单击“确定”按钮，如图 5-50 所示。

图 5-50 设置自动筛选方式

(5)将本月入库量介于 20 和 31 之间的商品筛选出来。

四、数据的分类汇总

商品库存明细表需要对不同的商品进行分类汇总，使工作表更加有条理，有利于数据的分析和处理。

(一)创建分类汇总

将商品根据领取单位对上月结余情况进行分类汇总，具体操作步骤如下。

(1)选中“领取单位”区域中的任意单元格。

(2)单击“数据”选项卡下“排序和筛选”组中的“升序”按钮，如图 5-51 所示。

(3)可将数据以领取单位为依据进行升序排列。

(4)单击“数据”选项卡下“分级显示”组中的“分类汇总”按钮，如图 5-52 所示。

图 5-51 选择“升序”按钮

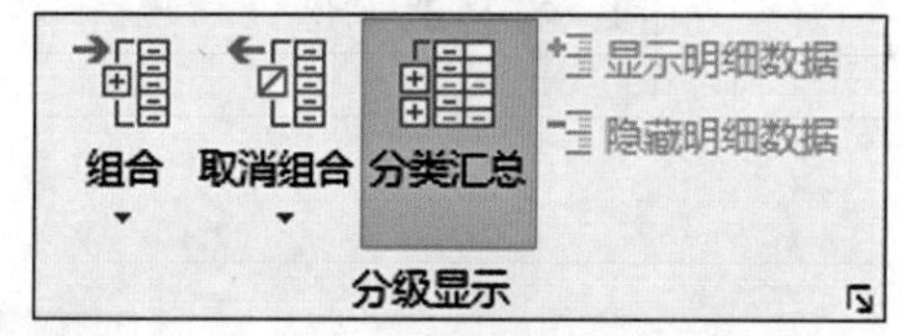

图 5-52 单击“分类汇总”按钮

(4)弹出“分类汇总”对话框，设置“分类字段”为“领取单位”、“汇总方式”为“求和”，在“选定汇总项”列表中选中“本月结余”复选框，其余保持默认值，单击“确定”按钮，如图 5-53 所示。

(5)对工作表进行以领取单位为类别的、对本月结余进行的分类汇总，结果如图 5-54 所示。

(二)清除分类汇总

如果不再需要对数据进行分类汇总，可以选择清除分类汇总，具体操作步骤如下。

(1)接着上面的操作，选中数据区域中的任意单元格。

(2)单击“数据”选项卡下“分级显示”组中“分类汇总”的按钮，在弹出的“分类汇总”对话框中单击“全部删除”按钮，如图 5-55 所示。

(3)将分类汇总全部删除。

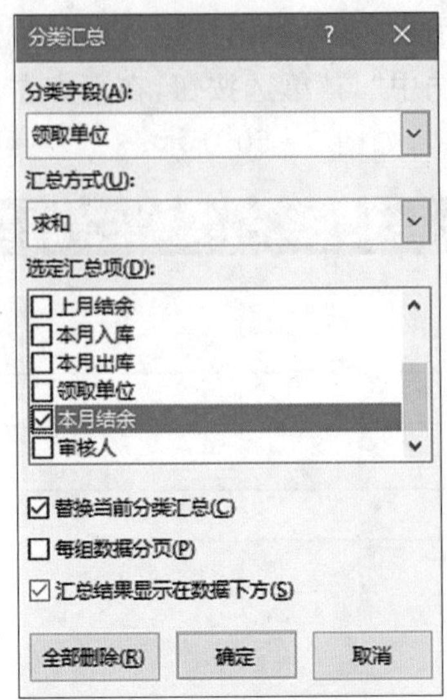

图 5－53 “分类汇总”对话框

	A	B	C	D	E	F	G	H	I	J
1	商品库存明细表									
2	序号	商品编号	商品名称	单位	上月结余	本月入库	本月出库	领取单位	本月结余	审核人
3	7	MN0007	钢笔	盒	62	110	170	初中部	2	张XX
4	9	MN0009	计算器	卷	45	65	102	初中部	8	张XX
5	14	MN0014	铅笔	支	112	210	298	初中部	24	王XX
6	20	MN0020	直尺		36	40	56	初中部	20	王XX
7								**初中部 汇总**	54	
8	1	MN0001	笔筒	个	25	30	43	高中部	12	张XX
9	3	MN0003	档案袋	个	52	240	280	高中部	12	张XX
10	4	MN0004	订书机	个	12	10	15	高中部	7	张XX
11	5	MN0005	复写纸	包	52	20	60	高中部	12	王XX
12	12	MN0012	毛笔	个	12	20	28	高中部	4	张XX
13								**高中部 汇总**	47	
14	18	MN0018	小刀	把	54	40	82	后勤部	12	王XX
15								**后勤部 汇总**	12	
16	2	MN0002	大头针	盒	85	25	60	教研组	50	张XX
17	6	MN0006	复印纸	支	206	100	280	教研组	26	张XX
18	8	MN0008	回形针	个	69	25	80	教研组	14	王XX
19	10	MN0010	胶带	瓶	29	31	50	教研组	10	张XX
20	11	MN0011	胶水	支	30	20	35	教研组	15	王XX
21	13	MN0013	起钉器	支	6	20	21	教研组	5	王XX
22	15	MN0015	签字笔	支	86	360	408	教研组	38	张XX
23	16	MN0016	文件袋	个	59	160	203	教研组	16	张XX
24	17	MN0017	文件夹	个	48	60	98	教研组	10	王XX
25	19	MN0019	荧光笔	支	34	80	68	教研组	46	王XX
26								**教研组 汇总**	230	
27								**总计**	343	

图 5－54 设置完成

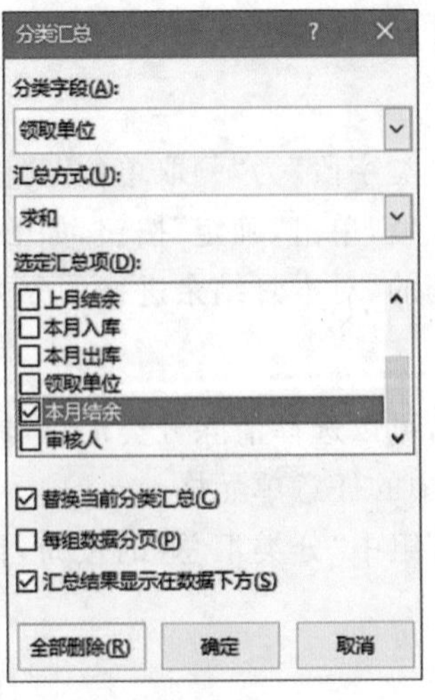

图 5－55 清除分类汇总

项目考核

一、填空题

1. Excel 2019 提供了__________和自定义筛选两种筛选方式。

2. 在默认情况下，单元格中的文本__________对齐，数值靠右对齐。

3. 在 Excel 2019 中，对数据进行分类汇总前，应对数据进行__________操作。

4. 在 Excel 2019 中，除了直接在单元格中编辑内容外，还可以使用__________进行编辑。

5. 在 Excel 2019 中，排序命令在__________菜单中。

二、选择题

1. 在 Excel 2019 中，默认包含(　　)张工作表。

A.3　　B.5　　C.4　　D.6

2. 在 Excel 2019 中，(　　)是正确的区域表示方法。

A.A1..A4　　B.A1＃A4　　C.A1：A4　　D.A1＞A4

3. 在 Excel 2019 中，数据类型有数字、文字和(　　)。

A.日期和时间　　B.日期　　C.时间　　D.逻辑

4. Excel 2019 的基本数据单元是(　　)。

A.工作簿　　B.单元格　　C.数据值　　D.工作表

5. Excel 2019 除了能进行一般的表格处理功能外，还具有强大的(　　)功能。

A.数据计算　　B.数据检查　　C.图表处理　　D.复制

三、简答题

1. 简述 Excel 的功能。

2. 数据验证的作用是什么？

3. 如何对工作表中的数据进行排序？

项目六　PowerPoint 2019 基本操作

项目目标

1. 能够掌握幻灯片页面的添加、删除和移动，设置文本样式，添加项目符号和编号等基本操作。
2. 制作出符合要求的公司管理培训 PPT。
3. 掌握插图图形、图标等操作，并对包含图形、图标的幻灯片进行设计制作。
4. 能够制作满足要求的产品营销推广方案的 PPT。

任务 1　公司管理培训 PPT

一、演示文稿的基本操作

在制作公司管理培训 PPT 时，首先要新建空白演示文稿，并为演示文稿应用主题，以及设置演示文稿的显示比例。

(一)新建空白演示文稿

启动 PowerPoint 2019 软件之后，会提示创建什么样的 PPT 演示文稿，并提供模板供用户选择。具体操作步骤如下。

启动 PowerPoint 2019，弹出如图 6－1 所示的 PowerPoint 界面，选择"空白演示文稿"选项，即可新建空白演示文稿，如图 6－1 所示。

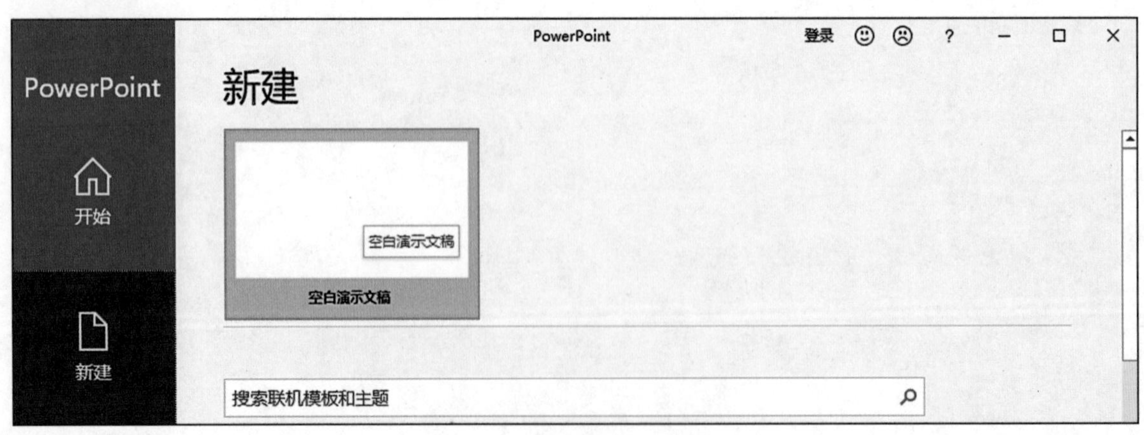

图 6－1　新建空白演示文稿

(二)为演示文稿应用主题

新建空白演示文稿后,用户可以为演示文稿应用主题,来满足公司管理培训 PPT 模板的格式要求。

1. 使用内置主题

PowerPoint 2019 中内置了 32 种主题,用户可以根据需要使用这些主题,具体操作步骤如下。

(1)单击“设计”选项卡下“主题”组右侧的“其他”按钮,在弹出的下拉列表中任选一种样式,这里选择“裁剪”主题,如图 6-2 所示。

(2)此时,主题即可应用到幻灯片中。

2. 自定义主题

如果对系统自带的主题不满意,用户可以自定义主题,具体操作步骤如下。

(1)单击“设计”选项卡下“主题”组右侧的“其他”按钮,在弹出的下拉列表中选择“浏览主题”选项,如图 6-3 所示。

图 6-2 使用内置主题

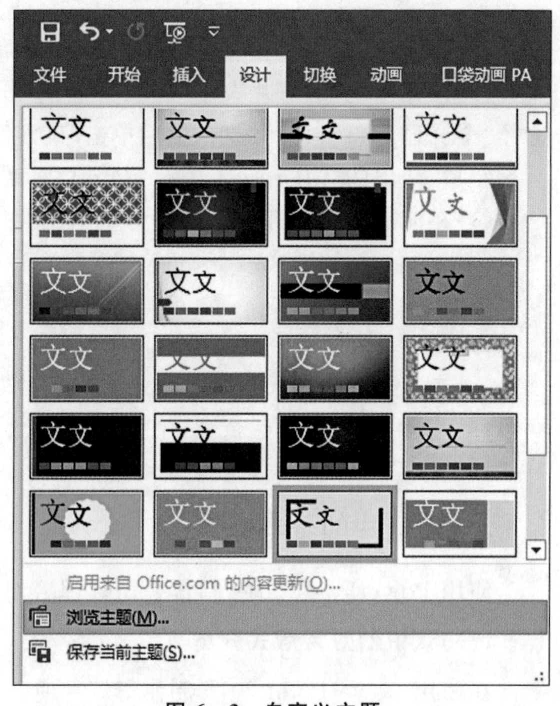

图 6-3 自定义主题

(2)在弹出的“选择主题或主题文档”对话框中,选择要应用的主题模板,然后单击“应用”按钮,即可应用自定义的主题。

在本例中应用的是“裁剪”主题,按“Ctrl+Z”组合键,即可撤销自定义主题的应用。

(三)设置演示文稿的显示比例

PPT 演示文稿常用的显示比例有 4∶3 与 16∶9 两种,新建 PowerPoint 演示文稿时,默认的比例为 16∶9,用户可以方便地在这两种比例之间切换。此外,用户可以自定义幻灯片页面的大小来满足演示文稿的设计需求。设置演示文稿显示比例的具体操作步骤如下。

(1)单击“设计”选项卡下“自定义”组中的“幻灯片大小”按钮,在弹出的下拉列表中选择“自定义幻灯片大小”选项，如图 6－4 所示。

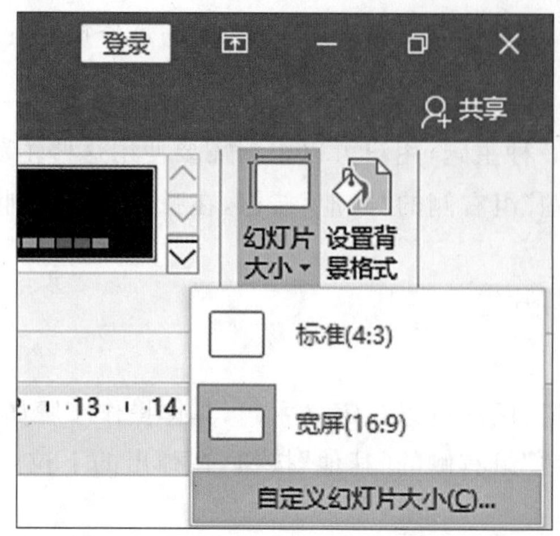

图 6－4　选择“自定义幻灯片大小”

(2)在弹出的“幻灯片大小”对话框中，单击“幻灯片大小”文本框右侧的下拉按钮，在弹出的下拉列表中选择“全屏显示(16：10)”选项，然后单击“确定”按钮。

(3)在弹出的“Microsoft PowerPoint”对话框中单击“最大化”按钮。

(4)在演示文稿中即可看到设置显示比例后的效果。

开阔视野

在本例中应用的幻灯片大小是默认的“宽屏(16：10)”大小，按“Ctrl＋Z”组合键，即可撤销设置的幻灯片大小，恢复默认值。

二、幻灯片的基本操作

编辑幻灯片

使用 PowerPoint 2019 制作公司管理培训 PPT 时要先掌握幻灯片的基本操作。

(一)认识幻灯片版式分类

在使用 PowerPoint 2019 制作幻灯片时，经常需要更改幻灯片的版式，来满足幻灯片不同样式的需要。每个幻灯片版式不仅包含文本、表格、视频、图片、形状等内容的占位符，而且包含这些对象的格式。

(1)新建演示文稿后，会新建一张幻灯片页面，此时的幻灯片版式为“标题幻灯片”版式页面。

(2)单击“开始”选项卡“幻灯片”组中“版式”右侧的下拉按钮，在弹出的“裁剪”面板中即可看到包含有“标题幻灯片”“标题和内容”“节标题”“两栏内容”等 11 种版式，如图 6－5 所示。

开阔视野

每种版式的样式及占位符各不相同，用户可以根据需要选择要创建或更改的幻灯片母版，从而制作出符合要求的 PPT。

(二)新建幻灯片

新建幻灯片的常见方法有 3 种，用户可以根据需要选择合适的方法快速新建幻灯片。

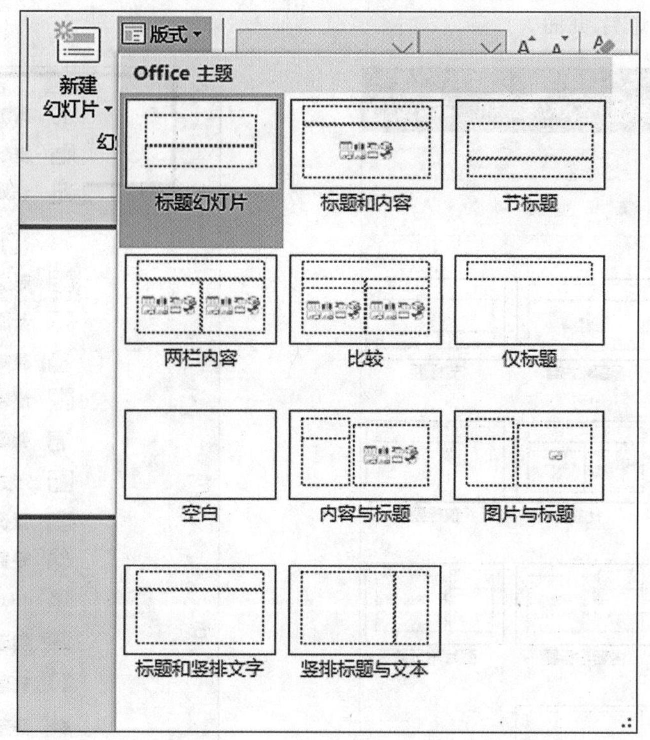

图 6-5 幻灯片版式分类

1. 使用“开始”选项卡

(1)单击“开始”选项卡“幻灯片”组中的“新建幻灯片”下拉按钮,在弹出的下拉列表中选择“标题幻灯片”选项,如图 6-6 所示。

(2)即可新建“标题幻灯片”幻灯片页面,并可在左侧的“幻灯片”窗格中显示新建的幻灯片。

(3)重复上述操作步骤,新建 6 张“仅标题”幻灯片页面。

(4)重复上述操作步骤,新建 1 张“空白”幻灯片页面。

2. 使用快捷菜单

(1)在“幻灯片”窗格中选择一张幻灯片并右击,在弹出的快捷菜单中选择“新建幻灯片”选项,如图 6-7 所示。

(2)即可在该幻灯片的后面,快速新建幻灯片。

3. 使用“插入”选项卡

单击“插入”选项卡下“幻灯片”组中的“新建幻灯片”下拉按钮,在弹出的下拉列表中选择一种幻灯片版式,也可以完成新建幻灯片页面的操作。

(三)移动幻灯片

用户可以通过移动幻灯片的方法改变幻灯片的位置,单击需要移动的幻灯片并按住鼠标左键,拖曳幻灯片至目标位置,松开鼠标左键即可。此外,通过剪切并粘贴的方式也可以移动幻灯片。

(四)删除幻灯片

不需要的幻灯片页面可以删除,删除幻灯片页面的常见方法有以下两种。

1. 使用 Delete 快捷键

在“幻灯片”窗格中选择要删除的幻灯片页面,按“Delete”键,即可快速删除选择的幻灯片页面。

2. 使用快捷菜单

(1)选择要删除的幻灯片页面并右击,在弹出的快捷菜单中选择“删除幻灯片”选项,如图 6-8 所示。

(2)即可删除选择的幻灯片页面。

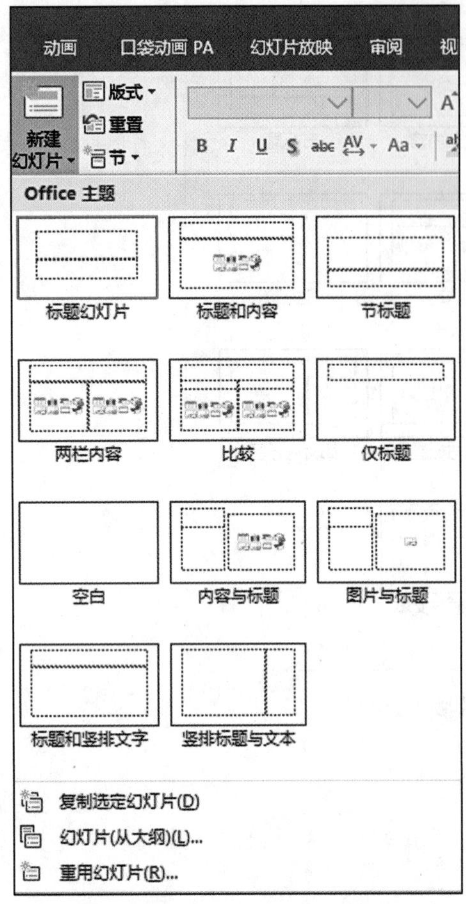

图 6-6　选择"标题幻灯片"选项

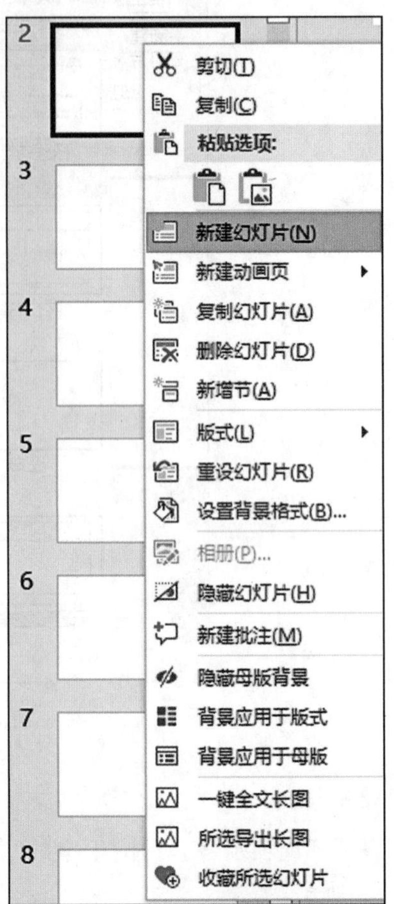

图 6-7　选择"新建幻灯片"选项

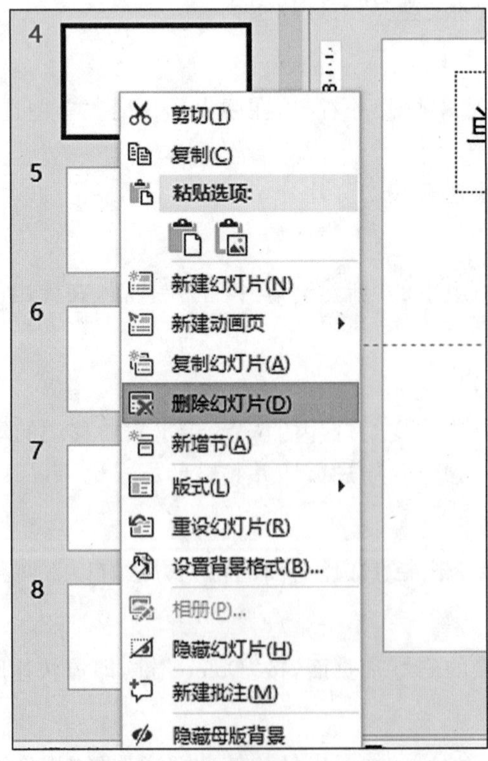

图 6-8　选择"删除幻灯片"选项

三、文本的输入和格式化设置

在幻灯片中输入文本，并对文本进行字体、颜色、对齐方式、段落缩进等格式化设置。

(一)在幻灯片首页输入标题

幻灯片中文本占位符的位置是固定的，用户可以在其中输入文本，具体操作步骤如下。

(1)单击标题文本占位符内的任意位置，使鼠标光标置于标题文本占位符内。

(2)输入标题文本“公司管理培训 PPT”。

(3)选择副标题文本占位符，在副标题文本框中输入文本“人力资源部”。

(二)在文本框中输入内容

在演示文稿的文本框中输入内容来完善公司管理培训 PPT，具体操作步骤如下。

(1)打开提供素材“管理培训.txt”文件。在记事本中选中要复制的文本内容，如图 6-9 所示。

(2)返回 PPT 演示文稿中，选择第 2 张幻灯片，单击幻灯片空白处，按 Ctrl＋V 组合键，将复制的内容粘贴至第 2 张幻灯片中。

(3)在标题文本占位符内输入文本“领导力培训”。

(4)按照上述操作方法，打开素材“管理培训.txt”文件，把所选内容复制粘贴到第 3 张幻灯片中，并输入标题文本“执行力培训”。

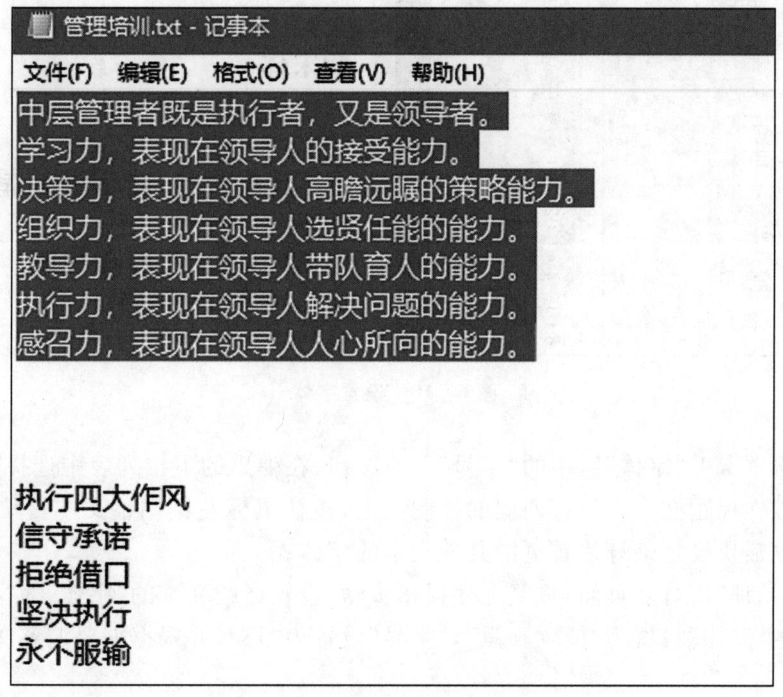

图 6-9　选中要复制的内容

(5)按照上述操作方法，打开素材“管理培训.txt”文件，并把所选内容复制粘贴到第 4 张幻灯片中，并输入标题文本“时间管理”。

(6)按照上述操作方法，打开素材“管理培训.txt”文件，把所选内容复制粘贴到第 5 张幻灯片中，并输入标题文本“沟通培训”。

(7)按照上述操作方法，打开素材“管理培训.txt”文件，把所选内容复制粘贴到第 6 张幻灯片中，并输入标题文本“职业生涯管理”。

(8)按照上述操作方法，打开素材“管理培训.txt”文件，把所选内容复制粘贴到第 7 张幻灯片中，并输入标题文本“团队打造”。

(三)设置字体

PowerPoint 默认的“字体”为“华文楷体”、“字体颜色”为“黑色”,在“开始”选项卡下的“字体”组或“字体”对话框的“字体”选项卡中可以设置字体、字号及字体颜色等,具体操作步骤如下。

(1)选中第 1 张幻灯片页面中的“公司管理培训 PPT”文本,单击“开始”选项卡“字体”组中的“字体”下拉按钮,在弹出的下拉列表中选择“微软雅黑”选项,如图 6-10 所示。

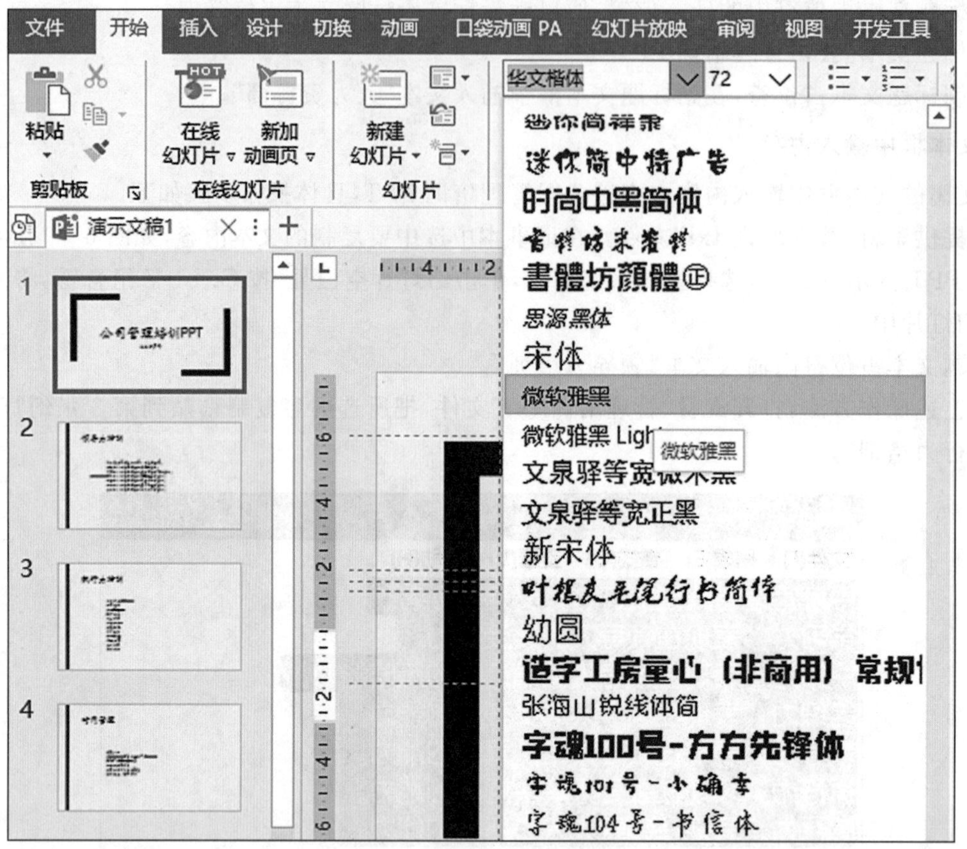

图 6-10 设置字体

(2)单击“开始”选项卡下“字体”组中的“字号”下拉按钮,在弹出的下拉列表中选择“72”选项。

(3)把鼠标指针放在标题文本占位符四周的控制点上,按住鼠标左键调整文本占位符的大小,并根据需要调整位置,然后根据需要设置幻灯片首页中其他文本的字体。

(4)选择“领导力培训”幻灯片页面,重复上述操作步骤,设置标题文本的“字体”为“华文楷体”、“字号”为“44”,并将正文内容的“字体”设置为“微软雅黑”,“字号”设置为“18”,并根据需要调整文本框的大小与位置,如图 6-11 所示。

(5)选择“领导力培训”幻灯片页面正文内容中的第一段文本,单击“开始”选项卡下“字体”组中的“字体颜色”下拉按钮,在弹出的下拉列表中选择“绿色”选项。

(6)将其“字号”调整为“24”。

(7)按照上述操作方法,设置其他字体。

(四)设置对齐方式

段落对齐方式包括左对齐、右对齐、居中对齐、两端对齐和分散对齐等,不同的对齐方式可以达到不同的效果。

(1)选择第 1 张幻灯片页面,选中需要设置对齐方式的段落,单击“开始”选项卡下“段落”组中的“右对齐”按钮,如图 6-12 所示。

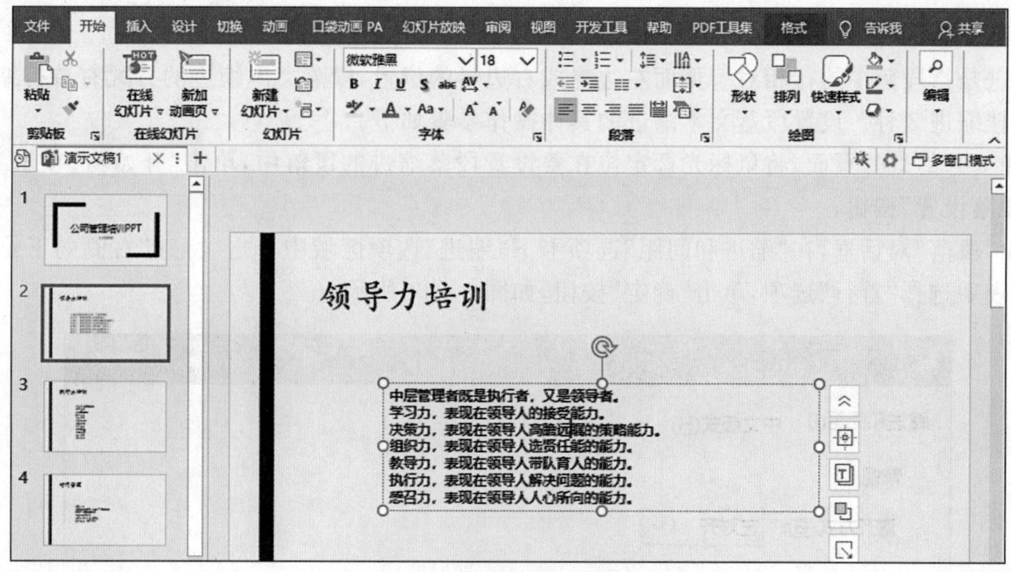

图 6－11 设置标题文本的字体字号

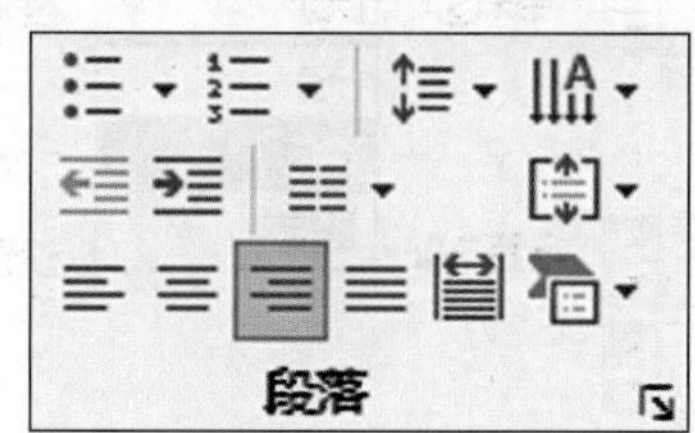

图 6－12 设置对齐方式

(2)可看到副标题文本设置为“右对齐”后的效果。

开阔视野

此外，还可以使用“段落”对话框将副标题文本框中的内容设置为“右对齐”。单击“开始”选项卡下的“段落”组中的“段落设置”按钮，弹出“段落”对话框，在“常规”选项区域将“对齐方式”设置为“右对齐”，单击“确定”按钮，如图 6－13 所示。

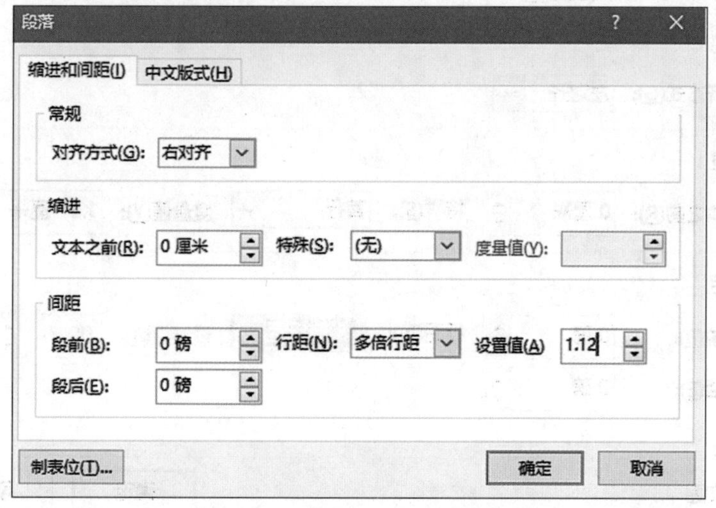

图 6－13 使用“段落”对话框设置对齐方式

(五)设置文本的段落缩进

段落缩进是指段落中的行相对于页面左边界或右边界的位置,段落文本缩进的方式有首行缩进、文本之前缩进和悬挂缩进 3 种。设置段落文本缩进的具体操作步骤如下。

(1)选择 6 张幻灯片页面,将鼠标光标定位在要设置段落缩进的段落中,单击“开始”选项卡下“段落”组右下角的“段落设置”按钮。

(2)弹出“段落”对话框,在“缩进和间距”选项卡下“缩进”选项区域中单击“特殊”右侧的下拉按钮,在弹出的下拉列表中选择“首行”选项,单击“确定”按钮,如图 6－14 所示。

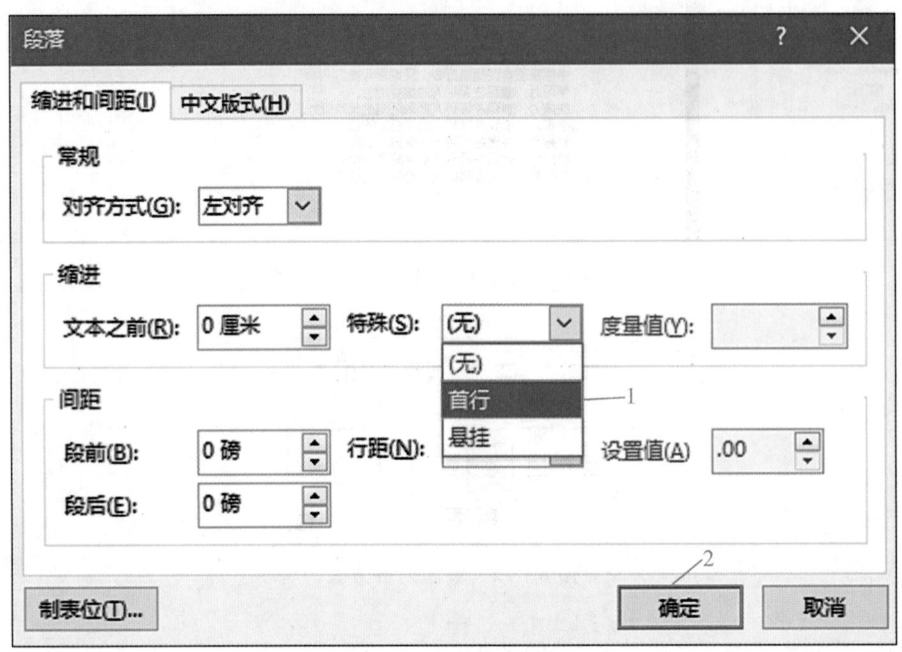

图 6－14　选择“首行”选项

(3)在“间距”选项区域中,单击“行距”右侧下拉列表中选择“1.5 倍行距”选项,单击“确定”按钮,如图 6－15 所示。

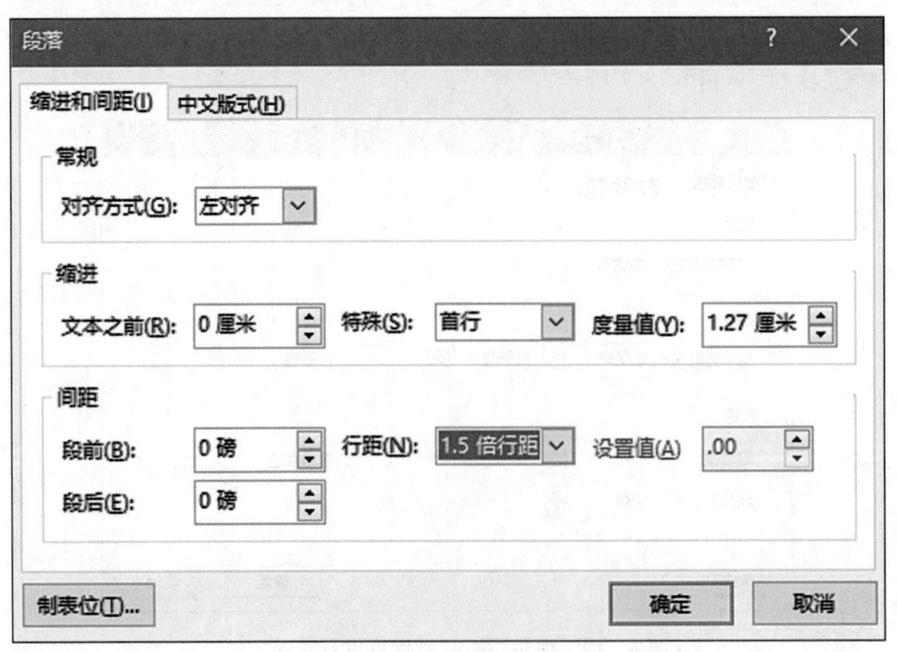

图 6－15　设置行距

(4)按照上述操作方法,把演示文稿中的其他正文“行距”设置为“1.5倍行距”。

四、添加项目符号和编号

在PPT中可以添加项目符号和编号,精美的项目符号、统一的编号样式可以使公司管理培训PPT变得更加生动、专业。

(一)为文本添加项目符号

项目符号是指在一些段落的前面加上完全相同的符号,具体操作有以下步骤。

1. 使用“开始”选项卡

(1)选择第3张幻灯片,选择要添加项目符号的文本内容,单击“开始”选项卡下“段落”组中“项目符号”右侧的下拉按钮,在弹出的下拉列表中将鼠标指针放置在某个项目符号上即可预览效果,如图6-16所示。

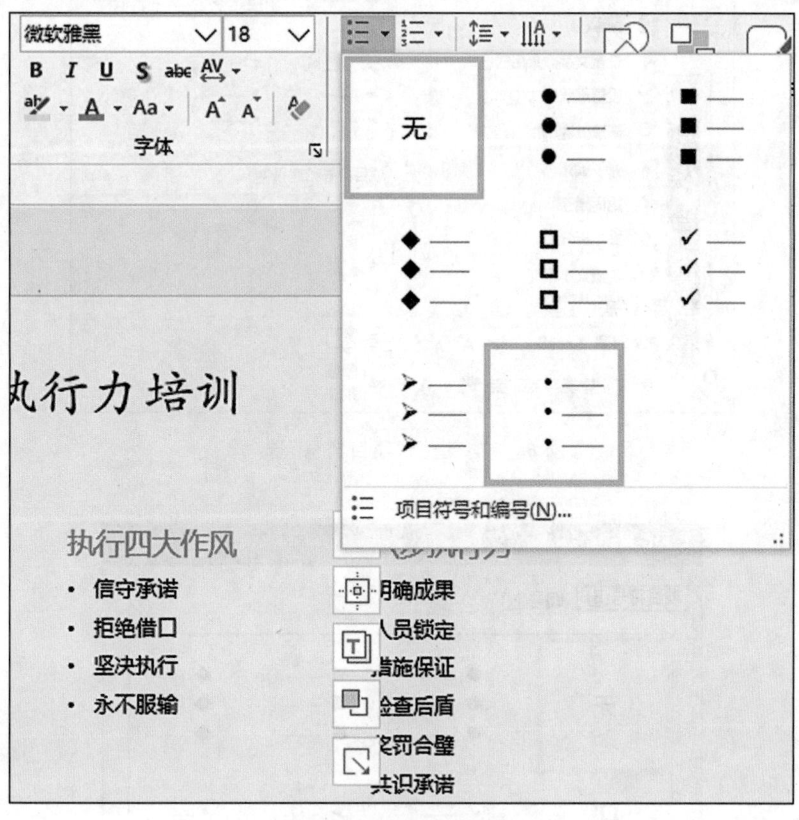

图6-16 添加项目符号

(2)选择一些符号类型,即可将其应用至选择的段落内。

2. 使用鼠标右键

(1)用户还可以选中要添加项目符号的文本内容并右击,然后在弹出的快捷菜单中选择“项目符号”选项,在级联菜单中选择项目符号类型,如图6-17所示。

(2)选择一种项目符号类型,即可将其应用至选择的段落内。

(3)选择第4张幻灯片,选中要添加项目符号的文本内容并右击,然后在弹出的快捷菜单中选择“项目符号”→“项目符号和编号”选项。

(4)打开“项目符号和编号”对话框,单击“自定义”按钮,如图6-18所示。

(5)弹出“符号”对话框,选择一种符号作为项目符号,单击“确定”按钮。

(6)返回“项目符号和编号”对话框,即可看到添加的项目符号,单击“确定”按钮。

(7)即可完成项目符号的设置。

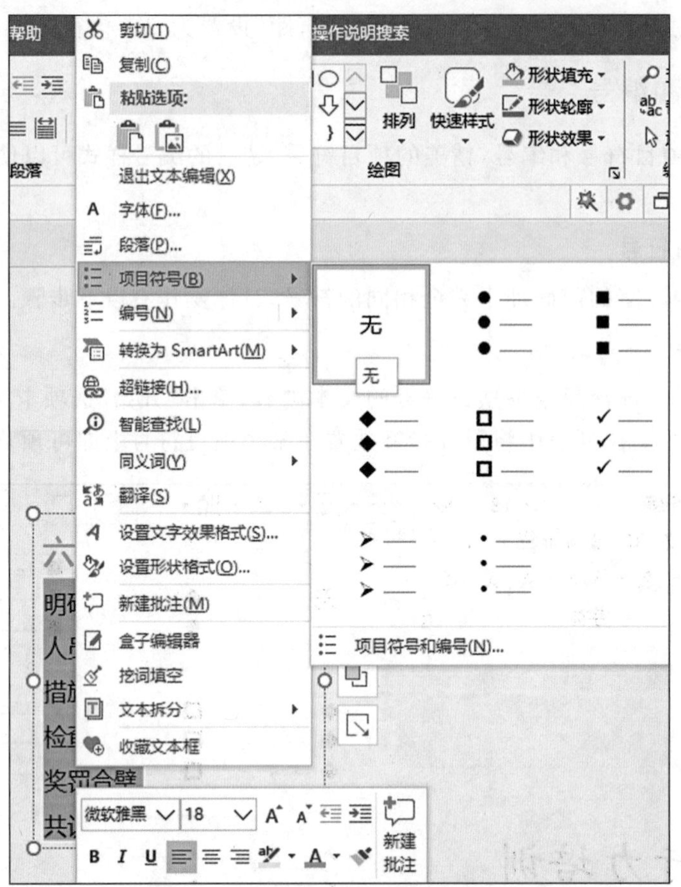

图 6-17 选择"项目符号"选项

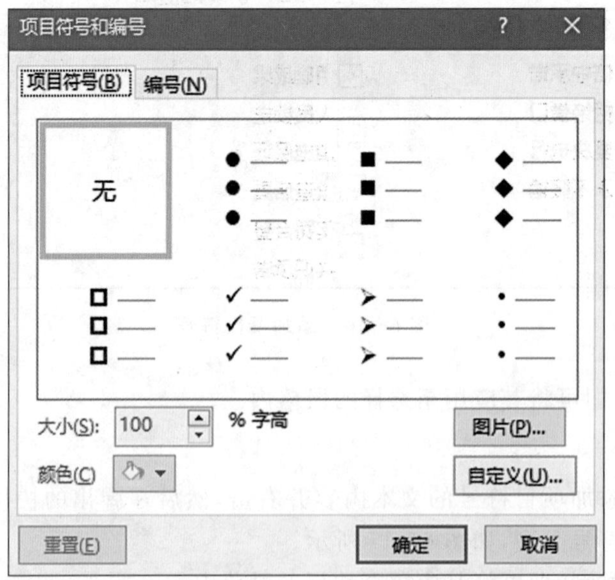

图 6-18 单击"自定义"按钮

(二)为文本添加编号

编号是按照大小顺序为文档中的行或段落添加编号，具体操作有以下步骤。

1. 使用"开始"选项卡

(1)在第 2 张幻灯片页面中选择要添加编号的文本，单击"开始"选项卡下"段落"组中"编号"右侧的下拉按钮，在弹出的下拉列表中选择一种编号样式，如图 6－19 所示。

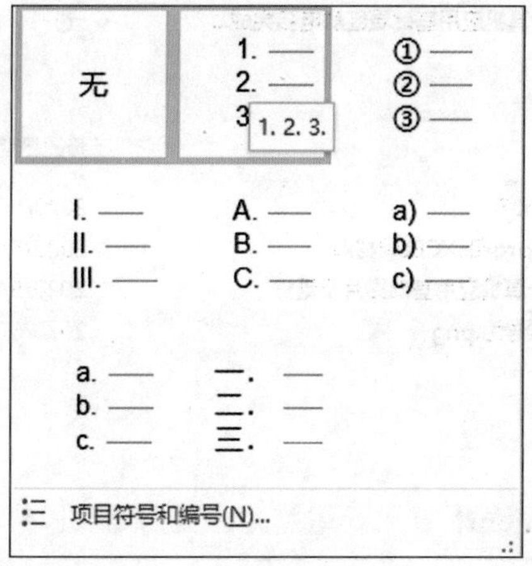

图 6－19 选择编号样式

（2）为选择的段落添加编号。

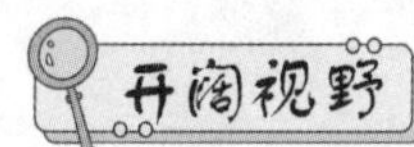

选择“定义新编号格式”选项，可定义新的编号样式；选择“设置编号值”选项，可以设置编号起始值。

（3）选择一种项目符号类型，即可将其应用至选择的段落内。

2. 使用快捷菜单

（1）选择第 7 张幻灯片的正文内容并右击，在弹出的快捷菜单中选择“编号”选项，在级联菜单中选择一种编号样式。

（2）选择一种编号样式，即可为选择的段落添加编号。

五、幻灯片的图文混排

在制作公司管理培训 PPT 时插入适当的图片，可以根据需要调整图片的大小，为图片设置样式与添加艺术效果。

（一）插入图片

在制作公司管理培训 PPT 时，适当插入图片，可以对文本进行说明或强调，具体操作步骤如下。

（1）选择第 2 张幻灯片页面，单击“插入”选项卡下“图像”组中的“图片”按钮，如图 6－20 所示。

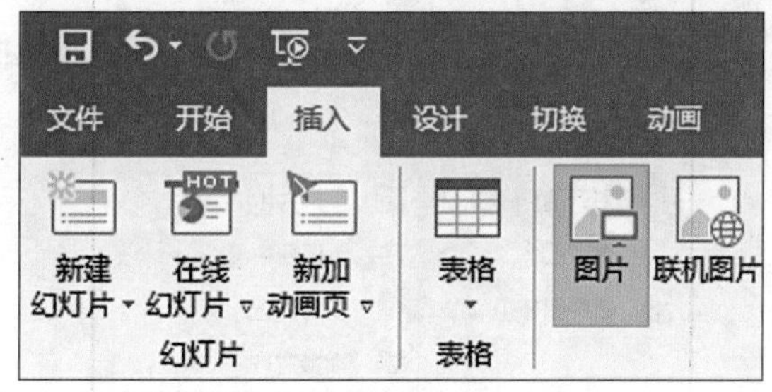

图 6－20 插入图片（一）

（2）弹出“插入图片”对话框，选中素材中名为“领导力”的图片，单击“插入”按钮，如图 6－21 所示。

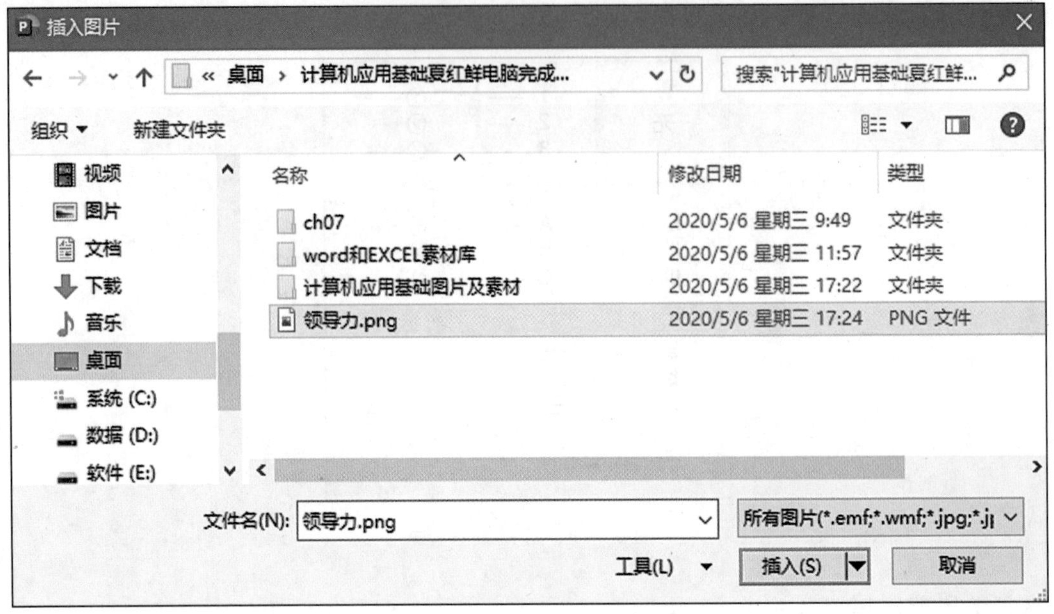

图 6－21　插入图片(二)

(3)将图片插入幻灯片中。

(4)使用同样的方法在其他幻灯片中插入相应的图片。

(二)图片和文本框排列方案

在公司管理培训 PPT 中插入图片后，选择好图片和文本框的排列方案，可以使报告看起来更加美观、整洁。具体操作步骤如下。

(1)选择第 1 张幻灯片，适当调整图片的位置，然后同时选中图片和文本框。

(2)同时选中插入的 4 张图片，单击“开始”选项卡下“绘图”组中的“排列”下拉按钮，在弹出的下拉列表中选择“对齐”→“垂直居中”选项，如图 6－22 所示。

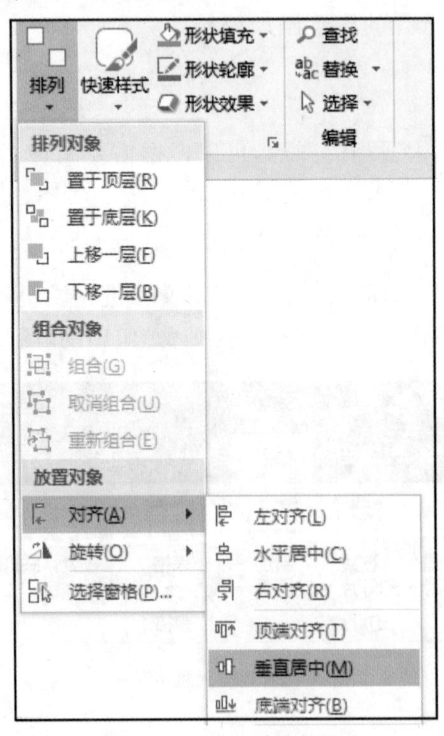

图 6－22　设置对齐方式

(3)选择的图片和文本框即可在顶端对齐排列。

(4)单击"开始"选项卡下"绘图"组中的"排列"下拉按钮,在弹出的下拉列表中选择"对齐"→"垂直居中"选项。

(5)图片即可按照垂直居中的方式整齐排列。

(6)使用同样的方法,设置其他幻灯片中图片和文本框的排列方案。

(三)调整图片大小

在公司管理培训 PPT 中,确定图片和文本框的排列方案之后,需要调整图片的大小来适应幻灯片的页面,具体操作步骤如下。

(1)选中第 1 张幻灯片中的图片,把鼠标指针放在图片 4 个角的控制点上,按住鼠标左键并拖曳鼠标,即可更改图片的大小,如图 6-23 所示。

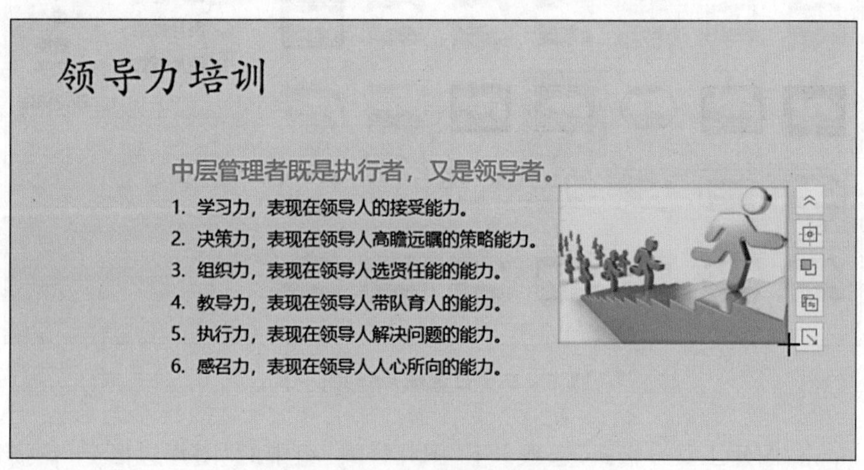

图 6-23 调整图片大小

(2)同时选中文本框和图片,单击"开始"选项卡下"绘图"组中的"排列"下拉按钮,在弹出的下拉列表中选择"对齐"→"垂直居中"选项,如图 6-24 所示。

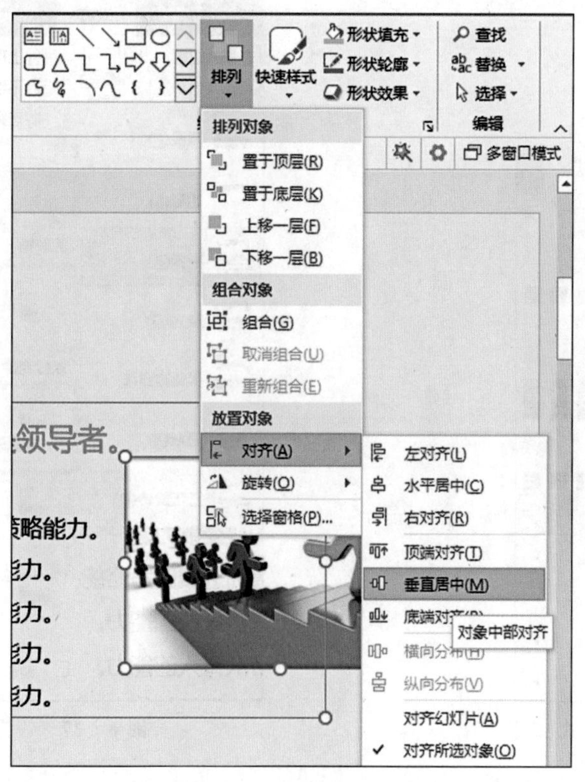

图 6-24 设置对齐方式

(3)可将图片插入幻灯片中。

(4)使用同样的方法在其他幻灯片中插入相应的图片。

(四)设置图片样式

用户可以为插入的图片设置边框、图片版式等样式,使公司管理培训 PPT 更加美观,具体操作步骤如下。

(1)选中第 1 张幻灯片中插入的图片,单击“图片工具—格式”选项卡下“图片样式”组中的“其他”按钮,在弹出的下拉列表中选择“复杂框架,黑色”选项,如图 6-25 所示。

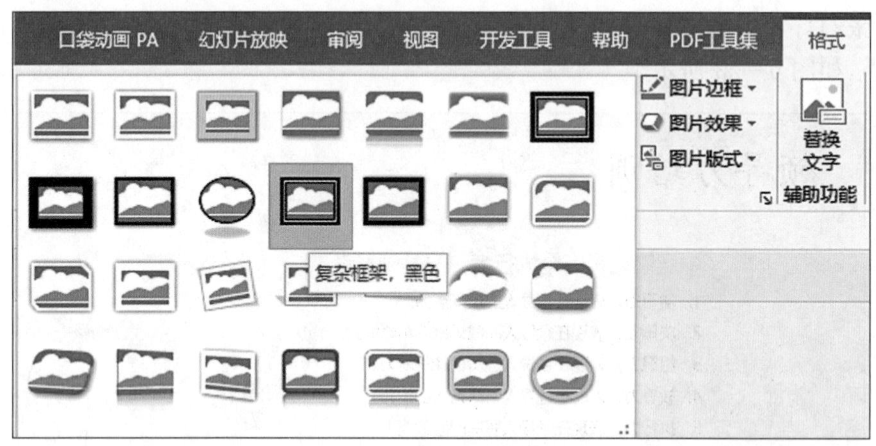

图 6-25 设置图片样式(一)

(2)选中图片,单击“图片工具—格式”选项卡下“图片样式”组中的“图片边框”下拉按钮,在弹出的下拉列表中选择“无轮廓”选项,如图 6-26 所示。

(3)单击“图片工具—格式”选项卡下“图片样式”组中的“图片效果”下拉按钮,在弹出的下拉列表中选择“映像”→“映像变体”→“紧密映像:接触”选项,如图 6-27 所示。

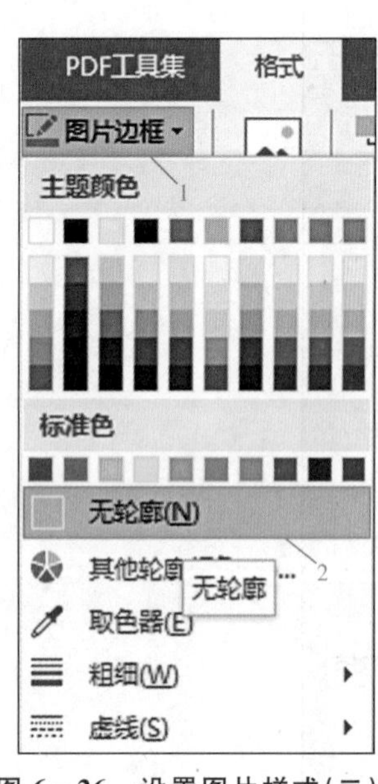

图 6-26 设置图片样式(二)

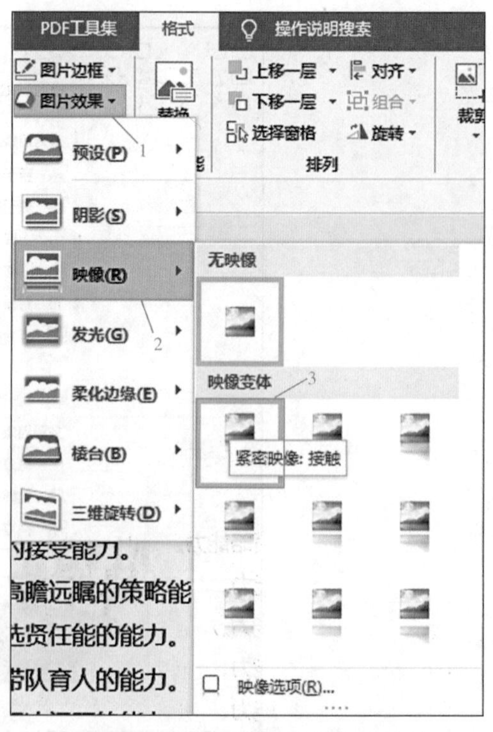

图 6-27 设置图片样式(三)

(4)选择第 3 张幻灯片中的图片,单击“图片工具—格式”选项卡下“图片样式”组中的“其他”按钮,在弹出的下拉列表中选择“柔化边缘椭圆”样式,并调整图片大小。

(5)选择第 4 张幻灯片中的图片,单击“图片工具—格式”选项卡下“图片样式”组中的“其他”按钮,在弹出的下拉列表中选择“中等复杂框架,黑色”样式,并调整图片和文本框的位置。

(6)选择第 7 张幻灯片中的图片,单击“图片工具—格式”选项卡下“图片样式”组中的“其他”按钮,在弹出的下拉列表中选择“柔化边缘椭圆”样式,并设置图片大小。

(五)为图片添加艺术效果

对插入的图片进行更正、调整等艺术效果的编辑,可以使图片更好地融入公司管理培训 PPT 的氛围中,具体操作步骤如下。

(1)选择第 3 张幻灯片中的图片,单击“图片工具—格式”选项卡下“调整”组中“校正”右侧的下拉按钮,在弹出的下拉列表中选择“亮度:0% (正常)对比度:- 20%”选项,如图 6 - 28 所示。

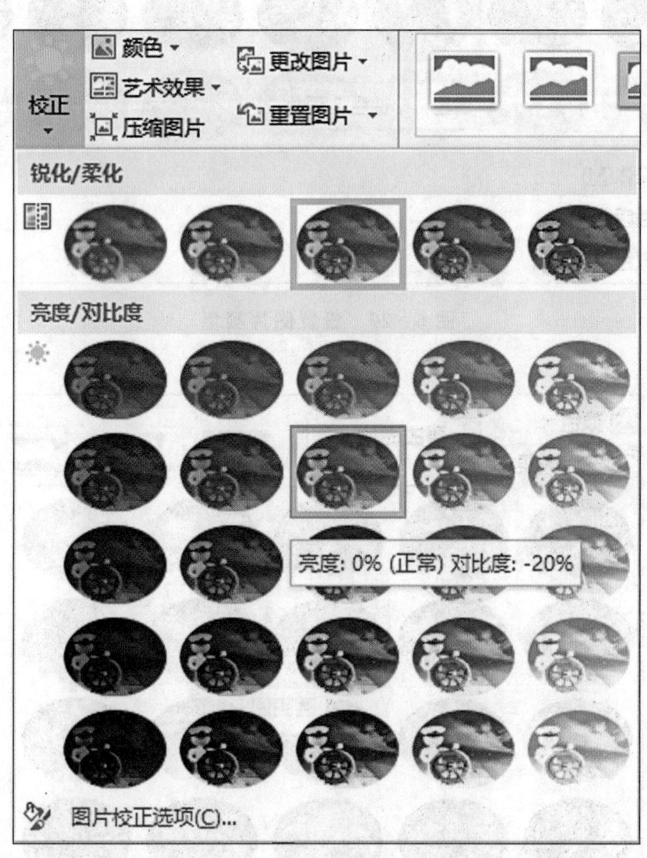

图 6 - 28 设置图片亮度及对比度

(2)可改变图片的锐化/柔化及亮度/对比度。

(3)单击“图片工具—格式”选项卡下“调整”组中“颜色”右侧的下拉按钮,在弹出的下拉列表中选择“金色,个性色 2 深色”选项,如图 6 - 29 所示。

(4)可改变图片的色调色温。

(5)单击“图片工具—格式”选项卡下“调整”组中“艺术效果”右侧的下拉按钮,在弹出的下拉列表中选择“画图刷”选项,如图 6 - 30 所示。

(6)可为图片添加艺术效果。

(7)按照上述操作方法,为剩余的图片添加艺术效果。

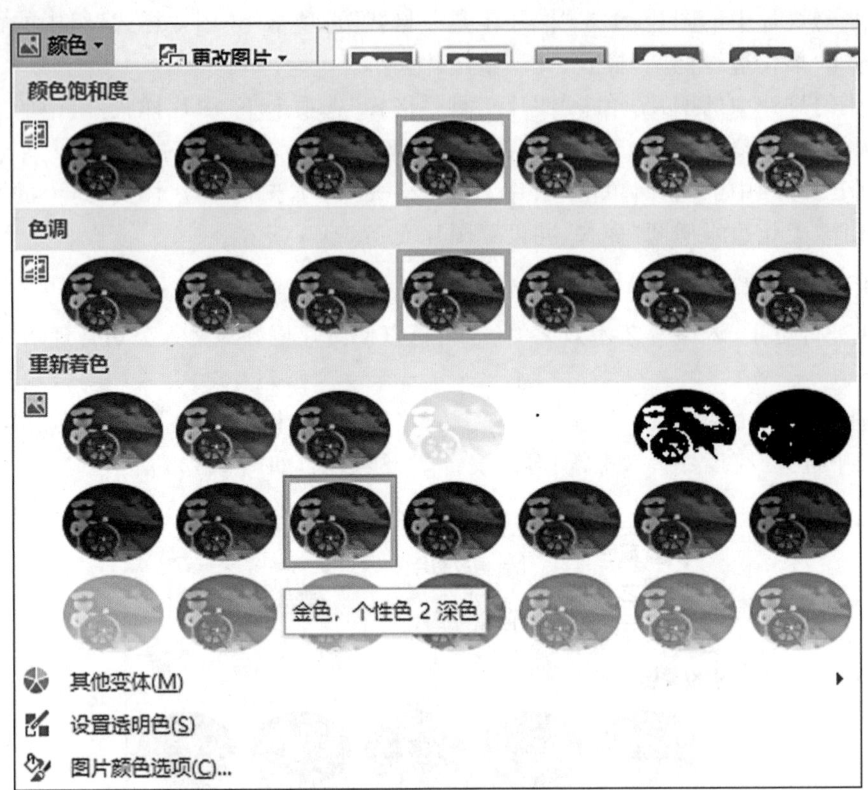

图 6-29　设置图片颜色

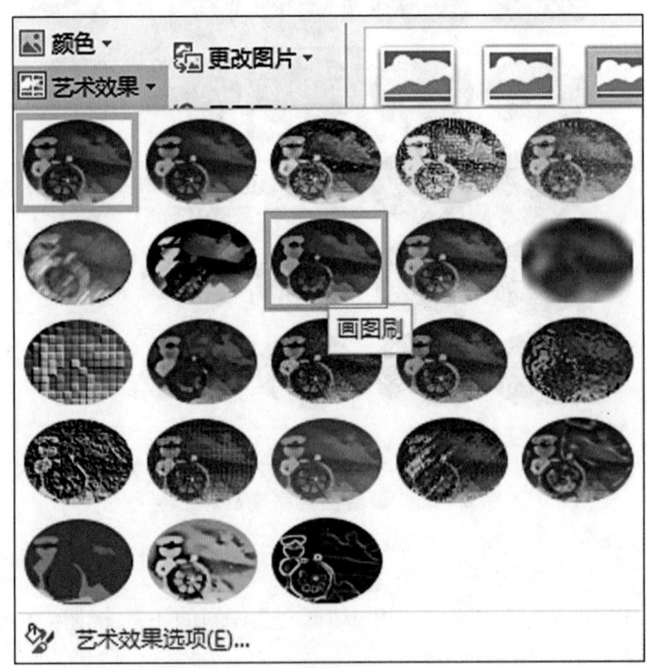

图 6-30　设置图片艺术效果

六、添加数据表格

在 PowerPoint 2019 中可以插入表格，使公司管理培训 PPT 中要传达的信息更加简洁，并可以为插入的表格设置表格样式。

(一)插入表格

在 PowerPoint 2019 中插入表格的方法有 3 种:利用菜单命令插入表格、利用对话框插入表格和绘制表格。

1.利用菜单命令

利用菜单命令插入表格是最常用的插入表格的方式,具体操作步骤如下。

(1)选择第 5 张幻灯片页面,单击“插入”选项卡下“表格”组中的“表格”按钮,在下拉列表中选择要插入表格的行数和列数,如图 6 - 31 所示。

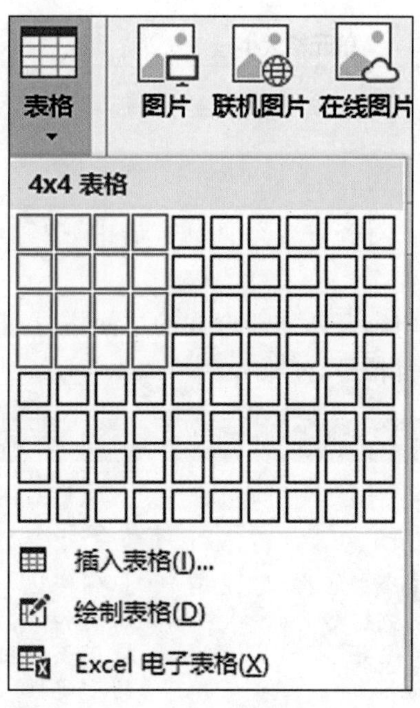

图 6 - 31　插入表格

(2)释放鼠标左键,即可在幻灯片中创建 4 行 4 列的表格。

(3)将幻灯片中的内容复制在表格内,输入“沟通技巧”“与上层领导沟通”“与下属领导沟通”文本内容,并调整表格的行高和列宽,如图 6 - 32 所示。

沟通技巧			
与上层领导沟通	与下属领导沟通		
听取命令	说服领导	下达命令	赞扬与批评
清楚命令执行的时间 清楚命令执行的地点 清楚命令的执行目的 清楚需要哪些工作 与领导确认	选择恰当的提议时机 善用数据和资料 设想领导质疑，事先准备答案 说话简明扼要，重点突出 充满自信并注意语言	正确传达命令意图 态度和善，用词礼貌 让下属明白这件工作的重要性 给下属更大的自主权 共同探讨状况，提出对策 解答下属的疑问	赞扬 态度真诚 内容具体 注意赞美的场合 适当运用间接赞美 批评 以赞美做开头 尊重客观事实 不要伤害下属的自尊自信 友好地结束批评 选择适当的场所

图 6 - 32　输入文本内容并设置表格行高与列宽

(4)选中第1行的单元格，单击“表格工具布局”选项卡下“合并”组中的“合并单元格”按钮，如图6-33所示。

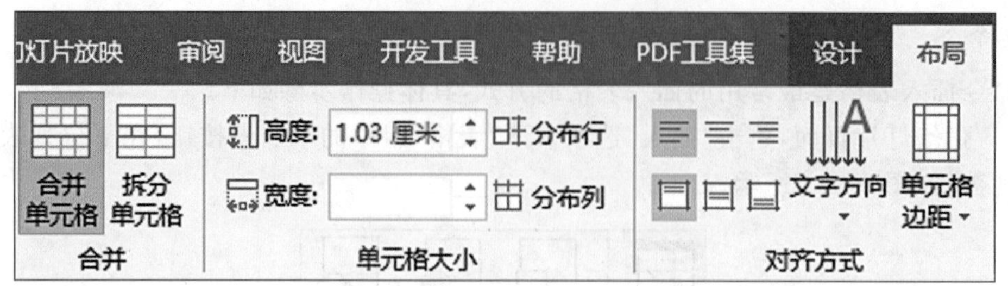

图6-33 单击“合并单元格”按钮

(5)可合并选中的单元格。

(6)单击“表格工具布局”选项卡下“对齐方式”组中的“居中”按钮，然后单击“垂直居中”按钮，即可使文字居中显示。

(7)按照上述操作方法，根据表格内容合并需要合并的单元格。

(8)最后根据需要，设置文本的项目符号，效果如图6-34所示。

沟通技巧			
与上层领导沟通		与下属领导沟通	
听取命令	说服领导	下达命令	赞扬与批评
➔ 清楚命令执行的时间 ➔ 清楚命令执行的地点 ➔ 清楚命令的执行目的 ➔ 清楚需要哪些工作 ➔ 与领导确认	● 选择恰当的提议时机 ● 善用数据和资料 ● 设想领导质疑，事先准备答案 ● 说话简明扼要，重点突出 ● 充满自信并注意语言	◆ 正确传达命令意图 ◆ 态度和善，用词礼貌 ◆ 让下属明白这件工作的重要性 ◆ 给下属更大的自主权 ◆ 共同探讨状况，提出对策 ◆ 解答下属的疑问	赞扬 ✓ 态度真诚 ✓ 内容具体 ✓ 注意赞美的场合 ✓ 适当运用间接赞美 批评 ☐ 以赞美做开头 ☐ 尊重客观事实 ☐ 不要伤害下属的自尊自信 ☐ 友好地结束批评 ☐ 选择适当的场所

图6-34 设置项目符号

2. 利用“插入表格”对话框

用户还可以利用“插入表格”对话框来插入表格，具体操作步骤如下。

(1)将鼠标指针定位至需要插入表格的位置，单击“插入”选项卡下“表格”组中的“表格”按钮，在弹出的下拉列表中，选择“插入表格”选项，如图6-35所示。

(2)弹出“插入表格”对话框，分别在“行数”和“列数”数值框中输入行数和列数，单击“确定”按钮，即可插入一个表格。

3. 绘制表格

当用户需要创建不规则的表格时，可以使用表格绘制工具绘制表格，具体操作步骤如下。

(1)单击“插入”选项卡下“表格”组中的“表格”按钮，在弹出的下拉列表中选择“绘制表格”选项，如图6-36所示。

图 6－35　插入表格

图 6－36　选择“绘制表格”选项

(2)此时鼠标指针变为铅笔形状，在需要绘制表格的地方单击并拖曳鼠标，绘制出表格的外边界，其形状为矩形。

(3)在该矩形中绘制行线、列线或斜线，绘制完成后按“Esc”键退出表格绘制模式。

开阔视野

在矩形框中绘制行线、列线或斜线时，鼠标定位线条的起始位置不要放在矩形的边框上，应在矩形内部进行绘制。

(二)设置表格的样式

在 PowerPoint 2019 中可以设置表格的样式,使公司管理培训 PPT 看起来更加美观,具体操作步骤如下。

(1)选择表格,单击"表格工具设计"选项卡下"表格样式"组中的"其他"按钮,在弹出的下拉列表中选择"浅色样式 2 -强调 4"选项,如图 6-37 所示。

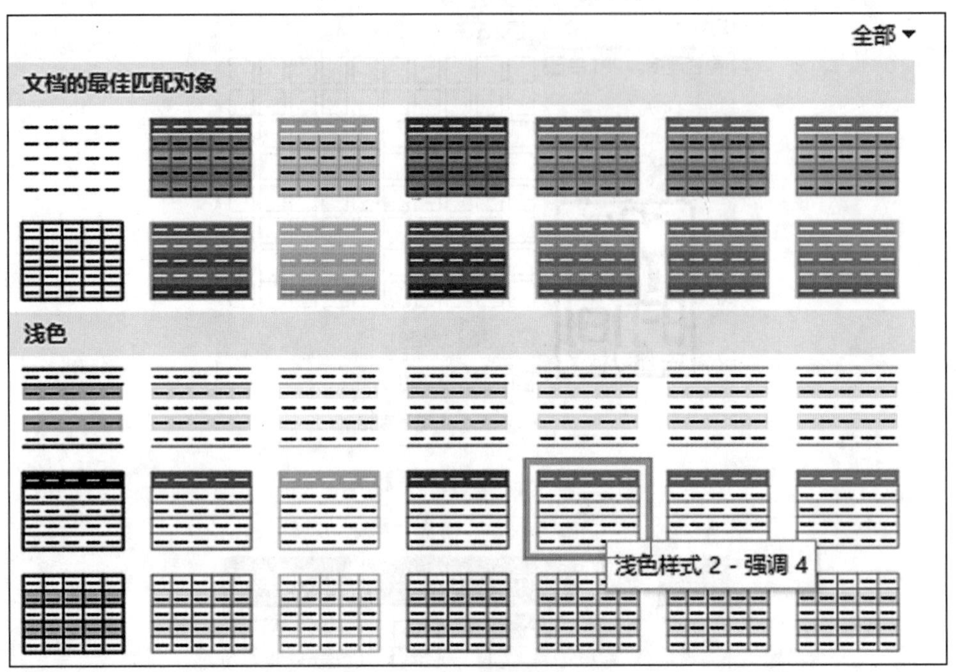

图 6-37 设置表格样式

(2)可更改表格样式。

(3)选中表格中第一行的文本,单击"开始"选项卡下"字体"组中的"字号"按钮,在弹出的下拉列表中选择"28"选项,如图 6-38 所示。

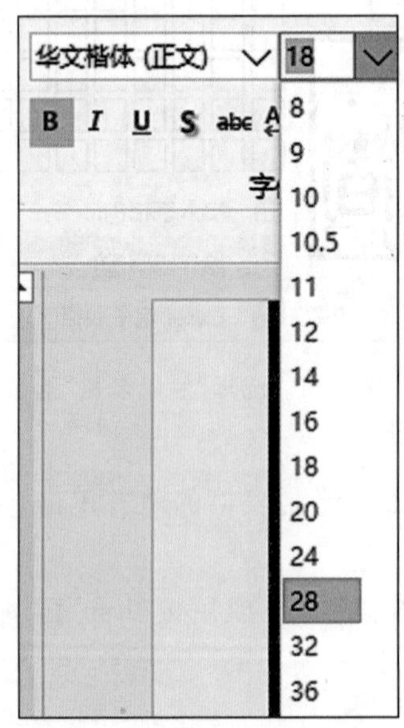

图 6-38 设置文本字号

(4)使用同样的方法,调整其他文本的字号。

(5)选择第 6 张幻灯片,单击"插入"选项卡下"插图"组中的"SmartArt"按钮,如图 6-39 所示。

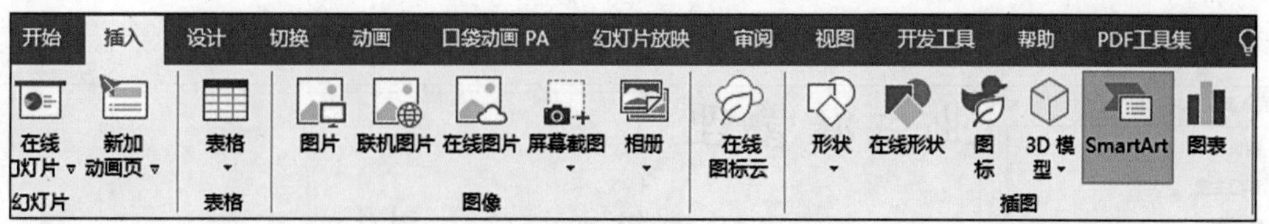

图 6-39 单击“SmartArt”按钮

(6)弹出“选择 SmartArt 图形”对话框,选择“流程”→“基本日程表”选项,单击“确定”按钮,如图 6-40 所示。

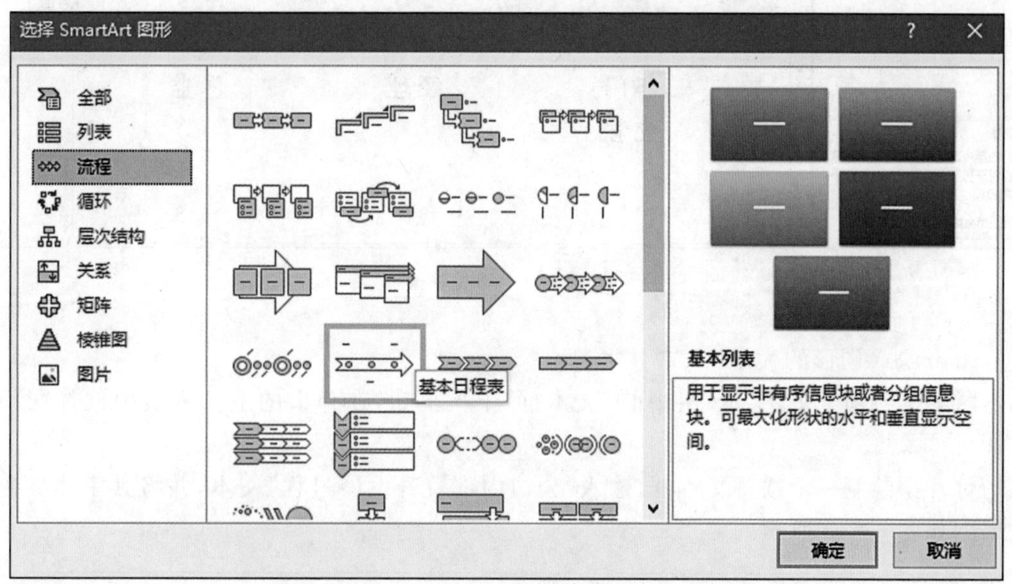

图 6-40 插入 SmartArt 图形

(7)插入 SmartArt 图形,选择“SmartArt 工具-设计”选项卡下“创建图形”组中“添加形状”右侧的下拉按钮,在弹出的下拉列表中选择“在后面添加形状”选项,即可在 SmartArt 图形后添加 3 个形状,如图6-41所示。

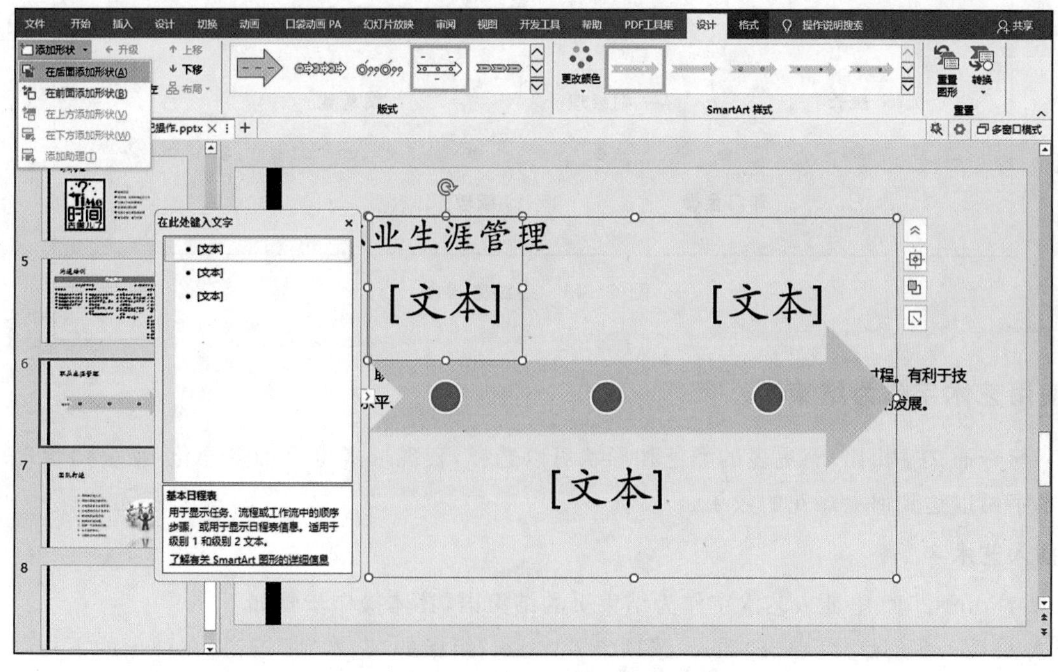

图 6-41 在 SmartArt 图形后添加形状

(8)单击 SmartArt 图形左侧的按钮，在弹出的面板中输入图 6－42 所示的文本。

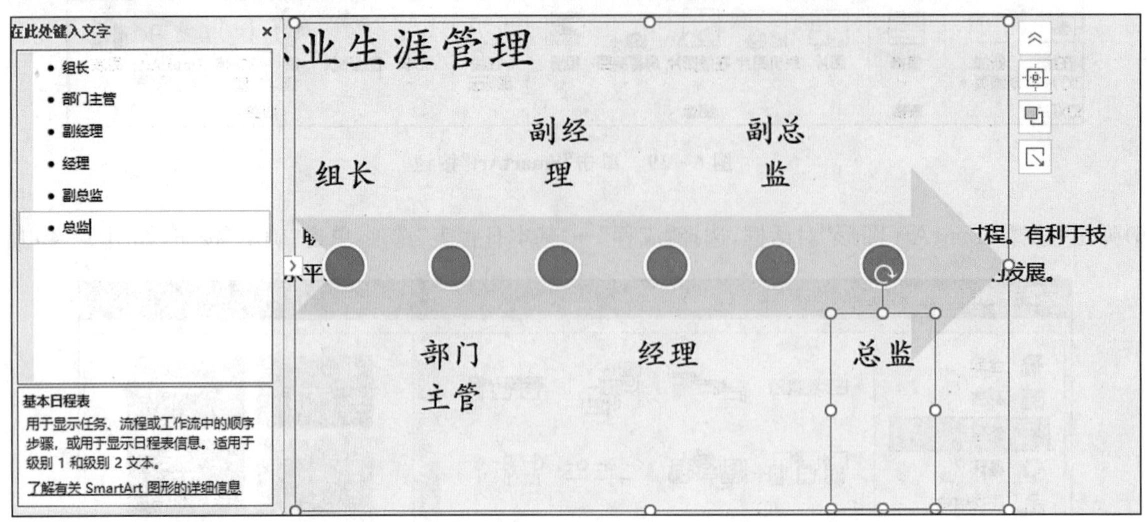

图 6－42　输入文本

(9)调整 SmartArt 图形的大小。

(10)单击“插入”选项卡下“文本”组中的“文本框”下拉按钮，在弹出的下拉列表中选择“绘制横排文本框”选项。

(11)在幻灯片中绘制一个横排文本框，输入“公司内部晋升发展过程”文本，并将其字体颜色设置为“绿色”，最终效果图如图 6－43 所示。

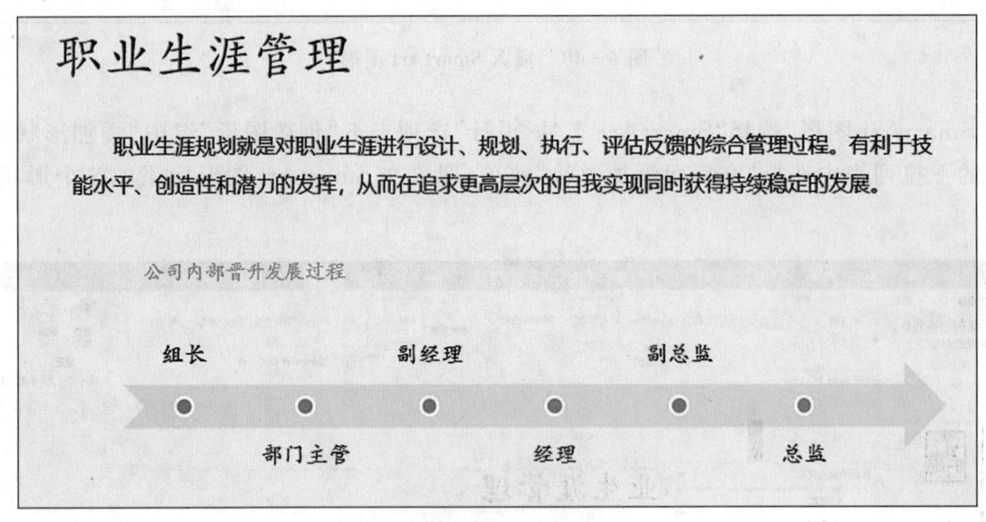

图 6－43　最终效果图

七、使用艺术字作为结束页

艺术字与普通文字相比，有更多的颜色和形状可以选择，表现形式也更加多样化，在公司管理培训 PPT 中插入艺术字可以达到锦上添花的效果。

(一)插入艺术字

在 PowerPoint 2019 中插入艺术字作为结束页的结束语，具体操作步骤如下。

(1)选择最后一张幻灯片，单击“插入”选项卡下“文本”组中的“艺术字”按钮，在弹出的下拉列表中选择一种艺术字样式，如图 6－44 所示。

(2)文档中即可弹出“请在此放置您的文字”艺术字文本框。

(3)删除艺术字文本框内的文字,输入“谢谢大家! 祝工作顺利”文本。

(4)选中艺术字,调整艺术字的边框,当鼠标指针变为形状时拖曳鼠标,即可改变文本框的大小,使艺术字处于文档的正中位置。

(5)选中艺术字,在“开始”选项卡下“字体”组中设置“字体”为“微软雅黑”,“字号”为“72”,“字体颜色”为“水绿色,个性色 5,深色 50%”,如图 6-45 所示。

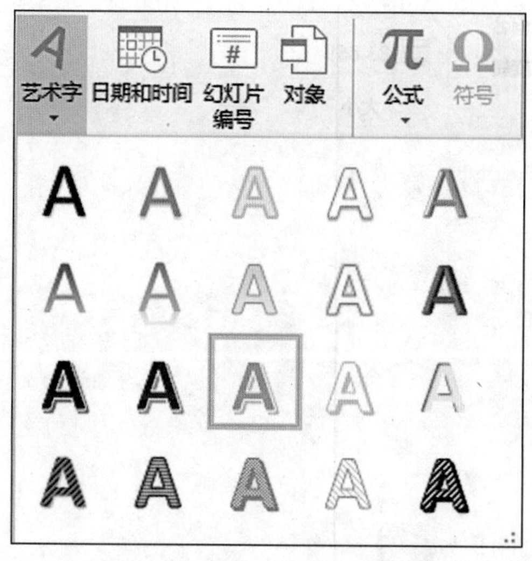

图 6-44 选择一种艺术字样式

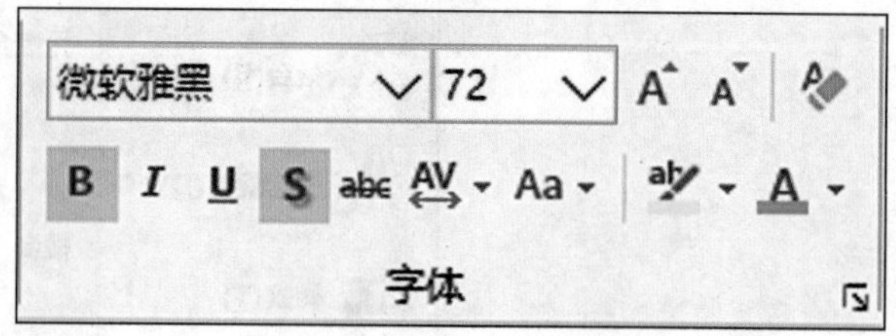

图 6-45 设置字体规格

(6)设置完成后调整文本框的大小。

(二)更改艺术字样式

插入艺术字之后,可以更改艺术字的样式,使公司管理培训 PPT 更加美观,具体操作步骤如下。

(1)选中艺术字文本框,单击“绘图工具—格式”选项卡下“艺术字样式”组中的“文本效果”按钮,在弹出的下拉列表中选择“阴影”→“无阴影”选项,如图 6-46 所示。

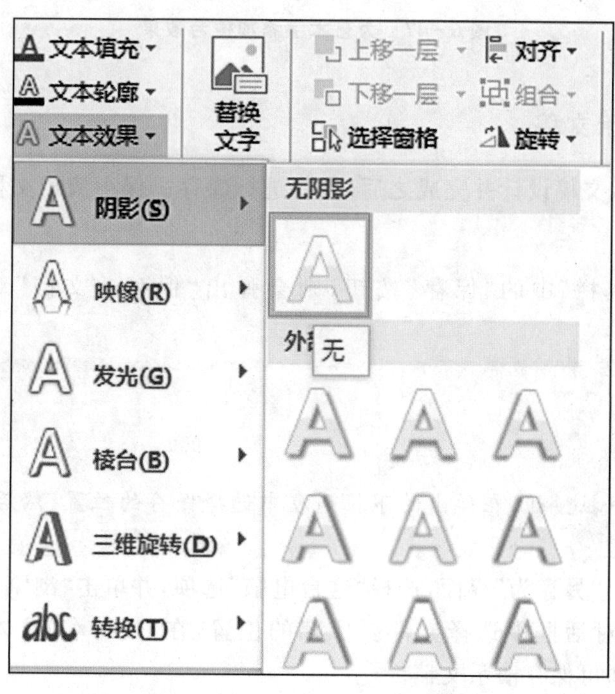

图 6-46 设置艺术字无阴影

(2)可取消艺术字的阴影效果。

(3)选中艺术字,单击“绘图工具—格式”选项卡下“艺术字样式”组中的“文本效果”按钮,在弹出的下拉列表中选择“棱台”→“角度”选项,如图6-47所示。

(4)可为艺术字添加棱台的效果。

(5)调整艺术字文本框的位置,使其位于幻灯片的正中。

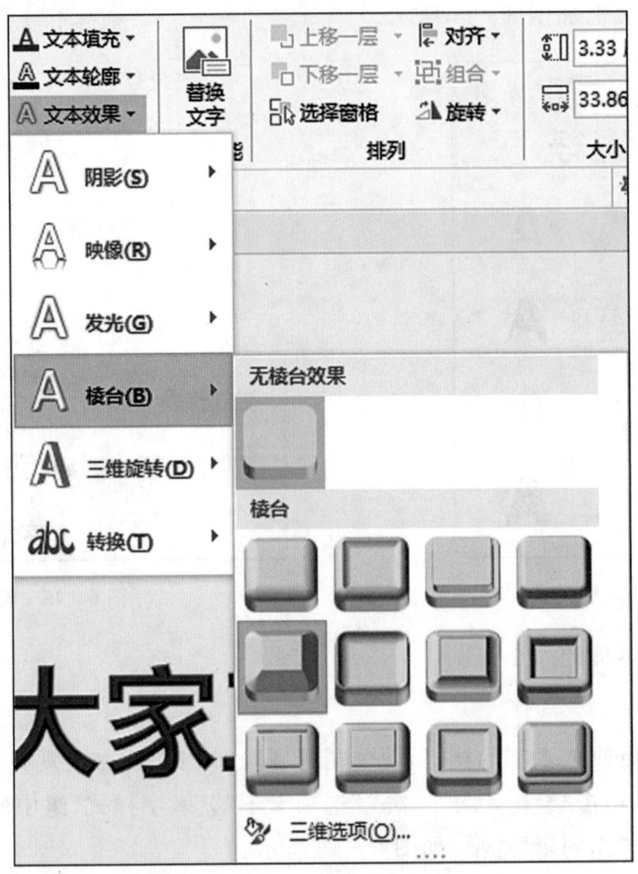

图6-47　为艺术字添加棱台效果

八、保存设计好的演示文稿

公司管理培训PPT演示文稿设计并完成之后,需要进行保存。保存演示文稿有以下两种方法。

1.保存演示文稿

(1)单击“快速访问工具栏”中的“保存”按钮,则会弹出“保存此文档”对话框,单击“更多保存选项”按钮。

开阔视野

也可以单击“位置”下拉按钮,在弹出的下拉列表中选择保存的位置,然后单击“保存”按钮即可。

(2)上述操作后则会弹出“另存为”界面,选择“这台电脑”选项,并单击“浏览”按钮,如图6-48所示。

(3)在弹出的“另存为”对话框中选择文件要保存的位置,在“文件名”文本框中输入“公司管理培训PPT”,并单击“保存”按钮,即可保存演示文稿。

图 6-48 单击"浏览"按钮

保存已经保存过的文档时，可以直接单击"快速访问工具栏"中的"保存"按钮，或者选择"文件"→"保存"命令，或按 Ctrl+S 组合键快速保存文档。

开阔视野

首次保存演示文稿时，单击快速访问工具栏中的"保存"按钮或按 Ctrl+S 组合键，都会弹出"保存此文件"对话框，然后按照上述的操作保存新文档。对于新文档，选择"文件"选项卡，单击"保存"按钮，则会直接跳转至"另存为"界面。

2. 另存演示文稿

如果需要将公司管理培训 PPT 演示文稿另存至其他位置或以其他的名称保存，可以使用"另存为"命令。将演示文稿另存的具体操作步骤如下。

(1)在已保存的演示文稿中，选择"文件"选项卡，在弹出的界面左侧选择"另存为"选项，在"另存为"界面中选择"这台电脑"选项，并单击"浏览"按钮。

(2)在弹出的"另存为"对话框中选择文档所要保存的位置，在"文件名"文本框中输入要另存的名称，这里输入"公司管理培训 PPT"，单击"保存"按钮，即可完成文档的另存操作。

任务 2 产品营销推广方案

一、PPT 母版的设计

幻灯片母版与幻灯片模板相似，主要用于设置幻灯片的样式，可制作演示文稿中的背景、颜色主题和动画等。

幻灯片母版

(一)认识母版的结构

演示文稿的母版视图包括幻灯片母版、讲义母版、备注母版 3 种类型，且包含标题样式和文本样式，具体操作步骤如下。

(1)启动 PowerPoint 2019，弹出界面，选择“空白演示文稿”选项，即可新建空白演示文稿，如图 6-49 所示。

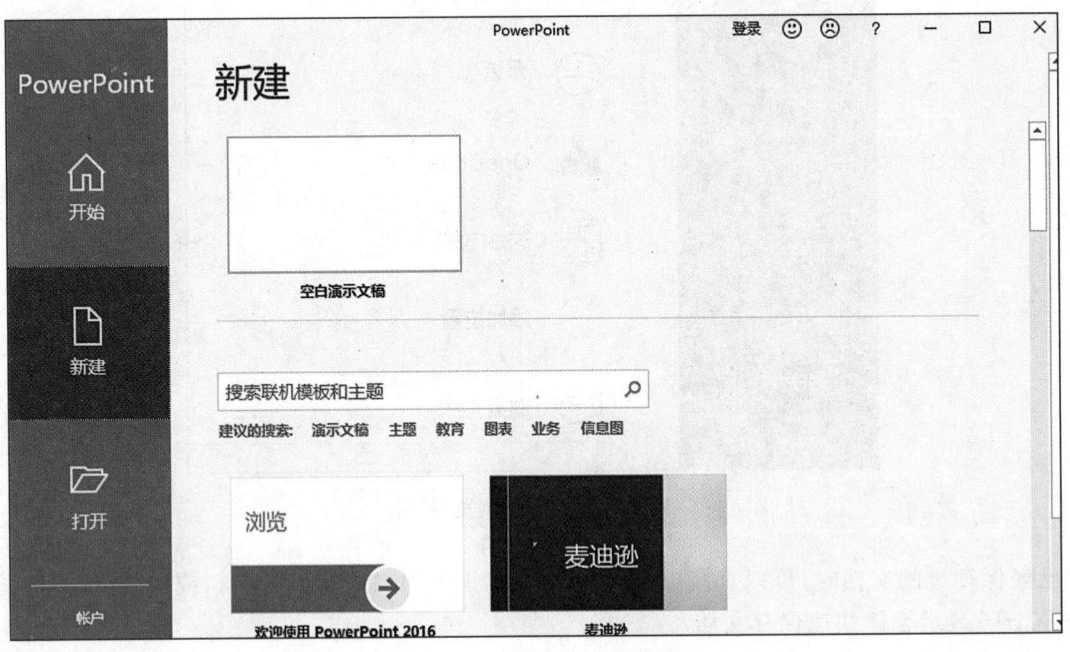

图 6-49 新建空白演示文稿

(2)单击“快速访问工具栏”中的“保存”按钮，在弹出的界面中单击“浏览”按钮。

(3)在弹出的“另存为”对话框中选择文件要保存的位置，在“文件名”文本框中输入文件名称“产品营销推广方案.pptx”，单击“保存”按钮，即可保存演示文稿。

(4)单击“视图”选项卡下“母版视图”组中的“幻灯片母版”按钮，即可进入幻灯片母版视图，如图 6-50 所示。

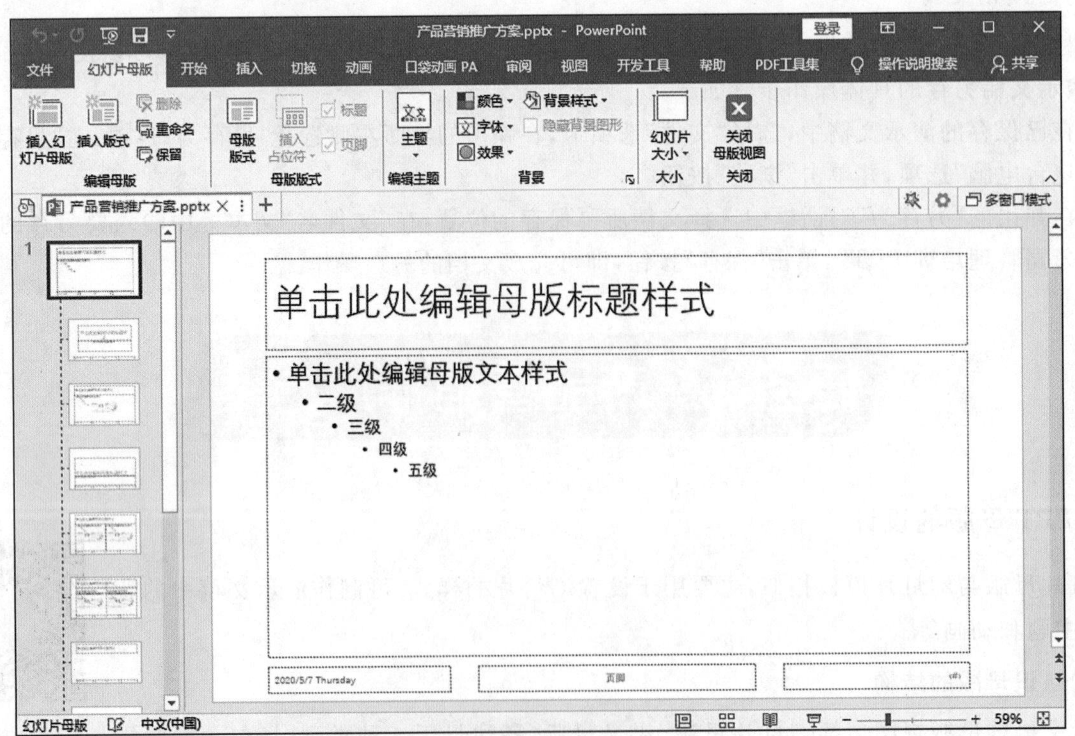

图 6-50 幻灯片母版视图

(6)在幻灯片母版视图中，主要包括左侧的幻灯片窗格和右侧的幻灯片母版编辑区域，在幻灯片母版编辑区域中包含页眉、页脚、标题与文本框。

(二)自定义模板

自定义母版模板可以为整个演示文稿设置相同的颜色、字体、背景和效果等，具体操作步骤如下。

(1)在左侧的幻灯片窗格中，选择第 1 张幻灯片，单击“插入”选项卡下“图像”组中的“图片”按钮，如图 6-51 所示。

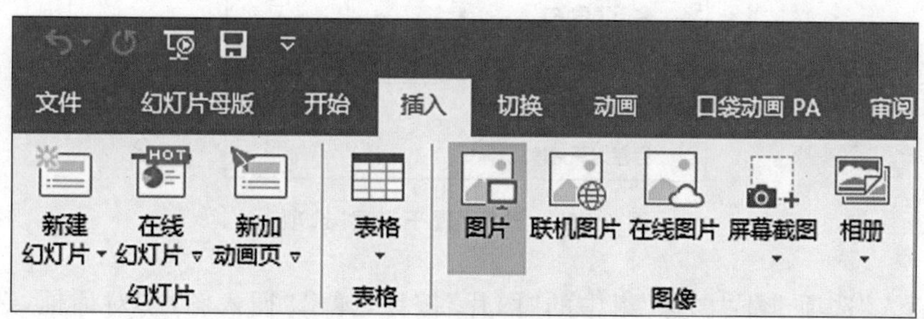

图 6-51 单击“图片”按钮

(2)弹出“插入图片”对话框，选择素材中名为“背景 1.jpg”图片，单击“插入”按钮，如图 6-52 所示。

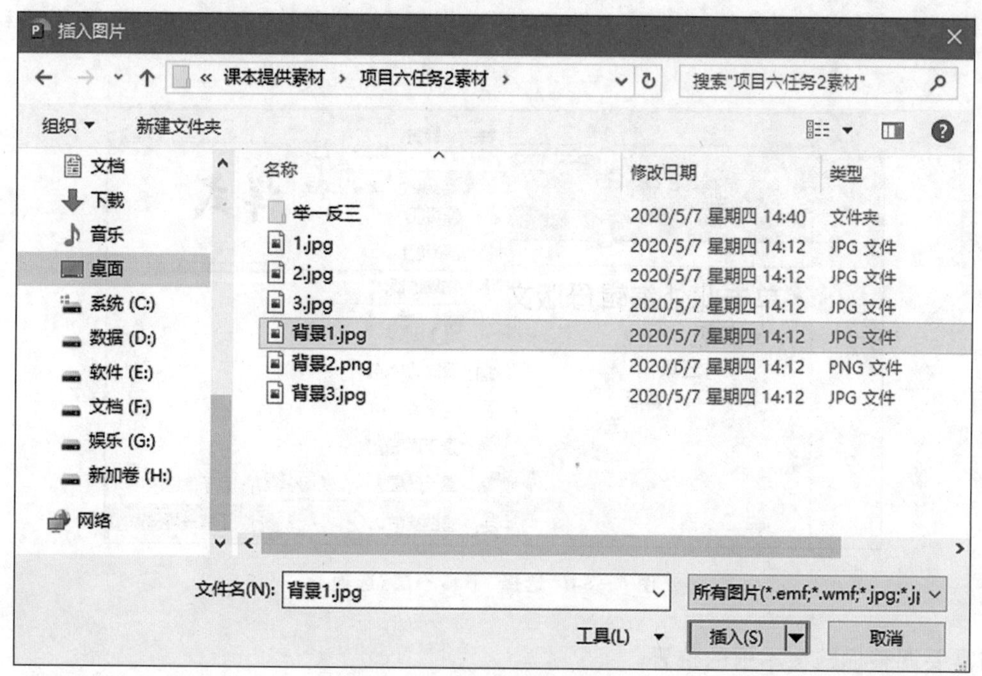

图 6-52 单击“插入”按钮

(3)将图片插入幻灯片母版中。

(4)将鼠标指针移动到图片 4 个角的控制点上，当鼠标指针变为“+”的形状时，拖曳图片右下角的控制点，把图片放大到合适的大小。

(5)在幻灯片上右击，在弹出的快捷菜单中选择“置于底层”→“置于底层”选项，如图 6-53 所示。

(6)把图片置于底层，使文本占位符显示出来。

设置字体和背景的具体操作步骤如下。

(1)选中幻灯片标题中的文字，单击“开始”选项卡下“字体”组中的“字体”下拉按钮，在弹出的下拉列表中选择“华文行楷”选项。

(2)在“字号”文本框中输入“46”，按 Enter 键，完成设置字号的操作。

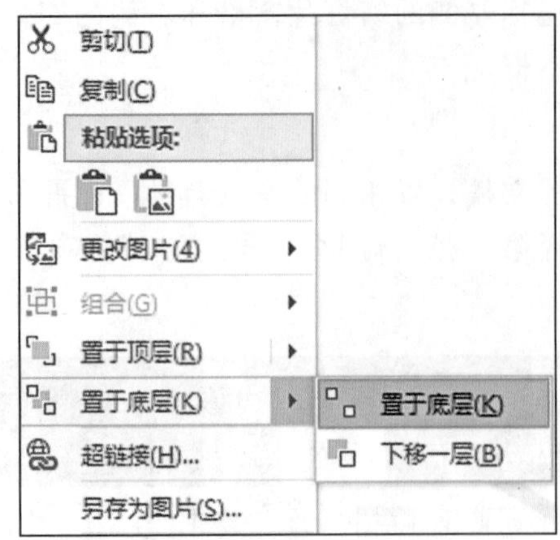

图 6－53　选择“置于底层”选项

(3)再次单击“插入”选项卡下“图像”组中的“图片”按钮，弹出“插入图片”对话框，选择“背景 2.png”图片，单击“插入”按钮，将图片插入演示文稿中。

(4)选择插入的图片，当鼠标指针变为“＋”形状时，按住鼠标左键将其拖曳到合适的位置，然后释放鼠标左键。

(5)在图片上右击，在弹出的快捷菜单中选择“置于底层”→“下移一层”选项，将图片下移一层，如图 6－54 所示。

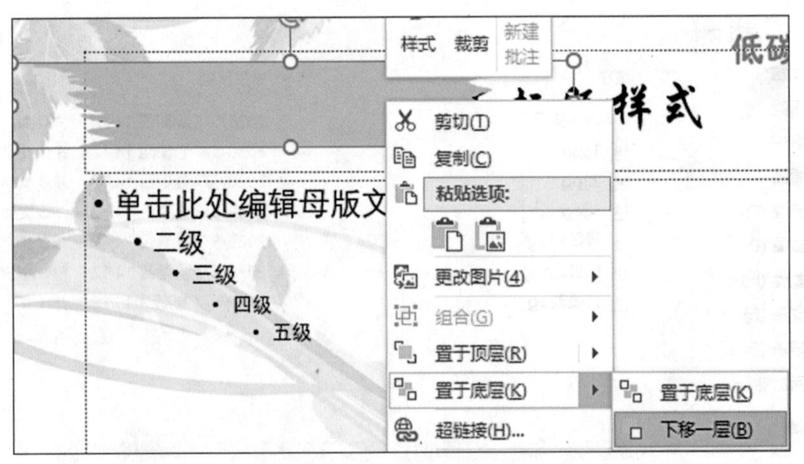

图 6－54　选择“下移一层”选项

(6)根据需要调整标题文本框的位置。

设置背景、浏览幻灯片效果的操作步骤如下。

(1)在幻灯片窗格中，选择第 2 张幻灯片，在“幻灯片母版”选项卡下的“背景”组中选中“隐藏背景图形”复选框，即可隐藏背景图形，如图 6－55 所示。

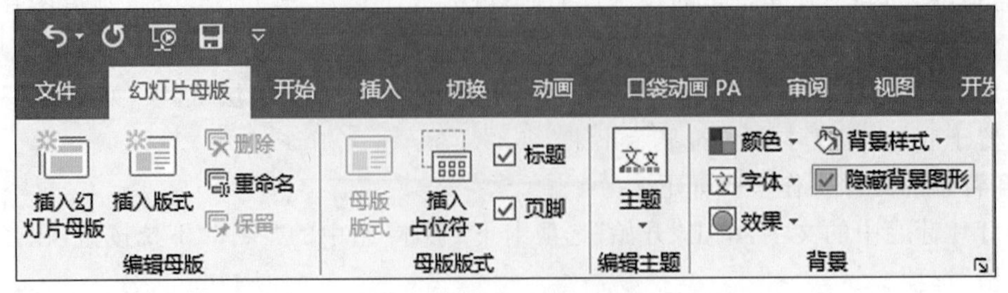

图 6－55　隐藏背景图形

(2)单击“插入”选项卡下“图像”组中的“图片”按钮,弹出“插入图片”对话框,选择“背景 3.jpg”图片,单击“插入”按钮,即可使图片插入幻灯片中。

(3)根据需要调整图片的大小,并将插入的图片置于底层,完成自定义幻灯片母版的操作,如图 6-56 所示。

图 6-56 完成自定义幻灯片母版的操作

(4)单击“幻灯片母版”选项卡下“关闭”组中的“关闭母版视图”按钮,关闭母版视图,返回至普通视图。

在插入自选图形之前,首先需要制作产品营销推广方案的首页、目录页和市场背景页面,具体操作步骤如下。

(1)在首页幻灯片中,删除所有的文本占位符。

(2)单击“插入”选项卡下“文本”组中的“艺术字”按钮,在弹出的下拉列表中选择一种艺术字样式,如图 6-57 所示。

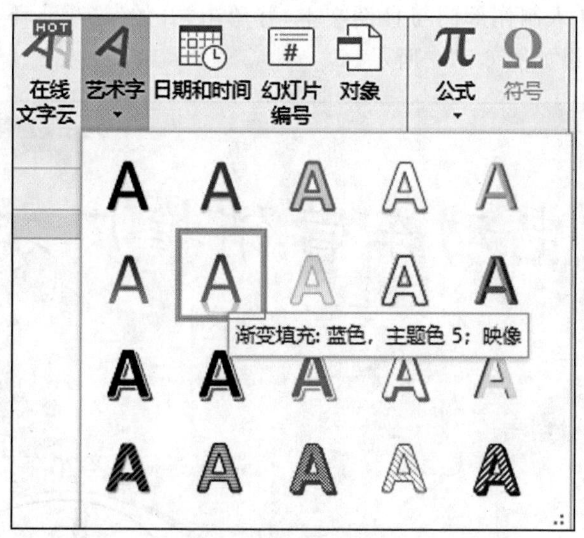

图 6-57 插入艺术字

(3)即可在幻灯片页面插入“请在此放置您的文字”艺术字文本框。

(4)删除艺术字文本框内的文字,输入“××电动车营销推广方案”文本。

(5)选中艺术字,单击“绘图工具格式”选项卡下“艺术字样式”组中的“文本填充”下拉按钮,在弹出的下拉列表中选择“绿色”选项。

(6)单击“绘图工具—格式”选项卡下“艺术字样式”组中的“文本效果”下拉按钮，在弹出的下拉列表中选择“映像”选项组中的“紧密映像：接触”选项，如图 6－58 所示。

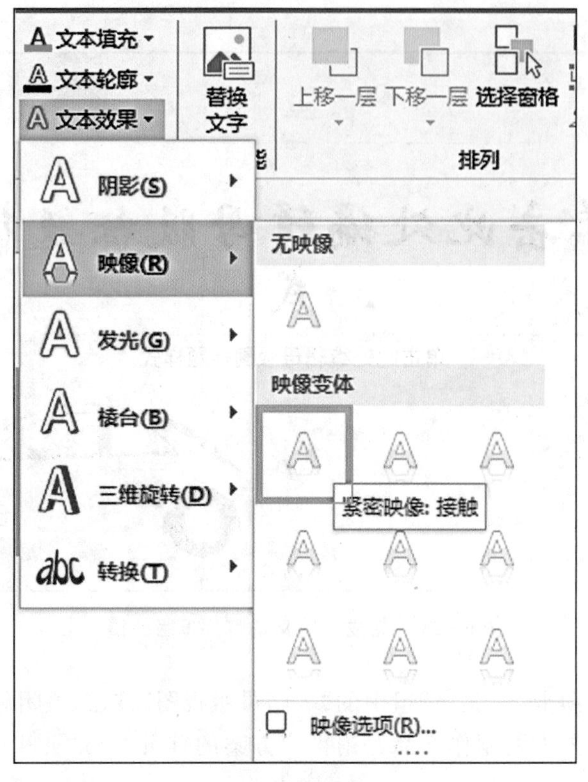

图 6－58　选择映像方式

(7)选择插入的艺术字，设置“字体”为“楷体”、“字号”为“66”，然后将鼠标指针，放在艺术字的文本框上，按住鼠标左键并拖曳至合适位置，然后释放鼠标左键，即可完成对艺术字位置的调整。

(8)重复上述操作步骤，插入制作部门与日期文本，并单击“开始”选项卡下“段落”组中的“右对齐”按钮，使艺术字右对齐显示，最终效果如图 6－59 所示。

图 6－59　最终效果图

制作目录页、“市场背景”幻灯片的操作步骤如下。

(1)制作目录页,单击“开始”选项卡下“幻灯片”组中的“新建幻灯片”下拉按钮,在弹出的下拉列表中选择“标题和内容”选项,如图 6-60 所示。

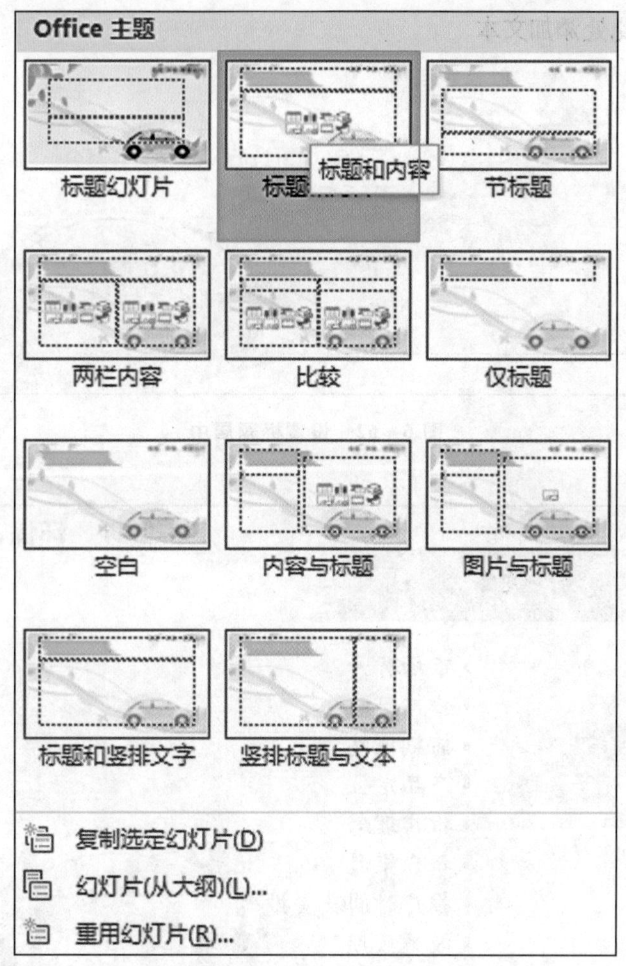

图 6-60 选择“标题和内容”选项

(2)新建“标题和内容”幻灯片,在标题文本框中输入“目录”并修改标题文本框的大小,如图 6-61 所示。

图 6-61 输入“目录”

(3)选择“目录”文本,单击“开始”选项卡下“段落”组中的“居中”按钮,使标题居中显示,如图 6-62 所示。

(4)按照上述操作方法,在文档文本框中输入相关内容,并设置“字体”为“楷体”、“字号”为“28”、“字体颜色”为“绿色”。目录页制作的最终效果如图 6-63 所示。

(5)制作“市场背景”幻灯片页面,新建“仅标题”幻灯片,在“标题”文本框中输入“市场背景”文本。

(6)打开素材“市场背景.txt”文件,把文本内容复制到“市场背景”幻灯片内,如图 6-64 所示。

图 6－62　设置标题居中

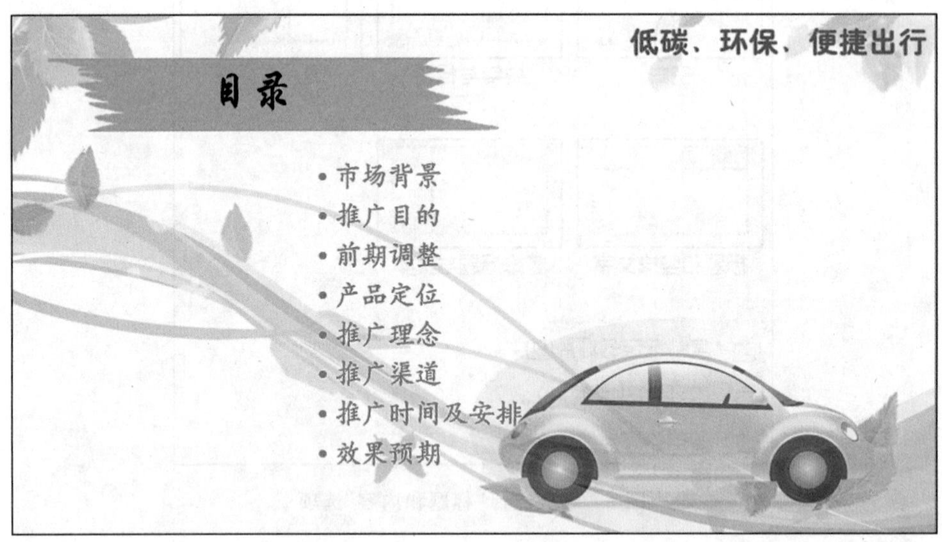

图 6－63　目录页完成效果

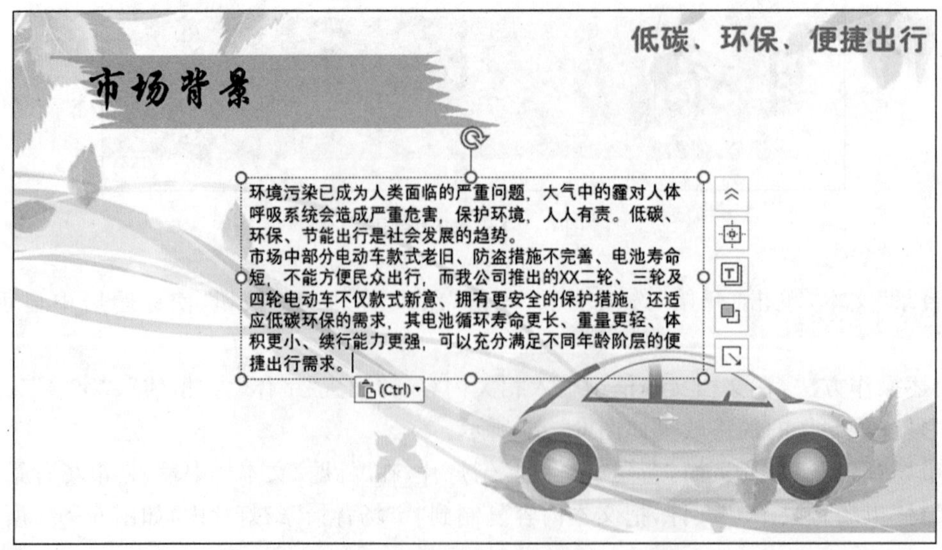

图 6－64　把文本复制到“市场背景”幻灯片内

(7)设置文本的“字体”为“华文楷体”,“字体颜色”为“绿色”,“字号”为“20”,并设置“特殊格式”为“首行缩进”,“度量值”为“1.5 倍行距”,“行距”为“1.5 厘米”,单击“确定”按钮。

(8)完成“市场背景”幻灯片页面的制作,最终效果如图 6-65 所示。

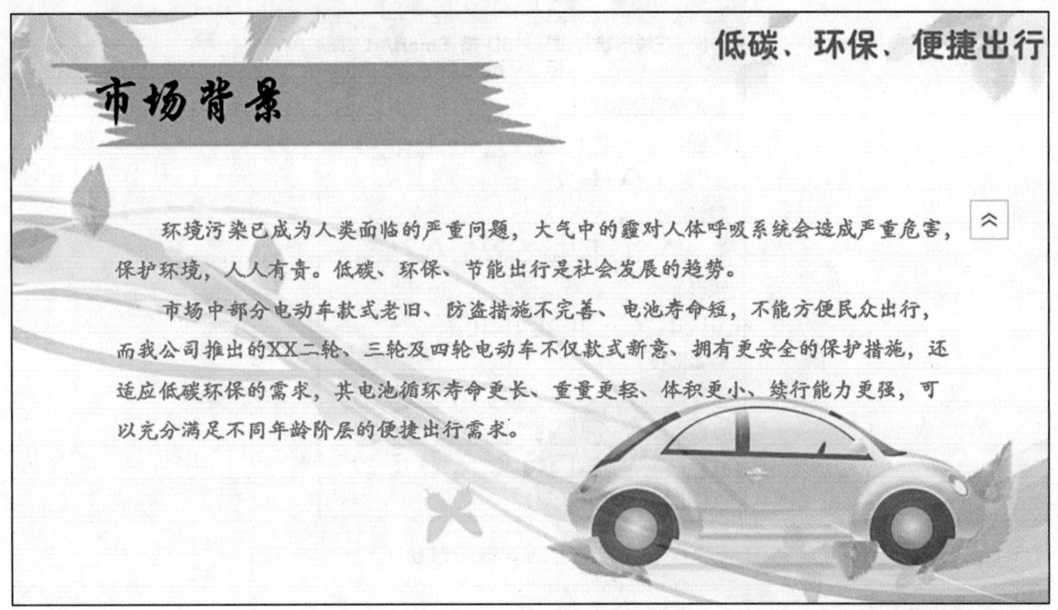

图 6-65　最终效果图

二、绘制和编辑图形

在产品营销推广方案演示文稿中,绘制和编辑图形可以丰富演示文稿的内容,美化演示文稿。

(一)插入自选图形

在制作产品营销推广方案时,需要在幻灯片中插入自选图形,具体操作步骤如下。

(1)单击“开始”选项卡下“幻灯片”组中的“新建幻灯片”下拉按钮,在弹出的下拉列表中选择“仅标题”选项,新建一张幻灯片。

(2)在“标题”文本框中输入“推广目的”文本,如图 6-66 所示。

图 6-66　在“标题”文本框中输入文本

(3)单击“插入”选项卡下“插图”组中的“形状”按钮，在弹出的下拉列表中选择“基本形状”→“椭圆”选项，如图 6-67 所示。

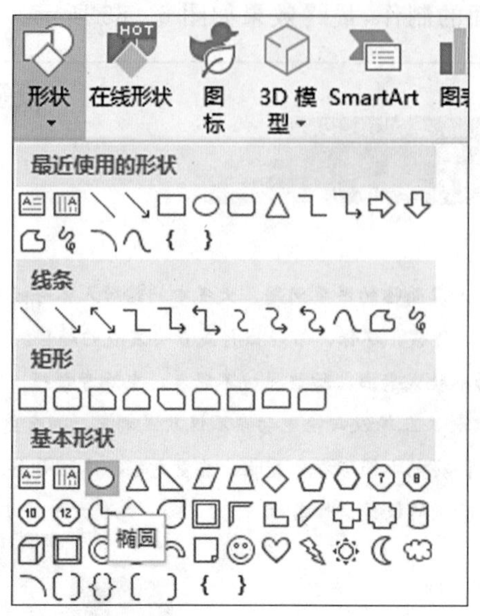

图 6-67　插入椭圆形状

(4)此时鼠标指针在幻灯片中显示为“+”形状，在幻灯片绘图区的空白位置处单击，确定图形的起点，按住 Shift 键的同时拖曳鼠标至合适位置，释放鼠标左键与 Shift 键，即可完成圆形的绘制。

(5)重复第 3 步和第 4 步的操作，在幻灯片中依次绘制“椭圆”“右箭头”“六边形”及“矩形”等其他自选图形，最终效果如图 6-68 所示。

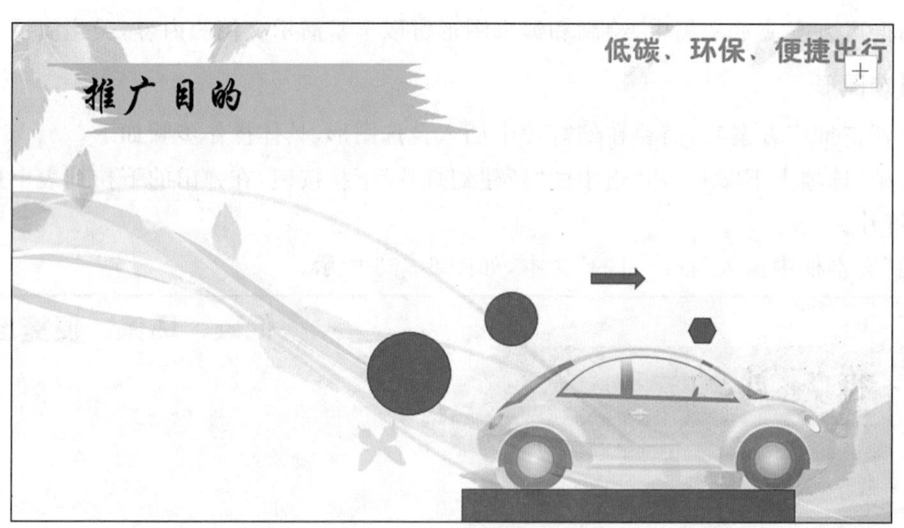

图 6-68　最终效果图

(二)填充颜色

插入自选图形后，需要对插入的图形填充颜色，使图形与幻灯片氛围相融。为自选图形填充颜色的具体操作步骤如下。

(1)选择要填充颜色的基本图形，这里选择较大的“圆形”，单击“绘图工具—格式”选项卡下“形状样式”组中的“形状填充”下拉按钮，在弹出的下拉列表中选择“浅绿”选项。

(2)单击“绘图工具格式”选项卡下“形状样式”组中的“形状轮廓”下拉按钮，在弹出的下拉列表中选择“无轮廓”选项，如图 6-69 所示。

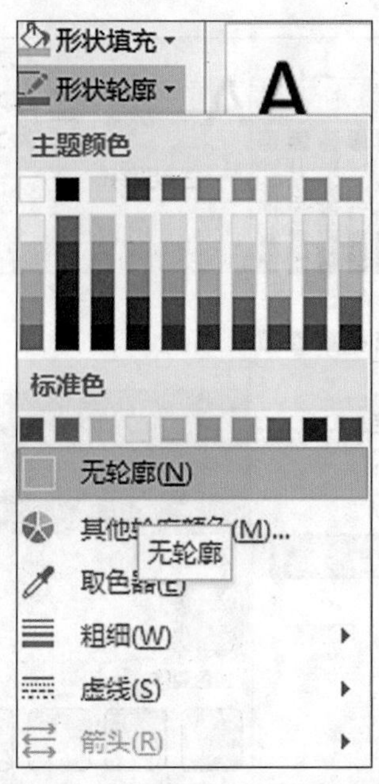

图 6-69 选择“无轮廓”选项

(3)再次选择要填充颜色的基本图形,单击“绘图工具格式”选项卡下“形状样式”组中的“形状填充”下拉按钮,在弹出的下拉列表中选择“绿色,个性色 6,深色 25%”选项。

(4)单击“绘图工具—格式”选项卡下“形状样式”组中的“形状轮廓”下拉按钮,在弹出的下拉列表中选择“无轮廓”选项。

(5)单击“绘图工具—格式”选项卡下“形状样式”组中的“形状填充”下拉按钮,在弹出的下拉列表中选择“渐变”→“深色变体”→“线性向左”选项,如图 6-70 所示。

(6)按照上述操作方法,为其他的自选图形填充颜色。

(三)在图形上添加文字

设置好自选图形的颜色后,可以在自选图形上添加文字,具体操作步骤如下。

(1)选择要添加文字的自选图形并右击,在弹出的快捷菜单中选择“编辑文字”选项。

(2)在自选图形中显示文本框,在其中输入相关的文字“1”。

(3)选择输入的文字,单击“开始”选项卡下“字体”组中“字体”右侧的下拉按钮,在弹出的下拉列表中选择“华文楷体”选项。

(4)单击“开始”选项卡下“字体”组中“字号”右侧的下拉按钮,在弹出的下拉列表中选择“20”选项。

(5)单击“开始”选项卡下“字体”组中“字体颜色”右侧的下拉按钮,在弹出的下拉列表中选择“绿色,个性色 6,深色 50%”选项。

(6)按照上述操作方法,选择“矩形”自选图形并右击,在弹出的下拉列表中选择“编辑文字”选项,输入文字“消费群快速认知新产品的功能、效果”,并设置字体格式,如图 6-71 所示。

(7)在图形上添加文字并设置字体格式,效果如图 6-72 所示。

(四)图形的组合和排列

用户绘制自选图形与编辑文字之后要对图形进行组合与排列,使幻灯片更加美观,具体操作步骤如下。

(1)选择要进行排列的图形,按住 Ctrl 键再选择另一个图形,即可同时选中这两个图形。

(2)单击“绘图工具—格式”选项卡下“排列”组中的“对齐”下拉按钮,在弹出的下拉列表中选择“右对齐”选项,如图 6-73 所示。

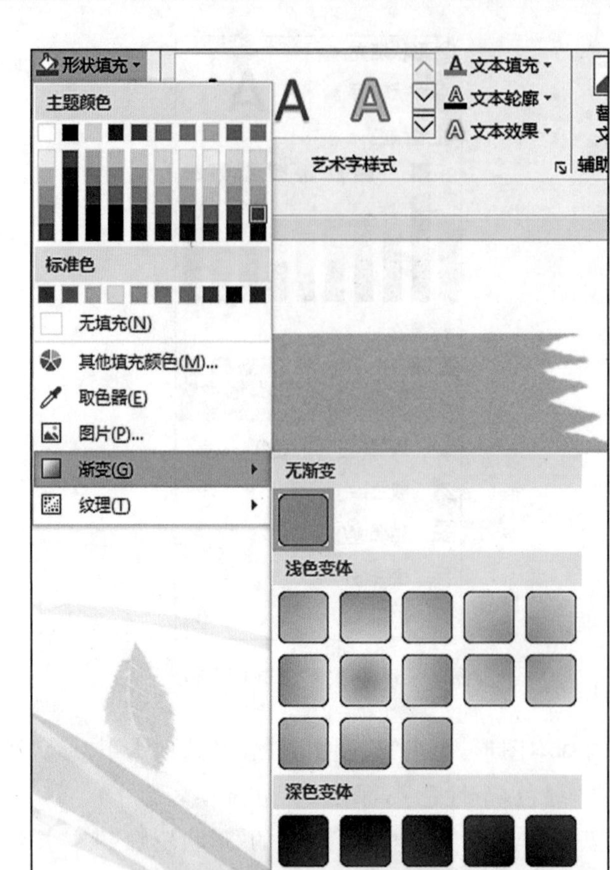

图 6－70 选择填充方式

消费群快速认知新产品的功能、效果

图 6－71 输入文字并设置字体格式

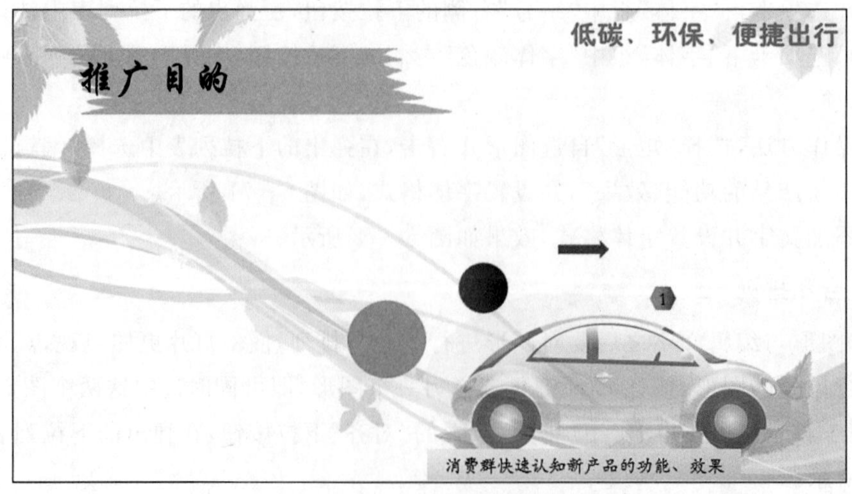

图 6－72 设置后效果

图 6－73　选择“右对齐”选项

(3)可使选中的图形靠右对齐。

(4)再次选择“绘图工具—格式”选项卡下“排列”组中的“对齐”下拉按钮,在弹出的下拉列表中选择“垂直居中”选项,如图 6－74 所示。

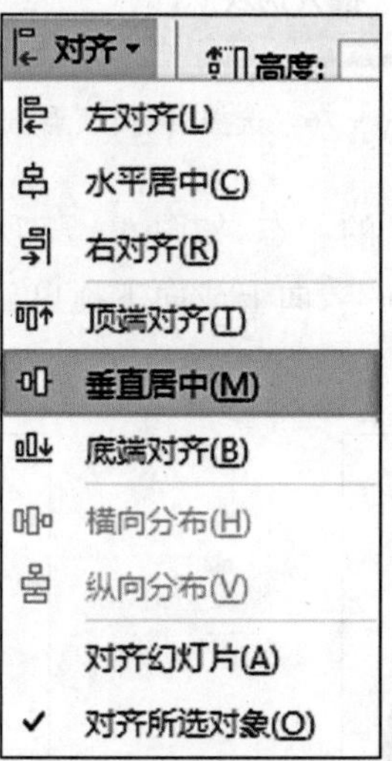

图 6－74　选择“垂直居中”选项

(5)可使选中的图形靠右并垂直居中对齐。

(6)单击“绘图工具—格式”选项卡下“排列”组中的“组合”下拉按钮,在弹出的下拉列表中选择“组合”选项,如图 6－75 所示。

图 6－75　选择“组合”选项

(7)即可使选中的两个图形进行组合。按住鼠标左键,将图形拖曳至合适的位置。

开阔视野

如果要取消组合,再次选择"绘图工具—格式"选项卡下"排列"组中的"组合"下拉按钮,在弹出的下拉列表中选择"取消组合"选项,即可取消组合已组合的图形。

(五)绘制不规则的图形——编辑图形形状

在绘制图形时,通过编辑图形的顶点来编辑图形,具体操作步骤如下。

(1)选择要编辑的小圆形自选图形,单击"绘图工具—格式"选项卡下"插入形状"组中的"编辑形状"下拉按钮,在弹出的下拉列表中选择"编辑顶点"选项,如图 6-76 所示。

图 6-76 选择"编辑顶点"选项

(2)可看到选择图形的顶点处于可编辑的状态,如图 6-77 所示。

(3)将鼠标指针放置在图形的一个顶点上,向上或向下拖曳鼠标至合适位置,释放鼠标左键,即可对图形进行编辑操作,如图 6-78 所示。

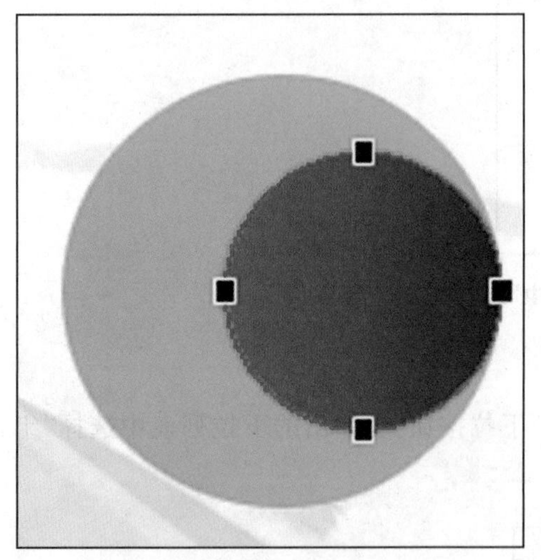

图 6-77 图形处于可编辑状态

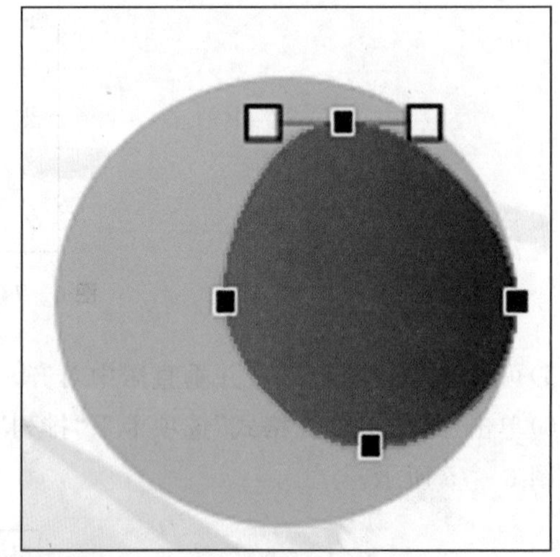

图 6-78 对图形进行编辑

(4)使用同样的方法编辑其余的顶点。

(5)编辑完成后,在幻灯片空白位置处单击,即可完成对图形顶点的编辑,如图 6-79 所示。

(6)按照上述操作方法,为其他自选图形编辑顶点,如图 6-79 所示。

为自选图形填充颜色的操作步骤如下。

(1)在“格式”选项卡下的“形状样式”组中为自选图形填充渐变色,如图 6-80 所示。

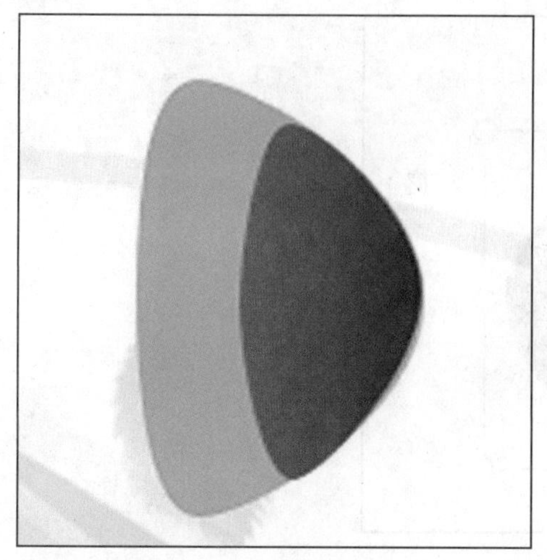

图 6-79 图形编辑完成

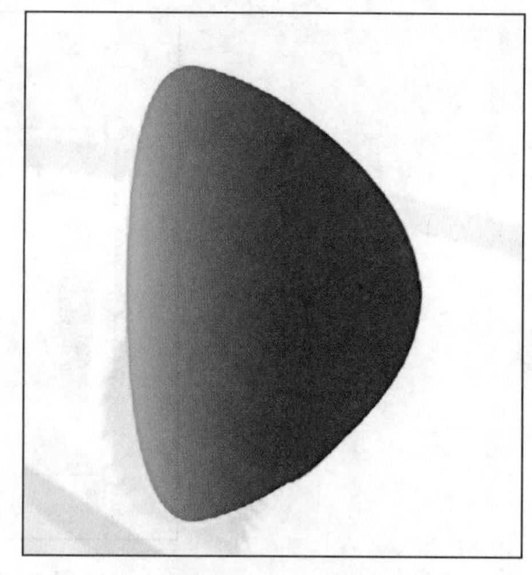

图 6-80 为图形填充渐变色

(2)使用同样的方法插入新的“椭圆”形状,并根据需要设置填充颜色与渐变颜色,如图 6-81 所示。将图形进行组合的操作步骤如下。

(1)选择一个自选图形,按 Ctrl 键后再选择其余的图形,并释放鼠标左键与 Ctrl 键,如图 6-82 所示。

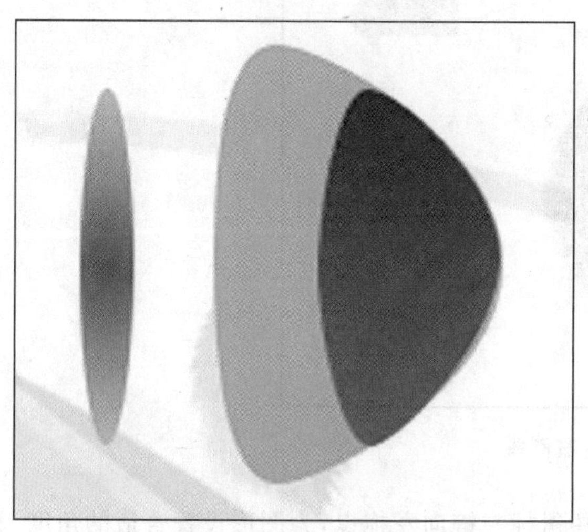

图 6-81 为新插入形状填充颜色

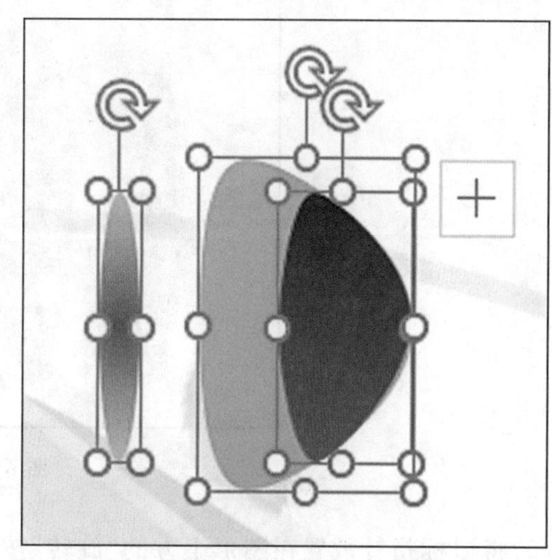

图 6-82 选择要组合的图形

(2)单击“绘图工具—格式”选项卡下“排列”组中的“组合”下拉按钮,在弹出的下拉列表中选择“组合”选项,如图 6-83 所示。

图 6-83 选择“组合”选项

(3)可将选中的所有图形组合为一个图形,如图 6-84 所示。

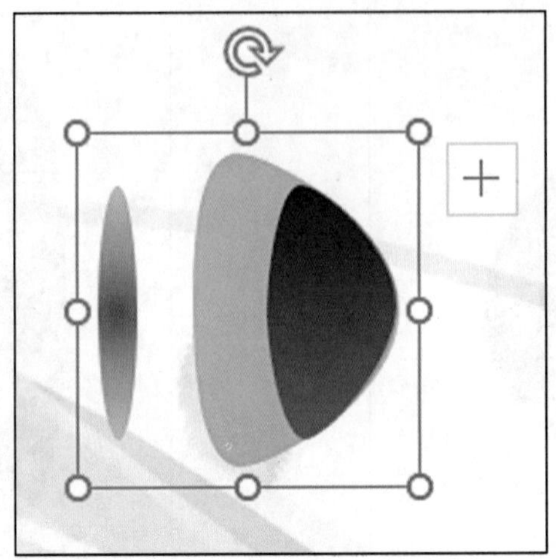

图 6-84　组合为一个图形

(4)选择插入的“右箭头”形状,将其拖曳至合适的位置,如图 6-85 所示。

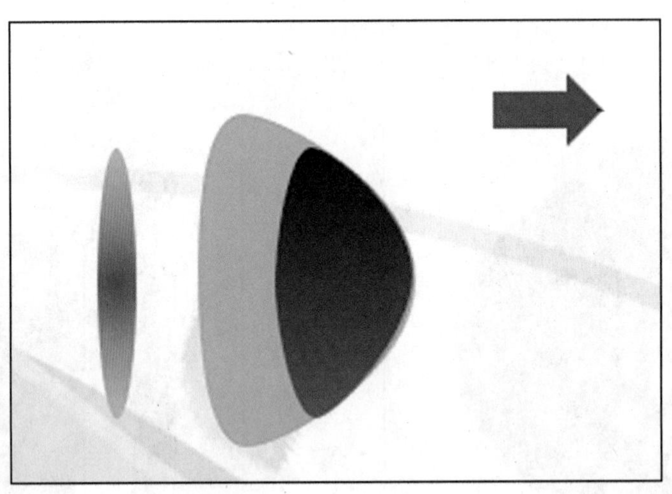

图 6-85　插入右箭头

(5)将鼠标指针放置在图形上方的“旋转”按钮上,按住鼠标左键向左拖曳,为图形设置合适的角度,旋转完成后释放鼠标左键即可,如图 6-86 所示。

图 6-86　为图形选择合适的角度

(6)选择插入的“六边形”形状，将其拖曳到“矩形”形状的上方。

(7)同时选中“六边形”与“矩形”形状，选择“绘图工具—格式”选项卡下“排列”组中的“组合”下拉按钮，在弹出的下拉列表中选择“组合”选项，即可组合选中的形状。

完成幻灯片页面效果的具体操作步骤如下。

(1)调整组合后的图形至合适的位置，如图 6-87 所示。

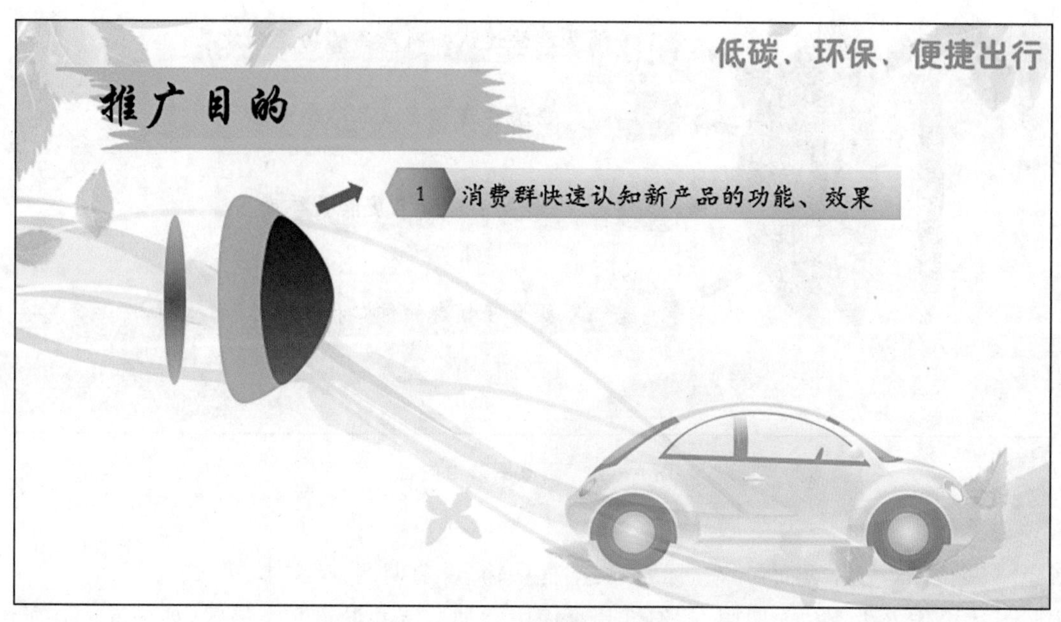

图 6-87 调整图形位置

(2)选择“右箭头”形状及组合后的形状，并对其进行复制粘贴。

(3)调整“右箭头”形状的角度，并移动至合适的位置，如图 6-88 所示。

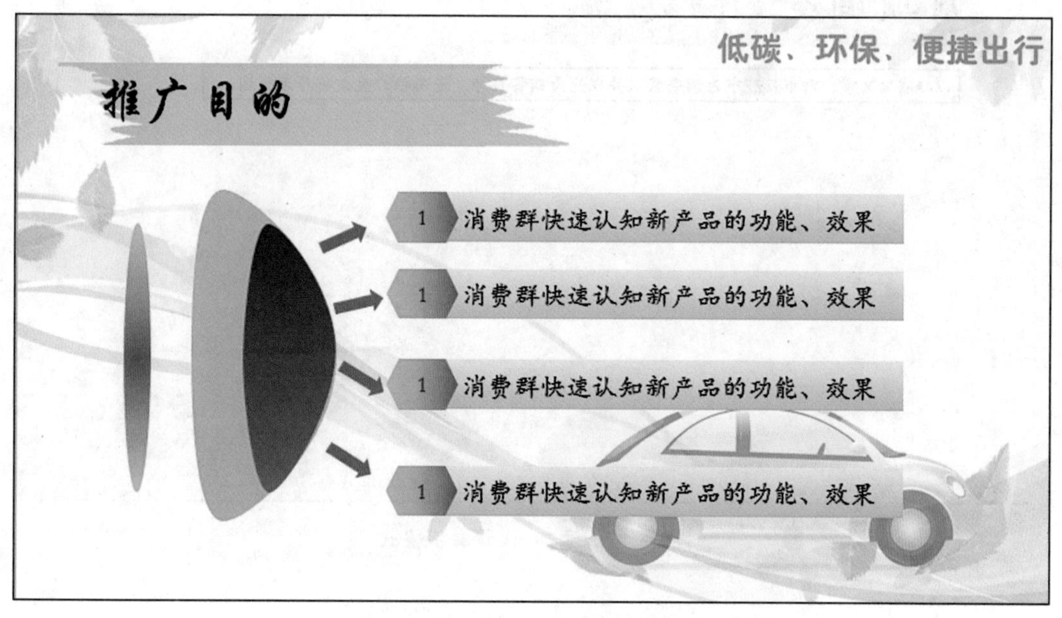

图 6-88 调整形状的角度

(4)更改图形中的内容，完成推广目的幻灯片页面的制作，如图 6-89 所示。

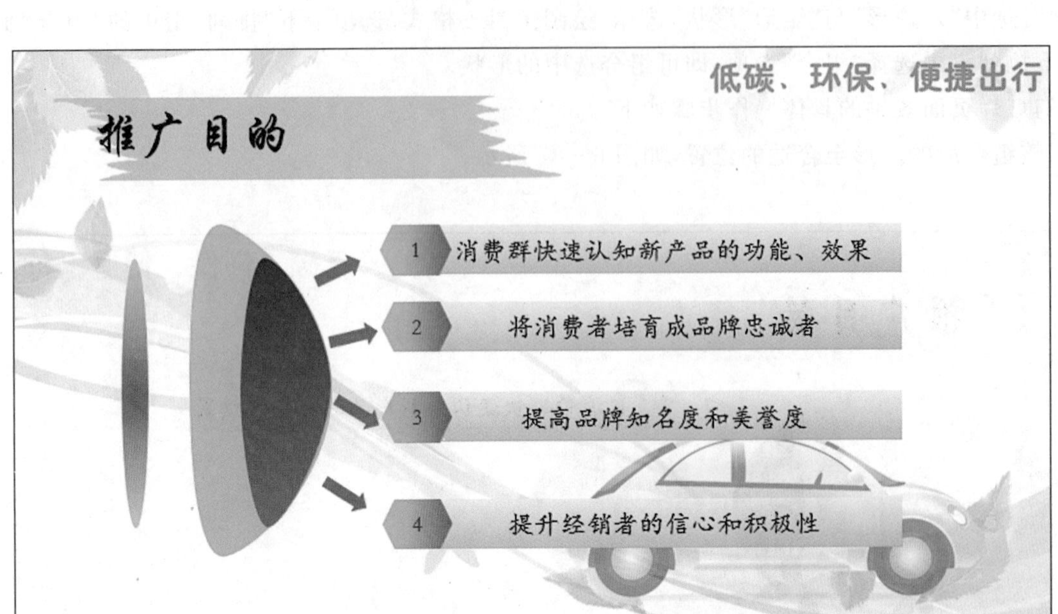

图 6-89 更改图形中内容

(5)新建“仅标题”幻灯片页面,并在“标题”文本框中输入“前期调查”文本。

(6)按照上述操作方法,在“前期调查”幻灯片页面中添加文字并设置文字格式,如图 6-90 所示。

图 6-90 添加、设置文字格式

(7)插入“椭圆”与“矩形”形状,为插入的图形填充颜色并设置图形效果,如图 6-91 所示。

图 6-91 插入形状并设置填充

(8)在"矩形"图形上添加文字，并复制及调整图形，如图 6-92 所示。

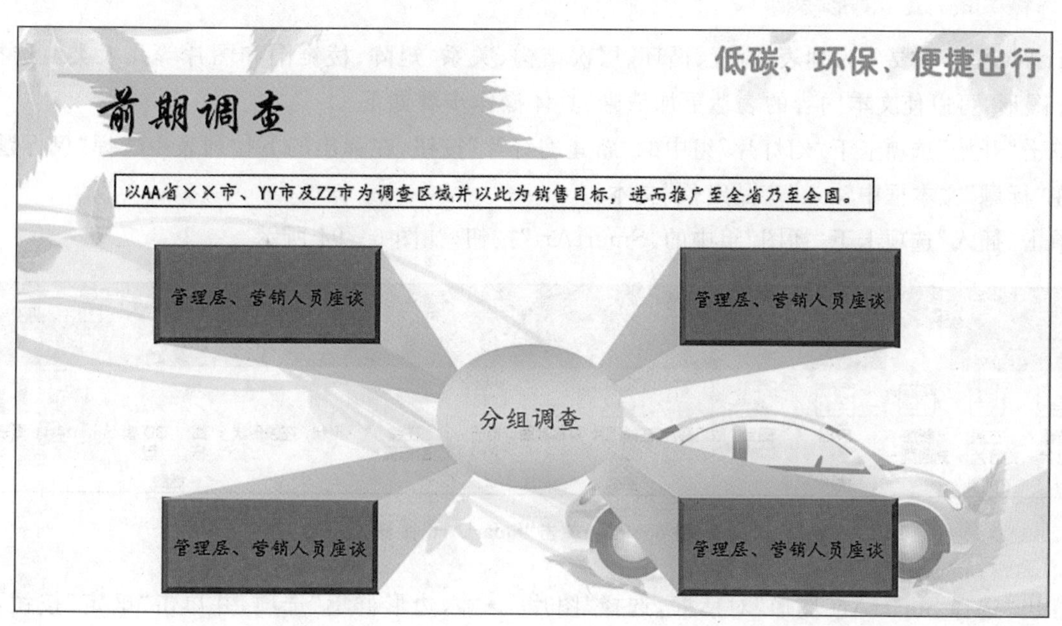

图 6-92 添加文字

(9)修改复制后图形中的文字，即可制作完成前期调查的幻灯片页面，效果如图 6-93 所示。

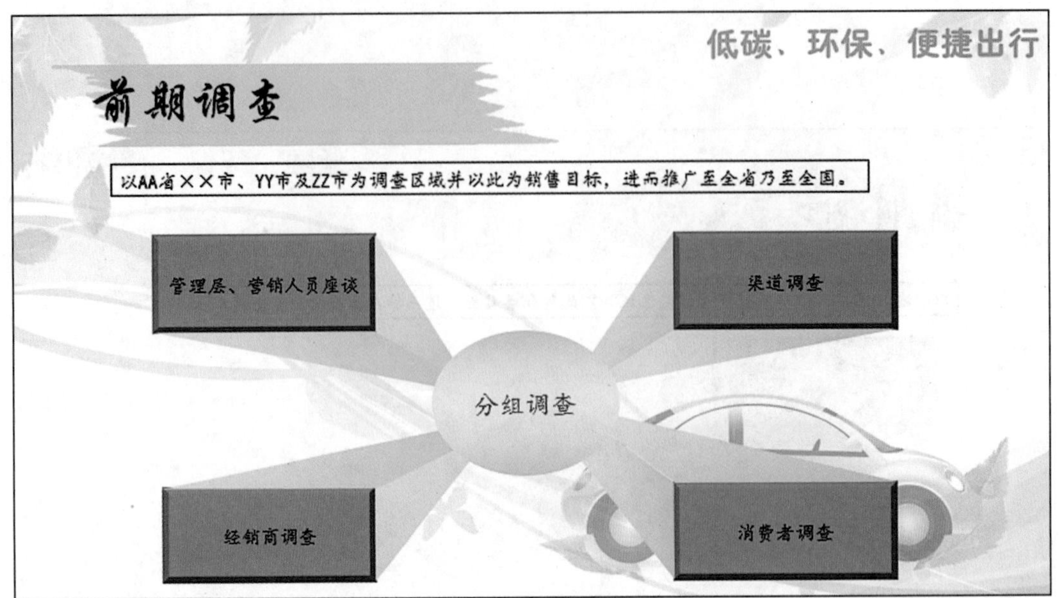

图 6-93　幻灯片制作完成

三、使用 SmartArt 图形展示推广流程

SmartArt 图形是信息和观点的视觉表示形式，可以在多种不同的布局中创建。SmartArt 图形主要应用在创建组织结构图、显示层次关系、演示过程或工作流程的各个步骤或阶段，以及显示各部分之间的关系等方面。使用 SmartArt 图形可以制作出更精美的演示文稿。

(一)选择 SmartArt 图形类型

SmartArt 图形主要分为列表、流程、循环、层次结构、关系、矩阵、棱锥图和图片等几大类。选择合适的 SmartArt 图形，可以使文本内容的表达更加清晰，具体操作步骤如下。

(1)单击“开始”选项卡下“幻灯片”组中的“新建幻灯片”按钮，在弹出的下拉列表中选择“仅标题”选项。

(2)在“标题”文本框中输入“产品定位”文本。

(3)单击“插入”选项卡下“插图”组中的“SmartArt”按钮，如图 6-94 所示。

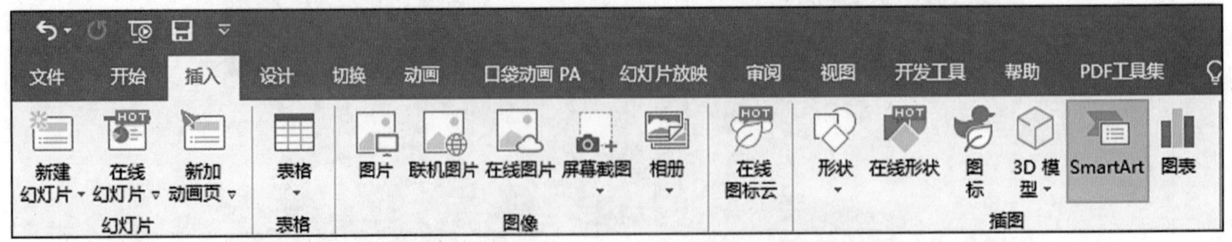

图 6-94　单击“SmartArt”按钮

(4)弹出“选择 SmartArt 图形”对话框，选择“图片”→“六边形群集”选项，并单击“确定”按钮，如图 6-95 所示。

(5)将选择的 SmartArt 图形插入“产品定位”幻灯片页面中。

(6)将鼠标指针放置在 SmartArt 图形上方，按住鼠标左键并拖曳鼠标，可以调整 SmartArt 图形的位置。

完善 SmartArt 图形创建的具体操作步骤如下。

(1)单击 SmartArt 图形左侧的“图片”按钮，在弹出的“插入图片”对话框中，选择“来自文件”选项。

(2)弹出“插入图片”对话框,选择要插入的图片,单击“插入”按钮,如图 6-96 所示。

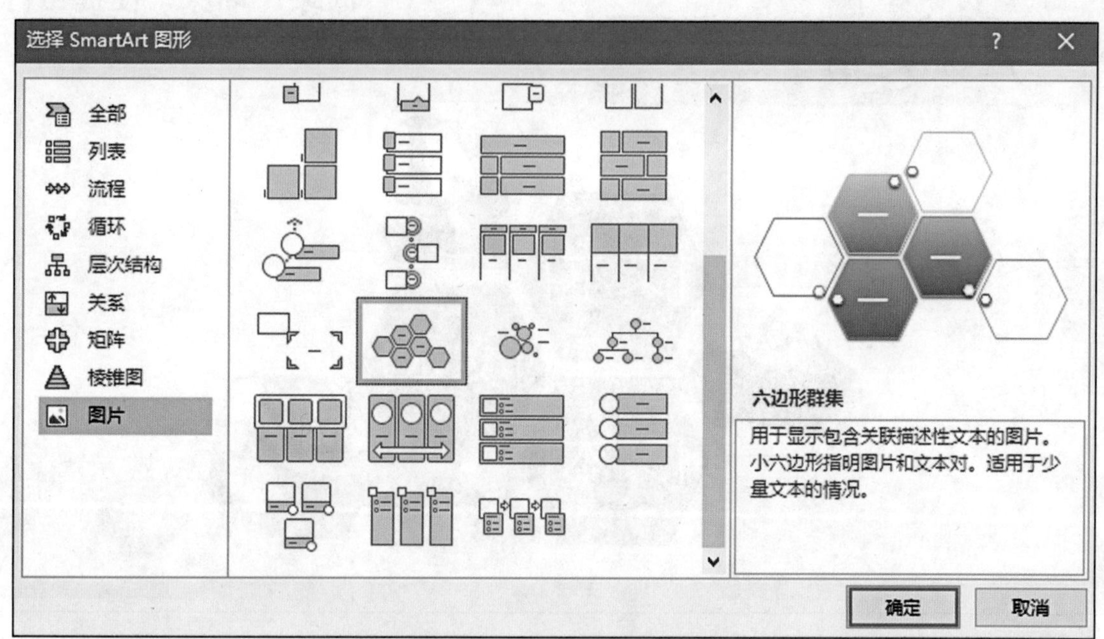

图 6-95 插入六边形群集

图 6-96 单击“插入”按钮

(3)可将图片插入 SmartArt 图形中。

(4)按照上述操作方法,将其余的图片插入 SmartArt 图形中,如图 6-97 所示。

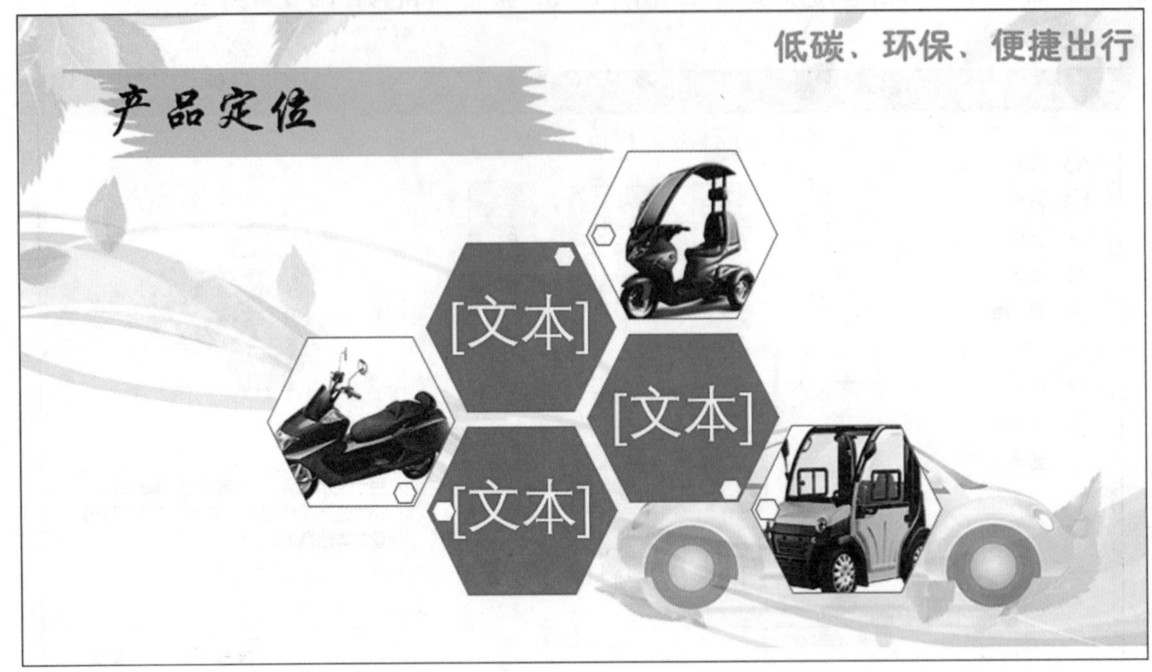

图 6－97　把图片插入 SmartArt 图形

(5)将鼠标指针定位至文本框中，根据需要在文本框中输入相关内容，即可完成 SmartArt 图形的创建，如图 6－98 所示。

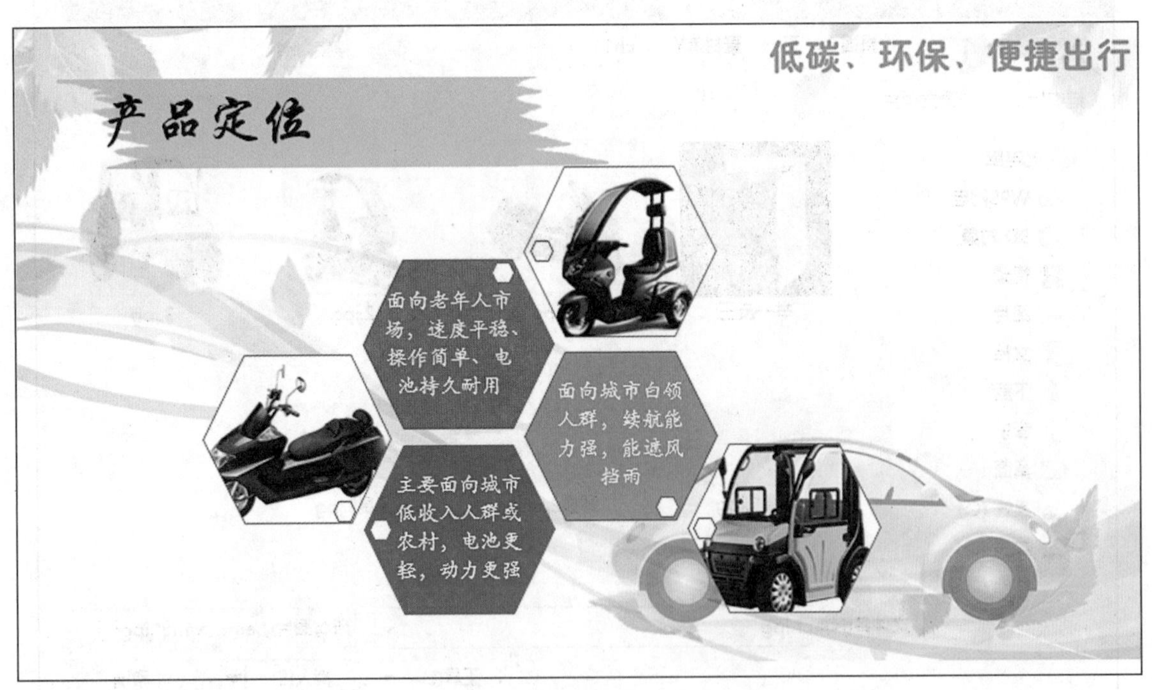

图 6－98　完成 SmartArt 图形的创建

(二)编辑 SmartArt 图形

创建 SmartArt 图形之后，用户可以根据需要来编辑 SmartArt 图形，具体操作步骤如下。

(1)选择创建的 SmartArt 图形，单击“SmartArt 工具—设计”选项卡下“创建图形”组中的“添加形状”下拉按钮，在弹出的下拉列表中选择“在后面添加形状”选项，如图 6－99 所示。

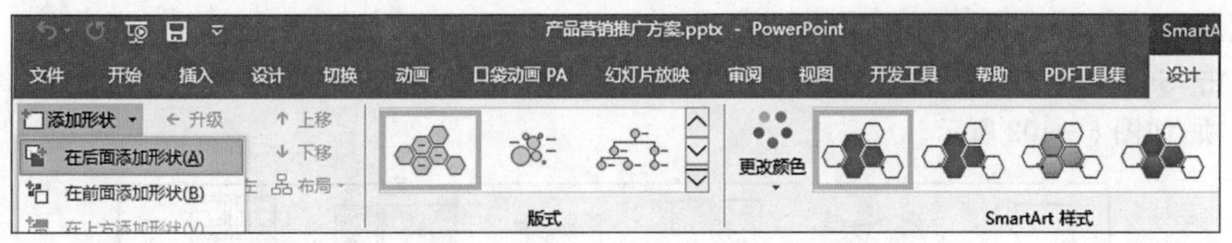

图 6-99 选择“在后面添加形状”选项

(2)在图形中添加新的 SmartArt 形状,用户可以根据需要在新添加的 SmartArt 图形中添加图片与文本,如图 6-100 所示。

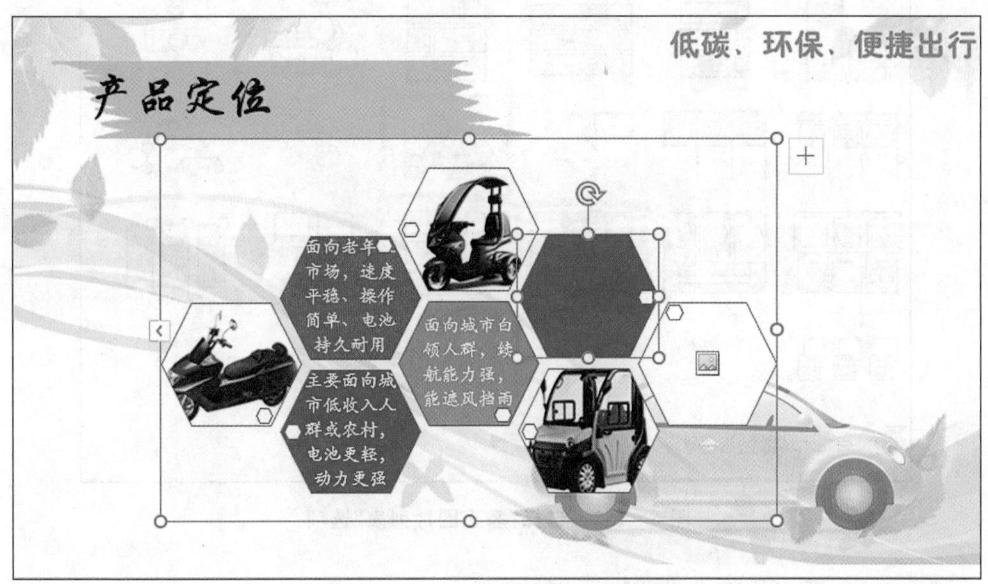

图 6-100 添加图片与文本

(3)如果要删除多余的 SmartArt 图形,则选择要删除的图形,按 Delete 键即可。

(4)用户可以自主调整 SmartArt 图形的位置,选择要调整的 SmartArt 图形,单击“SmartArt 工具—设计”选项卡下“创建图形”组中的“上移”按钮,即可把图形上移一个位置,如图 6-101 所示。

图 6-101 单击“上移”按钮

(5)单击“下移”按钮，即可把图形下移一个位置。

(6)单击“SmartArt 工具—设计”选项卡下“版式”组中的“其他”按钮，在弹出的下拉列表中选择“垂直图片列表”选项，如图 6-102 所示。

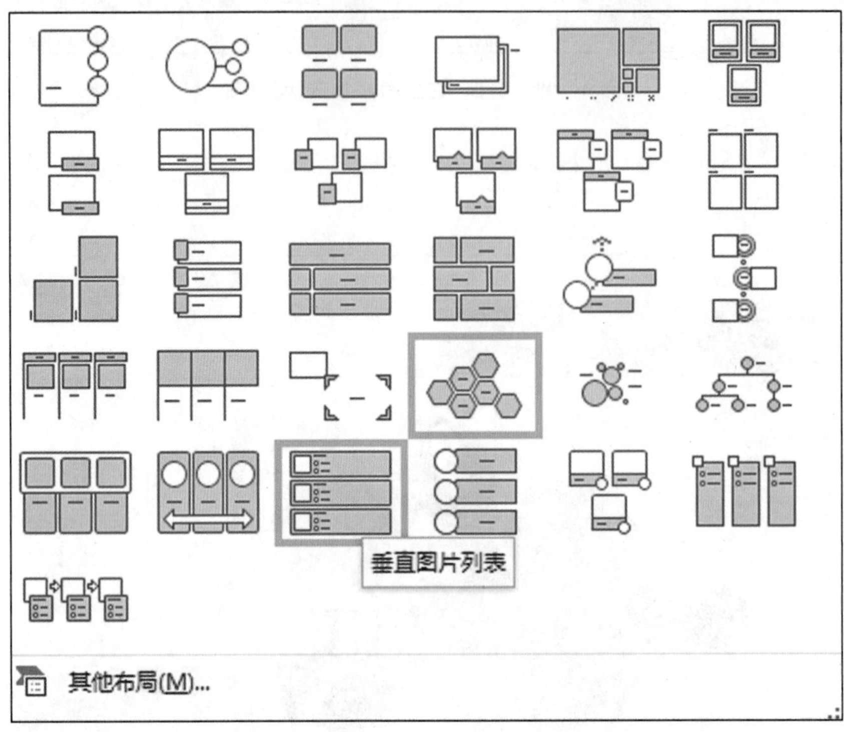

图 6-102　选择“垂直图片列表”选项

(6)可更改 SmartArt 图形的版式，如图 6-103 所示。

图 6-103　更改 SmartArt 图形版式

(8)按照上述操作方法，把 SmartArt 图形的版式更改为“六边形群集”版式，即可完成编辑 SmartArt 图形的操作。

(三)美化 SmartArt 图形

编辑完 SmartArt 图形，还可以对 SmartArt 图形进行美化，具体操作步骤如下。

(1)选择 SmartArt 图形,单击“SmartArt 工具—设计”选项卡下“SmartArt 样式”组中的“更改颜色”按钮,如图 6-104 所示。

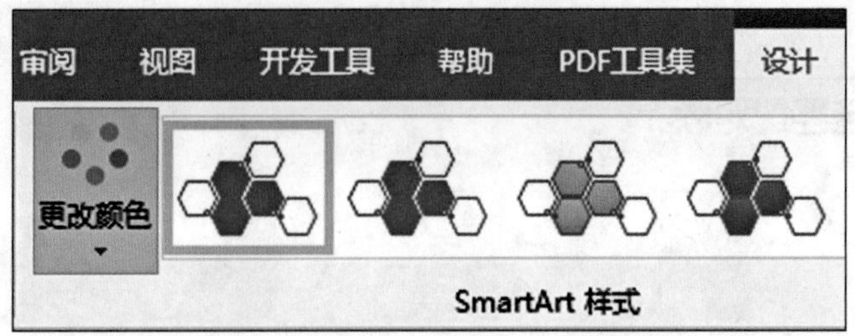

图 6-104　单击“更改颜色”按钮

(2)在弹出的下拉列表中,包含彩色、个性色 1、个性色 2、个性色 3 等多种颜色,这里选择“彩色”→“彩色范围—个性色 5 至 6”选项,如图 6-105 所示。

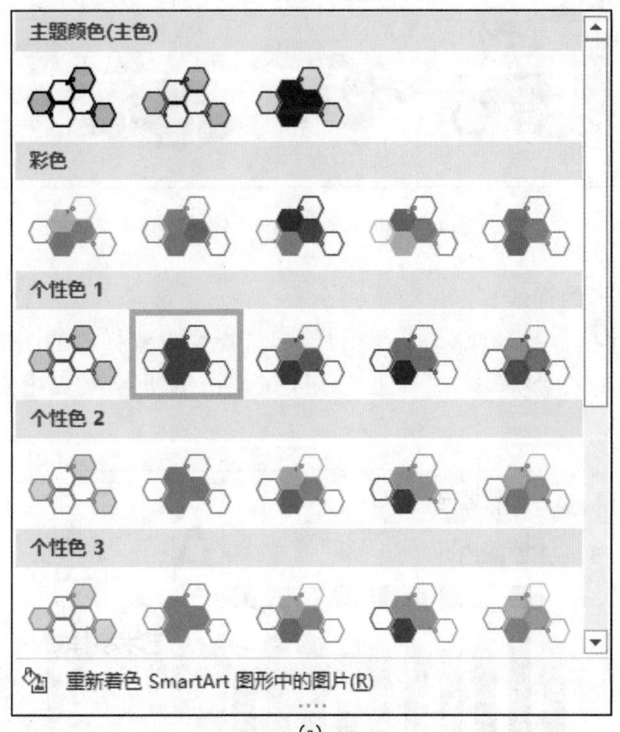

(a)

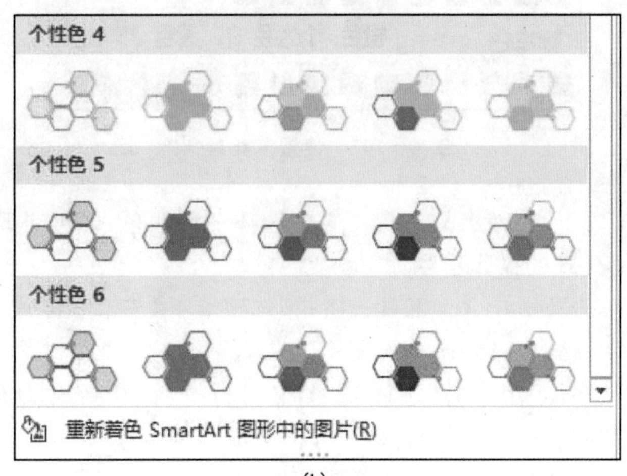

(b)

图 6-105　设置颜色

(a)彩色及个性色 1~3;(b)个性色 4~6

(3)可更改 SmartArt 图形的颜色。

(4)单击“SmartArt 工具—设计”选项卡下“SmartArt 样式”组中的“其他”按钮,在弹出的下拉列表中选择“三维”→“嵌入”选项,如图 6-106 所示。

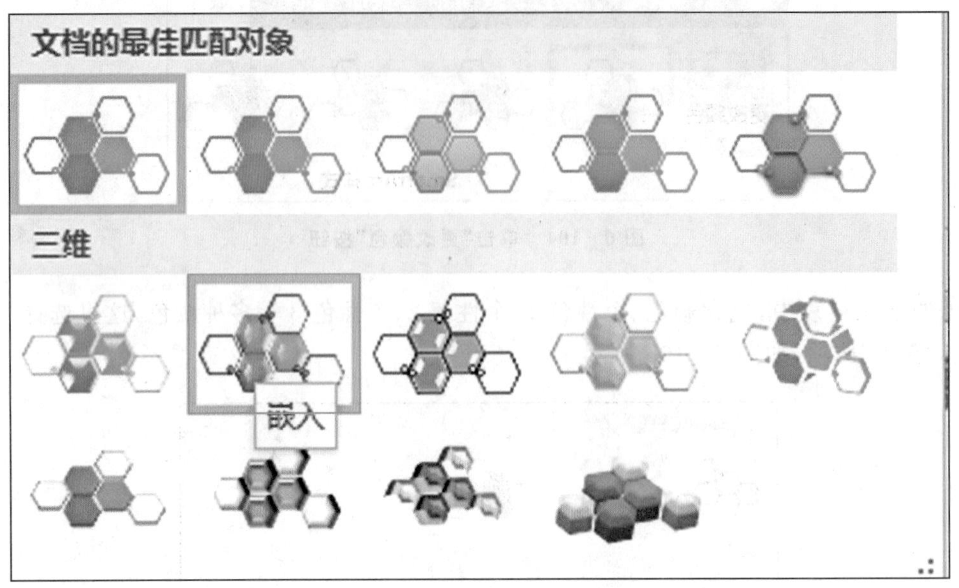

图 6-106　设置 SmartArt 样式

(5)可更改 SmartArt 图形的样式。

(6)还可以根据需要设计单个 SmartArt 图形的样式,选择要设置样式的图形,单击“SmartArt 工具—格式”选项卡下“形状样式”组中的“形状填充”下拉按钮,在弹出的下拉列表中选择一种颜色,如图 6-107 所示。

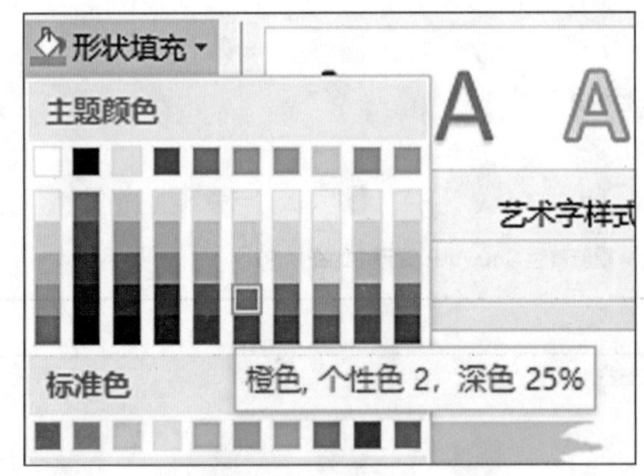

图 6—107　设置填充颜色

(7)单击“形状轮廓”下拉按钮,在弹出的下拉列表中选择一种颜色,即可更改形状轮廓的颜色。

设置 SmartArt 图形字体样式的操作步骤如下。

(1)选择形状中的文本,单击“SmartArt 工具—格式”选项卡下“艺术字样式”组中的“其他”按钮,在弹出的下拉列表中选择一种艺术字样式,如图 6-108 所示。

(2)单击“开始”选项卡下“字体”组中的“字体”右侧的下拉按钮,在弹出的下拉列表中选择一种字体样式,即可更改艺术字的字体,如图 6-109 所示。

(3)单击“字号”右侧的下拉按钮,在弹出的下拉列表中可以设置字号。

(4)单击“字体颜色”下拉按钮,在弹出的下拉列表中选择“白色,背景 1”选项,即可改变艺术字的颜色,效果如图 6－110 所示。

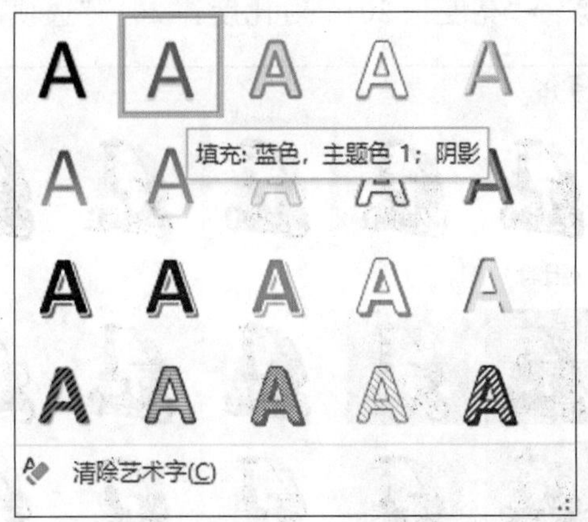

图 6－108 选择艺术字样式

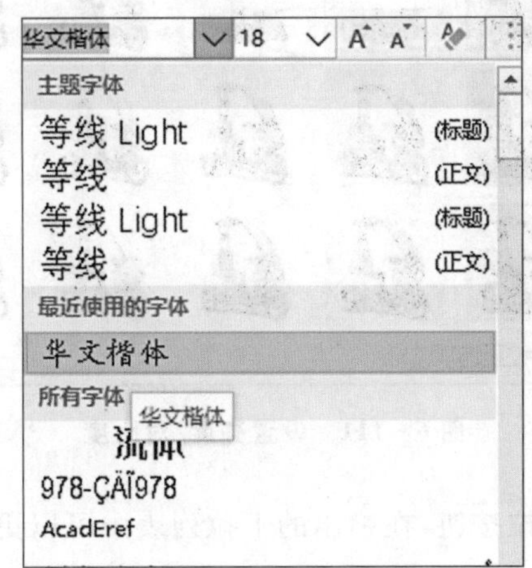

图 6－109 设置艺术字字体

图 6－110 设置完成效果图

设置 SmartArt 图形色彩饱和度及艺术效果的操作步骤如下。

(1)选择 SmartArt 图形中的图片,单击“图片工具—格式”选项卡下“调整”组中“校正”下拉按钮,在弹出的下拉列表中选择“亮度/对比度”→“亮度:-20% 对比度:-20%”选项,如图 6-111 所示。

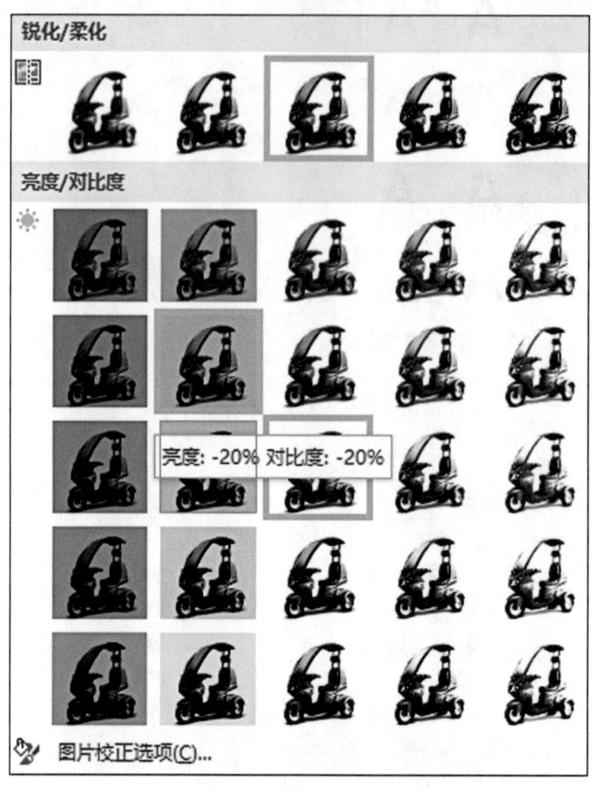

图 6-111　设置亮度/对比度

(2)单击“调整”组中的“颜色”下拉按钮,在弹出的下拉列表中可以更改图片的颜色饱和度、色调、重新着色等。这里选择“蓝色,个性色 1 深色”选项,如图 6-112 所示。

图 6-112　设置颜色

(3)单击“调整”组中的“艺术效果”下拉按钮,在弹出的下拉列表中选择“铅笔素描”选项,如图 6-113 所示。

图 6-113 设置艺术效果

(4)完成对 SmartArt 图形的艺术效果设置,如图 6-114 所示。

图 6-114 完成艺术效果设置

(5)如果要撤销设置的图片样式,可以在选择图片后,单击“图片工具—格式”选项卡下“调整”组中的“重置图片”按钮,在弹出的下拉列表中选择“重置图片”选项,即可取消图片样式的设置,如图 6-115 所示。

(6)将鼠标指针定位至设置艺术字样式后的文本中,双击“开始”选项卡下“剪贴板”组中的“格式刷”按钮,将其格式应用在其他文本中,如图 6-116 所示。

(7)按 Esc 键取消格式刷,即可完成对 SmartArt 图形的美化操作。

(8)新建“仅标题”幻灯片页面,输入标题“推广理念”,并添加图形,制作完成的“推广理念”幻灯片页面效果，如图 6－117 所示。

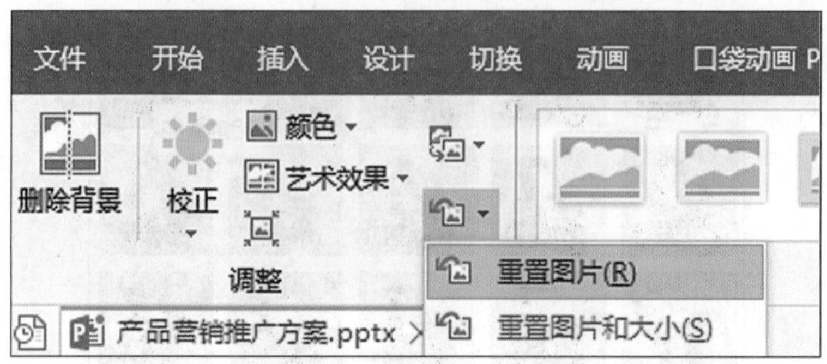

图 6－115　取消图片样式设置

图 6－116　使用格式刷

图 6－117　“推广理念”幻灯片完成效果

(9)新建"仅标题"幻灯片页面,输入标题"推广渠道",并添加图形,制作完成的"推广渠道"幻灯片页面效果,如图 6-118 所示。

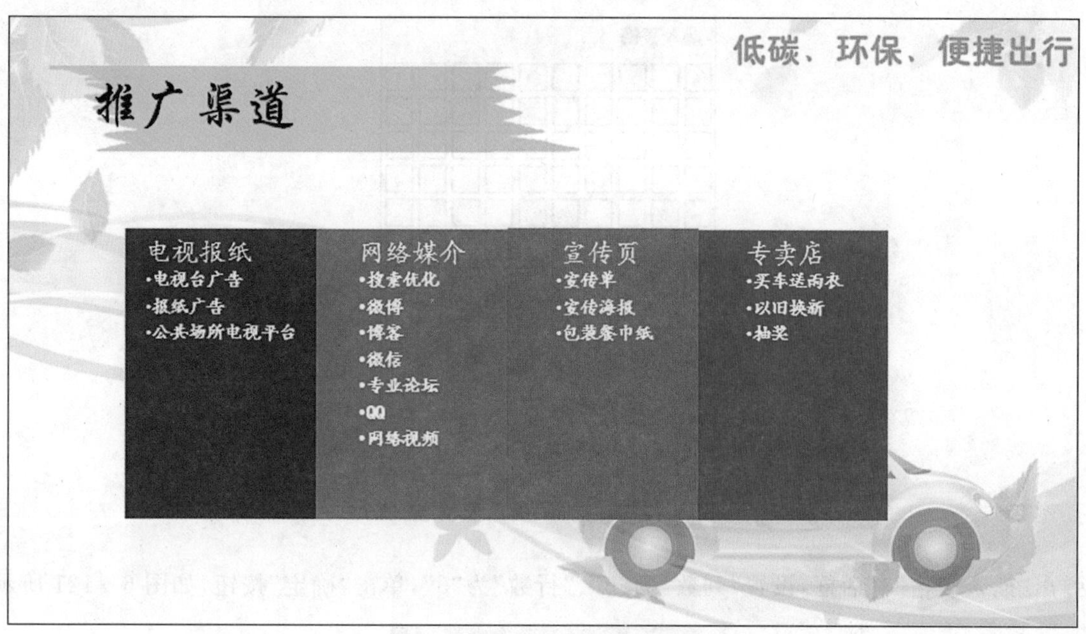

图 6-118 "推广渠道"幻灯片完成效果

四、使用图表展示产品销售数据情况

在 PowerPoint 2019 中插入图表,可以使产品营销推广方案中要传达的信息更加简洁。

(一)插入图表

在产品营销推广方案中插入图表,可以丰富演示文稿的内容,具体操作步骤如下。

(1)单击"开始"选项卡下"幻灯片"组中的"新建幻灯片"按钮,在弹出的下拉列表中选择"仅标题"选项。

(2)新建"仅标题"幻灯片页面。

(3)在"标题"文本框中输入"推广时间及安排"文本,如图 6-119 所示。

图 6-119 输入文本内容

(4)单击“插入”选项卡下“表格”组中的“表格”按钮，在弹出的下拉列表中选择“插入表格”选项，如图6－120所示。

图6－120　选择“插入表格”选项

(5)弹出“插入表格”对话框，设置“列数”为“5”、“行数”为“5”，单击“确定”按钮，如图6－121所示。

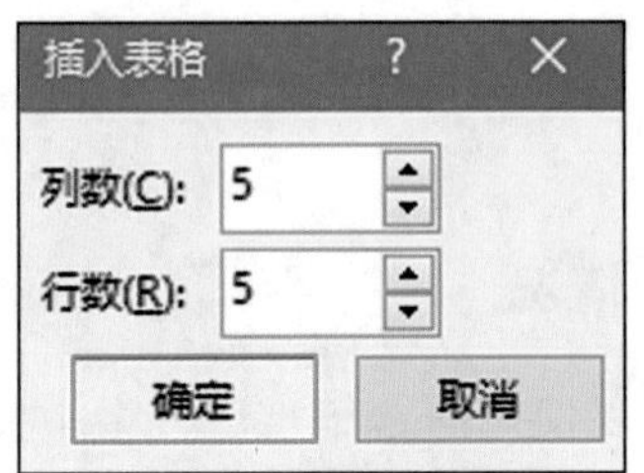

图6－121　设置表格行与列

(6)在幻灯片中插入表格，如图6－122所示。

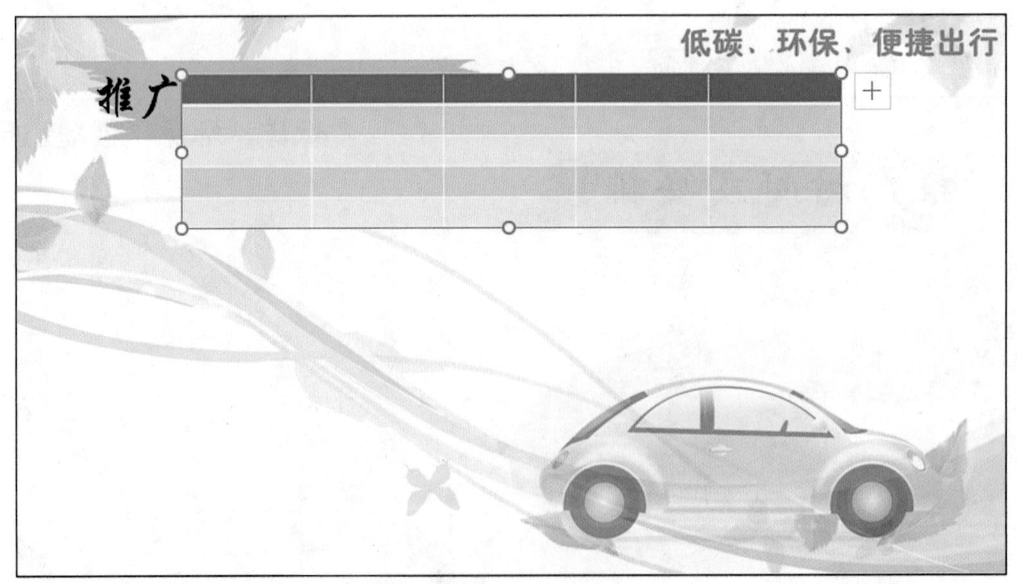

图6－122　插入表格

(7)将鼠标指针放置在表格上，按住鼠标左键并拖曳鼠标，即可调整表格的位置，拖曳至合适位置后释放鼠标左键，即可调整图表的位置。

(8)打开素材“推广时间及安排.txt”文件，根据其内容在表格中输入相应的文本，即可完成表格的创建，如图 6－123 所示。

图 6－123 完成表格创建

设置表格样式及表格中字体样式的具体操作步骤如下。

(1)单击“表格工具—设计”选项卡下“表格样式”组中的“其他”按钮，在弹出的下拉列表中选择一种表格样式，如图 6－124 所示。

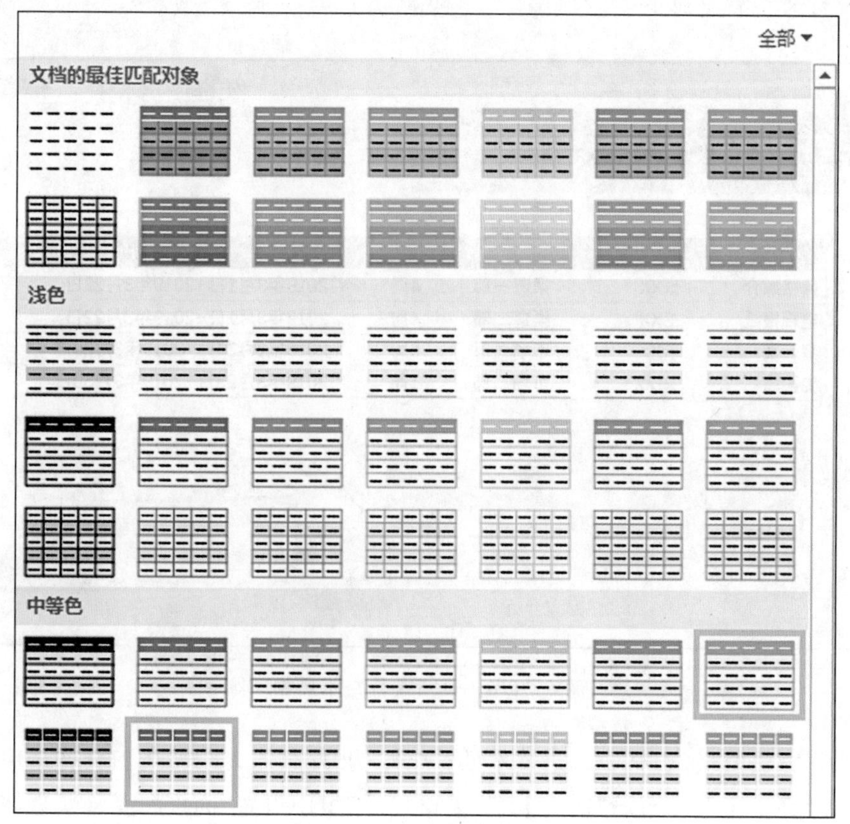

图 6－124 选择表格样式

(2)改变表格的样式，效果如图 6－125 所示。

图 6-125 改变表格样式后效果图

(3)选择表格第一行的文字,单击“开始”选项卡下“字体”组中的“字体”下拉按钮,在弹出的下拉列表中,选择“华文楷体”选项。

(4)选择“字号”右侧的下拉按钮,在弹出的下拉列表中选择“18”选项。

(5)设置表格首行文本居中显示,效果如图 6-126 所示。

图 6-126 表格首行文本居中

(6)按照上述操作方法,设置表格中其余文本的“字体”为“楷体”、“字号”为“14”并居中显示。

(7)选择表格,在“表格工具—布局”选项卡下“表格尺寸”组中设置“高度”为“9.27 厘米”、“宽度”为“28.2 厘米”,然后设置表格中所有文字居中显示,如图 6-127 所示。

高度: 9.27 厘米
宽度: 28.2 厘米
锁定纵横比
表格尺寸

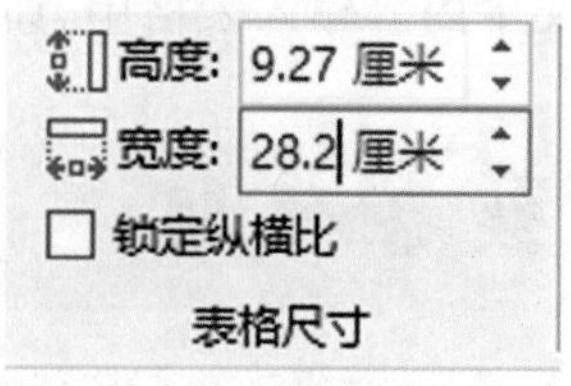

图 6－127 设置表格尺寸

(8)可调整表格的行高与列宽,效果如图 6－128 所示。

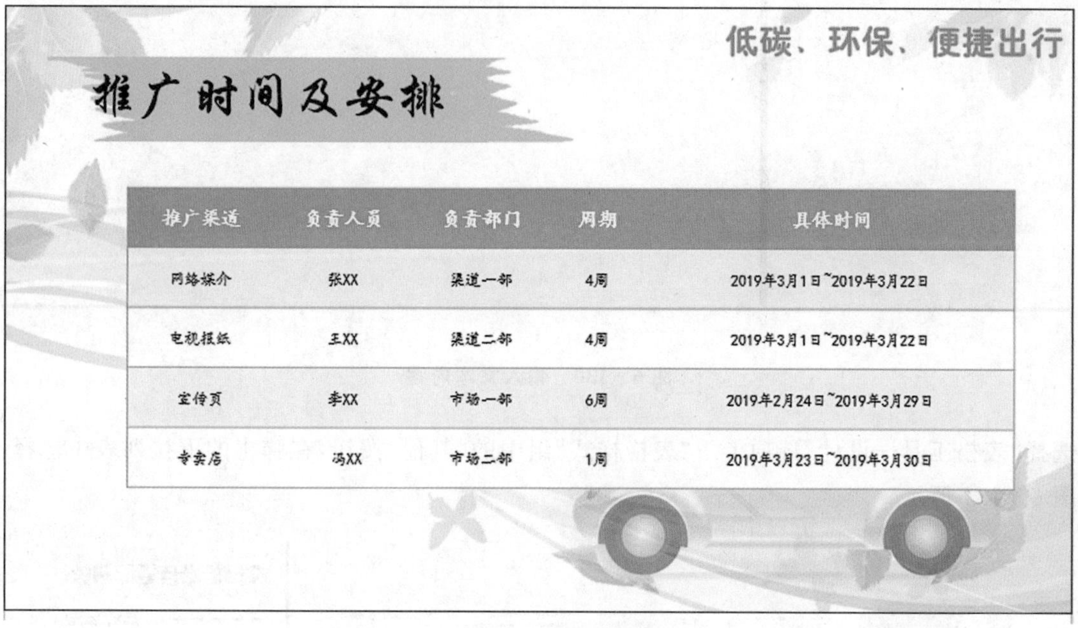

低碳、环保、便捷出行
推广时间及安排
推广渠道 负责人员 负责部门 周期 具体时间
网络媒介 张XX 渠道一部 4周 2019年3月1日~2019年3月22日
电视报纸 王XX 渠道二部 4周 2019年3月1日~2019年3月22日
宣传页 李XX 市场一部 6周 2019年2月24日~2019年3月29日
专卖店 冯XX 市场二部 1周 2019年3月23日~2019年3月30日

图 6－128 调整后效果图

运用以上方法在标题为“效果预期”的幻灯片中插入表格,具体操作步骤如下。

(1)再次新建“仅标题”幻灯片页面,并设置标题为“效果预期”。

(2)插入 5 列 4 行的表格,并调整表格的位置,如图 6－129 所示。

低碳、环保、便捷出行
效果预期

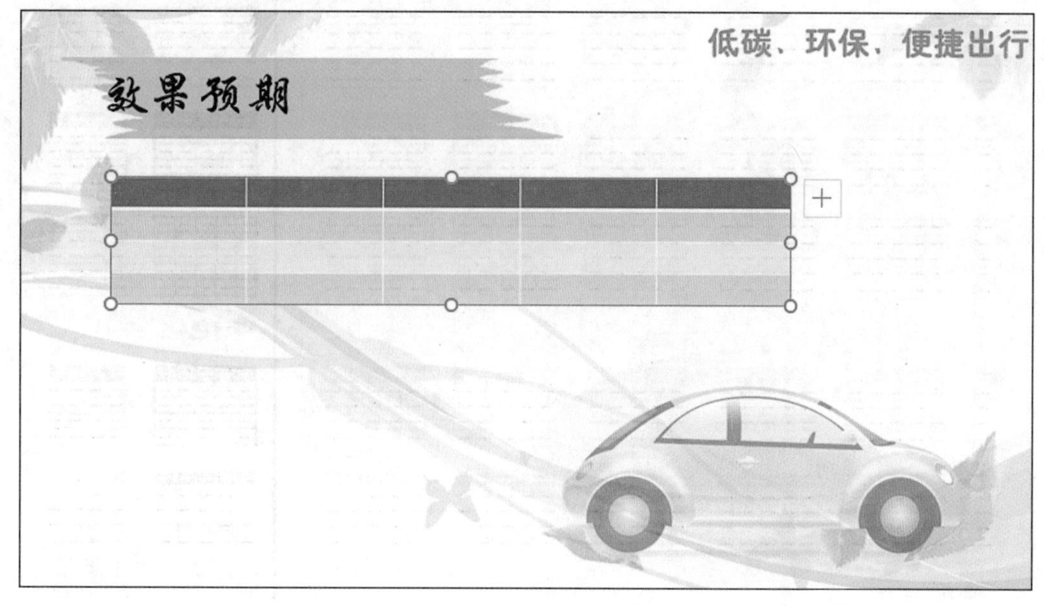

图 6－129 插入表格

(3)打开素材“效果预期.txt”文件,把文本内容输入表格中,如图 6-130 所示。

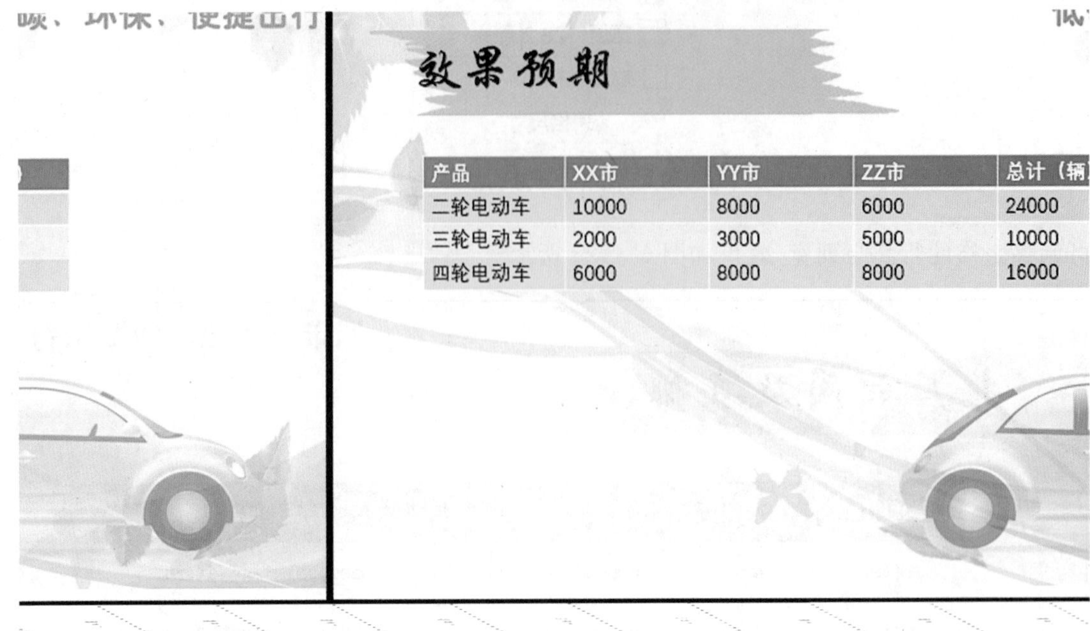

图 6-130 输入文本内容

(4)选择“表格工具—设计”选项卡下“表格样式”组中的“其他”按钮,在弹出的下拉列表中选择一种表格样式,如图 6-131 所示。

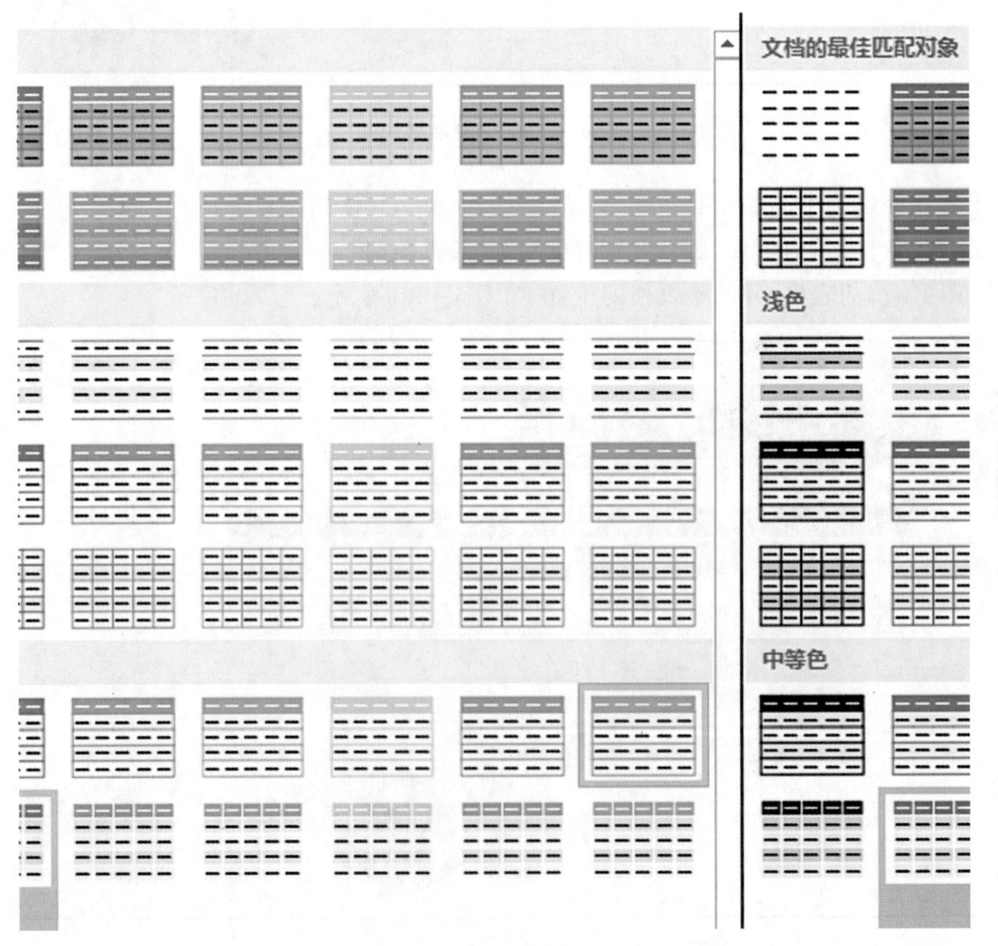

图 6-131 选择表格样式

(5)可改变表格的样式,将表格文字居中显示。

(6)设置表格中第一行文本"字体"为"华文楷体","字号"为"18",其余文本的"字体"为"楷体","字号"为"14",并设置表格中"字体"为"垂直居中",调整表格的大小和位置,完成表格的插入与编辑,如图 6-132 所示。

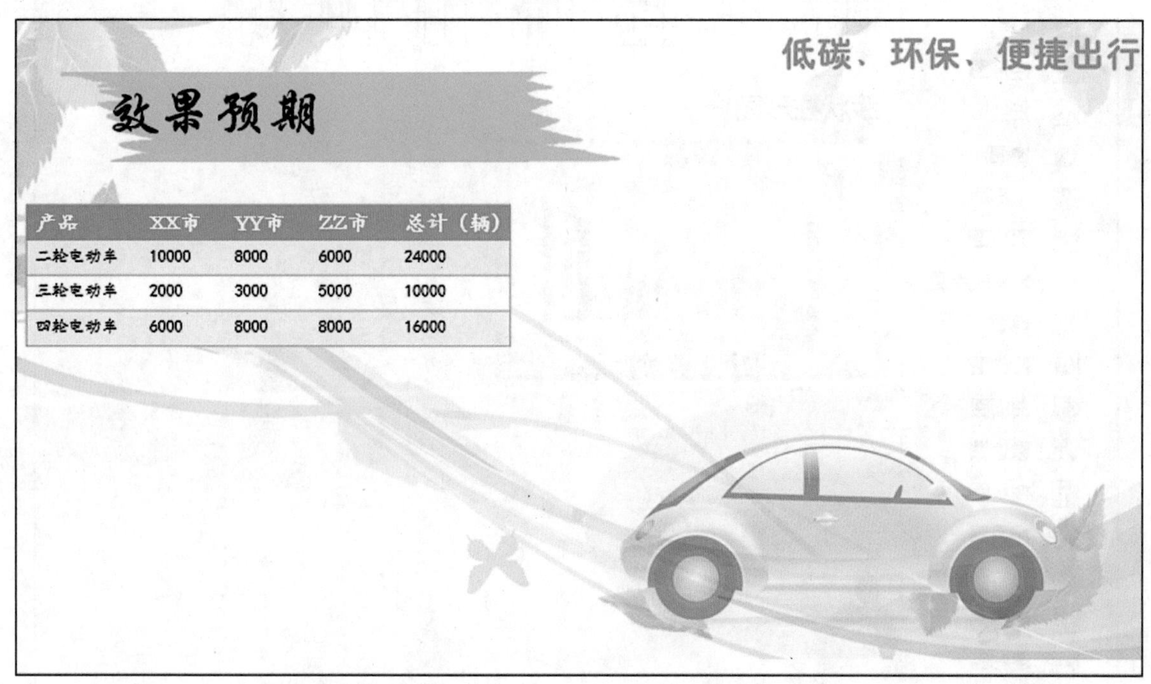

图 6-132　完成对表格的操作

插入图表的具体操作步骤如下。

(1)单击"插入"选项卡下"插图"组中的"图表"按钮,如图 6-133 所示。

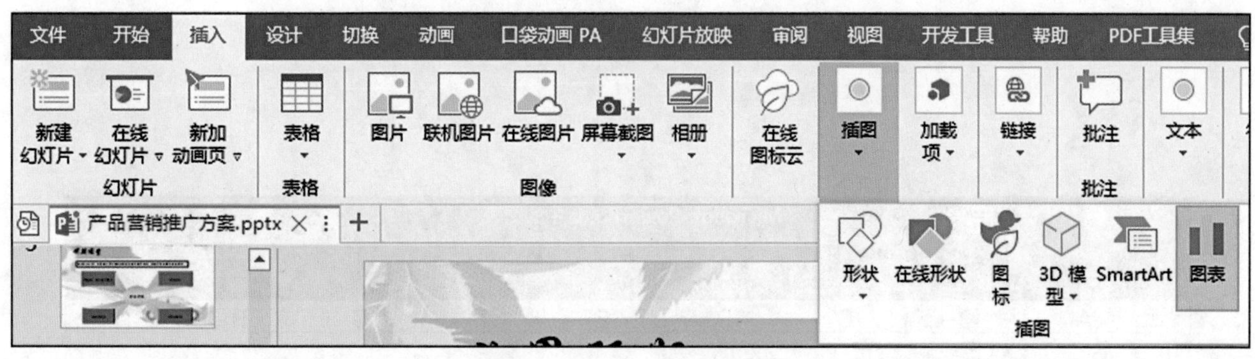

图 6-133　单击"图表"按钮

(2)弹出"插入图表"对话框,在"所有图表"选项卡下选择"柱形图"选项,在右侧选择"簇状柱形图"选项,单击"确定"按钮,如图 6-134 所示。

(3)在幻灯片中插入图表,并打开"Microsoft PowerPoint 中的图表"工作表。

(4)在工作表中,根据插入的表格输入相关的数据,如图 6-135 所示。

(5)在完成数据的输入后,拖曳鼠标选择数据源,并删除多余的内容。

(6)关闭"Microsoft PowerPoint 中的图表"工作表,即可完成插入图表的操作,如图 6-136 所示。

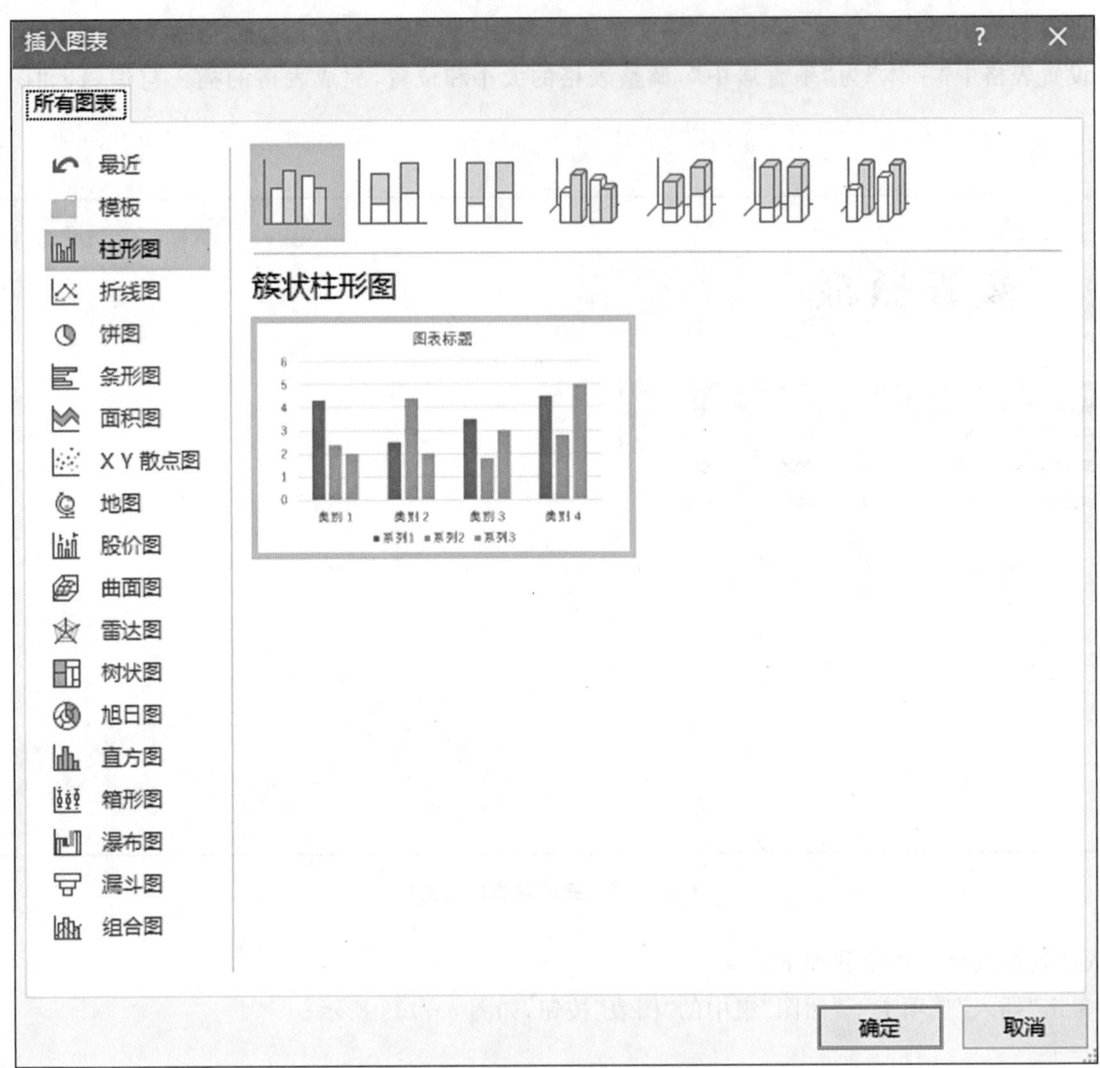

图 6－134　选择“簇状柱形图”

Microsoft PowerPoint 中的图表

	A	B	C	D	E	F	G	H
1	产品	XX市	YY市	ZZ市				
2	二轮电动车	10000	8000	6000				
3	三轮电动车	2000	3000	5000				
4	四轮电动车	6000	8000	8000				
5	类别 4	4.5	2.8	5				

图 6－135　输入数据

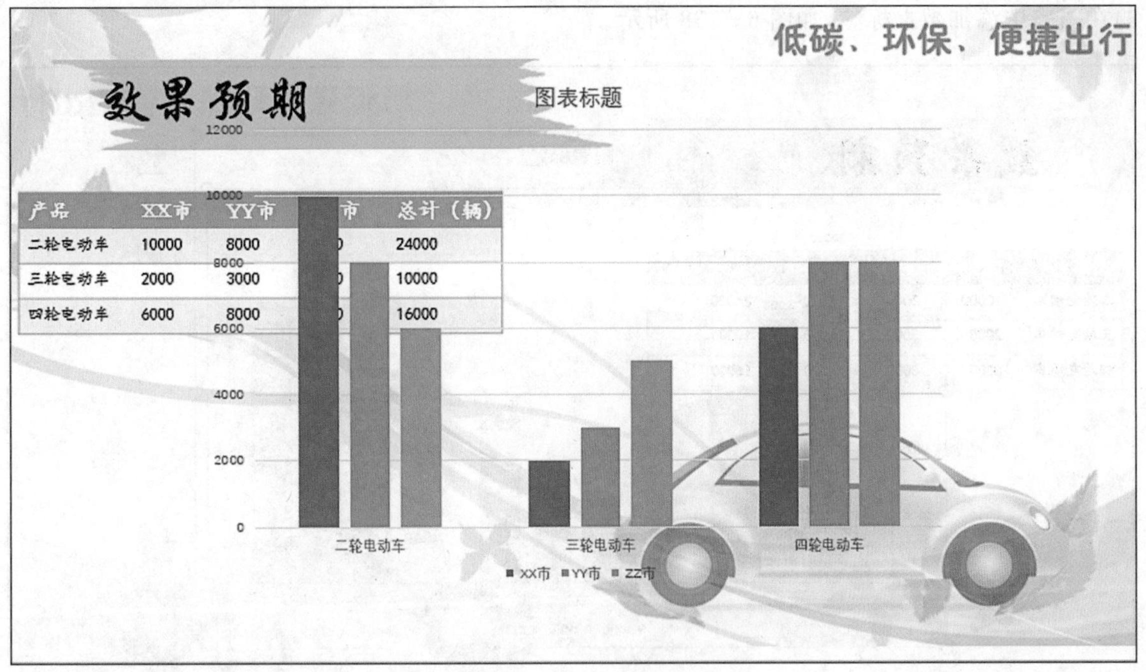

图 6-136 完成插入图表效果图

(二)编辑图表

插入图表之后，可以根据需要编辑图表，具体操作步骤如下。

(1)选择创建的图表，单击“图表工具—设计”选项卡下“图表布局”组中的“添加图表元素”按钮。

(2)在弹出的下拉列表中选择“数据标签”→“数据标签外”选项，如图 6-137 所示。

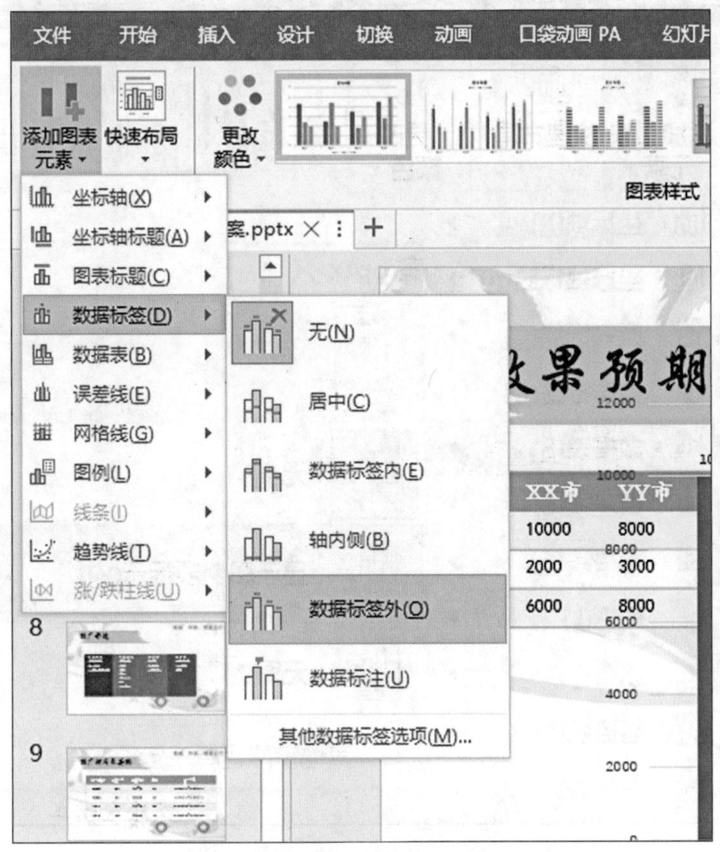

图 6-137 选择“数据标签外”选项

(3)在图表中添加数据标签,如图 6-138 所示。

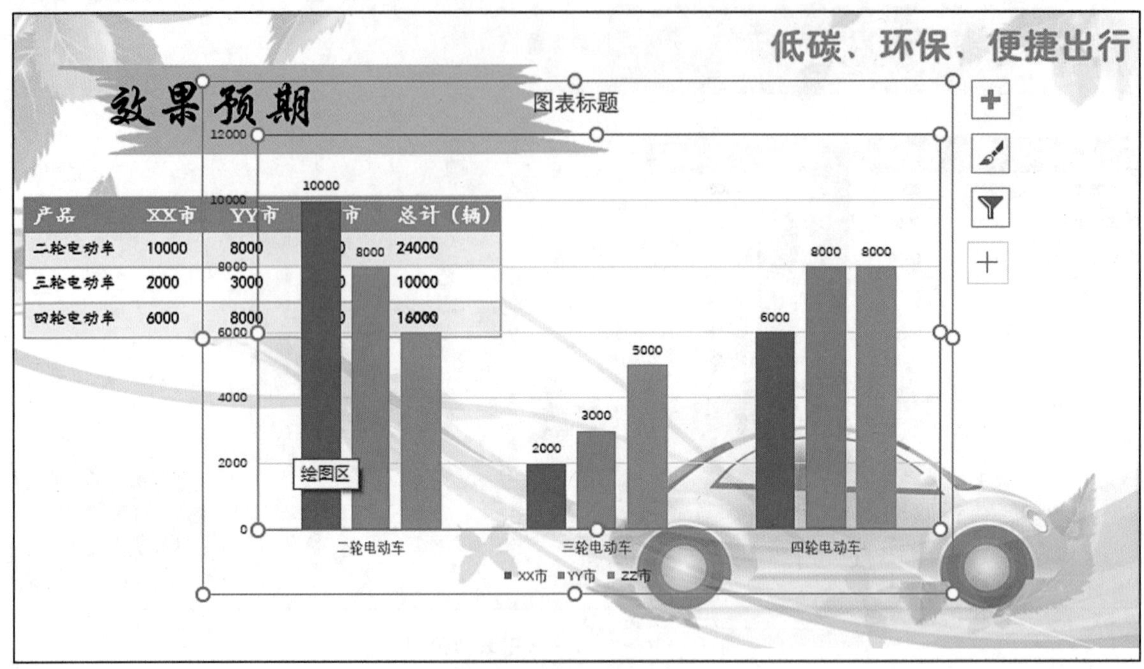

图 6-138 添加数据标签

(4)单击“图表工具—设计”选项卡下“图表布局”组中的“添加图表元素”按钮,在弹出的下拉列表中选择“数据表”→“显示图例项标示”选项,如图 6-139 所示。

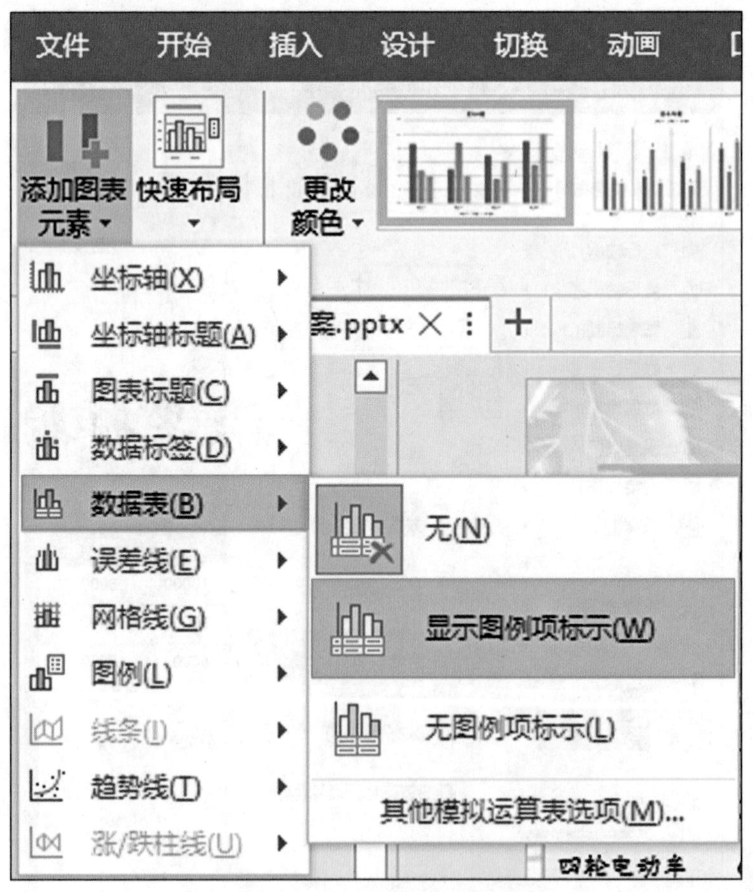

图 6-139 选择“显示图例项标示”选项

更改图表类型及调整图表大小和位置的具体操作步骤如下。

(1)选择图表中的“图表标题”文本框，删除文本框的内容，并输入“效果预期”文本。

(2)如果要改变图表的类型，可以单击“图表工具—设计”选项卡下“类型”组中的“更改图表类型”按钮，如图 6 - 140 所示。

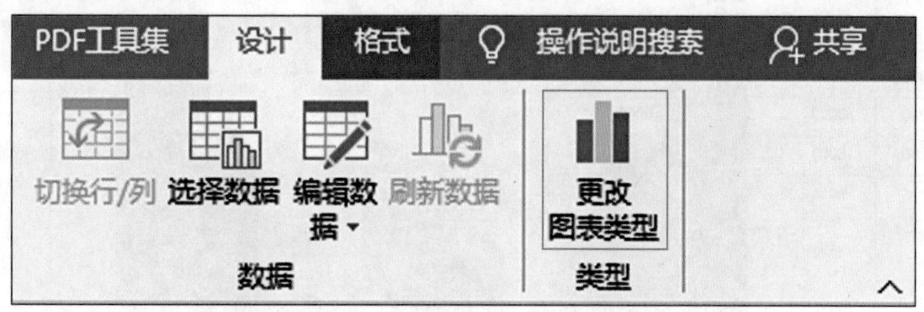

图 6 - 140　单击“更改图表类型”按钮

(3)在弹出的“更改图表类型”对话框中选择要更改的图表类型。例如，选择“折线图”→“折线图”选项，单击“确定”按钮。

(4)可将簇状柱形图表更改为折线图图表，效果如图 6 - 141 所示。

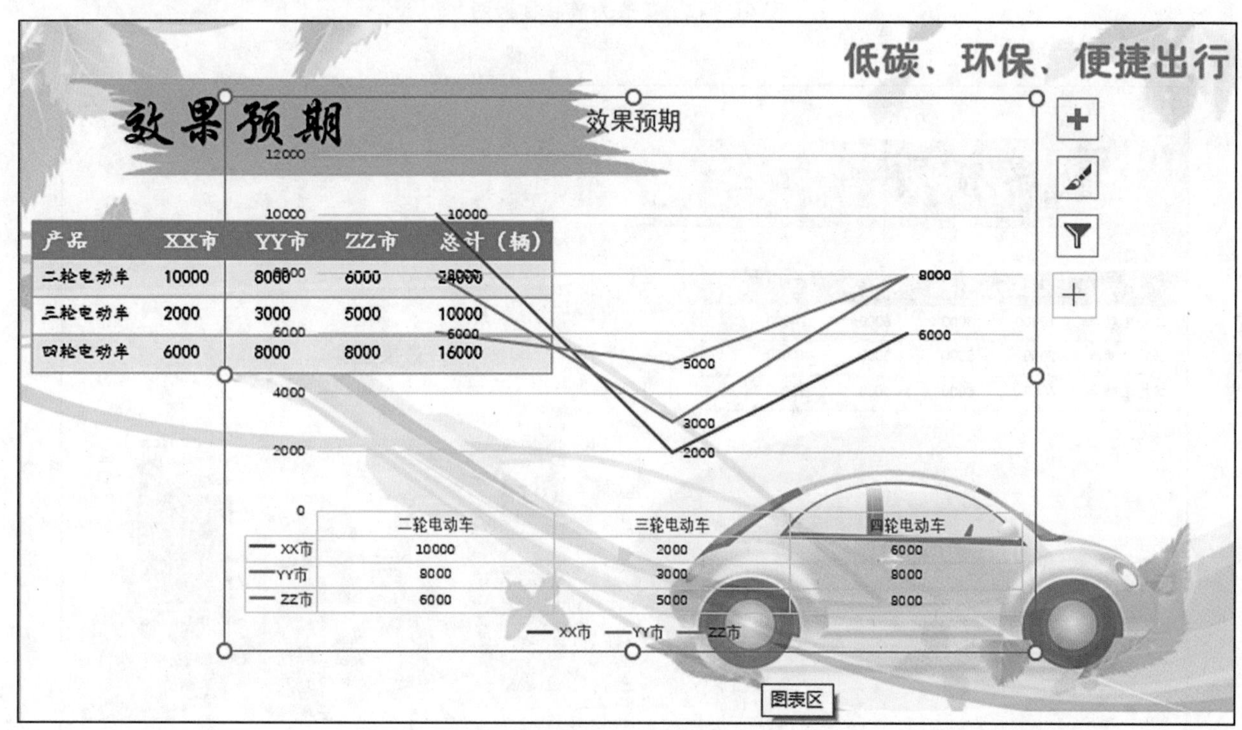

图 6 - 141　更改为折线图

(5)在图表上右击，在弹出的快捷菜单中选择“更改图表类型”选项。

(6)弹出“更改图表类型”对话框，选择“柱形图”→“簇状柱形图”选项，单击“确定”按钮。

(7)可再次将图表的类型更改为“簇状柱形图”类型，如图 6 - 142 所示。

(8)选择插入的图表，将鼠标指针放置在四周的控制点上，按住鼠标左键并拖曳鼠标，拖曳至合适大小后释放鼠标左键，即可更改图表的大小。

(9)选择插入的图表，将鼠标指针放置在图表上，按住鼠标左键并拖曳鼠标至合适的位置，释放鼠标左键即可完成移动图表的操作。编辑完成后的效果如图 6 - 143 所示。

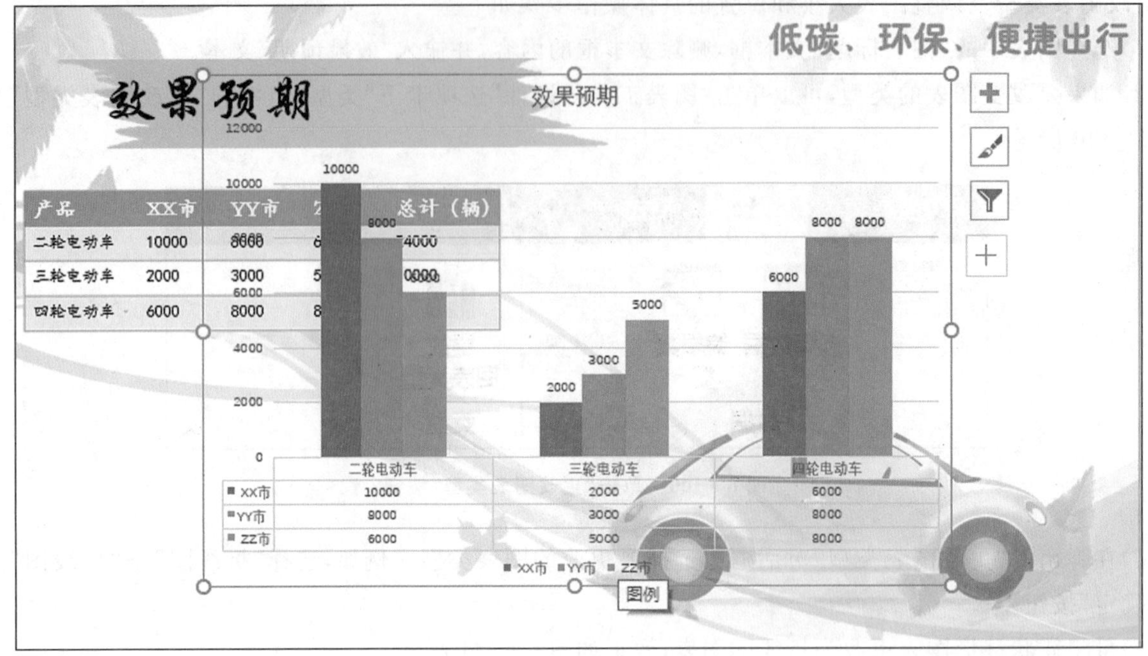

图 6-142　更改为簇状柱形图

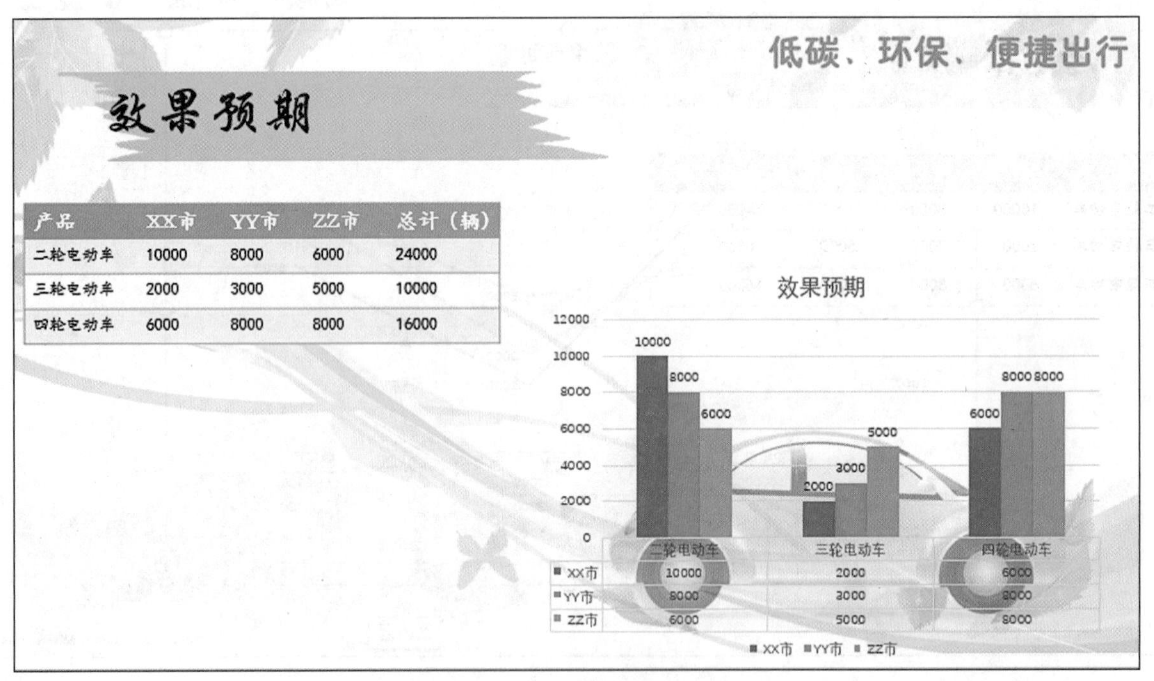

图 6-143　编辑完成效果图

(三)美化图表

编辑图表之后，用户可以根据需要美化图表，具体操作步骤如下。

(1)选择创建的图表，单击“图表工具—设计”选项卡下“图表样式”组中的“更改颜色”按钮，在弹出的下拉列表中根据需要选择颜色，这里选择“彩色调色板 3”选项，如图 6-144 所示。

(2)可更改图表的颜色，效果如图 6-145 所示。

(3)单击“图表工具—设计”选项卡下“图表样式”组中的“其他”按钮，在弹出的下拉列表中选择“样式 8”选项，如图 6-146 所示。

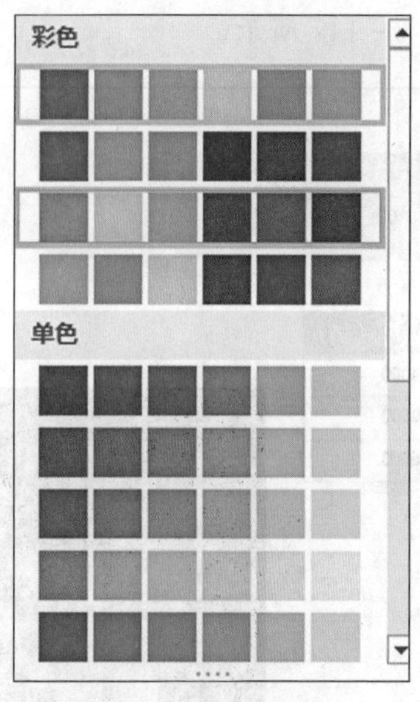

图 6－144 选择颜色

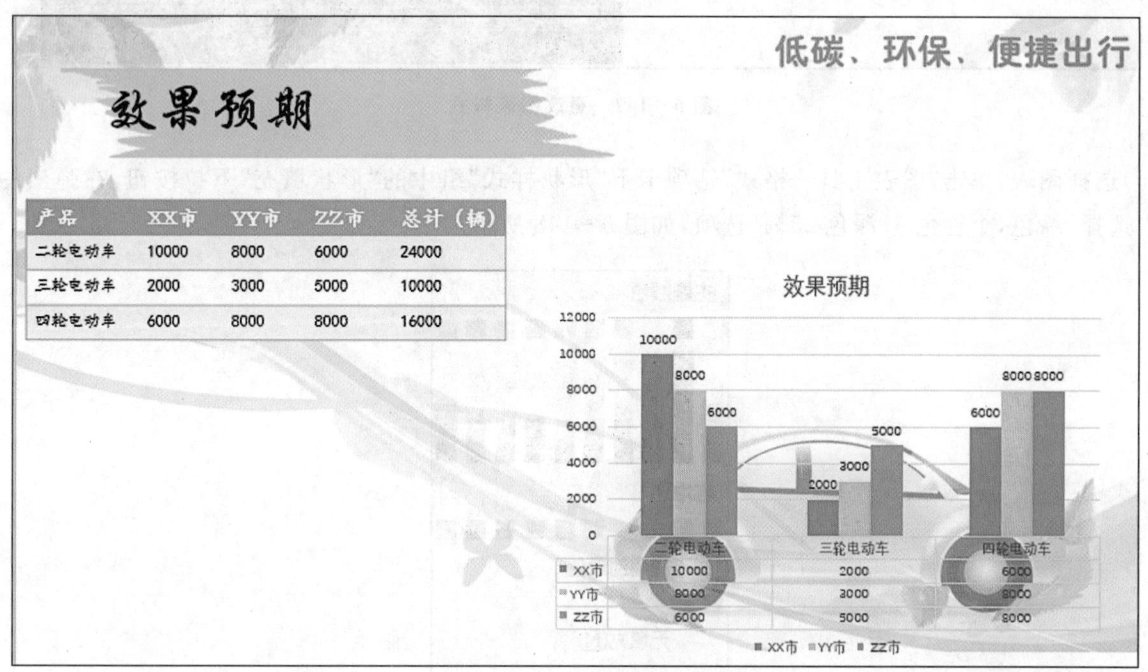

图 6－145 更改图表颜色

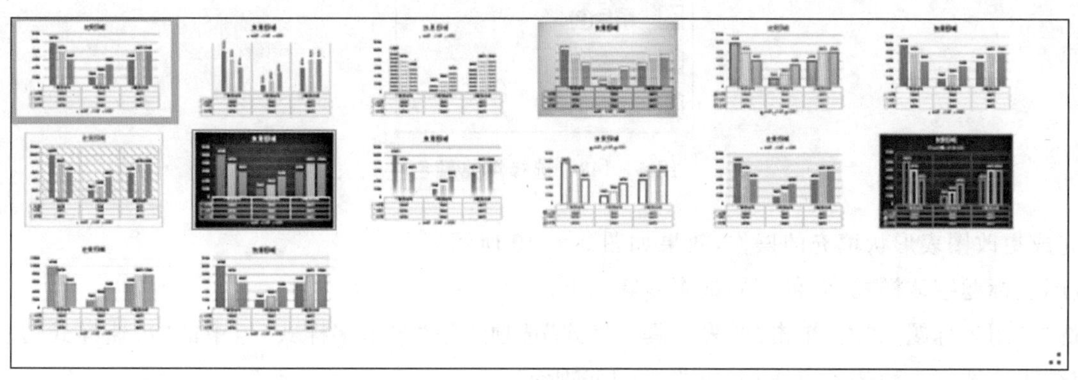

图 6－146 选择图表样式

(4)完成图表样式的更改,效果如图 6-147 所示。

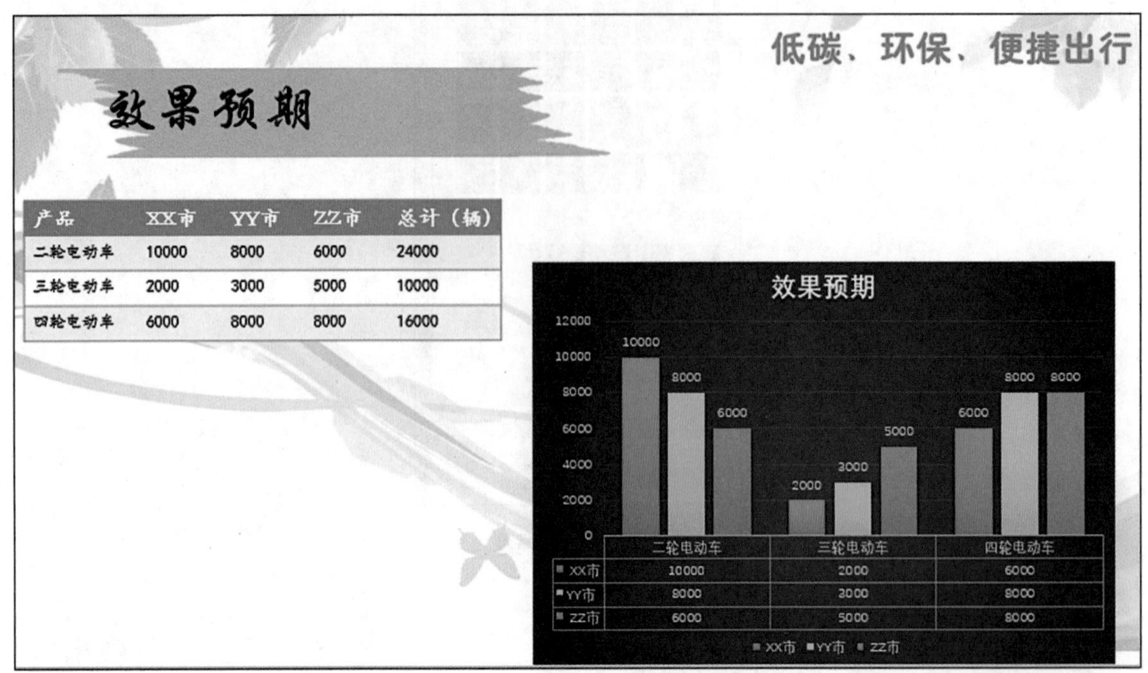

图 6-147 更改图表样式

(5)选择图表,单击“图表工具—格式”选项卡下“形状样式”组中的“形状填充”下拉按钮,在弹出的下拉列表中选择“绿色,个性色 6,深色 25%”选项,如图 6-148 所示。

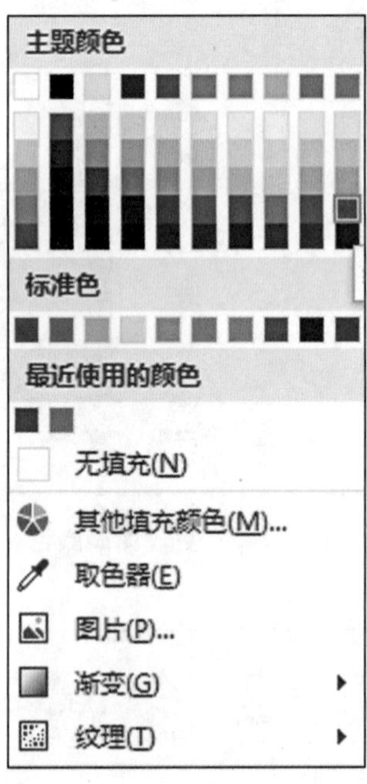

图 6-148 选择填充颜色

(6)完成更改图表形状填充的操作,效果如图 6-149 所示。

设置图表标题字体样式、颜色等的操作步骤如下。

(1)选择“图表标题”文本,单击“图表工具—格式”选项卡下“艺术字样式”组中的“快速样式”按钮,在弹出的下拉列表中选择一种艺术字样式,如图 6-150 所示。

(2)完成更改图表标题艺术字样式的操作,效果如图 6-151 所示。

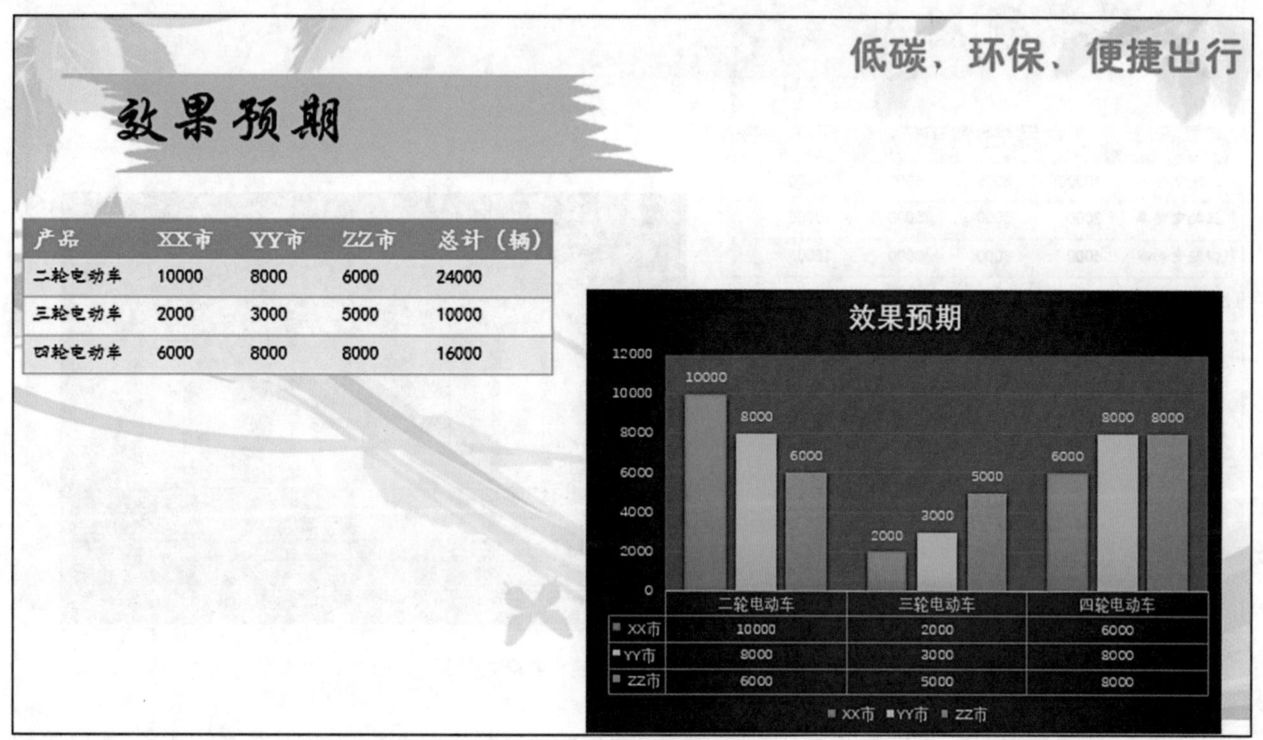

图 6-149 更改图表形状填充

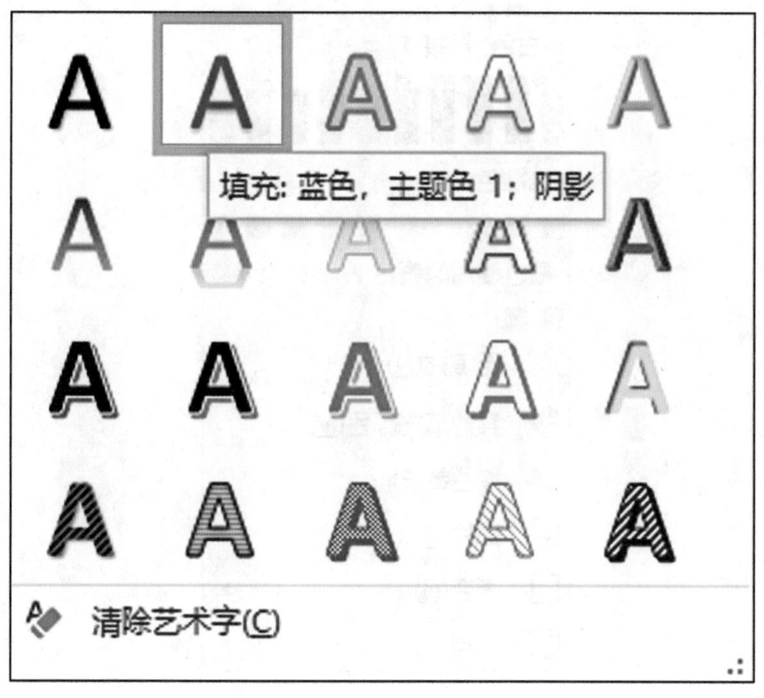

图 6-150 选择一种艺术字样式

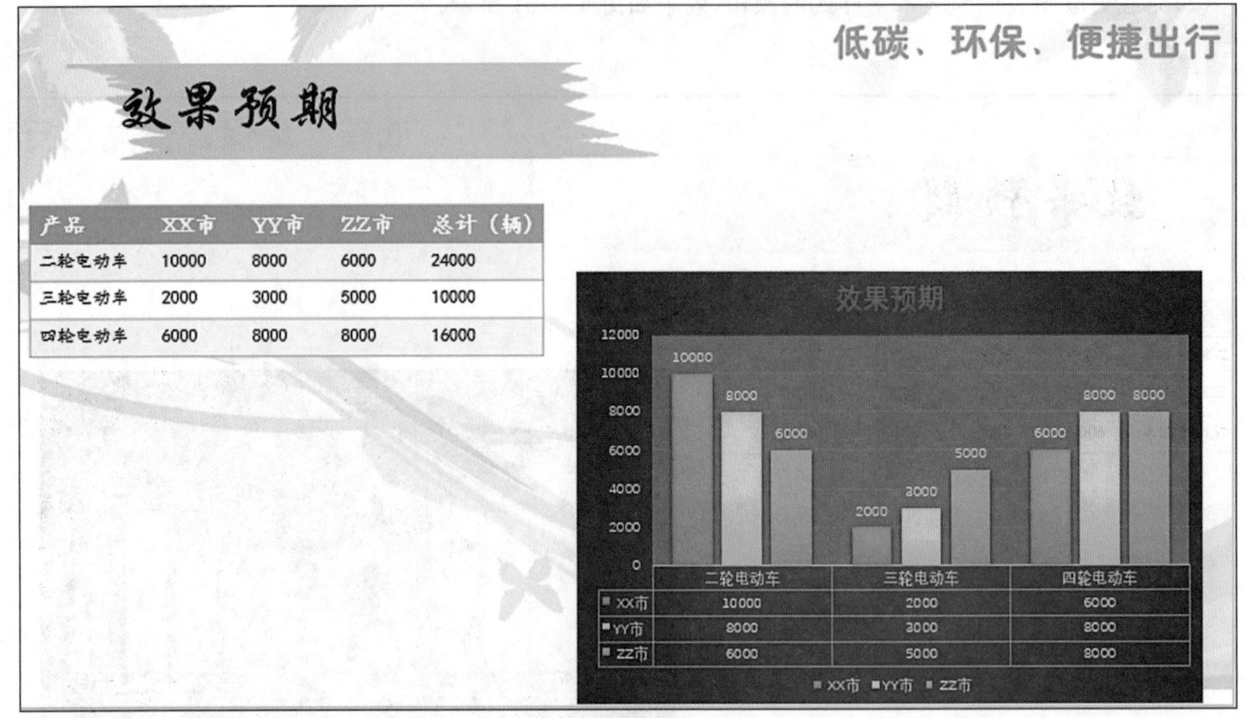

图 6-151　更改图表标题艺术字样式效果图

(3)选择“图表标题”文本，单击“图表工具—格式”选项卡下“艺术字样式”组中的“文本填充”下拉按钮，在弹出的下拉列表中选择“白色，背景 1”选项，如图 6-152 所示。

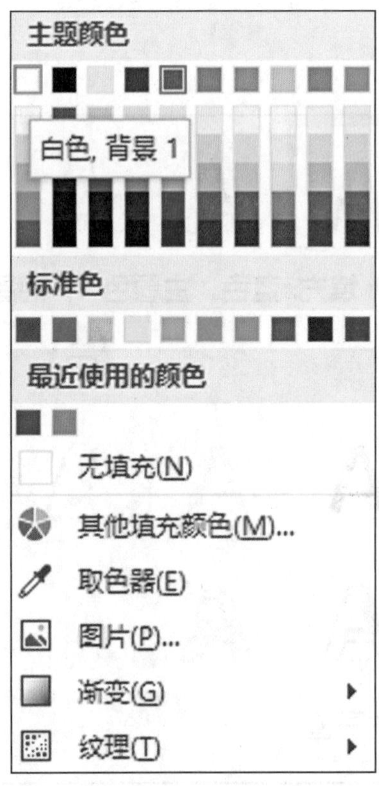

图 6-152　选择“白色，背景 1”选项

(4)完成美化图表的操作，最终效果如图 6-153 所示。

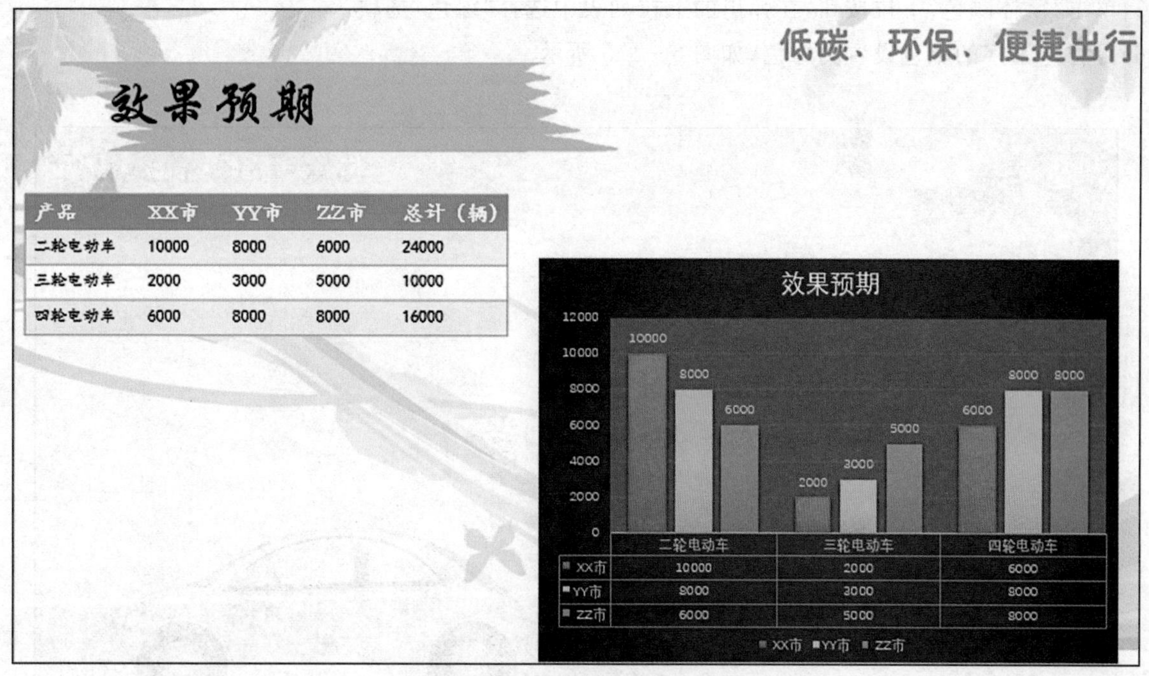

图 6-153　美化完成效果图

(5)制作结束幻灯片页面，单击“开始”选项卡下“幻灯片”组中的“新建幻灯片”下拉按钮，在弹出的下拉列表中选择“标题幻灯片”选项。

(6)插入“标题幻灯片”页面后，选择素材中“背景 3”为 PPT 背景图，删除幻灯片中的文本占位符。

设置图表中文本的字体、字号、颜色等，具体操作步骤如下。

(1)单击“插入”选项卡下“文本”组中的“艺术字”按钮，在弹出的下拉列表中选择一种艺术字样式，如图 6-154 所示。

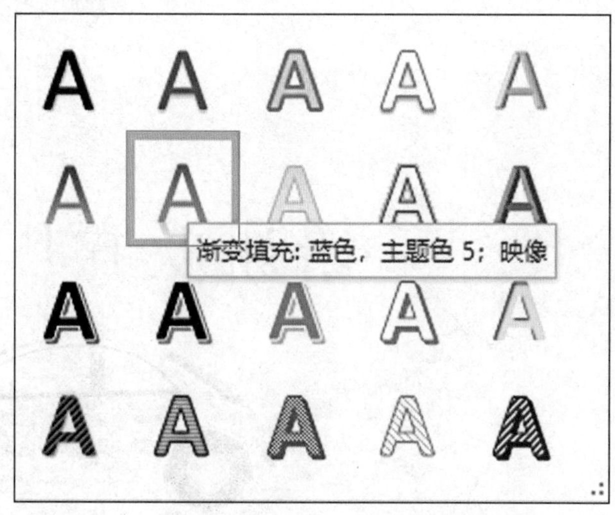

图 6-154　选择一种艺术字样式

(2)可在幻灯片页面中添加“请在此放置您的文字”艺术字文本框，并在文本框中输入“谢谢欣赏！”。

(3)选择输入的艺术字，单击“开始”选项卡下“字体”组中的“字体”下拉按钮，在弹出的下拉列表中选择“华文楷体”选项。

(4)单击“字号”下拉按钮，在弹出的下拉列表中选择“66”选项。

(5)单击“字体颜色”下拉按钮,在弹出的下拉列表中选择“绿色”选项。

(6)可将艺术字的颜色设置为绿色,如图 6－155 所示。

图 6－155　设置艺术字颜色

(7)选择“艺术字”文本框,按住鼠标左键将其拖曳至合适的位置,释放鼠标左键,即可完成对产品营销推广方案结束幻灯片页面的制作,如图 6－156 所示。

图 6－156　移动文本框位置

(8)至此,就完成了产品推广方案 PPT 的制作,最终效果如图 6－157 所示。

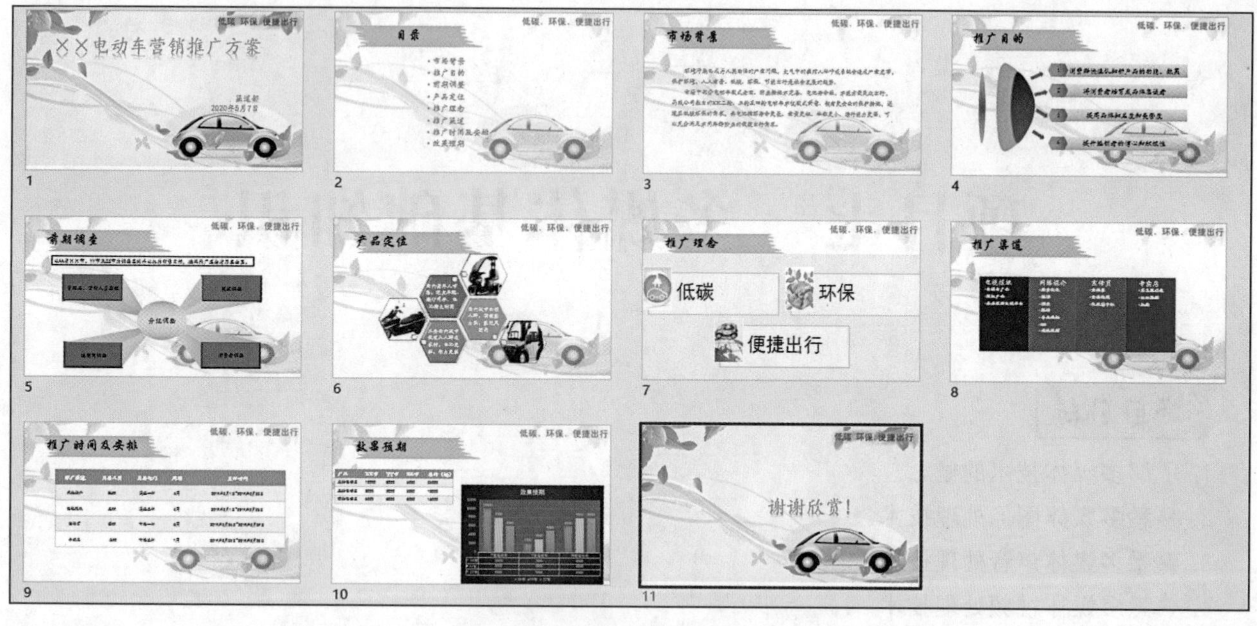

图 6-157 最终效果图

项 目 考 核

一、填空题

1. PowerPoint 2019 演示文稿的扩展名是__________。
2. 要对幻灯片母版进行设计和修改，需要在__________选项卡下进行。
3. 在 PowerPoint 2019 中默认的视图模式为__________。
4. 占位符就是幻灯片上带有虚线和阴影线的__________。
5. 若要使图片出现在每一张幻灯片中，需要将该图片插入到__________。

二、选择题

1. 选择全部幻灯片时，可用快捷键(　　)。

A.Shift＋A　　B.Ctrl＋A　　C.F3　　D.F4

2. PowerPoint 中，在浏览视图下，按住 Ctrl 并拖动某幻灯片，可以完成(　　)操作。

A.移动幻灯片　　B.复制幻灯片　　C.删除幻灯片　　D.选定幻灯片

3. 要使幻灯片在放映时实现在不同幻灯片之间的跳转，需要为其设置(　　)。

A.超级链接　　B.动作按钮　　C.排练计时　　D.录制旁白

4. 放映幻灯片时，要对幻灯片的放映具有完整的控制权，应使用(　　)。

A.演讲者放映　　B.观众自行浏览　　C.展台浏览　　D.重置背景

5. PowerPoint 中，下列说法中错误的是(　　)。

A.可以动态显示文本和对象　　B.可以更改动画对象的出现顺序

C.图表中的元素不可以设置动画效果　　D.可以设置幻灯片切换效果

三、简答题

1. 演示文稿和幻灯片的概念是什么？
2. 在 PowerPoint 中可以插入哪些表格？
3. 什么是摘要幻灯片？

项目七　多媒体基础知识

项目目标

1. 了解多媒体技术的概念。
2. 熟悉多媒体图像处理技术。
3. 熟悉多媒体声音处理技术。
4. 熟悉多媒体视频处理技术。
5. 熟悉多媒体动画处理技术。

任务1　多媒体技术概述

一、多媒体与多媒体技术的概念

(一)媒体

在人类社会中,信息的表现形式是多种多样的,这些表现形式叫作媒体。我们通常遇到的文字、声音、图形、图像、动画、视频等都是表现信息、传播信息的媒体,所以说媒体是承载信息的载体。

在计算机领域中,媒体有两种含义:存储信息的实体和表现信息的载体。纸张、磁盘、磁带、光盘等都是存储信息的实体,而诸如文本或文字、声音、图形、图像、动画、视频等则是用来表现信息的载体。

(二)多媒体与多媒体技术

多媒体是文本、声音、图形、动画、图像、视频等媒体中两种以上媒体的有序组合。多媒体不是几个媒体简单地随意组合,而是为了表达一个共同的较为复杂的信息(内容),实现某个技术目标,采用相应的技术,有规律地组合在一起。

多媒体技术是对多媒体信息进行采集/数字化、压缩/解压、存储、传输、加工/综合处理、显示/播放等的技术,它包括多媒体计算机技术和多媒体网络技术。

二、多媒体技术的特点

多媒体的实质就是将以自然形式存在的各种媒体数字化,然后利用计算机对这些数字信息进行加工和处理,以一种友好的方式提供给用户使用。

多媒体是信息获取方式变革的产物,作为多媒体系统实现的主要技术,多媒体技术最基本的特点是集成性、交互性、实时性和控制性。

(1)集成性是指多媒体信息的集成及与这些媒体相关的设备集成。多媒体技术不是单一地呈现信息,而是将文字、声音、图形、图像、动画和视频等信息集成,使其成为一个有机的整体。另外,多媒体设备也渐渐趋于一体化，包括多媒体硬件设备、多媒体操作系统和多媒体创作工具等。

(2)交互性是指多媒体技术能够为用户提供更加有效地控制和使用信息的手段。相对于其他信息呈现载体来说，多媒体技术交互性更强。用户可以利用多媒体技术进行信息的实时获取、搜索、查询、提问、反馈等活动，增加用户对信息的关注和理解，延长信息的保留时间。

(3)实时性是多媒体技术的又一重要特点。多媒体系统虽然包含大量的数据信息，其处理复杂而烦琐，但多媒体技术在处理和编辑这些数字信息时花费的时间几乎为零，用户可以借助多媒体网络实时获取信息。

(4)控制性是指多媒体技术以计算机为中心，综合处理和控制多媒体信息，并按人们的要求以多种媒体形式表现出来，同时作用于人的各种感觉器官。

另外，随着新技术的出现，多媒体技术又有了新的特点，其中最重要的是多媒体的网络化与智能化。与传统的多媒体技术相比，现在多媒体技术正加快在网络化与智能化方面的发展。宽带网络通信及无线网络技术的发展，使多媒体技术进入企业管理、远程商务、远程教育、远程医疗、检索咨询、文化娱乐、自动测控等领域。多媒体终端的智能化和嵌入化发展，提高了计算机系统本身的多媒体性能。

三、多媒体的媒体元素

多媒体的媒体元素(Multimedia Elements)指多媒体应用中可显示给用户的媒体组成。根据媒体的不同性质，可将媒体元素分为文本、图形、图像、声音、视频和动画等。下面对媒体元素的相关知识进行简单介绍。

(一)文本

文本是以文字和各种专用符号表达的信息形式，是现实生活中使用最多的一种信息存储与传递方式。文本是计算机文字处理的基础，也是最常用、最基本的多媒体元素。多媒体文本一般在多媒体编辑软件中随其他媒体一起制作。

(二)图形和图像

图形和图像是多媒体软件中最重要的信息表现形式，是决定一个多媒体软件视觉效果的关键因素。

图形是从点、线、面到三维空间的黑白或彩色几何图，也被称为矢量图，如直线、圆、矩形、任意曲线和图表等，实际上是对图像的抽象。图形的绘制需要专门的图形编辑软件，如 AutoCAD、Illustrator 等。它的优点在于可以分别控制处理图中的各个部分，而且任意缩放也不会失真。

图像是由照相机、扫描仪、摄像机等输入设备捕捉实际的画面产生的数字图像或以数字化形式存储的任意画面。它是由像素点阵构成的，适合于表现层次和色彩比较丰富、包含大量细节的图像，并具有灵活和富于创造力等特点，缺点是放大时会损失细节或产生锯齿。

(三)声音

声音是人们用来传递信息、交流感情最方便、最熟悉的方式。按其表达形式，声音分为语音、音乐、音响效果 3 类。语音指朗读示范音与解说，音乐指背景音乐与主体音乐，音效指声音特殊效果，如铃声、雨声、动物叫声等。多媒体计算机中的声音文件只有经过数字化处理后才能播放和处理。

(四)视频

若干有联系的图像数据连续播放便形成了视频，它也被称为活动影像，是根据人类的眼睛具有“视觉暂留”的特性创造出来的。视频是各种媒体中携带信息最丰富、表现力最强的媒体，包括模拟视频和数字视频。

(五)动画

动画和视频都属于连续媒体，它们在许多方面都具有类似的技术参数。动画与视频的主要区别是前者画面上的人物和景物等对象是由计算机合成、制作出来的，虽然它也会用到真实世界的素材，但是整个动画是由软件生成的，最典型的动画是卡通片，如《喜羊羊与灰太狼》《熊出没》等；视频是自然景物或实际人物的真实图像，即它是从现实世界采集，经过数字化后得到的。

常用的二维动画制作工具有 Adobe Director、Flash、Authorware，三维动画创作软件有 3ds Max 和 Maya 等。

任务 2　多媒体图像处理技术

一、位图与矢量图

图形和图像是多媒体技术的重要组成部分，是多媒体作品中最常用的素材。它可以形象、生动和直观地表现大量信息，具有文本和声音所无法比拟的优点。

在当今的数字世界，计算机图像文件可分为两类——位图图像和矢量图形，计算机使用不同的技术来创建、存储和处理这两种类型的图像信息。位图图像与矢量图形各有优缺点，并且所体现的功能和优点也是彼此无法替代的。例如，我们常见的剪贴画和照片：剪贴画使用 Windows 图元文件（WMF）文件格式，这是一种矢量图形文件；网站上的照片使用联合图像专家组（JPG）文件格式，这是一种位图图像。

（一）位图

位图图像（也称为光栅图像），是由一系列小点组成的，就如同在一张方格纸上的某些小方块中填充颜色，以形成各种形状或者线条。这些小点被称为像素，并且每个像素都有自己的颜色信息。

每个位图图像包含的像素数是固定的（是一个固定值）。图像的像素大小是位图在高、宽两个方向的像素数相乘的结果，例如，宽度和高度均为 100 像素的图片，其总像素数是 10 000 像素。这样每英寸图像含有的像素点数被称为图像的分辨率。分辨率的单位为 PPI（Pixels Per Inch），每英寸（1 英寸＝2.54 厘米）的像素越多，分辨率就越高。

缩放对位图图像的影响：当放大位图时，可以看见赖以构成整个图像的无数单个方块。扩大位图尺寸的效果是增多单个像素，从而使线条和形状显得参差不齐。放大照片总是导致质量损失。扩大后的位图可能出现模糊，甚至“像素化”。当缩小位图图像时，计算机会在能够更清楚显示图像的前提下不断地抛弃像素，直到像素的数目适应新的尺寸。由于每个像素都具有颜色信息，因此放弃像素意味着丢失信息。位图缩小之后不会产生模糊，是因为在丢弃原先的一些像素后，剩下的像素仍然足够描述图像，也就是说位图变小时不会影响图像质量。由此可见，位图缩放受限制，放大后产生了像素空缺，因此会模糊。

（二）矢量图

在矢量图形（Vector Graphics）中，图形的信息以点、线段、曲线及其组合体的形式存储，这些点、线等图形元素被称为对象，对象是由一组算法或函数来定义的。例如，直线可以用起点坐标和终点坐标来表示，这也允许了矢量图可以在计算机中被多次重绘。因此，矢量图与位图最大的区别是，它与分辨率无关，缩放图形不会失真，可以将它缩放到任意大小和以任意分辨率在输出设备上打印出来，不会影响清晰度。基于这些特点，矢量图适用于文字设计、标志设计、工程图及三维图像的设计等。由于不像位图那样要包含所有像素信息，因此矢量图形文件一般占用空间较小。矢量图形的绘制需要使用专门的图形编辑软件，常用的有 Adobe 公司的 Illustrator、Corel 公司的 CorelDRAW，另外 CAD 软件也属于矢量图软件。

二、常见图像文件格式

图像数字化后，根据记录图像信息及压缩图像数据方式的不同，可以将图像用不同的格式保存在外部存储器中。

认识5种常见的图像格式

(一)常见的图像文件类型

1. BMP 格式

BMP 是 Bitmap 的缩写，即位图文件。它是图像文件的原始格式，也是最通用的。由于一般采用非压缩格式，因此图像质量较高，但缺点是这种格式的文件占空间比较大，通常只能应用于单机上，不适于网络传输，一般情况下不推荐使用。Windows 系统的墙纸图像用的就是这种格式。

2. JPEG 格式

JPEG(Joint Photographic Experts Group，联合图像专家小组)代表一种图像压缩标准。它用有损压缩方式去除冗余的图像和色彩数据，适用于压缩照片类的位图图像，而且图像质量可以根据压缩的参数设置不同而不同。由于采用的压缩技术先进，可用比较少的磁盘空间得到相对较好的图像质量，因此应用非常广泛。

3. GIF 格式

GIF(Graphics Interchange Format，图形交换格式)是由美国 CompuServe 公司在 1987 年开发的图像文件格式。它采用 LZW(Lempel－Ziv－Welch)算法对图像数据进行无损压缩，特点是定义了允许用户为图像设置背景的透明(transparency)属性，并且能够在文件中存储若干幅彩色图形或图像，可以像放映幻灯片那样显示，从而呈现动画效果。它的缺点是支持的颜色信息只有 256 种，但是由于它同时支持透明和动画，而且文件量较小，因此被广泛应用于网络动画。

4. PNG 格式

PNG 与 JPEG 格式类似，网页中有很多图片都是这种格式的，压缩比高于 GIF，支持图像透明，可以利用 Alpha 通道调节图像的透明度。

5. PSD 格式

PSD 格式是 Photoshop 文件的标准格式。该格式文件存储了 Photoshop 中的图层、通道、参考线及颜色模式等信息。支持该格式的软件较少，可以使用 Photoshop、ACDSee 等打开 PSD 格式的文件。

(二)常用的矢量图形文件类型

1. AI 文件格式

AI 格式是 Adobe 公司发布的矢量软件 Illustrator 的专用文件格式。它的优点是占用硬盘空间小、打开速度快、方便格式转换，是一个广泛应用的文件格式。很多图形软件都能导入 AI 格式文件。

2. WMF 格式

WMF(Windows Metafile)是一种 Windows 的图形文件格式。它是一个向量图格式，但是也允许包含位图。本质上，一个 WMF 文件保存一系列可以用来重建图片的 Windows GDI 命令。在某种程度上，它类似于印刷业广泛使用的 PostScript 格式。WMF 格式文件可以用 Microsoft Office 相关软件编辑，或用 Adobe 公司开发的 Flash 和 Illustrator 等向量图编辑器编辑。它具有文件小、图案造型美观的特点。

三、常见图形和图像处理软件

很多常见的图形和图像工具按照不同的使用功能可以分为图像浏览和图像处理两大类。常见图像浏览软件有 Windows 的图片查看器和 ACDsee，图形图像处理类软件则有处理位图图像的 Photoshop、

Fireworks，以及处理矢量图形的 Illustrator、CorelDRAW 等软件。

（一）常见图片浏览工具

Windows 图片查看器是集成在 Windows 操作系统中的一个看图软件，在没有安装其他图片浏览工具之前，系统默认使用它来浏览图片。ACDSee 是使用非常广泛的看图工具之一。它的特点是界面良好，操作简单，支持性强，能打开包括 ICO、PNG 在内的 20 余种图像格式文件，并且拥有优质的快速图形解码方式，能够高品质地快速显示图片。

ACDSee 还提供了许多图像编辑功能和图形文件管理功能，如旋转或修剪图像、批量转换图片格式、修改图像文件名称等。

（二）常见图形和图像处理软件

1. Adobe Illustrator

Illustrator 是 Adobe 公司推出的专业矢量图形制作软件，广泛应用于印刷出版、专业插画、包装设计和网页设计等。

2. CorelDRAW

CorelDRAW 是加拿大 Corel 公司出品的矢量图形制作软件，提供矢量动画、页面设计、网站制作、位图编辑和网页动画等多种功能，被广泛用于商标设计、标志制作、模型绘制、插图描画、排版等诸多领域，是很多艺术家不可或缺的、可靠的、强大的工具。

CDR 文件格式是 CorelDRAW 的专用图形文件格式，与 Illustrator 的 AI 格式可相互导入或导出。

3. Photoshop

Photoshop 也是 Adobe 公司的一款图像处理软件，主要处理由像素构成的数字图像。它的功能强大、性能稳定、使用方便。该软件的功能分为图像编辑、图像合成、校色调色及特效制作等，多用于数码照片的处理。我们通常选用 Photoshop 来处理拍摄的照片。

四、利用 Photoshop 处理图片

通常，在浏览日常拍摄的照片时，我们会发现有许多照片需要处理，有些照片需要添加文字，作为注释或点缀；有些照片需要去掉一些破坏画面的多余景物以增强画面的美感，如某张风景照片里闯入镜头的行人；有些则可以添加一些特殊效果渲染气氛等。下面我们就通过 3 个例子看看如何使用 Photoshop 来处理照片。

（一）文字处理

Photoshop 可以对文字设置各种格式（如斜体、上标、下标和下划线等），还可以对文字进行变形，转换为矢量文字路径等，轻松地将文字与图像完美结合。

1. 输入文本

在 Photoshop 中打开一张需要添加文字的照片，单击工具栏中的“横排文字工具”按钮，打开如图 7－1 所示的下拉菜单。在其中“选择直排文字工具”，然后移动鼠标指针到图像上合适的位置单击，此时图像窗口显示一个闪烁光标，表示可以输入文字了。

2. 设置文本格式

无论是在输入文字前还是在输入文字后，我们都可以对文字格式进行设置。在工具栏选择文字工具后，系统会出现相应的文字工具选项栏（如图 7－2 所示），在其中可以设置字体、字号、对齐方式及字体颜色等，还可以执行菜单中的“窗口”→“字符”命令调出字符面板，如图 7－3 所示。输入文字后，“图层”面板会自动

产生一个新的文字图层。

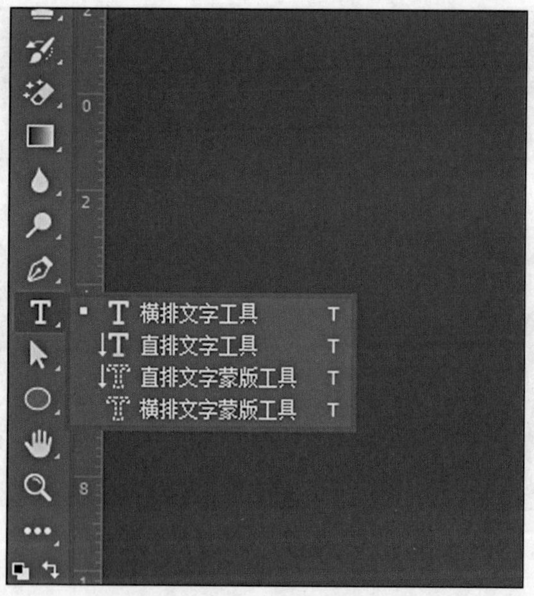

图 7－1　文字工具

图 7－2　文字工具选项栏

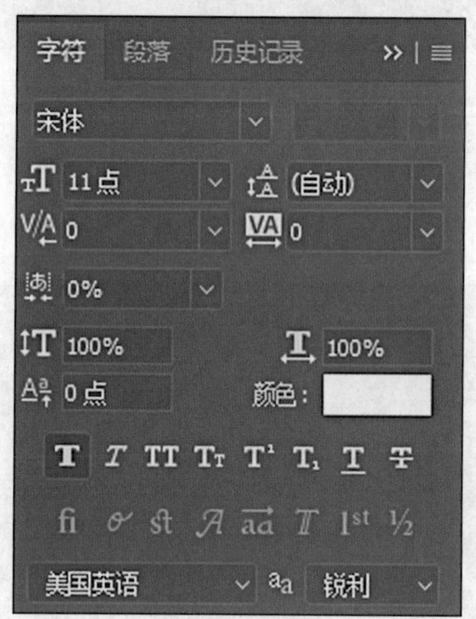

图 7－3　字符面板

此外，还可以对文本进行一些编辑操作，如对文字进行旋转和扭曲变形等。在“图层”面板选中要进行编辑的文本图层，执行菜单中的“编辑”→“变换”命令，即可对文字进行旋转、缩放、斜切等操作。如图 7－4 所示为一幅图片添加文字后的效果。

(二)摄影图片局部去除效果

使用 Photoshop 可以将数码照片中影响画面美感的多余景物去除，如将图 7－4 中的人物和水印去除后，该图就成为一张美丽的风景照。本例使用仿制图章工具去除“背影”和“水印”。仿制图章工具用来复制取样的图像，是一个很好用也很神奇的工具，能够按涂抹的范围复制全部或者部分图像到一个新的图像中。

(1)打开图片素材后,在工具箱中选取仿制图章工具,具体位置如图 7-5 所示。

图 7-4 图片添加文字后的效果

图 7-5 仿制图章工具

(2)选择仿制图章工具后,在选项栏设置工具的大小、硬度和仿制图章的形状,如图 7-6 所示。在这里设置大小为 30 像素、硬度为 80%,可根据仿制情况自由更改。

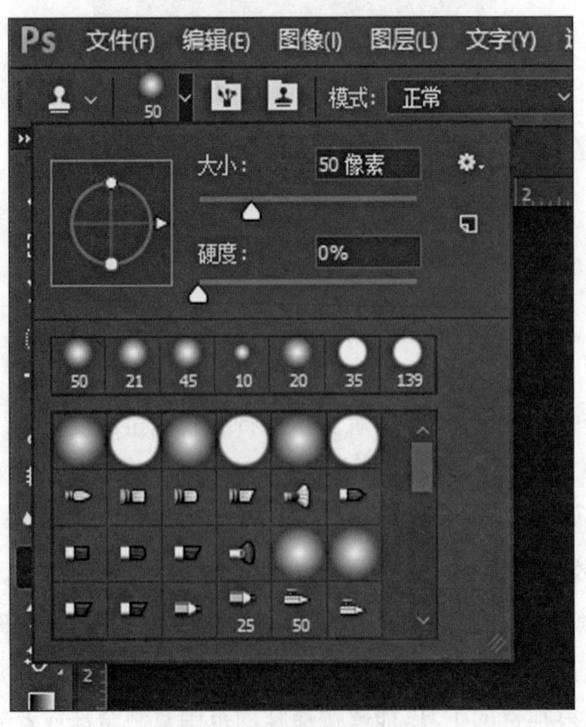

图 7-6 仿制图章选项面板

(3)把鼠标指针放到图像上,然后在要被仿制的地方按着 Alt 键单击鼠标左键进行仿制源位置的选定。松开 Alt 键后开始进行复制,将光标移至背影位置进行缓慢拖动,这时仿制源位置的像素被不断复制到该位置,将背影覆盖。该过程需要不断更换克隆源和笔刷的大小,直至背影的下半部被旁边的地面覆盖,背影上半部分被路边的绿色植物和阴影覆盖。

(4)进行细节的修整,使其"不露痕迹"。最终效果如图 7-7 所示。

图 7-7　去除"背影"后的最终效果

(三)添加蓝色天空背景

拍摄照片,天气是关键因素,它直接影响照片的品质。如果天气不够晴朗,照片中的天空就是灰蒙蒙一片,欠缺层次感,缺少生机。可以使用 Photoshop 添加蓝色天空,营造较为美观的自然环境。

(1)在 Photoshop 中打开一张需要添加蓝色天空的照片。选择工具箱上的"魔术棒"工具,容差值设为"32",选中"连续"选项,然后单击图中天空部分。如图 7-8 所示,灰色天空被选中。

图 7-8　使用"魔术棒"工具创建选区

(2)从 Photoshop 中打开另外一张带有大片蓝色天空的图片(该图片素材需要提前准备好),然后执行菜单中的“选择”→“全选”命令,接着执行菜单中的“编辑”→“复制”命令进行复制。

(3)回到需要替换天空的图片,执行菜单中的“编辑”→“选择性粘贴”→“贴入”命令,此时“蓝天”图片被贴入到选区范围以内,选区以外部分被遮住。“图层”面板中会产生一个新的“图层 1”和图层蒙版。图层蒙版用于控制当前图层的显示或隐藏。然后使用“移动”工具选中蒙版图层上的蓝天部分,将天空移到合适的位置,效果如图 7-9 所示。

图 7-9　贴入蓝天的效果

(4)融合的背景边缘带有白边,需要放大图片后使用画笔工具处理。选择一个柔化笔尖,然后确定为前景色为白色,当前图层为蒙版层,使用画笔在边缘部分涂抹处理,这样就可以使蓝天白云画面和原图结合得更好。

(5)使用颜色调整命令对图像颜色进行调整,使蓝天效果更加自然、图像更加亮丽。首先合并可见图层,然后执行菜单中的“图像”→“调整”→“亮度/对比度”命令,在弹出的对话框中设置参数,如图 7-10 所示。

图 7-10　调整亮度/对比度

调整图像颜色是 Photoshop 的重要功能之一,Photoshop 提供了十几种调整颜色的命令。可以使用“调整”面板或执行菜单中的“图像”→“调整”命令对图像进行颜色调整。当需要处理的图像要求不是特别高时,可以运用“调整”命令中的“亮度/对比度”“自动色阶”“自动颜色”和“变化”等命令对图像的色彩或色调进行快速而简单的总体调整。

任务 3　多媒体音频处理技术

声音是携带信息的重要媒体,多媒体技术的一个主要分支便是多媒体音频技术。在多媒体系统中,我们可以通过声卡直接表达和传递声音信息,或者制造出某种声音效果和气氛,也能够演奏音乐。本任务介绍声音的特征、常见音频文件格式和常用音频处理软件。

一、声音的特征

声音是通过一定介质(如空气、水等)传播的连续的波,在物理学中被称为声波。声波是随时间连续变化的模拟量,它有如下两个重要指标。

(一)振幅

声波的振幅通常指音量,它是声波波形的高低幅度,表示声音信号的强弱程度。

(二)频率

声音信号的频率是每秒钟信号变化的次数,即周期的倒数,以赫兹(Hz)为单位,体现了音调的高低。

声音按频率可分为 3 种,即次声波、可听声波和超声波。人类听觉的声音频率范围为 20 Hz～20 kHz,低于 20 Hz 的为次声波,高于 20 kHz 的为超声波。人说话的声音信号频率通常为 300 Hz～3 kHz,通常把这种频率范围内的信号称为语音信号。

二、常见音频文件格式

数字声音数据是以文件的形式保存在计算机里的。常见音频文件格式主要有 WAVE、CD、MP3、WMA、MIDI 等,专业数字音乐工作者一般都使用非压缩的 WAVE 格式进行操作,而普通用户更乐于接受压缩率高、文件容量相对较小的 MP3 或 WMA 格式。

(一)WAVE 文件格式

WAVE 文件格式是微软公司和 IBM 公司共同开发的 PC 标准声音格式。由于没有采用压缩算法,因此无论进行多少次修改和剪辑都不会失真,而且处理速度也相对较快。这种文件最典型的代表就是 PC 上的 Windows PCM 格式文件。它是 Windows 操作系统专用的数字音频文件格式,扩展名为 WAV,即波形文件。

(二)CD 文件格式

CD 格式的音频文件扩展名为 CDA。标准 CD 格式的采样频率为 44.1 kHz,量化位数为 16 位,速率为 176 kb/s。CD 音轨近似无损,因此它的声音保真度高。CD 可以在 CD 唱机中播放,也能用计算机中的各种播放软件来重放。

一个 CD 音频文件是一个 CDA 文件,这只是一个索引信息,并不是真正地包含声音信息,所以不论 CD 音乐的长短,在计算机上可以看到的 CDA 文件都是 44 B。不能直接复制 CD 格式的 CDA 文件到硬盘上播放,需要使用音频抓轨软件进行格式转换。

(三)WMA 文件格式

WMA(Windows Media Audio)是 Windows Media 格式中的一个子集,包括音频、视频或脚本数据文件,可用于创作、存储、编辑、分发、流式处理或播放基于时间线的内容。WMA 文件可以在保证只有 MP3 文件一半大小的前提下,保持相同的音质。

(四)MP3 文件格式

MP3(MPEG Audio Layer 3)文件是按 MPEG 标准的音频压缩技术制作的数字音频文件。它是一种有

损压缩，通过记录未压缩的数字音频文件的音高、音色和音量信息，在它们的变化相对不大时，用同一信息代替，并且用一定的算法对原始的声音文件进行代码替换处理，这样就可以将原始数字音频文件压缩得很小，可得到 11:1 的压缩比。因此，一张可存储 15 首歌曲(格式为 CDA)的普通 CD 光盘，如果采用 MP3 文件格式，即可存储超过 160 首 CD 音质的歌曲。

(五)MIDI 文件格式

严格地说，MIDI 与上面提到的声音格式不是同一族，因为它不是真正的数字化音频，而是一组声音或乐器符号的集合。由于只是像记乐谱一样记录下演奏的符号，因此它的体积是所有音频格式中最小的。一部大型交响乐作品如果以 WAVE 格式存储，需要数百兆字节的空间，即使压缩成 MP3，也要数十兆字节以上，但若以 MIDI 格式记录相同的信息，只需几万字节就足够了。MIDI 音乐的播放效果与硬件有很大关系，同一首 MIDI 音乐在不同声卡上播放的差异非常明显。正因为如此，MIDI 文件广泛应用在手机铃声等对音质要求不高且对存储空间有严格限制的场合。MIDI 文件的扩展名为 MID，可用 Cakewalk 等音序器软件进行编辑和修改。与波形文件相比，MIDI 文件的音色比较单调，层次感稍差，表现力不佳。

三、常用音频处理软件

目前，常用的音频处理软件有 Adobe Audition、GoldWave、Sound Forge 等，除此之外还有一些用于特殊用途的音频软件。例如，BlueVoice.CN 能够将文字转化成语音；TextAloud MP3 可以抓取程序中的声音；IBM ViaVoice Pro 9.1 是语音识别输入系统；Easy CD－DA Extractor Professional 除了可以进行音乐 CD 的抓取，还可以用来进行格式转换和光盘刻录等。

音频素材的格式多种多样，在利用这些音频素材进行教学资源开发时，由于有的教学资源开发工具不支持一些音频文件格式，因此需要对音频文件进行格式转换。音频格式转换的软件很多，常见的有 GoldWave、格式工厂、MP3 音频格式转换器和全能音频转换通等。

Adobe Audition 是一个专业音频编辑和混合平台，也可看作音频“绘画”程序。其支持音频混合、编辑、控制和效果处理等功能，适合于声音和影视专业人员使用。该软件最多可混合 128 个声道，可编辑单个音频文件，创建回路并可使用 45 种以上的数字信号处理效果。

任务 4　多媒体视频处理技术

一、视频的分类和特点

视频信号可分为模拟视频信号和数字视频信号两大类。模拟视频是每一帧图像是实时获取的自然景物的真实图像信号。我们在日常生活中看到的电视、电影都属于模拟视频的范畴。模拟视频信号具有成本低和还原性好等优点，视频画面往往会给人一种身临其境的感觉。它的最大的缺点是无论被记录的图像信号有多好，经过长时间的存放之后，信号和画面的质量将大大降低；或者经过多次复制之后，画面的失真就会很明显。

数字视频信号是基于数字技术及其他更为拓展的图像显示标准的视频信息。数字视频与模拟视频相比具有以下特点。

(1)数字视频可以不失真地进行无数次复制，而模拟视频信号每转录一次，就会有一次误差积累，产生信号失真。

(2)模拟视频长时间存放后视频质量会降低，而数字视频便于长时间存放。

(3)可以对数字视频进行非线性编辑并可增加特技效果等。

(4)数字视频数据量大，在存储与传输的过程中必须进行压缩编码。

随着数字化技术的不断发展，数字视频的应用范围也越来越广泛，在日常生活中被大量地使用。

二、视频的数字化

视频数字化就是将视频信号经过视频采集卡转换成数字视频文件存储在数字载体——硬盘中。在使用时，将数字视频文件从硬盘中读出，再还原成为电视图像加以输出。

需要指出的一点是，视频数字化的概念是建立在模拟视频为主角的时代，通过数字摄像机摄录的信号本身已是数字信号，只需要从磁带上转换到硬盘中，视频数字化的含义更确切地指的是这个过程。对视频信号的采集，尤其是动态视频信号的采集，需要很大的存储空间和数据传输速度。这就需要在采集和播放过程中对图像进行压缩和解压缩处理，大多使用的是带有压缩芯片的视频采集卡。

数字视频的来源有很多，如来自于摄像机、录像机、影碟机等视频源的信号，家用专业级、广播级的多种素材，计算机软件生成的图形、图像和连续的画面，等等。高质量的原始素材是获得高质量最终数字视频产品的基础。首先是提供模拟视频输出的设备，如录像机、电视机、电视卡等；然后是可以对模拟视频信号进行采集、量化和编码的设备，这一般都由专门的视频采集卡来完成；最后是由多媒体计算机接收和记录编码后的数字视频数据。在这一过程中起主要作用的是视频采集卡，它不仅提供接口以连接模拟视频设备和计算机，而且具有把模拟信号转换成数字数据的功能。

三、常见视频文件格式

常见的视频文件格式

目前，视频格式可以分为适合本地播放的本地影像视频和适合在网络中播放的网络流媒体影像视频两大类。这里非常值得一提的是，尽管后者在播放的稳定性和播放画面质量上可能没有前者优秀，但网络流媒体影像视频的广泛传播性使之正被广泛应用于视频点播、网络演示、远程教育、网络视频广告等互联网信息服务领域。

(一)AVI 格式

AVI(Audio Video Interleaved)，即音频视频交错格式。它由微软公司于 1992 年推出，随 Windows 3.1 一起被人们所认识和熟知。“音频视频交错”就是将视频和音频交织在一起进行同步播放。这种视频格式的优点是图像质量好，可以跨平台使用，其缺点是体积过于庞大，而且压缩标准不统一，最普遍的现象就是高版本 Windows 媒体播放器播放不了采用早期编码编辑的 AVI 格式视频，而低版本 Windows 媒体播放器又播放不了采用最新编码编辑的 AVI 格式视频，所以我们在进行一些 AVI 格式的视频播放时，常会出现由于视频编码问题而造成的视频不能播放，或即使能够播放，但存在不能调节播放进度、播放时只有声音没有图像等一些莫名其妙的问题。如果用户在进行 AVI 格式的视频播放时遇到了这些问题，可以通过下载相应的解码器来解决。

(二)MPEG 格式

MPEG(Moving Picture Expert Group)，即运动图像专家组格式，人们常看的 VCD、SVCD、DVD 就是这种格式。MPEG 文件格式是运动图像压缩算法的国际标准，它采用有损压缩方法减少运动图像中的冗余信息，说得更加明白一点就是，MPEG 的压缩方法依据为相邻两幅画面绝大多数是相同的，把后续图像中和前面图像有冗余的部分去除，从而达到压缩的目的(其最大压缩比可达到 200∶1)。

(三)MOV 格式

MOV 是美国苹果公司开发的一种视频格式，默认的播放器是苹果的 QuickTime Player，具有较高的压缩比率和较完美的视频清晰度等特点，但是其最大的特点还是跨平台性，不仅能支持 Mac OS，同样也能支持 Windows 系列。

(四)ASF 格式

ASF(Advanced Streaming Format)是微软公司推出的一种视频格式，用户可以直接使用 Windows 自带的 Windows Media Player 对其进行播放。由于它使用了 MPEG-4 的压缩算法，因此压缩率和图像的质量都很不错(高压缩率有利于视频流的传输，但图像质量会有损失，所以有时候 ASF 格式的画面质量不如 VCD，这是正常的)。

(五)WMV 格式

WMV(Windows Media Video)也是微软公司推出的一种采用独立编码方式，并且可以直接在网上实时观看的文件压缩格式。WMV 格式的主要优点包括，本地或网络回放、可扩充的媒体类型、部件下载、可伸缩的媒体类型、流的优先级化、多语言支持、环境独立性、丰富的流间关系及扩展性等。

(六)FLV 格式

FLV(Flash Video)格式是随着 Flash MX 的推出发展而来的流媒体视频格式。它的出现有效地解决了视频文件导入 Flash 后，使导出的 SWF 文件体积庞大，不能在网络上很好地使用等问题。FLV 文件体积极小，1 分钟清晰的 FLV 视频大小在 1 MB 左右，加上 CPU 占用率低、视频质量良好等特点，其在网络上极为盛行。目前，网上多数视频网站使用的都是这种格式的视频。

四、常用视频处理软件

(一)Adobe Premiere Pro

Adobe 公司推出的基于非线性编辑设备的音视频编辑软件 Premiere 已经在影视制作领域取得了巨大的成功，现在被广泛应用于电视台、广告制作、电影剪辑等领域，成为 PC 和 MAC 平台上应用最为广泛的视频编辑软件。Premiere 6.0 以上的版本完美地解决了 DV 数字化影像和网上的编辑问题，为 Windows 平台与其他跨平台的 DV 和所有网页影像提供了全新的支持。同时它可以与其他 Adobe 软件紧密集成，组成完整的视频设计解决方案。另外，Premiere 6.0 以上的版本加入了关键帧的概念，用户可以在轨道中添加、移动、删除和编辑关键帧，对控制高级的二维动画游刃有余。Adobe Premiere Pro 主界面如图 7-11 所示。

图 7-11 Adobe Premiere Pro 主界面

将 Premiere 与 Adobe 公司的 After Effects 配合使用，可以发挥二者的最大功能。After Effects 是 Premiere 的自然延伸，主要用于将静止的图像推向视频、声音综合编辑的新境界。它集创建、编辑、模拟、合成动画与视频于一体，综合了影像、声音、视频的文件格式。

(二)Ulead Video Studio

Ulead Video Studio(会声会影)是 Ulead(友立)公司的一套相对简单的视频编辑软件。会声会影采用目前最流行的"在线操作指南"的步骤引导方式来处理各项视频、图像素材，它分为开始→捕获→故事板→效果→覆叠→标题→音频→完成，共 8 个步骤，并将操作方法与相关的配合注意事项以帮助文件显示出来(称之为"会声会影指南")。

会声会影提供了 12 类 114 个转场效果，用户可以用拖曳的方式应用，每个效果都可以做进一步的控制，不只是一般的"傻瓜功能"。另外，它还可让我们在影片中加入字幕、旁白或动态标题的文字。绘声绘影的输出方式多种多样，它既可以输出传统的多媒体电影文件，如 AVI、FLC 动画、MPEG 电影文件，也可将制作完成的视频嵌入贺卡，生成一个 EXE 可执行文件。通过内置的 Internet 发送功能，它可以将用户的视频通过电子邮件发送出去或者自动将它作为网页发布。如果有相关的视频捕获卡，用户还可将 MPEG 电影文件转录到家用录像带(VHS)。

(三)爱剪辑

虽然会声会影的亲和力高、学习容易，但对家用娱乐领域的普通用户来说，它还是显得太过专业、功能繁多，并不是非常容易上手。国产软件爱剪辑是完全针对家庭娱乐、个人纪录片制作的简便型视频编辑软件。

爱剪辑的功能是将录制的视频素材经过加字幕、调色、加相框等剪辑、配音等编辑加工，制作成富有艺术魅力的个人电影；也可以将大量照片进行巧妙的编排，配上背景音乐，加上解说词和一些精巧特技，加工制作成电影式的电子相册。爱剪辑最大的特点就是操作简单、使用方便，用户可以用它制作体积小巧的电影。

任务 5　多媒体动画处理技术

一、动画的基本概念

人眼有一种被称为"视觉暂留"的生理现象，凡是观察过的物体映像，都能在视网膜上短暂地保留一段时间。利用这一现象，让一系列计算机生成的可供实时演播的连续画面以足够多的画面连续出现，人眼就可以感觉到画面上的物体在连续运动，这样就形成了动画。动画要求的速率为 25～30 帧/秒。

动画的画面可以逐帧绘制，也可以根据设定的场景，用计算机和图形加速卡等硬件实时地"计算"出下一帧的画面。前者的工作量大，后者的计算量大，但大部分工作可以用工具软件来完成。今天，动画广泛应用于电视广告、网页和其他多媒体中。

二、常见动画文件格式

(一)GIF 格式

GIF(Graphics Interchange Format，图形交换格式)是由 CompuServe 公司于 20 世纪 80 年代推出的一种高压缩比的彩色图像文件格式。目前 Internet 上大量采用的彩色动画文件多为格式文件，在 Flash 中可以将设计输出为 GIF 格式。

(二)SWF 格式

利用 Flash，我们可以制作出一种后缀名为 SWF(Shock Wave Format)的动画，这种格式的动画图像能

够用比较小的体积来表现丰富的多媒体形式。在图像的传输方面，用户不必等到文件全部下载才能观看，而是可以边下载边看，因此特别适合网络传输，在传输速率不佳的情况下，也能取得较好的效果。SWF 如今已被大量应用于 Web 网页进行多媒体演示与交互性设计。此外，SWF 动画是基于矢量技术制作的，不管将画面放大多少倍，画面不会因此有任何损害。SWF 格式作品以其高清晰度的画质和小巧的体积，受到了越来越多网页设计者的青睐。

三、常用动画编辑软件

常用动画编辑软件有 Ulead GIF Animator、3ds Max 和 Maya。

(一)Ulead GIF Animator

Ulead GIF Animator 由友立公司开发，界面友好、功能强大且容易掌握。该软件内建的 Plugin 有许多现成的特效可套用，能将 AVI 文件转成动画 GIF 文件，可将动画 GIF 图片效果最佳化。

(二)3ds Max

3ds Max 是一个功能强大的三维建模、动画、渲染软件，广泛应用于广告影视、工业设计、建筑设计、多媒体制作、游戏开发、角色动画、辅助教学及工程可视化等领域。3ds Max 因其随时可以使用的基于模板的角色搭建系统、强大的建模和纹理制作工具包，以及通过集成的 Mental Ray 软件提供的无限自由网络渲染，深受用户的喜爱。

(三)Maya

Maya 是目前世界上最为优秀的三维动画制作软件，也是相当复杂的三维动画制作软件，由 Alias/Wavefront 公司于 1998 年推出。Maya 集成了 Alias/Wavefront 最先进的动画及数字效果技术，不仅包括一般三维和视觉效果制作的功能，而且与最先进的建模、数字化布料模拟、毛发渲染、运动匹配技术相结合，是进行数字和三维制作的首选工具，广泛应用于电影、电视、广告、计算机游戏和电视游戏等的特效创作。

项目考核

一、填空题

1. 多媒体计算机技术是指运用计算机综合处理__________的技术，包括将多种信息建立__________，进而集成一个具有__________性的系统。

2. 多媒体技术和超文本技术的结合，即形成了__________技术。

3. 扩展名.ovl、.gif、.bat 中，代表图像文件的扩展名是__________。

4. 数据压缩算法可分无损压缩和__________压缩两种。

5. 在 Windows 中，波形文件的扩展名是__________。

二、选择题

1. 多媒体技术的主要特性有(　　)。

①多样性　　②集成性　　③交互性　　④可扩充性

A.①　　B.①、②　　C.①、②、③　　D.全部

2. 计算机存储信息的文件格式有多种，TXT 格式的文件是用于存储(　　)信息的。

A.文本　　B.图像　　C.声音　　D.视频

3. 媒体是(　　)

A.表示信息和传播信息的载体　　B.各种信息的编码

C.计算机输入与输出的信息　　D.计算机屏幕显示的信息

4. 在多媒体中，常用的标准采样频率为（　　）。

A.44.1 kHz　　B.88.2 kHz　　C.20 kHz　　D.10 kHz

5. JPEG 格式是一种（　　）

A.能以很高压缩比来保存图像而图像质量损失不多的有损压缩方式

B.不可选择压缩比例的有损压缩方式

C.有损压缩方式，支持 24 位真彩色以下的色彩

D.可缩放的动态图像压缩格式的有损压缩格式

三、简答题

1. 什么是多媒体技术，它有哪些关键特性？

2. 什么是多媒体？什么是多媒体计算机？多媒体信息为什么要进行压缩和解压缩？

3. 从一两个应用实例出发，谈谈多媒体技术在此领域中的重要性。

参考文献

[1] 高望，汪海，杨志峰.计算机基础与应用[M].武汉：华中科技大学出版社，2019.

[2] 周明红.计算机基础[M].4 版.北京：人民邮电出版社，2019.

[3] 熊燕，杨宁.大学计算机基础 Windows 10＋Office 2016：微课版[M].北京：人民邮电出版社，2019.

[4] 蔡中华，廖明辉.计算机应用基础教程[M].西安：西北工业大学出版社，2015.

[5] 贾如春，李代席.计算机应用基础项目实用教程：Windows 10＋Office 2016[M].北京：清华大学出版社，2018.

[6] 张振宇.多媒体技术与应用[M].4 版.北京：科学出版社，2015.

[7] 赵子江.多媒体技术应用教程[M].7 版.北京：机械工业出版社，2012.

[8] 张艳，姜薇.大学计算机基础[M].3 版.北京：清华大学出版社，2016.

[9] 史晓云.常用工具软件[M].6 版.北京：电子工业出版社，2018.

[10] 米保全.计算机基础及 Office 办公软件应用：Windows 7＋Office 2010 版[M].北京：机械工业出版社，2016.